何怀宏学术作品集

何怀宏 著

良心论

传统良知的
社会转化

北京大学出版社

图书在版编目（CIP）数据

良心论：传统良知的社会转化/何怀宏著. —北京：北京大学出版社，2017.10

ISBN 978-7-301-28693-7

Ⅰ.①良… Ⅱ.①何… Ⅲ.①伦理思想—思想史—研究—中国 Ⅳ.①B82-092

中国版本图书馆CIP数据核字（2017）第214112号

书　　名	良心论：传统良知的社会转化 LIAGNXIN LUN：CHUANTONG LIANGZHI DE SHEHUI ZHUANHUA
著作责任者	何怀宏　著
责任编辑	邹　震　于海冰
标准书号	ISBN 978-7-301-28693-7
出版发行	北京大学出版社
地　　址	北京市海淀区成府路205号　100871
网　　址	http://www.pup.cn 新浪微博：@北京大学出版社
电子信箱	pkuwsz@126.com
电　　话	邮购部 62752015　发行部 62750672　编辑部 62750883
印刷者	天津联城印刷有限公司
经销者	新华书店
	660毫米×960毫米　16开本　28.75印张　367千字 2017年10月第1版　2022年12月第2次印刷
定　　价	79.00元

未经许可，不得以任何方式复制或抄袭本书之部分或全部内容。
版权所有，侵权必究
举报电话：010-62752024 电子信箱：fd@pup.pku.edu.cn
图书如有印装质量问题，请与出版部联系，电话：010-62756370

目 录

修订版序言 001

初版序言 007

绪　论　一个历史的、比较的导引：为什么传统良知论不能直接成为现代社会的伦理 012

　　一、良心的概念 014

　　二、良心的性质 024

　　三、良心的意义 031

　　四、伦理学中的良心 047

　　五、对传统良知论的批评 051

第一章　恻　隐 067

　　一、恻隐所标示的人生痛苦及其意义 072

　　二、人生痛苦的尝试性分类 081

　　三、恻隐之情的纯粹道德性质 085

　　四、对一种结合观点的批评 088

　　五、恻隐作为"道德源头"的含义 100

　　六、平心而论人性善还是人性恶 105

七、单纯恻隐之情的不足和可能发展......109

第二章 仁 爱......115

一、对传统孝道的分析......117

二、现代社会父母与子女之间的爱......124

三、传统社会的夫妻关系......128

四、现代社会夫妻之间的爱......133

五、友爱与博爱......139

六、博爱是否能从亲亲之爱中推出？......142

第三章 诚 信......147

一、作为严格的道德概念的"诚信"......148

二、信与义关系的历史分析......154

三、如何规定作为基本义务的诚信......167

四、我们为什么不应当说谎？......172

五、我们是否要拒斥一切谎言？......175

第四章 忠 恕......181

一、己所不欲，勿施于人......182

二、为什么不说"己所欲，施于人"？......186

三、难于实行忠恕之道的几种情况......197

四、"一以贯之，终身行之"的含义......204

五、为什么忠恕可以"一以贯之,终身行之"? 210

第五章　敬　义 218

　　一、"义"字的诠释 220

　　二、义务的客观性 223

　　三、对义务的敬重心 232

　　四、人的有限性与无限性 243

　　五、由履行基本的义务走向崇高 254

第六章　明　理 261

　　一、义理的普遍性 262

　　二、义理的普遍性对利己主义的排除 270

　　三、义理的普遍性是否还要排除一种高尚的自我主义 273

　　四、什么是道德观点 278

　　五、走向道德观点的转换 283

第七章　生　生 299

　　一、作为分析范畴的"生生"概念 301

　　二、传统的"生生"观念 308

　　三、近代"生生"观念转变的必然性 320

　　四、以严复为例看近代"生生"观念的转变 323

第八章 为　为……329

一、古代"出入之辨"……330

二、再论退隐与进取……339

三、"出处之义"是否已经过时……346

四、先儒"出处之义"……349

五、士人出处的历史困境……358

跋　有关方法论的一些思考和评论……363

一、思想的意义……363

二、系统的思考……387

三、分析的方法……399

附　录……413

一种普遍主义的底线伦理学……414

"良知"何以为"良"？……421

——答倪梁康兄

良心、正义与爱……432

——两种伦理的划分

索　引……441

Contents

Preface for revised edition 001

Preface 007

Introduction: Why can't traditional "Liang-chih"（conscience）theory directly become modern social ethics 012

    1. The concepts of "Liang-hsin" 014

    2. The natures of "Liang-hsin" 024

    3. The meanings of "Liang-hsin" 031

    4. "Liang-hsin" in ethics 047

    5. Some comments on traditional "Liang-chih" theory 051

Chapter 1 Ce-yin 067

    1. Human pain indicating by Ce-yin and Its meanings 072

    2. A attempting classification of human pain 081

    3. The pure moral nature of the feeling of commiseration 085

    4. The analysis of a combining theory 088

    5. Implication of Ce-yin as "moral source" 100

6. Be human nature good or bad in all fairness 105

7. The insufficiency and possible development of simple feeling of commiseration 109

Chapter 2 Jen-ai 115

1. The analysis of "hsiao" 117

2. The feeling between parents and their children in modern society 124

3. The relations between man and wife in traditional society 128

4. The feeling between man and wife in modern society 133

5. Friendship and Fraternity 139

6. Can Fraternity infer from "qin-qin-zhi-ai" ? 142

Chapter 3 Cheng-Xin 147

1. Cheng-Xin as a pure moral concept 148

2. A historical analysis of the relations between "Xin" and "Yi" 154

3. Contents of Cheng-Xin as a basic duty 167

4. Why shouldn't we tell a lie ? 172

5. Must we reject all lies ? 175

Chapter 4 Chong-shu 181

1. "Do not do to others what you do not want them to do to you" 182

2. Why not saying "do to others what you want them to do to you" ? 186

3. Several difficulties of practicing Chong-shu 197

    4. The implication of "Yi-kuan" 204

    5. Why can Chong-shu be "Yi-kuan" ? 210

Chapter 5 Jing-Yi 218

    1. The explanations of "Yi" 220

    2. The objectivity of duty 223

    3. The feeling of respect to duty 232

    4. Man's finite and infinite 243

    5. Towards sublimity from observing basic duties 254

Chapter 6 Ming-li 261

    1. The universality of Yi-li 262

    2. The elimination of egoism by the universality of Yi-li 270

    3. Will the universality of Yi-li eliminate a sublime "egoism" ? 273

    4. What is the moral point of view ? 278

    5. Towards the change of moral point of view 283

Chapter 7 Sheng-sheng 299

    1. "Sheng-sheng" as an analytical category 301

    2. Traditional "Sheng-sheng" idea 308

    3. The necessity of change of "Sheng-sheng" 320

    4. The analysis of the change 323

Chapter 8 Wei-wei 329

　　1. "chu-ru-zhi-bian" in ancient times 330

　　2. The re-examination of "tui-yin" and "jin-qu" 339

　　3. Have "chu-chu-zhi-Yi" been out-of-date ?　......346

　　4. "chu-chu-zhi-Yi" in ancient Confucianism 349

　　5. The historical predicament of "shih's chu-chu" 358

Postscript Some thoughts and comments on methods 363

　　1. The meanings of thoughts 363

　　2. Systematic thinking 387

　　3. Analytical method 399

Appendix 413

　　A universal minimalist ethics 414

　　"Liang" in "Liang-chih" 421

　　Conscience, justice and love......432

Index 441

修订版序言

时光荏苒,距《良心论》1994年初版不觉十四年过去了,而它距离我最早有意于伦理学研究也有二十八年之久。《良心论》是我学业结束后第一部专门的伦理学著作,也可以说是我最重要的一部伦理学著作。

在《良心论》出版后的评论文章中,何光沪兄一篇《从"我"走向"我们"》中的一段话最得我心:

> "天理良心"是维系社会不致崩溃的最后一道,也是最坚强的一道防线。……作者思考了这个对中国社会生死攸关的命根子问题,不但是勤奋地、勇敢地,而且是缜密地、系统地。就凭这一点,我想他不仅弥补了以往至少一百五十年的遗憾,而且值得受以后至少一百五十年的重视,直到普通而合理的道德规范在中国确立。

的确,这就是我写《良心论》的基本用心。它不是旨高行远的著作,而是希望能够对中国在一个激烈动荡的世纪之后的道德及社会重建尽一点力量。我期盼一个具有合理底线共识与稳定常理的时代尽快到来,哪怕我的书因此速朽。

约一百年前，梁启超出版了他的《新民说》，期望在中国建立一种新社会的个人伦理，可惜这一过程一直艰难曲折。《良心论》的精神意绪可以说是承《新民说》而来，甚至连文字风格可能都有些接近：笔底也忍不住常带感情。从这方面看，它不是很"学术"的，既不是严守"价值中立"的，也不是急欲与"国际"（实际是西方的）学术接轨，而是主要关怀中国社会伦理的方向和成长，所用的主要概念也是尽量借助中国传统的思想资源，在这一基础上做一种转化的工作。

《良心论》当然也仍是一部学术著作，是我此前十多年先是和我的同代人一样饥渴地读译西书，后又自我沉浸于中国古代典籍的学业的一个交代。比如最后一篇讨论方法的"跋"实际是一部微型的中国近代学术史，与梁启超和钱穆的近三百年学术史论著所探讨的大致时间上相仿，我针对晚清的传统学问、"五四"新思想文化的代表胡适和随后的港台新儒家依次讨论了思想的意义、系统的观点和分析的方法，并希望以一种研究的实绩为中国思想学术的建设做出"一个过渡期学人"的贡献。还有像"绪论"一篇也颇多概念和学理的分析，所以，对于一般的非专业学术的读者，我倒是建议不妨主要读正文，直接从第一章"恻隐"读起。

《良心论》的主要内容是构建一种走向现代的中国社会的个人伦理，在我看来，一个人的道德动力的"发端"从根源上说是来自恻隐，而努力方向的"发端"传统上是由近及远的仁爱，恻隐和仁爱也最显中国传统伦理的特色。至于谈到现代社会成员的基本义务，我认为，一个人的基本立己之道是诚信，如此才能既保证自身的一贯和完整，而又达成一个守信互信的社会；一个人的基本处人之道则是忠恕，如此才能保证价值趋于多元的现代社会的稳定结合与发展，也奠定现代人的一种基本人格。为此，再回到一般的情理层面，我认为一个现代人的道德情感应当主要是对义务的敬重（敬义）；他的道德理性则应立足于一种普遍而非特殊的观点（明理），这种从特殊到普遍的观点的转换对传统道德过渡到现代伦理来说至为关键。最后的两章则主要是探讨个人与社会的关系，我认为不仅个人伦理，乃至整个道德体系的社会根据和基本原则应当是一种生命原则（生生）——这一原则是可以打通个人义务与社会正义的；至于个人对社会的态度、个人与社会的距离与关系，虽然具体的处理将因人而异，但基本的态度则是积极有为而又为所当为（为为）。最后一章虽然主要是讨论历史上知识者对社会政治的态度，但实际上也是探讨任一社会成员处理自我与社会关系的普遍准则。

　　传统伦理学有两个基本问题：第一个问题是问什么是善；以至什么是至善；什么是我们的根本目的或最高追求；以及什么是幸福；什么是我们珍视的价值；我们要成为什么样的人；人生的根本意义是什么，等等。或者用中国的语汇来说，即什么是道；什么是天之道、人之道或天人合一之道。而第二个问题则是问什么是德；或者说什么是道之"得"于己之"德"；我们如何达到至善或者幸福；我们如何成为我们想成为的人，等等。对第一个问题的探讨就构成善论，或者说价值论、道德的本体论；而对第二个问题的探讨就构成德论，或者说道德的功夫论、修养论。对前一个问题的回答是优先于第二个问题的，善论优先于德论。当然，在有些哲学家那里，这两者是紧密结为一体的，像在阳明心学那里，功夫也是本体。

　　现代伦理学的基本问题则有所不同，它所要问的两个主要问题则是：第一问什么是正当；什么是我们的义务；义务或正当的标准究竟是什么；道德评价或选择的根据究竟何在；这样的问题集中指向我们的行为、我们的手段。至于行为的目的，则因为现代社会的"道为天下裂"而明显地不容易再作统一的探求，或者说不再在一种旨在普遍规范和行为共识的伦理学中探求，而是在各种人生哲学和宗教信仰中分别地探求。第二个问题则是关系到道德实践，是问我们如何能履行义务；人怎么会有道德；我为什么要做正当的事、做正直的人；这样做的根本动力何在；途径如何，等等。

显然，这里的第一个问题也是优先于第二个问题的，即我们要优先关心正当和义务，关心行为的标准，先知道什么是正当，才考虑如何去做正当的事。而要定义正当是需要摆脱主体，不宜在一种人我关系中定义的。它也不宜根据行为的目的或效果来确定，而是也有自己独立的标准。这样，一种义务论就从传统的伦理学，尤其是从其中的德论脱颖而出。

我在《良心论》中所欲构建的一种个人伦理学，其基本倾向是义务论的，且强调的是底线或基本的义务。我在这本书中所做的主要工作是致力于使中国传统的伦理向现代伦理转化，这样，在我的转化工作中，尤其是第一个问题的探讨中，依据的就主要是以康德为突出代表的义务论的思想资源。但在某些方面，我也脱离了康德的路径：我也许不是那么强调理以及理的绝对性，而是也考虑到人，考虑到人性，考虑到人除了作为理性存在之外还具有的复杂性，以及人类内部的人与人之间的差别性，尤其是在第二个有关道德实践的问题上——比如说对诚信义务的理解和践履中，我对人们是否在任何情况下都要绝对履行这一义务心存疑虑，因为这里还有基本义务可能冲突的问题。更重要的一点不同是：在谈到道德情感的问题时，我除了强调对义务的敬重之情，还特别强调一种孟子所点出的普遍的恻隐之情。这种感情不仅可以进一步解释人为什么会对道德发生一种关切、人为什么会有一种道德的最初动力，还可以解释道德的一个根基问题，即道德在人那里，尤其是个人那里的根基是什么，人为什么要有道德、也能有道德的问题。这个问题也同样具有一种普遍的意义。而对于这个问题，我认为中国古代的思想家比西方思想家有更好的理解和阐述。正如一个长期以来以中国为西方的"他者"镜像的法国哲学家于连所说，这是一个道德奠基的问题。

以上所述都涉及伦理的中西古今和共殊的问题。

可能容易发生的一些疑问是：一种中国情怀是否会影响对普遍的道德哲学问题的探讨？而一种使传统伦理向现代转化的指向又是否会遮蔽对现代性的反省和批评？以及对普遍规范的强调又是否会妨碍对特殊性的关照？简略地说，我对现代性的反省和批评的确不太见于本书，而是放在另外的地方进行。我理解伦理学主要是一种规范伦理学，而且作为普遍规范才真正有意义和效力。与各种传统类型的社会相比，今天的现代社会还保有多少普遍性？恐怕只有范围最小的普遍性，只能在一些基本的行为规范和手段上形成共识。然而，正是因此，这最小范围的共识也就愈加珍贵，并特别需要认真地阐发和论证。可以支持它或与其相容的精神资源和价值追求自然是多元的，但它们不属于严格伦理学的范畴。我们还可以说，这种普遍性不仅仍然是一种普遍性，而且，它作为范围最小的普遍性，为各种特殊性留出了最大的发展空间。

* * *

《良心论》出版以来得到不少批评和鼓励，我要感谢何光沪、倪梁康、周伟驰、汪丁丁、尹振球、屈长江等学者对这本书的评论；我还要感谢1998年使该书荣获"正则思想学术奖"的评委、基金提供者和组织者们，对我弥足珍贵的是，这大概是1949年以来首次思想学术的民间评奖。

《良心论》先前在上海三联书店出过两版，为此我要感谢责任编辑倪为国的工作；现在转到北京大学出版社出版，我要感谢高秀芹博士热心促成此事，感谢编辑于海冰认真细致的工作，还有夏葰泽为此书重新编制索引。

这次修订版除了我在通读过程中随手做的一些补充和修订之外，去掉了副标题，增加了三篇附录：一、"一种普遍主义的底线伦理学"，说明了我在《良心论》中所欲构建的伦理学理论的基本性质；二、"'良知'何以为'良'？"是给倪梁康兄的回信，主要是讨论"良心"的"共知"与"自知"的关系；三、"良心、正义与爱"则涉及我的一个研究工作框图——对两种伦理的划分，它为理解《良心论》提供了一个更广阔的思想背景。

何怀宏

2008年4月23日夜初写

2016年6月2日再订

初版序言

一篇序言是放在一本书前面的文字，然而，它却往往是作者最后才动手写的，因为作者可以利用这一时间上滞后的有利地位，统观全书，对全书的主旨和内容作一个扼要的交代。在刚开始写作时，作者对自己要写的东西并不总是很清楚，或者即使较清楚，也几乎必然地要在写作过程中作某些修正，这对一本伦理学著作来说尤其是这样。用约翰·罗尔斯（John Rawls）的话来说就是："道德理论是苏格拉底式的。"也就是说，它是对话式的，是反复辩难、反复比较和平衡的，是总是容有修正的，是采取一种不断接近的方式来达到一个比较确定的结论的。

现在我的这篇序言也是如此，也是我最后才写的，而且，我写它离正文的完成已有一年之久。我不知道把一部书稿放这么久对我是不是一种值得坚持的写作习惯，但我知道，这次间隔至少可以使我听到更多的对这本书稿的意见，使我更从容地考虑书中的阙失而进行修正。有了这一段"冷处理"的时间，我还可以较多地摆脱写作中个人情绪和主观印象的不利影响，因为，无论如何，一部思想性的著作虽然不可能完全没有某种激情和自信在深处起作用，但是，偏执和狂妄总是真理的大敌。

这本书名为《良心论——传统良知的社会转化》,其中"传统良知"是指传统的良知理论,我在"绪论"里分析了这一理论的历史,把它与西方的良心理论进行了比较,也对它提出了一些批评。我认为它不能令人满意地直接成为现代社会的伦理,而是必须先进行一种根本的改造和转化。这一转化的基本方向就是要面向现代社会,面向社会上所有的人,这也就是我所说的"社会转化"的含义。因为,传统良知理论在过去的等级制度社会中,是明显具有某种文化和道德精英主义特征的,而近代社会走向平等的潮流正如托克维尔(Tocqueville)所说,是"事所必至,天意使然",所以,今天只要一谈到伦理道德,就必须首先考虑依据一种新的前提观点,建设一个具有普遍涵盖性和平等适度性的社会伦理体系。

因而很明显,我的立场是处在传统与现代之间的,我面对的是现代社会,是当代中国的道德问题,然而,当涉及利用哪些资源来解决这些问题时,我在这本书中所考虑的主要是传统,我反观历史,希望从我们的悠久传统中发现尽量多的资源。之所以这样做,道理很简单:现在的中国也就是过去中国的延伸,而在现代的中国人中,哪怕是最反叛的,也还是在某种程度上继承了古代中国人的一些思想感情和信念。所以,任何适应世界和时代潮流的改革都必须借助传统才较易成功,何况我们的本意还是想使我们的感情乃至生命所系的传统有一别开生面的新发展呢。

但是,虽然处理的是传统资源,并不意味着有许多东西是现成的,是可以拿来就用的,我们必须借助一种新的眼光、一些新的方法来做这件事。这些方法当然有不少是来自西方,所以本书确实可以说是"不古不今,不中不西"。我只服从真理,只服从我认为是正确的东西,而不管它是来自何方。标签在此对我不起多大作用,或者说只有一种感情的作用,而我还要小心地使它在实际思考过程中不妨碍我的理智。然后,我就在这种探寻中发现,正确的东西一般都是在各种极端之间蜿蜒而行(我这里说的当然主要是指与社会有关的领域，包括社会伦理的领域），真理就是某种中道，然而，要清清楚楚地找出并标定这条中道又确实很不容易，这就需要思考，需要非常执着的思考。

我相信，是思想，而不是别的类型的学术工作，应当成为我们这一代人文和社会科学工作者的主要使命（"主要"并不以人数多寡来衡量）。我们不是思想太多、功底不够，而是两方面都不够，尤其是思考得还很不够。我们对许多事情还是处在若明若暗、人云亦云的状态之中，更不要说还有种种流行谬误和偏见的干扰了。真理是不会自动呈现的，只有努力去想，才能把它想清楚，而只要去想，哪怕是"钝根人"，也总能比以前清楚一些的。独立思考是一种苦刑，还有某种危险性，所以许多人不愿承担它，但如果懒于思想，我们社会和时代的问题就可能越积越多，甚至某一天"轰然"而垮。我有时想，我们社会中出现的许多问题，也许并不是因为我们心肠不够好，而是因为我们脑子不够清楚；并不是因为现在生活的这几代人中善良的人太少，而是因为糊涂的人太多。而糊涂也不是因为我们的智力不够，而是正如康德所言，是懒惰和怯懦使我们不去思考（对我们来说，也许还要加上"习惯于因袭"这一条）。然而，我们是多么需要清明的理性。

不过，思想者的态度却不应是僭越的、倨傲的，当我说"我只服从真理"时，可能给人一个错误印象，似乎我已经掌握了真理，这本书说的就是真理。我当然要把我认为正确的东西说出来，但它们究竟是不是正确，却还有待于进一步的考察和验证。我只是力求采取一种合理谨慎的思想方法，而且，我通过这些方法所达到的结论对批评和修正是完全开放的。

下面简单说明一下本书的结构和重点：

我已经在"跋"中交代了我在本书中采取的主要方法，在这里，我只是简单说明一下本书的结构和重点。

书中的八章是这样安排的：第一章和第二章探讨在我们的传统中常被视为是良知源头的两种感情："恻隐"与"仁爱"（主要是"亲亲之爱"）。第三章和第四章是从内在的角度探讨两种在我看来对现代社会来说是最有意义的基本义务："诚信"与"忠恕"。第五章和第六章则又上升到一般的层次；分别探讨良心对义务的情感态度和理性认识，即"敬义"与"明理"。第七章和第八章则转而探讨良心的社会根据和个人应用，即"生生"和"为为"，它们不完全是规范伦理学的内容，篇幅相对也就短一些。

这八章基本上是两两对应的，甚至从每章标题的每一个字看都是这样。虽然这里可能潜藏有一种我个人对于和谐的偏爱，但我相信，这样安排主要还是按照一种内在的逻辑。各章各节一般都寻求互相支持、互相印证、互相补充，努力构成一个比较合理的体系。其中第五章"敬义"与第六章"明理"是全书最重要的部分，尤其是"明理"一章。这一章比较集中地说明了我对转化传统良知理论路向的基本看法，即首先是要从自我取向的前提观点转向社会取向的前提观点，从特殊观点转向普遍观点。这一观点意味着道德义务体系的平等、适度和一视同仁。当然，全书各章节也贯穿了这一基本思想，读者对这一问题还可以参看"绪论"的第五节、第二章的第六节等。

本书开始写作于1992年3月，至当年的7月完成初稿，然后，从今年的7月开始，我开始对全书进行最后一次修订增补，直到9月初完成定稿。

在写作和修改本书的过程中，我得到了许多人的支持、激励和各种帮助。牟宗三先生的《心体与性体》给了我写作本书一个最初的动因。至于其他学者的著作，除了在书中已经提到的之外，给我启发或激励的还所在多有，只是难以在此一一写明。梁治平君一直关注着本书的写作，给过我各种帮助，交代我的学术方法的"跋"也是按照他的意见下决心补写的。

何光沪兄在读了第一章之后给予的赞扬和批评意见,给了我一种很大的精神上的鼓励。金耀基先生、杜维明先生从海外以不同的方式给了我宝贵的精神支持。我也深深感谢我的学生们在听课和讨论中提出的许多意见,这些意见帮助我发展和深化了本书的主题。国学所的同人陈来、刘东、陈平原、阎步克、葛兆光等在一次专门对本书书稿的讨论中对本书提出过不少中肯的评论,还有深圳蒋庆、上海许纪霖等也都曾给过我不同的支持和帮助。

我衷心感谢上述友人和学者,并殷切期望读者对这本书提出批评意见。

何怀宏
1993 年 9 月 5 日晨
于北京万寿寺寓所

绪　论
一个历史的、比较的导引：
为什么传统良知论不能直接成为现代社会的伦理

20世纪初（1904年），美国哲学家威廉·詹姆士在《哲学心理学与科学方法杂志》第一卷上发表了一篇名为《'意识'存在吗?》的论文，他写道："在过去二十年中，我已经不相信'意识'为一种实体……'思想'的确存在，这是无可否认的。……我的意思是否认这个名词代表一种实体，并且很郑重地主张它是代表一种机能。"（收入他的《彻底的经验主义论文集》）

罗素在他1921年出版的《心的分析》（The Analysis of Mind）一书中引用了詹姆士这段话，并进一步总结了20世纪前20年西方思想界对于"意识"的批评意见。他分析了把"意识"看作心理现象的本质的种种困难，最后的结论是："所以，无论'意识'的正确定义是什么，'意识'不是生命或心的本质，这种设想是很自然的。"[1]

---

[1] 罗素：《心的分析》，贾可春译，中华书局1958年版，第24页。

1949 年，英国哲学家、曾长期担任《心》（*Mind*）这一哲学杂志主编的吉尔伯特·赖尔又出版了他的一本对西方世界很有影响的著作《心的概念》（*The Concept of Mind*）[1]。他指出了接受笛卡尔的心灵理论的两个主要困难：一是无法解释心身之间的联系，解释它们究竟是哪个在起根本作用，以及又是如何起作用的；二是无法解释人如何能够通过内省来认识他人之心，断定除我之外还有他人存在。所以赖尔拒绝讨论诸如"心是什么"之类的问题，而只讨论心理事件、过程、状态以及含有心理谓词的描述。

这就是 20 世纪前 50 年西方哲学界对待"心"这一观念的主要倾向，这一倾向的背景是从 19 世纪末就开始兴起的"对形而上学的拒斥"，哲学界（包括伦理学）拒斥诸如"本原""实体""自我""灵魂"这样一些难于在逻辑上确证和进行分析的大字眼。影响所及，我们在 20 世纪几乎看不到奠基于这些概念之上的形而上学著作。

这就向任何有关良心或良知的理论提出了一个挑战：如果连"心灵"（mind）、"意识"（consciousness）这样的概念都不能成立，那么，必须以它们为基础的道德范畴如"良心"、"良知"又如何能够成立呢？

我在本书中并没有去严格区分"良知"与"良心"两个概念，它们在本书中经常是可以互相换用的。如果说一定要在两者之间区别的话，那就是："良知"在古代用得较多，尤其是在书面文献中，它是较传统的一个概念，较强调良心成分中的一种直觉，或者强调它是一种综合性知觉，而"良心"则在现代日常生活中用得越来越多，比较口语化。

简言之，"良心"更强调"良"，而"良知"则更强调"知"——即把良心解释为一种直接的知觉。用"良知"可以标示思孟一系的儒学，尤其是王阳明的理论，而"良心"则比较适合现代用来概括"道德意识"的名称。

---

[1] 在国内有上海译文出版社与商务印书馆两个译本。

总之，无论我们怎样理解"良心"，只要我们用到这一概念，上述挑战看起来都是一个很严重的问题，但它实际上并不像它外表看起来那样严重，我们在后面试图回答这一问题。然而，在这样做之前，让我们先来看一看中西良心概念的历史。

一、良心的概念

1. 西方的良心概念

在现代几种主要的西方语言中，与汉语"良心"或"良知"相对应，可以用来互译的词，在英文中是"conscience"，在德文中是"Gewissen"，在法文中是"conscience"，或再加个形容词"conscience morale"。

这些词有一个共同的特点，即它们都是合成词，由一个前缀加上后面的词干组成。它们的前缀（英文 con-，德文 Ge-，法文 con-）的意思都是"共同"、"一起"、"同一"之意，接近英文介词"with"、德文介词"mit"的意思，而后半部分的词干（英法文同为 -science，德文 -wissen）都是"知""知识"的意思，把它们合起来从字面上解就是"同知""共知""和（别人）一起知"之意。而这"同知""共知"在今天的用法中也就是"良知""良心"了，从这种"共""同"与"良"的联系中，我们已经可以看到一种对客观普遍性的暗示了。那么，这一过程是怎样发生的呢？

我们可以再往前追溯。从表面的字形字义看，上述表示"良心"的词都可以说渊源于下面这个拉丁词"conscientia"（con-"共同、同一"之义，加上 -scientia，"知"，即为"共知""同知""良知"）。这个拉丁词虽有"良知"的意思，但是，在中世纪，基督教哲学家常常把"conscientia"这个词仅用于较低层次的"决疑论"（casuistry）中，即用于处理具体情况以及在特殊场合中辨别善恶是非的"良知"。至于更高的普遍意义的"良知",他们使用了另一个源自古希腊语的词"synderesis"。这种普遍意义的"良知"(synderesis)才是不会出错的、明白无误的,它是上帝赋予人的、先天即存在于每一个人的心中,无须经过学习和训练就能得到;而具体应用的"良知"(conscientia)则可能出错,需要通过后天的学习、训练和培养,才能使之趋于健全和正确。职是之故,拉丁语中才会有"错误的良心"(conscientia mala)这样似乎自相矛盾的概念,以及"怀疑的良心"(conscientia dubia)、"粗糙的良心"(conscientia laxa)、"偏狭的良心"(conscientia angusta)、"疑惧的良心"(conscientia scrupulosa),等等。这在中国古代哲学家那里几乎是不可想象的。[1] 当然"conscientia"一词仅在中世纪是这样的用法,自近代以来,尤其在 18 世纪英国宗教伦理学家约瑟夫·巴特勒(Joseph Bulter)之后,"conscientia"渐渐获得了作为普遍道德原则规范之认识的意义,而不仅仅是指在决疑论层次的原则在特殊情况中的应用了。也就是说,良心不再只是指"权",而更是指"经"——准确地说,指对"经"的认识。"synderesis"也就渐渐废用,决疑论也同样从历史上消失。

如果我们再往前追溯,那么我们就来到了古希腊。作为普遍意义的天赋良心的"synderedsis",是中世纪的圣杰罗米(Jerome)首先使用的,它来自古希腊词"syneidesis"。这个古希腊词也是"同知"、"共知"的意思,它在一个时期里等同于"意识"(即英文 consciousness 之意,而法文的"conscience"一词仍然保留"意识"之义作为其主要含义,所以用来作"良心"解时常常要在后面加上"morale",组成"道德意识"这一词组)。然而,圣杰罗米把"syneidesis"(知识、意识)改造为"synderesis"(良知、良心)使用时,却赋予了这个词以一种特殊的伦理含义。"synderesis"不再是一种一般意义上的知识,而是指一种特殊的知识,即一种对于道德是

---

[1] 有一个例外大概是戴震所说的"心知之弊"。

非及正当与否的知识。

那么,古希腊语中的"syneidesis"既然没有明显的伦理含义,有什么其他较接近于现代"良心"概念的词汇呢?在古希腊的哲学语汇中,最接近于现代"良心"概念的似乎是亚里士多德《伦理学》中所说的"明智""审慎"(在英文中一般译为"prudence"),但它和我们现在所理解的"明智"、"审慎"有些不同,在亚里士多德的体系中,它实际上更接近于"moral sight"(道德直觉、道德感知力)的意思。

再往前,苏格拉底在法庭为自己申辩时讲到自己心中有一种"灵异",即心里有一种神的声音告诉他应该怎么做,比方说,这种声音劝告他勿涉足公共生活,勿参与政治,但这种声音看来更像是现代人所理解的"明智"而非"良知"。在苏格拉底那里,更接近于我们所说的"良知"的反而是他在被判死刑后心里出现的"法律的声音",《克里同篇》所展示的苏格拉底临刑前的心理活动正是一种典型的良心的活动。在肯定这种意识具有某种直觉性,乃至奇异的直觉性上,苏格拉底与中国心性一系的儒家学者颇有相同之处,但在苏格拉底那里,这种意识还与神、与法律有一种联系,这却是后者所没有的。另外,苏格拉底虽然在这种意识的本源上,在解释它为什么会发生在自己的心里的问题上有一种直觉的肯定和把握,但他对这一意识的运用还是很理性的,用弗兰克纳(W. K. Frankena)的话来说,是提供了一个在特殊情况下诉诸普遍道德原则的典型范例。[1]

以上主要是从语源角度考察西方的良心概念,下面我们再看看西方思想家对良心含义的解释。

古希腊人的良心论尚未展开,对"良心"没有一个固定和通用的一般概念。苏格拉底的"灵异"类似良心,但带有某种神秘性;且他对这一

---

[1] 弗兰克纳:《伦理学》,关键译,三联书店1987年版,第1—7页。

概念本身未予以展开说明；亚里士多德对"道德的明智、审慎"虽有很多阐述，但这个概念较类似于后人的"具体良心"，即实际生活中的"道德判断力"，没有普遍的概括意义。当然，这并不是说古希腊人没有深刻感受到良心这样一种统一的道德意识的存在，实际上有许多概念，如"义愤""羞耻""正义感""畏惧""后悔"等词都指示出了"良心"，只是没有专门构成一个综合的良心理论而已。

斯多亚派强调了对道德律的意识（良心），这一意识主要是作为理性存在的，是人的灵魂的支配部分，是神的声音。而到了基督教教父和经院学者那里，这个神就是基督教的上帝，良心就是上帝写在人心中的法。良心是一种超越个人意识的共识，这种共识是上帝赋予的。奥古斯丁把金规描述为"被写出的良心"，而唯有上帝才是其作者。托马斯则区分和描述了良心的不同作用：一方面是普遍的、根本的良心，另一方面是具体应用的良心。

正如前述，到了近代，"synderesis"这个概念与决疑论（casuistry）都一起消失了，"conscience"就上升为普遍的良心，且同时包括了普遍与特殊两方面的内容。这一工作主要是由巴特勒完成的。在他之前的霍布士、沙夫慈伯利那里，"良心"并非一个专一的伦理术语，且常常是在否定（不使为恶）而非肯定（使之为善）的意义上使用。巴特勒则详细地阐述了"良心"（conscience）这一概念，他把良心看作是一种能辨别善恶的心灵知觉能力，认为良心是一种人心中的据以赞成或反对他的欲望和行动的支配原则，而自身并不直接趋向于行动。良心具有一种普遍性和优越性，也实际地存在于绝大多数人的心中。但他的良心理论对主观原则与客观道德法则的联系，以及良心这一支配原则本身构成这两个问题的阐述尚有明显缺陷。

所以，康德会提出"良心能教吗？"的问题，康德认为良心是作为理性存在的人本来就具有的，是天赋的、绝对的。良心实等于善良意志、义务意识、内心法则，是对普遍道德律的绝对尊重，因此普遍的道德法则就处于更优先的地位。叔本华则较强调良心的主观一面，认为良心是"道德的自我决定"，另一方面，费尔巴哈强调良心与幸福、利益的关系，认为良心受人际利益关系的制约，"良心是在我自身中的他我"。后来的黑格尔则又达到了某种综合：他认为良心是一种积极追求在主观和客观上都是善的东西的伦理意识。在英国，密尔、佩恩、斯宾塞主要探讨了良心与外部社会状况的联系，探讨了良心在个人和族类那里的经验起源。

20世纪西方哲学界对良心的看法和探讨主要有四种倾向：第一种倾向是撇开不谈或干脆否定。在具有实证分析倾向的哲学家看来，"良心"跟"自我""本体"一样都属于形而上的概念，都应该受到拒斥，在行为主义者看来，良心并非一种人特有的精神能力，而只不过是一种"习得的反应刺激的模式"，在这方面，与动物没有多少差别。甚至在最接近于古典良心论的直觉主义者那里，良心的概念也在其他概念后面消失不见了，他们宁愿用"道德直觉"、"道德判断力"等概念来表示类似于"良心"概念的含义。

第二种倾向是价值论中的良心概念。在一些价值论哲学家那里，他们把良心看作或是依据于价值情感，或是指向某种超越权威，这意味着良心并不自律地创造价值，而是以价值为先决条件。

第三种倾向表现为存在主义中的良心概念。存在主义者都强调良心的自我意识性质。海德格尔认为良心是从"此在"（人）中发出的对"本然的自己存在"的呼声，雅斯贝尔斯认为良心是对善恶的辨别力和决断心，良心只有在个人与个人的存在交往中，才能敞开。

第四种倾向表现为精神分析心理学中的良心概念。在弗洛伊德看来，良心是个人的"超我"，是社会的要求在个人那里被内在化了。

2. 中国的良心概念

显然，汉语中的"良心"一词可析为两字：一为"良"，即道德；一为"心"，即意识。"良"字本身固然有多种含义，包括非道德意义上的"好"、"精美"、"手艺熟练"等等，但一旦与"心"或"知"联系起来，则从来都只有道德的含义。这里值得注意的是"良"字还有"天赋、先天就有"的意义，如孟子所言"不学而能谓之良能，不学而知谓之良知"，就明确地以"不学而知"来定义"良知"。所以，"良心"、"良知"在孟子那里不仅是道德之知，而且是天赋之知。

中国传统思想的一个重要特点是天文、地理、自然、政治都有伦理化的倾向。"心"的意思本是指人之身体内部的器官，然后被引申为思维器官（等于脑），然后又被引申为思维和意识，然后又常常被径直作为"道德意识"的同义词使用。陆象山论心，常常不着一"良"字，不着一"善"字，然而所论之心却纯是道德之心，善善恶恶之心。其他思想家也常如此，故我们可暂时放弃"良"字而专门论"心"，先来追溯一下"心"是如何获得其道德意义的，它是如何由一般意义上的心引申出道德之心的：

(1)《诗经》论心。"心"在《诗经》中出现165次，基本上都是在"意识"（尤其是"情感意识"）的意义上使用的。令人吃惊的是，这"心"几乎总是和"忧""伤""悲""噎""怛""惨"等伤感的情绪联系在一起，而与"喜""休""遐""宁"等正面情感联系在一起只有6次，"乐"则从来没有与"心"连用过一次。

《诗经》中表现忧伤之情的诗句举不胜举，令人感叹，然而道德的意义也许就渐渐萌生于此？请看下面一段：

> 相彼投兔，尚或先之，行有死人，尚或墐之。君子秉心，维其忍之，心之忧矣，涕既陨之。（《小雅·小弁》）

此处作者的忧心已是一颗不忍人之心，一颗悲天悯人之心。一颗心忧己，尚非道德心，一颗心忧人，却已是道德心，即一颗恻隐之心、一颗同情之心了。因自己的痛苦而推想到别人的痛苦，那么，即使自己不再置身于这种引起痛苦的处境，而只是看到别人置身于这种处境中，也能去体会别人的痛苦，自己就会对自己的行为深长思之，或者是因悲悯而谋解救，或者是因自己过去的行为也是造成别人这种处境的一个原因而生内疚，而图弥补。这指示了一条路向：即道德一般是源于推己及人，是源于同情，当然，在《诗经》这一文学作品中，"心"还没有成为道德哲学的一个固定概念。

（2）孔子论心。"心"字在《论语》中出现6次，都是在"意识"而非"道德意识"的意义上使用，我们不一一抄录，仅举一例为证：

　　子曰：回也，其心三月不违仁。（《雍也》）

值得注意的是，"心"显然与"仁"有别，而"仁"在此无疑是一种客观的、确定的道德规范，"心"可能违"仁"，也可能不违"仁"。可见"心"仅指"意识"而非"道德意识"。

（3）《管子》论心。《管子》中《心术》上、下，《白心》《内业》四篇的作者是谁的问题尚有争议，其中对心的论述可归纳为以下三点内容：

第一，心在人的身体那里处在君位，人的九窍则各有职分，不能互代。

第二，心处道，窍循理，静乃自得。安心之法在得道，在去忧乐喜怒欲利，心和乃成、修心静音，道乃可得。不以物乱官，不以官乱心，是谓中得，是谓内得（德）。

第三，我心治，官乃治，我心安，官乃安。心安即国安，心治即国治。

《管子》四篇主要是从心的地位和功用论心，心居身体之主宰地位，心又与道发生联系，循道谓之得（德），心有一种由里向外的扩展。此处的"心"也主要还是在"意识"、"精神"的意义上使用。

(4) 孟子论心。"心"在《孟子》中共出现了119次，包括单独使用和组成"良心"、"中心"、"放心"、"心志"、"心思"等双音词。在此，"心"字是分别在下列三种意义上使用的：

第一，思维器官，如"心之官则思"（《告子上》）。

第二，思想、意识，如"以德服人者，中心悦而诚服也"（《公孙丑上》）。

第三，天赋的道德观念和意识。如："虽存乎人者，岂无仁义之心哉？其所以放其良心者，亦犹斧斤之于木也，旦旦而伐之，可以为美乎？"（《告子上》）这是首次出现"良心"的完整概念。除此之外，孟子还使用了"良知"的概念，也是指这种天赋的道德观念。"良心"、"良知"等概念在孟子这里第一次获得了明确固定的道德意义，孟子并对良心的内容、性质、意义、根源，以及心性关系做了深刻的阐述。

(5) 后人论心。后人论心大体不出上述范围。较早，也较值得注意的有下面几种论述：

荀子：a.心为形之君，出令而无受令。b."人心之危，道心之微"，危微之几，惟明君子而后能知之。c.君子养心莫善于诚。

《礼记·乐记》：凡音之起由人心生也，故君子曰：礼乐不可斯须去身，致乐以治心，则易直子谅之心油然生矣，生则乐，乐则安，安则久，"乐者，通伦理者也"。

《淮南子·人间训》："清静恬愉，人之性也，仪表规矩，事之制也。知人之性，其自养不勃，知事之制，其举措不惑。发一端，致无竟，同人极，总一莞，谓之心。"心为人之本。

董仲舒《春秋繁露·循天之道》："凡气从心，心，气之君也。""是以天下之道者，皆言内心其本也。"

然而，这还是些片断的论述，直到宋、明，心学才经陆象山，由王阳明之手构成了一个博大精深的理论体系。

总之，到秦汉时，对心的论述已发展到包含下列内容：第一，心指人的意识、精神，其中包含恻隐、羞恶、辞让、是非等道德内容。第二，心为人的身体之主宰，支配五官、四肢及身体其他部分；心安则身安，心治则身治，治心意味着要除去情欲。第三，心为性之本，心为行之本，人的道德行为取决于道德心。

与"心"很接近的词还有"知"。"知"在中国古代也不仅仅是个认识论概念，而是很早就有了道德的含义。如《荀子·礼论》："凡生于天地之间者，有血气之属必有知，有知之属莫不爱其类。"这里所言的"知"是一种同情恻隐之心，而且他把人之良知与动物之知联系起来。

以上论心、论知，都是紧扣"意识""精神"来阐述"良心""良知"的含义，虽然"良心"概念在孟子那里仅使用过一次，"良知"之说也只是到明代中叶王阳明那里才大放光明，但按照我们前面对"良心"的定义，实际上我们在古代的许多概念中都可发现"良心"的痕迹，例如在《尚书·多方》中：

惟圣罔念作狂，惟狂克念作圣。

意为：虽然是圣明者，一旦无善念也会愚狂，虽然是愚狂者，一旦能发善念也能成圣明。此"念"实即一点诚意，一点良知。

再如孔子。孔子未言过"良知"，然其仁学中实洋溢着一种推崇内心之善的道德精神，如他说"我欲仁，斯仁至矣"，故孟子也曾直截了当地以"心"来解释孔子之"仁"：

> 仁，人心也；义，人路也。舍其路而弗由，放其心而不知求，哀哉！人有鸡犬放，则知求之；有放心而不知求。学问之道无他，求其放心而已矣。（《告子上》）

而且，我们可以进一步说，孔子之"忠"，孟子之"诚"，颜渊之"乐"，曾参之"孝"，《大学》之"正心诚意"，《中庸》之"诚明""明诚"，无不具有"良心"的含义，中国的儒学后来以"心性之学"、"内圣之学"这一系最为光大决非偶然，其精华、其命脉、其骨血也主要在此。

自20世纪始，自国人大量翻译西方典籍起，加上后来白话文运动的勃兴，"良心"就越来越成为人们在日常生活和著述中用来表示道德意识最常见的概念了，但是，我们不可忽视历史上这许多与"良心"意义相同或接近的概念。

3. 两点区别

综上所述，我们认为中国与西方在良心概念的诠释方面主要有以下两点区别：

第一，中国历史上的思想家一直很重视对良心的探讨，虽然使用的概念并不一致，但其中的精神意蕴却是一贯的，从原始儒家、宋明理学直到当代新儒家（如熊十力、牟宗三）的共同特点是都很重视对内心道德意识的开发，甚至把这作为其哲学思考的中心，他们都把内圣置于外王之先，把内圣置于外王之上。而西方思想家则远没有把对良心的探讨置于如此重要的地位。在西方历史的两端：古希腊与当代，良心理论都不发达，在中世纪与近代，对良心的探讨也是要么与上帝联系起来，使之成为其哲学神学的一部分，要么被对社会伦理的关注所掩盖而相形失色。良心很少在西方思想家那里成为其哲学思考的中心。

第二，中国历史上的思想家大都强调良心的综合性、直觉性和自足性，把良心看作一个包括了理性、情感、意志、信念等种种道德意识成分的整体，对良心取一种直接的整体把握，而并不深究其细节。而在西方，我们知道，良心概念的字面含义就是"同知"、"共知"。"同""共"意味着他人，意味着社会，意味着要与他人取得某种一致，"知"则意味着认识、知识，而对这个"知"的诠释则多解为"理性"。中国思想家对良心的意义体验至深，却不甚关心良心的起源、构成等问题，在他们常说的"良心就是良心"，"良心就是当下的呈现"一类话语中，虽有某种武断的嫌疑，但也有一种崇高、绝对的意味；而西方思想家则从哲学心理学、社会学、文化学、人类学等方面对良心概念作过种种分析。总之，中国思想家长于对良心的体验，长于对良心的总体和直接的把握；西方思想家长于对良心的分析，长于对良心的分门别类、不同角度的细致探讨。体验者必使自身介入其中，使自身人格与生活发生某种改变；分析者则可以取一种冷静的理智旁观态度。故我们在中国人的良心概念那里，接触的不仅是学理，还有如孟子、阳明等一个个带着感情和血肉的生动人格，而在西方人的良心概念那里，则像进入了一座精致的学理的宫殿。西方人也有其深刻的终极关切和热烈的精神追求，然其基点不是固定在良心的概念上。

二、良心的性质

良心的性质是绝对的还是相对的？是普遍的还是歧义的？这是如何看待良心的功能、作用和意义的一个关键问题。而要回答这个问题，又涉及良心的起源与构成两个方面：良心是先天就有的还是后天习得的？良心主要由什么因素构成？是感性还是理性？是情感还是知觉？诸如此类问题就构成了我们探讨良心性质的主要内容。一般说来，强调良心的绝对性的观点，通常也认为良心是天赋的，主要是由理性或知觉构成的；而强调良心的相对性的观点，通常认为良心是后天形成的，主要是由经验或情感构成的。

1. 西方良心理论的分类

美国哲学家梯利（F. Thilly）在其《伦理学概论》中曾把西方的良心理论从性质上分为理性直觉论、情感直觉论、知觉直觉论、经验论以及直觉论和经验论的调和五种，我们现在就依其框架，略作一些调整来进行阐述：

（1）理性直觉论

一般来说，直觉论者都倾向于认为良心是天赋的，并且具有某种绝对的确实性，但在解释这种道德天赋的进一步来源（是人心固有还是上帝印上的？）以及这种天赋的内容（主要是理性、知觉还是情感？）方面却有所不同。古典的理性直觉论者包括中世纪经院学者、近代英国伦理学家库德华兹、克拉克等，他们倾向于把伦理的真理比之于数学的真理，认为两者同样是普遍必然的，现代的理性主义者则要审慎得多，他们否认人文伦理的原则或道理可等同于自然科学的客观真理，强调虽然有某些具有绝对意义的道德准则，可以为人的理性所直接把握，但是理性并不再具有过去那种至高无上的地位。

（2）感性经验论

以感性经验来解释良心的根源与基础的理论属于感性经验论。这意味着良心是后天获得的，是可以变化的，是依赖于某种非道德的东西的，是具有相对性质的。霍布士把良心定义为"明显的意见"，洛克也否认有天赋的道德观念或真理，认为良心不过是我们关于道德正直或行为不端的意见或判断，而我们的道德判断能力则是从经验中获得的。凡经验论者都特别强调良心与人的利益、苦乐、好恶之间的联系，良心由经验决定，就意味着良心由人在经验世界中所感受、所拥有的东西决定。所以，循经验论走到极端就意味着否定良心的存在，故边沁会说："良心是一个虚构的东西，被假设在心灵中占有一个位置。"[1] 他认为良心只是一个人对自己行为的赞成或反对的意见，仅仅就它符合功利的原则而言才有价值。现代行为主义者看来也是循着经验论这一条路走到把人的良心与动物的某些反应模式等同的。现代直觉主义者则不遗余力地反对这种对善恶正当的经验论或"自然主义"的解释，认为"善就是善"，"正当就是正当"，不能用功利或别的非道德的东西来解释道德。

（3）情感论

情感论把良心看做一种感情或感情的能力，这种感情自然也是天赋的。属于这一派别的有英国的道德感理论家，例如沙夫慈伯利认为，良心即一种能判断人的仁爱与自爱情感达到一种恰当的平衡的道德感。休谟也赞同类似的观念。卢梭更是对道德情感推崇备至。古代情感论者大都不否认良心的绝对性、普遍性，当代则不然。现代西方情感主义者认为价值判断（包括道德价值判断）都不是科学，既不真也不假，而主要是个人情感的表达，这样，道德判断以及进行这种判断的良心，自然也就没有了传统情感论者赋予它的那种绝对性和普遍性了。循情感论走到极端也会达到一种相对主义。存在主义也可以说属于广义的情感良知论一派。

（4）知觉论

知觉论与传统的理性论、情感论都可以说是属于直觉论这一范畴，然而，理性论与情感论把这种直觉再进一步解释为主要是理性或情感，而知觉论者则停留于此，认为直觉就是直觉（或者说直觉就是知觉）。这一派应该说最接近于中国的直觉体认论。

---

[1] 《义务论》第1卷，第137页，转引自梯利：《伦理学概论》，中国人民大学出版社1987年版，第37页。

知觉论的主要代表是巴特勒,他也是西方良心论的最重要代表。巴特勒认为:良心即一个人所拥有的一种优越的反省原则(或本原),这一天赋原则直觉地辨别善恶和正当与否,无须依赖于任何东西,享有至高无上的权威。现代直觉主义者虽然不直接谈到良心,但实际上也还是属于这一派,他们认为善、正当、应当等伦理学的基本范畴,都具有某种直接可以为人感知、不证自明的性质,并不需要提出任何论据,进行任何推理,或者依凭什么感情。

(5)调和论

还有一些解释良心性质的观点,我们可以称之为调和论,这种调和主要是直觉与经验论的调和。有的调和论者更倾向于直觉论,也有的调和论者更倾向于经验论。

总之,西方有诸多从不同角度解释良心性质的理论,且都自成一体。中国虽也有从经验论等立场解释良心的论述,但不成体系。最成体系的,也是影响最大、最能表现中国良心理论之特征的,还是以心性儒家为代表的直觉体认论。

2. 中国的直觉体认论

中国历史上的良心理论主要是由儒家阐述的,而儒家的良心论又可以说主要是一种直觉体认论。从孟子、象山、阳明到熊十力、牟宗三,在强调直觉论这一点上是一脉相通的,即都是在生命体验的层次上去感认和直觉良知,把良心视为一种直觉。

这种直觉是天赋的,即孟子所谓"不虑而知"之"良知"。"孩提之童无不知爱其亲者,及其长也,无不知敬其兄也。"(《尽心上》)因此,它也是人人皆有的:

> 恻隐之心，人皆有之；羞恶之心，人皆有之；恭敬之心，人皆有之；是非之心，人皆有之。恻隐之心，仁也；羞恶之心，义也；恭敬之心，礼也；是非之心，智也。仁义礼智，非由外铄我也，我固有之也，弗思耳矣。(《告子上》)
>
> 人之有是四端也，犹其有四体也。(《公孙丑上》)

良知实在是人人心中固有的、内在的，人就像拥有自己的身体器官一样拥有良心，人虽然有时被蒙蔽而陷溺其心，然只要反身而诚，就能发现这本来的良心。这番工夫，孟子叫"求放心"。"尽心"就能"知性"，"知性"则能"知天"。

象山晚孟子一千五百多年，然其思路就像是紧接着孟子讲的。他在引孟子"尽心""知性""知天"之语后说：

> 心只是一个心，某之心，吾友之心，上而千百载圣贤之心，下而千百载复有一圣贤，其心亦只如此。心之体甚大，若能尽我之心，便与天同。为学只是理会此，"诚者自成也，而道自道也"，何尝腾口说？[1]

我们需要特别注意象山认为"良心"无法细说，无法分析这一点：

> 伯敏问他："如何是尽心？性、才、心、情如何分别？"他说："如吾友此言，又是枝叶，虽然，此非吾友之过，盖举世之弊。今之学者读书，只是解字，更不求血脉。且如情、性、心、才，都只是一般物事，言偶不同耳。"伯敏又问"莫是同出而异名否？"他回答说："不须

---

[1] 《陆九渊集》，中华书局1980年版，第444页。

得说,说着便不是,将来只是腾口说,为人不为己,若理会得自家实处,他日自明,若必欲说时,则在天者为性,在人者为心。此盖随吾友而言,其实不须如此,只是要尽去为心之累者,如吾友适意时,即今便是。"[1]

这几句话"不须得说,说便不是"、"即今便是",我们后面还要分析。总之,象山接着孟子,进一步强调良心的天赋性、绝对性,而尤其强调良心的普遍性。心即是"理","理"就在心中。"仁,即此心也,此理也"[2],"万物森然于方寸之间"[3],"格物致知"就是彻悟"本心",就是"一是即皆是,一明即皆明"[4],"万物皆备于物,只要明理。然理不解自明,须是隆师亲友"[5]。所以,当其弟子问他《中庸》以何为要语时,他批评道:"我与汝说内,汝只管向外。"他在居象山的时候,经常告诉其他学者说:"汝耳自聪,目自明,事父自能孝,事兄自能弟,本无少缺,不必他求,在乎自立而已。"象山的弟子杨简后来在为复齐、象山二先生祠作记时把这话说得更集中,语气更强烈:"人心自善,人心自灵,人心自明,人心即神,人心即道,安睹乖殊?"价值与道德的无穷资源就在自身,就在内心,且并不隐晦,并不遥远,只要你认真去体认,当下即是。

阳明对良心的论述因我们还要在后一节详细阐述,故兹不多论。在此我们仅略举阳明对良心性质所做的几种最扼要的解释:

---

[1] 《陆九渊集》,中华书局1980年版,第444页。
[2] 同上书,第5页。
[3] 同上书,第423页。
[4] 同上书,第469页。
[5] 同上书,第440页。

心者，身之主也，而心之虚灵明觉，即所谓本然之良知也。[1]

性无不善，故知无不良，良知即是未发之中，即是廓然大公，寂然不同之本体，人之所同具者也。[2]

良知者，心之本体，即前所谓恒照者也。[3]

盖良知只是一个天理自然明觉发见处，只是一个真诚恻怛，便是他本体。[4]

良知者，孟子所谓是非之心，人皆有之者也。是非之心，不待虑而知，不待学而能，是故谓之良知。[5]

值得注意的是，阳明虽认为"良知"二字"人人所自有，故虽至愚下品，一提便省觉"[6]，但他悟得"良知"之意，却也是在他三十七岁历经危难，又备尝艰苦的龙场驿丞任上，而从其心已悟得其意，到他正式揭出"良知"二字，却又费了整整一十三年！他自己谈到这一过程说："吾良知二字，自龙场以后，便已不出此意，只是点此二字不出。与学者言，费却不小辞说。今幸见出此意，一语之下，洞见全体，直是痛快！"[7] 以阳明之豪雄、之洞察力，其悟得良知之精神历程尚且如此之难，他人又如何能便捷直取呢？或者，这意思是说当已经有人挑明良知真谛之后，其他人则可走一条较迅捷的路？然而，按直觉必须是自觉的道理言，不还是每个人都应该亲自去经历一番艰苦探索的漫长路程才有望达到这一洞见吗？或

---

[1] 《王文成公全书》"传习录中"。
[2] 同上书，卷二。
[3] 同上书，卷二，"答陆原静书"。
[4] 同上书，卷二，"答聂文蔚二"。
[5] 同上书，卷二十六，"大学问"。
[6] 同上书，卷六，"寄邹谦之三"。
[7] 《王文成公全书·刻文录叙说》。

者,良心的直觉性还应当在另外的意义上理解?

最后,我们引一个著名的例子,以说明直觉体认论在当代的延伸。牟宗三在《我与熊十力先生》一文中回忆说:有一次冯友兰往访熊十力,熊十力最后提到:"你说良知是个假定,这怎么可以说是个假定。良知是真真实实的,而且是个呈现,这须要直下自觉、直下肯定。"牟宗三评论说:"良知是真实、是呈现,这在当时,是从所未闻的。这霹雳一声,直是振聋发聩,把人的觉悟提升到宋明儒者的层次。"我们后面还要仔细分析这段话。

三、良心的意义

良心在个人那里占有何种地位?这种地位意味着什么?良心对一个有理性、有自由的人意味着什么?良心与人的本性、与人的追求有何关系?总之,良心对人有何意义?这些,就是这一节我们所要考虑的问题,这实际上已不止是伦理学的问题了,但为了说明中西良心论的主要差别,我们有必要这样做。

1. 中国的良心本体论

确实,早在孔子那里,就已经表现出重视内心、重视内在的价值与道德资源的思想了。孔子重礼,但是礼主要并不在于外在的物质方面,"礼云礼云,玉帛云乎哉?乐云乐云,钟鼓云乎哉?"(《论语·阳货》)礼之要义甚至也不在外在的规范层面:"人而不仁,如礼何?人而不仁,如乐何?"(《论语·八佾》)礼之本实在于内在的精神,在于仁爱和忠恕之心。孟子进一步发展了孔子的这一思想:学问之道无他,求其放心而已,个人如此,治国亦如是,即要格君心之非,君身正而国亦正。

王阳明是儒家向内心开拓这一路线的一座高峰，是良心理论的集大成者。良心论在他这里得到了全面和充分的展开，我们现就主要依据他的观点来描述中国儒家良心理论的主要特征。

（1）万物万理统一于心

王阳明认为：圣人之学，即是心学。他描绘了这一心学传统：十六字心经—孔子—孟子—宋周程二子—陆象山。[1]并说：

> 是故君子之学惟求得其心，虽至于位天地，育万物，未有出于吾心之外也。……故博学者，学此者也，审问者，问此者也，慎思之，思此者也，明辨者，辨此者也，笃行者，行此者也。心外无事，心外无理，故心外无学。是故于父子尽吾心之仁，于君臣尽吾心之义，言吾心之忠信，行吾心之笃敬，惩心忿，窒心欲，迁心善，改心过，处事接物，无所往而求尽吾心以自慊也。譬之植焉，心，其根也，学也者，其培雍土者也，灌溉之者也，扶植而删锄之者也，无非有事于根焉耳矣。[2]

心是什么？心不是一块血肉，凡知觉处便是心。心是身之主。而心之虚灵明觉即所谓本然之良知。正是以良知为核心，为基础，为本体，则放眼看去，万物万理皆可归之于心，统摄于心。中国哲学向有合的传统：天人合，内外合，家国合，礼法合，身心合……而王阳明把这一合的传统发展到顶点，在他看来，万物皆可合而为一，这个"一"就是良知，良知备万物、含万善、肇万化，无往而不知，无往而不通。有的西方思想家到处都看见差别，而在阳明这里，则是到处都看见相通，看见同一：心性

---

[1] 详见《王文成公全书》卷七，第39页。
[2] 《王文成公全书》，卷七，第34页。

合一，心理合一，礼理合一，动静合一，内外合一，心性情合一，心性天合一，知行合一，《大学》三纲八目合一，尊德性与道问学合一，博约合一，学问修身与日用事功合一……而所有这些合一又都可以再合一。但我们在此只通过分析一种最主要的合一——"知行合一"来揭示良心的中心地位和意义。

"知行合一"是王阳明"致良知教"的先声。王阳明37岁被谪至贵州驿为驿丞，在艰难困苦的环境中悟得"格物致知"之旨，提出了"知行合一说"。在此我们首先要清楚：这里的知是道德之知，行也是道德之行，知行合一的意思是：知即是行，行即是知，或知之真切笃实处即是行，行之明觉精察处即是知，知而不行则非真知，行而不知那是盲行，就如《大学》之说"如好好色，如恶恶臭"，见好色属知，好好色属行，只见那好色时已自好了，不是见了后又立个心去好，闻恶臭属知，恶恶臭属行，只闻那恶臭时已自恶了，不是闻了后别立个心去恶。此便是知行的本体，即不曾被私意隔断的一体。凡有说了不做的，"知"而不行则是因有私意隔断，并非真知。真知是一定要行的，真知本身就是行。这里的行实际包括态度、念头、意志、感情在内（"一念发动处即是行了"）。因为王阳明论知从来不是论单纯认识论意义上的知，而是价值论意义上的知，这一价值之知自然在知之始就已伴随一定的主观态度、感情、意志，亦即"如好好色，如恶恶臭"。这就是行，或内在的行，它必然要引出外在的行，必然要作用于这个知者的生活和人格。

王阳明申言其"知行合一"说的立言宗旨是去恶念，因为若把知行分做两件，以为一念发动虽不善，然未曾行，便不会去禁止，而现在说知行合一，恶念一发动处便即是行了，就须将这不善的念克倒。而克去恶念，就已是善了，克去恶念，去掉私欲，这也就是致良知。

由此可见，"知行合一说"纯是为了人生与道德，纯是为了从根本（内心）上解决人生与道德问题。也就是说,"知行合一说"最后必归宿到良心论名下来,王阳明在五十岁正式提出了"致良知",就把前面的"知行合一说"包括在内了。强烈的成圣动机,使王阳明看到万物万理都如万川归海一样归于人的内心,认为致良知是提高人的道德以成圣的最简易、最亲切、最有效的途径。陆象山说:念虑之不正者,顷刻而知之,即可以正。何等快捷迅速,且又是治本清源。说"知行合一"就是说必须先从心里截住恶念,而不必等它变成外在的行为,道德教化要诉诸良心,个人的道德功夫要用在心上,心里有了良知,便无有不是的,有亲亲之心,即有孝亲之理,孝亲之理并不是在亲人的身上,否则亲人一死理也就没有了,何必丧祭?孝亲之理是在吾心之良知中。故此,王阳明言心外无理,心虽立乎一身,而实管乎天下之理,理虽散在万事,而实不外乎一人之心。心一而已。以其全体恻怛而言谓之仁,以其得宜而言谓之义,以其条理而言谓之理,不可外心以求仁,不可外心以求义,亦不可外心以求理。外心以求理,那就使知、行为二了,而求理于吾心,则是知行合一。这里点出了"知行合一说"与"致良知说"的第一层关系。要想有德行,必须致良知。论学惟说立诚二字,勿执着外在异同是非,而是要务立其诚而已。

然而,这并不是说王阳明就主张只守住自己的内心,静心克欲,不管外事。那就要流入佛老了。相反,阳明是主张时时处处在事上磨炼的。他致书陆元静告勿离群索居,说世事皆学问,何事非天理。他释《大学》八目亦有此意。认为正心诚意必须落实到格物,格不仅有"至"意,还有"正"意,"物"不是物质之物,而就是"事",意未有悬空的,必着事物,故欲诚意,则随意所在某事而格之,使去其人欲,而归于天理,则良知之在此事者无蔽,而得致矣,此便是诚意的功夫。随时在事上致其良知,便是格物,着实去致良知便是诚意,着实致其良知,而无一毫意必同我,便是正心。诚意功夫实下手处在格物也，若此格物，人人便做得，说人皆可以为尧舜，正在此也。这点出了"知行合一说"与"致良知说"的又一层关系，要想致良知，必须重实行。当然，"知行合一"并非知行并列，根本的还是知，还是良心。知是行的主意，行是知的功夫。重心在知，主旨在知，目的在造就一种高尚的圣贤人格。

而且，岂止是知行合一、心理合一？王阳明到处都看见相同，看见合一。陆象山也说心只是一个心，性、才、心、情都是一物，在天为性，在人为心，若能尽我心，便与天同。但言而不详，到王阳明这里，人文道德世界的一切都可以打成一片：心即性，性即心，天、地、命、性、心，只一性而已，人只要在性上用功。心即身，身即心，身、心、意、知、物只是一件，但指其充塞处谓之身，指其主宰处谓之心，指心之发动处谓之意，指意之灵明处谓之知，指意之涉着处谓之物，修身、格物、致知、正心、诚意实际皆一事。心主于身，性具于心，善（外在道德规范）原于性，性、理、善皆吾心，在物为理，处物为义在性为善，因所指而异名，实皆吾之心也。"心外无物，心外无事，心外无理，心外无义，心外无善，吾心之处事物纯乎理，而无人伪之杂，谓之善。"[1] 明善即诚身，诚身即明善，是一件事而非两件事。

人问王阳明：圣贤言语许多，如何却要打破做一个，他答："我不是要打做一个，只是道一而已，天地圣人皆是一个，如何二得"。圣人之学就是惟一之学，惟一是惟精主意。唯精是唯一功夫，精从米，可以米譬之，要米纯然洁白，便是唯一意，舂簸、筛拣则是唯精之功。博学、审问、慎思、明辨、笃行，皆是以唯精求唯一，他如博文亦是约礼之功，格物致知即诚意之功，道问学即尊德性之功，明善即诚身之功，均无二说也。

---

[1] 《王文成公全书》，卷四，第58页。

在王阳明这里，世界是统一的，它统一于良心，而这世界主要是人文世界而非物理世界，这心是道德心而非认识心。如果说讨论良心的认识论起源、根据和性质是讲良心的前半截，而讨论良心对人生的意义、作用和功能是讲良心的后半截，那么可以说，王阳明的良心论主要是在这后半截上做文章。

讲伦理道德总要讲外在规范与内心动机两个方面，然而人们总希望有一个统一的基础，以避免一种二元论，那这基础是在内还是在外呢？儒家伦理的发展一直有内倾的倾向，孟子之言尽心知性知天，把心视作首要的，程朱实际也还是重内，但却不如王阳明这样彻底、这样完全、这样坚决、这样斩钉截铁地把良心作为统一万事万物、万义万理的基础。以良心涵盖万物，涵育万理，在中国思想史上首推阳明。"良心只是个是非之心，是非只是个好恶，只好恶，就尽了是非，只是非，就尽了万事万变"。[1]有了良心，就可以以不变应万变，"人人自有定盘针，万化根缘总在心"。良心自足，不假外求，万事万物之理不外于吾心，而必曰穷天下之理，是殆以吾心之良知为未足也，故王阳明要把"晚年朱子"往心学上扭。王阳明在此达到了一种理论上的圆融和彻底，达到了一个完全一元的世界，然而也为此付出了代价。

（2）主体性的确立

以良知为中心意味着主体性的确立，意味着对道德行动者提出了很高的要求，即必须矗立起一个道德的自我，必须由自己去体会、去努力、去磨炼、去自致良知。外在的行为是看得见的，别人可以指点，而良知却是别人看不见的，需自家体会。这也就是王阳明《答人问良知》一组诗中其中一首的意思：

---

[1] 《王文成公全书》，卷三，第20页。

> 良知却是独知时，此知之外更无知，
> 谁人不有良知在，知得良知却是谁，
> 知得良知却是谁，自家痛痒自家知。
> 若将痛痒从人问，痛痒何须更问为。[1]

儒家一向重视这种道德主体性的确立。孟子说人之体有大体有小体，养其大者为大人，养其小者为小人，又说舍生取义。"涵养"是指长远、一生的道德修养，"舍取"是指处在某种边缘处境的道德选择，这些都要求突出道德主体的力量。于是，所谓求放心之求，养浩然之气之养皆是强调道德主体的能动性、主导性。故孟子会说"人必自侮，而后人侮之"，会认为"自暴自弃者，不可与之言"。

宋明心学的创始者陆象山更反复申明、大声疾呼要确立这一道德的主体：

> 要耳自聪、目自明，事父自能孝，事兄自能弟，本无欠阙，不必他求，在自立而已。[2]

> "诚者自诚也，而道自道也。""君子以自昭明德。""人之有是四端，而自谓不能者，自贼也。暴谓'自暴'，弃谓'自弃'，侮谓'自侮'，反谓'自反'，得谓'自得'。祸福无不自己求之者，圣贤道一个'自'字煞好。"[3]

> 自得、自成、自道，不倚师友载籍。[4]

---

[1] 王阳明：《王文成公全书》卷二十，外集二，居越诗。
[2] 《陆九渊集》，第399页。
[3] 同上书，第427页。
[4] 同上书，第452页。

> 教小儿，须发其自重之意。[1]
>
> 自立自重，不可随人脚跟，学人言语。[2]

王阳明也反复申明圣贤之学只是为己之学，为己之学的含义是首先成就一个道德的自我：

> 人须有为己之心，才能克己，能克己，方能成己。[3]

王阳明区分"躯壳之己"与"真己"，认为天理作为身的主宰即心即真己，真己是躯壳的主宰。从吾所好，要从真吾，真吾即良知，真吾之好与天下之好同。道德主体也就是心为主宰。目虽视，而所以视者心也，耳虽听，而所以听者心也，口与四肢虽言动，而所以言动者心也，故欲修身当正心，正心当依靠自己。"以水为喻，活水有源，池水无源，有源者由己，无源者从物，故凡不息者皆有源，作辍者皆无源故耳"[4]，依靠自己方能有活水，方能使道德功夫源远流长。又言"君子不求天下之信己也，自信而已"。自信方能自立，自立方为做人。又说良知即未发之中，然未发之中之气象只自家体会得。他在答刘观时问时说："哑子吃苦瓜，与你说不得，你要知此苦，还须你自吃。"[5] 又言："若体认得自己良知明白，即圣人气象不在圣人，而在我矣。"[6] 最高的精神境界须由自己去接近、去体会、去把握。

---

[1] 《陆九渊集》，第 458 页。
[2] 《宋元学案》，第 1894 页。
[3] 《王文成公全书·传习录上》。
[4] 《王文成公全书》卷四，文录，第 56 页。
[5] 同上书，卷一，第 34 页。
[6] 同上书，《传习录下》，第 54 页。

然而王阳明又经常讲到"无我":

> 圣人之学,以无我为本,而勇于成之。[1]
>
> 人心本是天然之理,精精明明,无纤介染着,只是一无我而已,胸中切不可有,有即傲也。古先圣人许多好处,也只是无我而已,无我自能谦,谦者众善之基,傲者众恶之魁。[2]

这说明在王阳明、陆象山乃至上溯到孟子的心性儒学这一系里,最大限度地调动道德主体的力量正是为了使主体成为道德的!此即圣人之学为己之意,为己是为了克己,克己则无己、无我,而无己无我方能成己、成我。其所要为之己,所要成之我正是道德之己、高尚之我,而所要克去之己、克去之我则是不道德之己、不高尚之我,亦即私欲。

孟子讲扩充,王阳明讲致良知,皆是讲道德主体之用。儒家视道德主体即为本体,当代大儒熊十力更明白揭出"体用不二"的旗帜,工夫就是本体,本体就是工夫。没有空悬的道德主体,道德主体总是在工夫中体现。熊十力言其《新唯识论》是全发明此旨,即工夫即本体,说此是从血汗中得来。良知必须去致,去致即推扩之义,推扩工夫即顺良知主宰而着人力,顺主宰而推扩去才无自欺。若以为人有良知就自然都是圣人则大谬不然。良知确是本体或主宰,然而却要自家努力去把它推扩出来,一不推扩自欺便起,没有推扩工夫而求无自欺,必不可能,必有积极的推扩工夫而不只是消极的论说才可不自欺。熊十力于1948年12月31日战云弥重之际,仍在致牟宗三并转唐君毅的信中谆谆告诫:

---

[1] 《王文成公全书》,卷七,《别方叔贤序》。
[2] 同上书,卷三,第34页。

> 主宰不是由人立意去做主之谓,主宰非外铄非后起,而确是汝之本心,是汝固有之良知或性智,亦即孟子所云仁义之心,程朱云天理之心,却要在知善知恶知是知非之处,或智处认识他。阳明教初学总在此指点,认识了这个面目,却要自家尽人能,即努力去推扩他。推扩得一段,主宰的作用便显发一段,推扩得两段,主宰的作用便显发两段。你时时在顺主宰的作用而推扩之,即无所往而不是主宰显发。于流行见主宰要于此悟去,即工夫即本体要于此悟去。一息不推扩即容易失掉主宰,而习心私意将乘机而起矣,自欺而不自觉矣。[1]

可见,道德主体又实际上存在和确立于要成为道德主体的不懈努力之中。

(3) 圣贤人格的进路

良心对于人的最高意义,就在于成就一个完善的人格。良心不向人许诺健康、财富、权力、地位、荣誉、知识这些常常被人视为幸福要素或价值目标的东西,它只是许诺一个高尚的人、一个纯粹的人。

而人之所以为人,人与禽兽之别就在于有无仁义道德,所以甚至不必说做一个道德人、一个高尚的人,仅仅说做"一个人"就有此意了。人凭一种高尚的道德精神而高于众生,而成为大写。象山之言甚感人:

> 人须是闲时大纲思量;宇宙之间,如此广阔,吾身立于其中,须大做一个人。[2]

> 大世界不享,却要占个小蹊小径子,大人不做,却要为小儿态。

---

[1] 转引自《中国文化》,1989年12月创刊号,第182页。
[2] 《陆九渊集》,第439页。

可惜！[1]

> 凡欲为学，当先识义利公私之辨。今所学果为何事？人生天地间，为人当自尽人道。学者所以为学，学为人而已，非有为也。[2]

> 今人略有些气焰者，多只是附物，原非自立也。若某则不识一个字，亦须还我堂堂地做个人。[3]

王阳明也常把孔孟周程朱陆连同己之学称为圣人之学，并常与举业相对。认为"学此学务要立个必为圣人之心，时时刻刻须是一棒一涤痕，一掴一掌血，方能听吾说话，句句得力"。所以，阳明会在《书朱宗谐卷》中说：问为学，立志而已，问立志，为学而已。立即立做圣人之志，学即学为圣人之学，而学莫先于立志。

因此，我们看到，强调致良知，意在学做人，意在成圣人，致良知是成圣最简易、最亲切、最有效的进路。阳明之所以从圣人之学独拈出"良知"二字立教，作为圣门口诀，真传（如其《答人问良知》诗中说："绵绵圣学已千年，两字良知是口传。"）即取此意。他在《答安福诸同志》中说："凡工夫只是要简易真切，愈真切愈简易，愈简易愈真切。"[4] 然这是公开说的，照阳明的合一观，致良知与成圣人实际上也是一事，致得良知亦即成圣，成圣也就是致得良知，故良知不仅是进路，本身也就是目的。说成两件只是因为站在不同角度，一就心而言，一就人而言。成圣固然要从良知下手，从良知入手，然致得良知则已经是圣人了，有良知在腔子里，则无往而不是，无往而不善，无往而不圣。

---

[1] 《陆九渊集》，第449页。
[2] 《宋元学案》，第1889页。
[3] 同上。
[4] 《王文成公全书》卷六。

但是，人有才有不才，才还有大才小才。我们遇到的现实生活中的人都是有差别的，有智有愚，有贤有不肖，有力量大小，他们都能成为同样的圣人吗？王阳明的回答是：圣人之所以为善，只是其心纯乎天理而无人欲之杂，犹如金子，成色都是一样的，而人之才力有大小不同，这就像金之分量有轻重一样，有的万镒，有的仅千镒，而成圣只是就其成色而言，这样，各人的善良功业虽有大小，但道德纯洁性却是一致的。

面对人有差别的情况，如何通过良心之路来接引人呢？王阳明专门有一段论述，即著名的"天泉证道"。对于王阳明的良知四句教："无善无恶是心之体，有善有恶是意之动，知善知恶是良知，为善去恶是格物。"其两个弟子解释不一：王汝中看重直观本体，钱德洪看重格物工夫，而王阳明说两见正好相资为用，利根之人可直从本原上悟，人心本体原是明莹无滞的，原是个未发之中，利根之人一悟本体即是功夫，人己内外一齐俱透了，其次的人则不免有习心在，本体受蔽，故且教在意念上落为善去恶，工夫熟透后本体方明。他认为，汝中之见是接利根人的，德洪之见是为其余人立法的，然利根之人世亦难遇，本体工夫一悟尽透，此颜子明道所不敢承当，岂可轻易望人。所以，对绝大多数人来说，还是重在磨炼的工夫。

总之，在儒家心性论看来，一方面，要成就圣贤人格最简易、最真切的进路就是良心，只有把外在规范转换为内心信念，才能有巨大的源源不断的向善动力，才能不断趋于圣贤的人格；另一方面，对良心的阐述又总是受着成就圣贤人格这一最高价值目标的导引，孟子陆王等之所以强调良心的绝对性、天赋性，以及良心一类概念在其伦理学理论中的中心地位，皆是因为他们心中坚定地抱有这一目标，他们是站在路的这一端（终端而非起点）来发论的，对他们重要的不是要解释良心是什么，是怎么来的，而是要根据自己生命的体验，来说明良心对于成圣的意义。而由于对圣贤人格的追求是他们人生追求中最主要、最高的追求，良心对人来说也就具有了一种最深刻和最本质的意义。

2. 西方有关良心意义的理论

西方人也深刻地认识到心灵的意义,如达·芬奇如此写到心的神奇:"人心在一刹那由东方转到西方……"贝多芬在自己随身携带的笔记本上写道:"发自内心才能进入内心!"在道德上,西方人也很重视良心对于行为的具有根源意义的重要性,如《新约·路加福音》第六章:"好树不结坏果子,坏树也不结好果子。……善人是从他的心内所存之善发出善来,恶人是从他心内所存之恶发出恶来。"然而,在西方的历史上,却可以说几乎看不到以良心为本体的理论,甚至罕见专门的、不与神学上帝相联系的良心理论。我们现仅以两个最推崇良心的思想家为例:他们一个是奠定了近代"良心"概念的巴特勒,一个是在法国启蒙时代思想家中独树一帜地推崇道德与良知的卢梭,以此来说明中西良心理论的几点重要差异。

约瑟夫·巴特勒(1692—1752)是英国的一名主教,其主要著作有《人性论十五讲》和《宗教类比录》。巴特勒认为:上帝的心灵中为人准备了某种特殊的生活方式,人能够通过了解自己的本性而发现这种生活方式。因此他详尽地分析了人的本性,他认为人的本性是一综合的整体,可以分为三个层次:居于第一层次的是各种各样的激情、欲望和冲动,每一冲动都有自己的特定目标,都涉及要照顾行动者或其他人的利益,有助于促进自己或他人的利益,即使这并非冲动直接指向的目标。而深入分析一下就可揭示出人的行为的两个基本动机:一是"自爱",一是"仁爱",即对他人利益的普遍关心。这两种普遍动机,或者说"理性的原则",居于人性结构的第二层次,它们不仅是心理上的趋向,还被当作准则。而独自居于人性结构的第三也是最高层次的,则是一种道德的能力亦即良心。良心辨别善恶并且谴恶扬善,对各个人、各种活动及行为做出道德判断,良心是一种能对各种具体情况做出道德判断和评价的知觉力。

良心是主宰。人之本性，就其一半是由种种嗜好、情欲、情感，一半是由反省或良心之原则构成而言，应当以良心为主宰，支配和调节各种情感冲动。"支配"、"主宰"的意思是良心概念，是良心功能本身不可分割的一部分，我们本性的构成要求我们把整个行为放在这种优越的能力面前，听从它的决定，服从它的权威。如果良心能像它拥有公理一样拥有强力，像它拥有明显权威一样拥有权力，那它便能绝对地管理世界。

良心之天然优越性便如是宣告确立，我们可据以形成对"人类的本性"的明晰概念：德性即寓于对良心的遵从，而罪恶则寓于对良心的乖离。大多数人都有良心，良心几乎在一切情况下都起着明显的决定性作用，而且，良心的判断在总体上将是一致的。良心不是他律的，良心是自我立法，是人的本性的自我立法，人凭其本性便是对自己的一个律法，这律法之为你的本性之律法这一事实，便是强制你去服从这律法的义务。有了最高权威的良心，外在的规范就可能成为多余的。

良心不会与仁爱冲突，也不会与明智的自爱冲突，合理的自爱与良心，都是人之本性中主要或优越的原则。若我们了解我们的真正幸福，良心与自爱将总是引导我们循同一条路走，义务与利益是完全契合的。巴特勒的这一观点，看来和他对上帝全知全善的看法，和神定和谐说有关。

西方另一位高度推崇良心的思想家是卢梭（1712—1778）。卢梭认为：在我们每个人的灵魂深处，生来就有一种正义和道德的原则，尽管我们也有自己的具体生活准则，但当我们在判断自己和他人的行为是好或者坏的时候，却都要以这个内心原则为依据，这一原则归根结底是上帝赋予我们的。卢梭就把这一根本内心原则称之为"良心"。

良心是灵魂的声音，而欲念则是肉体的声音。欲念告诉我们要关心自己，而良心则告诉我们不要损人利己。这种行为规律并不是从任何高深的哲学中引申出来的，而是在我的内心深处发现的。因为大自然已经用不可磨灭的字迹把它们写在那里了。我们只须去努力感觉它们。良心的作用并不是判断而是感觉。因为对我们来说，存在就是感觉，我们的感觉力无可争辩地是先于我们的智力而发展的，我们先有感觉而后有观念。我们的好善厌恶之心也犹如我们的自爱之心一样，是天生的，良心直接源自我们的天性，它是独立于理智的。我们没有渊博的学问也能做人，我们无须浪费一生的时间去研究伦理。但为什么良知向所有人的心都发出呼声，却只有极少的人才听见了呢？卢梭的回答是：良知由于讲的是自然的语言，很容易受到社会的污染、遮蔽，良知容易受到种种偏见的干扰，容易放失。无论如何，卢梭给了西方人所能给予的对良心的最高赞辞：

> 良心呀！良心！你是圣洁的本能，永不消逝的天国的声音，是你在妥妥当当地引导一个虽然是蒙昧无知，然而是聪明和自由的人，是你在不差不错地判断善恶，使人形同上帝！是你使人的天性善良和行为合乎道德。没有你，我就感觉不到我身上有优于禽兽的地方；没有你，我就只能按我没有条理的见解和没有准绳的理智可悲地做了一桩错事又做一桩错事。[1]

将上面巴特勒与卢梭的观点与中国儒家的良心理论对照，明显有以下几点区别：

第一，良心与人性的关系不同。在巴特勒和卢梭那里，良心虽然处在人性的最高层次，但毕竟只是其中的一个层次、一个部分。而且，与其说人性是围绕着良心旋转的，不如说良心是围绕着人性旋转的；对良心的

---

[1] 卢梭：《爱弥儿》下卷，商务印书馆1983年版，第417页。

论述属于其人性论的一部分（在这方面他们倒和宋明程朱一派强调性理的儒学比较接近），巴特勒与卢梭的出发点是人性，最后仍归结到符合人性的生活方式。而在王阳明那里，良知处在其理论的核心地位，王阳明甚至在《答人问良知》的一首诗中写道："良知之外更无知，致知之外更无学。"此外，巴特勒与卢梭也都不否认人性中自爱、功利的一面，甚至认为自爱与良知是可以一致起来的，良心的作用只是加以适当的引导和调节。在他们那里，自爱与良知决不像在中国儒者那里那样对立，巴特勒甚至有一种使良心服务于人们利益和幸福的功利论倾向。而自爱与功利在中国儒者看来则是要毫不犹豫地予以拒绝或克制的。这种中西迥异的对待人的欲望的严峻和宽松的不同态度，可以理解为源于自我和社会导向的不同：西方哲人是偏重从社会角度看问题，故态度比较宽松，而中土之儒则较执着于自我成圣的理想，故态度比较严峻。

第二，良心的地位不同。巴特勒和卢梭虽然强调良心在人性中的主宰地位，强调良心是一种道德自律，自我立法，然而，在他们的良心之上还有上帝，甚至人赋有良心也最终是由于上帝的原因。而在儒家良心论中，良心就是最后的主宰者和裁决者，良心就是本体，就是本原，良心自己就是自身的根据。

于是，我们就看到，在西方的理论中，"良心"远没有取得像在中国儒学中那样作为万物之源、众善之本的地位，而它本身也只是上帝的杰作。也就是说，从来源上看，它本身并非是有自在根据的，而从目的来说，它也是受到了限制的。在中国心性学派的儒者看来，良知之旨不仅在于造就一般有德性的人，而且在于使自我不断趋近圣贤的人格，追求一种道德上的尽善尽美，建立一种个人可以安身立命的终极关切。也就是，良知的意义决不仅仅是一般社会伦理的，还有一种深刻的、全面的人生哲学的含义。而从即工夫即本体，即过程即目的的角度看，悟得良知的同时也就是"内圣"了,也就是说良知又是与圣贤人格合一的,在这个意义上,良知也就是最终目的、最终归宿了。所以,良知不仅是自在的,也是自为的,是本身圆满具足的。而在巴特勒与卢梭那里,我们怎么也找不到这样一层意义。良心的意义是相当局限于伦理学的——即判断善恶正邪,普遍造就社会上有道德的人,甚至要用它来促进社会的一般福利。良心本身决非他们安放自己的终极关切之地。

四、伦理学中的良心

我们通过对中西良心概念及理论的历史分析和比较,已经在相当程度上说明了良心观念的来龙去脉、不同含义,以及其性质和意义。现在,我想,我们可以试着来回答本篇开头提出的问题了,即是否我们还能继续在我们的理论建构中使用"良心"的概念?如果能,那么应当在什么意义上或什么范围内使用?

为了回答这一问题,我们有必要先来看看人们实际上已经在哪些不同的层次上使用"良心"这一概念:

(1)在本体的意义上使用。我们前面提到的心性儒学就是在这一层次上使用,而其在当代的杰作首推牟宗三以《心体与性体》《智的直觉与中国哲学》等为骨干的一系列哲学著作。

(2)在实体的意义上使用。例如传统西方伦理学、现代中国伦理学一般都毫不犹疑地把"良心"作为伦理学的一个重要范畴,把良心看作一种统一的、实在的存有,进而探讨良心的方方面面,如其性质、内容和功能,等等。

(3)在功能的意义上使用。甚至批判"良心"这一概念的思想家如赖尔也可以说是在这一意义上使用,他分析人的意识的各种功能实际上是表示什么,他只是拒绝用"心"这样一个总名来正面地、肯定地称谓这些功能而已。

(4) 日常语言中的使用。以上三种使用都是在学术上的使用,然而,"良心"一词的最大量应用却是非学术的,发生在我们的日常生活之中。显然,即使在西方学术界很少用"良心"一词的时期里,"良心"一语也仍然会在社会日常生活中大量使用,而且,一个在学术文章中不肯使用"良心"概念的学者,也会因别人说他"有良心"而感到高兴,会因别人说他"没良心"而感到很不安,这就说明了"良心"一词所拥有的活跃的效力和影响。而学者们当然也不拒绝在这种意义上使用"良心"一词。比方说,否认"意识"、"精神"、"心灵"为一实体的威廉·詹姆士在自己的著作中就写道:"只要我们还继续把来自对立双方的不可调和的东西混合起来,那末,我们就不能保有一个美好的、理智的良心。"[1] 这一用法就是在日常语言意义上的使用。还有像泛泛而言的"社会良知"、"知识分子的良知"也都可以说是这一意义上的使用。康德在《未来形而上学导论》中所批评的"良知"也是这种常识的、普通的"良知"。[2]

所以,拒斥和反对"良心"一类概念的思想家并不会反对在第三和第四种意义上使用"良心"概念,而只是反对把"良心"作为一种实有、实在、实存、实体的概念来使用,更反对把它作为一种本原、本存、本真、本体的概念来使用。

我们现在并不想在第一种意义上使用"良心"这一概念,但我们可能要在第二种意义上使用这一概念,或更准确地说,要在第二种与第三种之间的意义上使用,因为"实体"这个词的意思还不是很明确的。我们将不

---

[1] 威廉·詹姆士:《实用主义》,商务印书馆 1979 年版,第 11 页。
[2] 康德:《未来形而上学导论》,商务印书馆 1976 年版,第 8—9、166—168 页。

满足于仅仅分析道德意识现象的各种分散的功能特征,但也不一定把这种现象看作很明确、很固定的实体。

那么,我们为什么除了日常和功能的使用,还要在进一步的意义上使用"良心"这一概念呢?我们可以提出三个理由:第一,这是历史分析、传承和转化的需要。在我们的人文传统中,有着很强大、很有力的良心理论的遗产,我们的伦理学要吸取其中富有价值和活力的成分,当然首先就不能拒斥"良心"这一基本范畴。第二,这也是关怀现实人生的需要。在我们的现实生活中,"良心"一词是人们进行道德评价的一个基本词汇,发挥着巨大的效力和影响,我们的理论本来就不能不受到这方面的强有力影响,当然也就更有必要分析其用法,吸收其用法,精确其用法和提升其用法。第三,这也是理论自身建构的需要。我们当然不是说,不以良心为中心范畴,或者不以良心为首要概念,就不能建立起一种伦理学。但是,我们确实看到,即使不以良心为本,良心仍然要在重要的层次上,比方说在践履的层次上发挥极重要的作用。我们诚然可以分析和描述各种道德意识现象,分别描述道德理性、意志、情感、信念种种特征,但是我们不能没有一个总名,我们也不能不在其中寻找一种统一性。理论是不能没有概括的,没有概括任何理论都寸步难行。所以,只要我们注意谨慎地使用那些高度概括和抽象的概念,我们就不会犯那种"僭越和傲慢"的错误。

那么,既然我们陈述了我们可以使用"良心"概念的一些理由,现在就让我们来提出一个自己的、适合于伦理学的"良心"定义,让我们先参考以下几个定义:

(1) 弗卢(A. Flew)编《哲学辞典》:"良心是一种对道德上有义务履行的行为(或不正当的行为)必须坚定地履行(或防止)的执着信念。"

(2) 弗罗洛夫(Frolov)编《哲学辞典》:"良心是一种表达最高形式的道德自我控制能力的伦理学概念。"

(3) 安吉尔斯（Angeles）编《哲学辞典》："良心是一种（a）一个人应当做和不应做什么和（或）（b）什么是道德上正确、正当、善、可允许或相反的感觉（sense）、感情和领悟（awareness）。"

(4) 鲍德温（Baldwin）编《哲学与心理学百科全书》："良心是对表现于品格或行为中的道德价值或无价值的意识，并包括按照道德去行动的个人义务意识和行为中的功罪意识。"

(5) 美国《韦伯斯特大辞典》："良心即个人对正当与否的感知，是个人对自己行为、意图或品格的道德上好坏与否的认识，连同一种要正当地行动或做一个正当的人的责任感，这种责任感在做了坏事时常能引起自己有罪或悔恨的感情。"

仅仅抄列这些定义，就可以使我们看到，它们和中国传统心性儒学对"良心"的理解是多么的不同，而最主要的差别就是：这些定义都是伦理学的，而心性传统中的"良知"则还具有一种本体的意义，具有一种人可以在其中安身立命的本然实在的意义。

不过，上述定义对我们来说还不是完全满意，所以，我们还是想略作一些调整，使一些问题得到进一步澄清。我们首先可以问：良心的对象是什么？回答是：第一，是可以对之构成道义判断的自己或他人的行为（或行为意图），即可以判断这一行为（或行为意图）是正当的还是不正当的，是有义务去做还是无义务去做，甚或有义务去禁止的；第二，是可以对之构成价值判断的人的品质或其他事物，即可以判断这一品质或事物是善的还是恶的，是有价值的还是无价值的人的品质或其他事物。

在前一种情形中，对良心的要求常常是紧迫的、直接的，在后一种情形中，良心则是在一个较长的时间内起作用。在前一种情形中，若是行为尚未发生或正在进行，心灵最要求一种意志抉择和控制力，所伴随的最强烈情感是一种义务感、责任感，而在行为结束之后，则可能伴随一种轻松感或负罪感。在后一种情形中，内心则会逐渐形成一种较固定的看法、信念，并伴随着一种赞成或反对、喜悦或厌恶的情感，而始终贯穿于这两种情形之中的则是一种鉴别正邪和善恶的道德理性的判断能力。可以说，良心最基本的因素就是这种区分正邪、善恶的能力，没有这种正邪之分与善恶之辨，没有这种基本的道德判断与评价，良心也就不存在了，单独的意识成分——如情感、意志、信念也就成了无源之水、无本之木。因此，我们可以重新把良心定义为：良心是人们一种内在的有关正邪、善恶的理性判断和评价能力，是正当与善的知觉、义务与好恶的情感、控制与抉择的意志、持久的习惯和信念在个人意识中的综合统一。

五、对传统良知论的批评

显然，我们在上面给出的"良心"定义在性质上是相当综合的，在意义上又是有所限制的。"综合"就是说它兼顾良心的各个要素，各个方面；"限制"就是说它仅限于对善恶正邪的判断，而不涉及它自身的最初来源或人生的终极价值，也就是说，它使自己严格限制于规范伦理学，这只是一个伦理学中的"良心"定义。

那么，正是从这种伦理学，或者说规范伦理学的角度，我们觉得有必要对传统的良心理论（或者说"良知论"，因为从孟子到阳明更多地是使用"良知"一词）提出一些批评。

首先，如果把良心主要理解为一种相当玄妙、神奇的直觉体认，将有可能把伦理道德置于一种不可说、不可教的地步。而这对建立恰当的伦理原则和规范，进行普遍的社会道德教育，使人人明确自己应当做什么，不应当做什么是很不利的。我们要履行义务当然要依赖心头最初的那一点善意，我们也期望进入一种很高的天人合一，人我圆融的精神境界，但是，即使我们有这种追求，我们的大多数活动，尤其是社会上人们之间的绝大多数活动的正当性、合理性以及有效性，都不是有赖于此，而是有赖于建立一种明确的、恰当的伦理规范体系，有赖于人们普遍地在每个社会成员的基本义务上达成一种共识。

这样，就要求义务以及良心的内容（良心在伦理学的意义上主要是对义务的认识和尊重）是应当能够明明白白地公开的，是可以清清楚楚地讨论的，是可以普遍地为人们所学习和传授的。也就是说，伦理学上的良心必须是能够说的，必须是能够分析、推理和演绎的，而且不仅要能够说，还要能基本上把它说清楚。

这个"说"不是"悟"，"悟"是自我的、个人的；"说"是社会的，是人与人之间的。有说者也就有听者，"说"也就是要说"理"，说让人明白、让人信服的道理。伦理学也主要就是要说服人，而不是打动人或震撼人。在"说"的过程中当然也必须要有"悟"，有自我的"领悟"，但伦理学不像有些其他的人文领域，不像艺术、宗教乃至人生哲学那样依赖悟性，伦理学必须首先把"说理"放到第一位。只要我们承认伦理的主要内容是规范和义务，我们就必须承认这一点。

然而，恰恰在这一点上，传统良知论有着它"难以说清楚"的局限性。伯敏问象山，想把情、性、心、才这些概念弄清楚，象山的回答是，"不须得说，说着便不是"。其他宋儒也经常讲到"'人生而静'以上不容说，才说性时，便已不是性也"（二程），"一说便差了"等等，这说明什么呢？有些问题可能确实是不能说或不好说的，因为那些问题是形而上的问题，因此学者想"悟"，想通过直觉去体认，这恰恰说明他们的精神所致力的领域主要是形而上学的领域，而不是伦理学的领域。然而，还有不少问题是可以说的，能说清楚的，一般社会的伦理规范和道德义务就是这类可以说清楚的道理，相形之下，在这方面心性一派的儒者可惜又说得太少了。

王阳明在给邹谦之的信里曾谈到一件有趣的事。有一个乡的乡大夫要请阳明去讲学，问阳明说："除却良知，还有什么说得？"想来这个乡大夫是已经听过阳明讲良知了，所以这次来请王阳明是还想听一点别的东西。阳明的回答却是斩钉截铁的："除却良知，还有什么说得！"也就是说，他如果要去讲，这次也还是要讲良知，"吾平生讲学，只是致良知三字。"[1]

那么，阳明这样讲有何意义呢？只说"致良知"有何意义呢？为了回答这一问题，让我们再回到牟宗三的那段回忆。牟宗三说到熊十力对冯友兰讲良知是"直接呈现"的一番话使他"振聋发聩"，一下提升到了"宋明儒者的层次"，我们相信，后来牟宗三用其生命历程的大半孜孜不倦于阐发儒家心性之学的精义，把这一学派又推向一个新的高峰，与熊十力这一声断喝一定很有关系，而且，我们相信，牟宗三的这些著作和讲学也不啻是一声同样性质的断喝，也同样在中华文化花果飘零的季节中深深地震撼和吸引了几个敏感而颖悟的心灵。这就是说，象山之所以要再三大声疾呼做一个堂堂正正的人，阳明之所以要以截断众流的气概反复申言"良知"，尤其当代熊十力、牟宗三的工作，主要是要震撼人们的心灵，唤起人们内心的自觉，以确立一个追求崇高道德的主体。

然而，我们马上就有一个问题，当时熊十力一番话对牟宗三确实产生了一种深刻的震撼作用，但是，对恰恰正是他谈话对象的冯友兰是否也产生了同样的作用呢？他最后是否说服了冯友兰接受他的命题呢？如果没有，那是为什么呢？如果连冯友兰这样一个对传统哲学有相当深刻和同情的了解，思维又非常清楚和有理性、也很有悟性的思想家尚且都不能被震撼或者被说服，那又怎么去震撼或说服其他的人呢？当然，被震撼可能与

---

[1]《王文成公全书》卷二十六。

一个人的知识没有很大关系,而是更多地与一个人的性格、气质、经历有关。情感丰富的人容易被震撼;具有信仰气质的人容易被震撼;浪子、迷途者或沉沦于日常生活而不自知的人容易被震撼。说服则主要是和一个人的理性和知识有关。在任何一个时代和社会里,能被这样震撼的人毕竟只是少数,而一个明白清楚的道理却能够说服大多数人。所以,伦理学主要应立足于说服而不是震撼。而一个人在被震撼或感动之余,是否能够把这种感动化为一种持久的道德努力和工夫,也还有赖于从事说服的理性。我们的意思并不是熊十力、牟宗三没有努力去说理,他们的众多著述都是在说理,但这些理是相当集中和内化的形而上之理,虽然是翻来覆去、千言万语,但中心意思还是"良心是直觉,是呈现",其主要意义也还是要即时提升和震撼人的心灵,使人明白"当下即是",也就是说有一种顿悟;所以他们采取的态度也都是很自信、很独断的,不是那种说服的理性、苏格拉底式的理性所持有的谨慎和谦虚的态度。

当然,一个社会或民族文化(包括道德)的精神命脉可能只有,也必须有少数人真正深刻地领悟、理解和把握,但这主要是人生哲学、价值哲学或宗教领域里的事情,而不是伦理学的主要工作。而且,我们还要提出一个问题,这种崇高的精神与社会伦理有何种联系,它是否能够作为基石直接支持社会的伦理?

总之,我们看到,传统良知论应用于今天的社会伦理领域确实有所不足。我们说如果熊十力的话能够不仅震撼牟宗三,同时也能够说服冯友兰,那就很好了;同样,如果牟宗三的话也能够不仅震撼和吸引他现在的高足,同时也能说服和吸引一些很理性的学者,比方说韦政通,那就很好了。但我们确实有理由怀疑,如果把良心理解为一种直觉体认,把它说得那么玄、那么高,这种说服是否能够成功。这可能完全是两码事,是两种不同的思维方式,是两个不同的精神领域。

我们不敢贸然闯入形而上学的领域，但至少在伦理学的领域内，我们可以说，仅仅自我去揣摩、体会和领悟，或者向人大声疾呼那一个玄妙的、高远的、没有具体和明确内容的良知对我们是远远不够的。老子、庄子等伟大的道家思想者也经常告诉我们，道"不可说"、"不好说"，但是，他们并不自居为一个道德家，一般人也不这样看待他们。而传统良知论却一直是被人们这样看待的，甚至被认为是伦理学的正宗。然而，随着社会的变迁，我们越来越感到它今天更适合被看作是一种很高尚（但又未成为宗教）的人生哲学而非伦理学。而在今天价值追求日趋多元的平等社会里，它还无法成为一种支配性的价值体系，而只能为少数人珍藏和看重，但伦理学却不能这样，它必须去回答从社会制度是否符合正义到个人交往是否符合道德等一系列问题，它必须是普遍的、普适的，必须面向整个社会，面向所有人。

即使是处在一个精英等级制的社会，王阳明也不是没有意识到这个问题，因为，即使是一种人生哲学、价值哲学，也总还是不仅想要求一种理想的普遍性，而且还要求一种实践的普遍性，不仅想要求一种价值的普遍性，而且还要求一种义务的普遍性（且不管它是否能够得到）。所以，王阳明在对"天泉证道"的解释中，从实践角度还是更首肯钱德洪的意见。如果我们对颜子、明道都不敢轻许为能一下悟透本体工夫的"利根之人"，甚至我们想到连孔子也不自居为"生而知之者"，那么，我们又何敢夸耀自己的"慧根"或"悟性"？

直觉良知的"不可说""不好说"，不仅要影响到道德实践，也将限制伦理学理论的发展。在传统良知论中，一方面，所有概念都是相通的，由此可以悟彼，由彼可以悟此，而任何明确或固定的尝试都将是一个错误，一切都是相对的、流动的，一切都只有通过整体才有意义。因为直觉确实是综合的，直觉必须是一眼洞穿，一眼见到全体。另一方面，这种相通，这种合一，又确实倾向于封闭自身，确实倾向于内敛、收缩到一点——这一点当然很伟大、很高明，但问题是如何达到这一点，是经过众多的经验的、理性的发展环节，还是径直通过一种直觉达到这一点。李约瑟在研究中国的科技与文明时曾经注意到中国特有的一种有机的、综合的思维方式，这种思维方式是很有意义的，但遗憾的是主要对于西方才是这样。在中国历史上，它却有可能阻碍科学技术的发展。对《易经》宇宙图式的迷醉就是这种思维方式的一个例证（直到今天，许多人仍然在迷醉，似乎现代科学早已潜含在易经的总体模式中了）。如果把这种思维方式的世界图景与爱因斯坦提供的世界图景做一类比（虽不完全确当），那么，诚然，爱因斯坦是在牛顿之后，爱因斯坦的世界图景（与牛顿的世界图景相比）是以一个更大的世界为基础，我们甚至还可以说这世界更高、更远、更神，但是，"有谁能说牛顿的那个阶段不是一个有着根本重要性的阶段呢？"[1] 爱因斯坦是在牛顿之后，他的思想不仅是从牛顿那里发展过来的（当然也有断裂和扭转），而且，也许正是因为前面有一个牛顿才特别有意义。如果一步就跨到爱因斯坦，如果津津乐道于爱因斯坦式的世界图景，那么不仅可能不会再产生牛顿，自身也可能要失去意义。任何一种理论，看来都必须通过限制、区分、分化、外化才能得到发展，而不宜过早地追求可能本来就未得到充分发展的"圆满具足"。

当然，传统良知论在人生哲学的领域里一直是很有意义的，它也曾对传统社会的道德发生过巨大的影响。问题是，如果它要对现代社会继续发挥这样的影响，就必须有某种根本的转化和突破。这一突破的关键看来就在于它是否能够普遍化。我们看到，从孟子到阳明都是很强调普遍性的，象山有许多话是很感动人的，如他说："心只是一个心，某之心、吾

---

[1] 《中国科学技术史》第二卷，科学出版社 1990 年版，第 619 页。

友之心，上而千百载圣贤之心，下而千百载复有一圣贤，其心亦只如此。"以及那段著名的"东海有圣人出焉，此心同也，此理同也。西海有圣人同焉，此心同也，此理同也……"但这里还是一种由内而外，带有人称的普遍性。能否进一步超越？比方说，能否使一种普遍绝对的理摆脱"圣人"，乃至摆脱"圣人之心"？但这如何可能呢？这不是要否定其基本前提吗？所以说，传统良知论要超越自身很难，要触及根本前提，要有一番大死大生的工夫。

宋明儒为了使"理"具有绝对普遍性，也确实费了不少心，如诉诸天、区分人性的不同层面等，但无论如何还是离不开"人"，乃至离不开"我"。不过，据我的愚见，从阳明一派的思路实际上有可能比程朱一派的思路更容易超越自身而发展。这看来是不合常理的，因为阳明一派比程朱一派更强调主观性，更强调内敛自足的精神。但是，虽然两派的思路同样都过于依赖于人，也过于局限于人，不容易做一种非人格的超越而普遍地思考（注意，是否能够使思想完全摆脱人的主观性是一个问题，而是否去努力使思想摆脱主观性尤其是不要执着于主观性则是另一个问题）。但是，在这方面，从中国的特殊情况来看，局限于"心"却可能比局限于"性"反而更有希望摆脱某种人的主观性，因为从传统的解释看来，"性"与人的联系要比"心"与人的联系更紧密、更全面。"性"还有"生之谓性"、"气质之性"的一面，几乎完全坐实是人的"性"。"心"则没有这一层纠葛。我们这里所说的"心"也就是精神，而这种精神未必没有可能摆脱第一人称，甚至完全摆脱人称而达到一种更高的普遍性的思考。所以，在传统社会的格局基本不变的情况下，程朱一派的儒学是更适合这一传统社会的，故其学说在历史上比陆王一派的学说有着更高的地位和更大的影响，它在理论上也比陆王一派的心学较为持中，较为兼顾，较为说理，也较为平心静气，但却可能正因此而不像陆王心学在一个急剧变化的时代里更能激发和挖掘自身的资源来应付严重的挑战,所以,在近代以来儒家哲学的发展中,陆王一系的发展更为突出。

但是,我们反复说过,传统良知论要真正实现自身的超越而成为现代社会的伦理,同时又基本不改变自己的原样还是很难的,因为这关系到某些基本前提:例如能不能在最高的思想层次上承认人的有限性,承认人的主观局限性?承认人的直觉局限性,这不是只通过玄谈天地人合一、心性天合一,或者说良知也具有最高的客观普遍性就可轻易解决的,这意味着要放弃某些基本的前提,甚至"心性儒学"是否还能再以"心性"给自己命名都是疑问。无论如何,这一学说现在通过牟宗三等人的努力已经达到了一个新的高峰,而这同时也就是一个极端,再往前已经没有多少路可以走了,理论上也已经没有多少发挥的余地了,它是否还能够别开生面,乃至跃向一个新的高峰呢?当然,不管情况怎样,把一条思想的通路走到底仍然是一件好事。

在伦理学中,我们不仅不宜把良心说得太玄,也不宜说得太高。这里所说的"高"包含相联系的两方面的意思:一方面是指在内心无限提高道德义务的要求,如提高诚信的要求,不仅不违初言,而且不违初心;不仅要与人交而有信,而且要使内心充满完全纯粹的诚意。但这样一提高,就实际已越出了社会道德的领域而进入了自我人生追求的领域了;因此,第二个方面的意思就是指无限提升,进入一个至高的精神境界,进入一种洒脱胸次,获得一种曾点气象,体会到一种孔颜之乐,乃至融入一个"浑然与天地万物为一体"的境界。也就是说,进入这种境界的通路是道德的,但这种最高境界本身却已经不是道德的了,这种境界现在是人生哲学的、审美的,或者准宗教性质的了。

然而,有多少人能进入这样一种至高至神的境界呢?若把这个问题与"有多少人能成为有道德的人、正直的人"的问题比较,对后者我们可以毫不犹豫地回答说，绝大多数人都能成为有道德的人、正直的人，而对前者我们却不敢这样说。问到前一个问题，就像我们问"有多少人能够成为艺术大师，有多少人能够成为宗教圣徒"一样，实际上我们心里清楚，只有少数人，乃至很少数人能够达到或接近这一目标。我们现在所提的问题看来是一个很俗气的问题，是一个学者们不会轻易提出的问题，但我相信它还是有一种逼人的不容忽视的力量。理论上也许可以说："能够"是一回事，"可以"或"应当"则是另一回事。"能不能够"的问题并不影响"可不可以"以及"应不应当"的问题，前一种情况是否具有普遍性并不影响后一种情况是否具有普遍性。但在我看来，这一说法对于人类精神追求的领域（如宗教、艺术）可能是这样；对于人类规范的领域（如法律、道德）却不是这样。而我们所讲的正是道德，道德与法律一样，也要考虑到规范约束的强度以及义务是否能够普遍地为人们承担的问题，也就是说，也要考虑到"能不能够"的问题。"法不难人所难能"，道德虽然比法律的要求要高一些、多一些、细一些，但基本上还是要遵循"义务意味着能够"这一准则。

但是，还有一个问题是：道德不是还需要一种追求崇高和无限的精神给它以支持吗？这样，倡导一种成圣的精神和人格榜样（哪怕实际上很少人达到）不就也具有一种理想的普遍性，具有一种激励、号召、支持和引导的巨大作用吗？确实，就像一个俄国作家曾经说到，19世纪末，仅仅因为有了一个托尔斯泰，就使俄国作家保持了一个很高的艺术和道德水准（当然，我想我们也不能忽视如契诃夫等人的作用）。曾国藩也曾在《原才》一文中说到："风俗之厚薄奚自乎？自乎一二人心之所向而已。"确实，这是传统精英等级社会中士大夫的一种典型心态，而在当代新儒家学者中，也有一些人仍持有这种心态。

但是，我们在此不要忘记，要使这种很少几个人强有力地影响到多数人的现象发生必须有两个条件：第一，这一两个人必须居于某种高位，我这里所说的"位"不仅仅是指权力地位、社会地位，而宁可说是指一种具有很大影响力的地位，也就是说，这少数高尚者确实广泛地为人所知、为人所敬，许多人愿意倾听他们的意见，愿意仿效他们。传统中国社会确实在相当程度上具备这一条件，那时社会上的文化和道德精英经常能脱颖而出，获得一种颇具影响力的地位。然而，今天这些条件还依然存在吗？今天处在最有影响力地位上的是哪些人？今天的中国正处在一个继续在社会、政治、经济、文化上向平等大众社会转化的过程之中，虽然很多变化的趋势还看不明朗，但和传统社会确实有了"天壤之别"。

第二，还有一个方向的问题，即这少数人的崇高精神是否能与这个社会伦理道德的发展趋势基本合拍，从而能在当代就对人们的道德产生巨大的影响。对于一个走向平等的大众社会来说，道德原则和规范的普遍化、社会化、平等化和适度化将是一个必然的趋势，然而，一种强调自我成圣的人生哲学是否能给它奠定坚固的基石呢？如果说到道德的楷模作用，在今天的社会里，一个能在任何情况下，即使面对巨大伤害乃至死亡也仍然坚持履行自己的基本义务的人（不管他的终极追求是什么），不是比一个一心一意追求自我完善的人，对人们更具有一种道德的鼓舞和激励作用吗？

我们还可以从日常生活中人们对"良心"一词的用法中，得到对我们的观点的坚强支持。我们可以观察一下，人们一般是在什么意义上使用"有良心"和"没良心"这样一些说法进行道德评价的。比方说，一个人赡养和关怀他的父母，他的父母和邻里会说："这孩子有良心。"而对一个不关怀乃至虐待他的父母的人，人们就会说："这个人没良心！"然而，赡养和关怀父母不是一个人的基本义务吗？由此我们看到，"有良心"并不是很高的赞辞，而"没良心"却是很严厉的谴责，这正说明日常生活中的"良心"主要涉及的是义务，而且是基本的义务。因此之故，履行了基本义务才不必给予很高的赞美,而不履行基本的义务却要给予很严厉的谴责。

我还可以举一个我在"文革"中亲见的例子,当武斗流行,人们几乎都不上班的时候,有一个老职工还是坚持每天工作,当有人问到他为什么这样做时,他回答说:"我是凭我的良心。拿了钱就要做事,这是天经地义。"这也是一个说明日常用法中的"良心"所涉及的只是义务,并且多是基本义务的实例。人们在日常生活中使用的"良心"并不玄妙,也不高远,是纯粹道德的范畴,而我们现在在伦理学上使用的"良心"概念,也正是要在这个意义上使用。

那么,为什么传统良知论会把"良心"说得那么玄、那么高呢?我们可以指出三个原因:第一是中国传统学问强烈的实践倾向。马克思有一句名言:"哲学家们只是用不同的方式解释世界,而问题在于改变世界。"(《关于费尔巴哈的提纲》) 但这句概括的话可能只是比较适合西方的情况,却不太适合中国的情况,所以,中国读者读到这段话远不像当时许多西方读者那样觉得有一种解放作用。中国的学问从来都是努力致力于改变世界的,而且主要是人文世界。而要改造这一世界最迅捷、最有效的路莫过于发现本心,首先改造自己的主观世界,调动自己内在的丰富资源。我们前面指出过,中国的思想家不太关心解释良心的"前半截",不太关心解释它的来源、性质和分析它的成分和要素;但却特别关心良心的"后半截",关心它的功能、它的导向、它的目标,这目标就在它自身——一种自我提升了的内圣境界,或者完整地说,一种具有完美德性的圣贤人格,正是由于对这一目标的全神贯注,使他们充分体会到内心的丰富资源,同时也由于期望着直接迅速和全面地把握本体,由于对目标的强烈期待,使他们极其重视工夫,并最终把这种内心工夫也看做本体("即工夫即本体")。

第二是儒学发展的自我定向。原始儒学从秦汉发展到汉唐,其社会伦理的一块已基本成熟、定型,而其"内圣"的一块却没有明显的进步,而当时儒学面对的外部挑战主要是来自佛学,来自一种非常精致和复杂的、强调内在的明心见性而成佛的宗教哲学。由于这一挑战的激励,同时也由于吸取了挑战者的一些思想精华,宋明儒学成功地建立起一种儒家的形上学和宇宙论体系。它成功地回应了挑战,但同时也付出了代价,它使儒学明显地向自我方向扭转了,面向社会的、政治的一块再也没有多大发展。而由于这一学说已经主要是"为己之学",是提升自己,它就对自身提出了很高的要求、很高的目标,同时,也由于这些在社会上虽占少数但却居于高位、至少衣食不虞的学者有较高的悟性和较好的文化修养,他们就更淡泊于外在的功利而重视内在的精神,并把对这种精神的体悟发展到了一种十分精细、优雅、神化和圆融的程度。

　　第三是社会结构的影响。传统社会是一个君主制下的精英居上的等级制社会,在一般情况下,广大的民众不仅与政治权力无缘,与高级、精致的精神文化也是有相当距离的。所以,当时社会道德实际上主要是一种精英道德、一种士大夫道德,而在民众那里,则甚至不是"道德"(圣贤人格与德性)的问题,而主要是风俗的问题,也就是说,对民众而言,主要是以君子之德去敦风化俗的问题,如果有"民之秀异"能由读圣贤书发展到渴慕圣贤,那他就能上升到士君子一级而不再属于"民众"了。所以,在当时的社会条件下,一种由少数居上位的精英分子信奉的、自我成圣定向的人生哲学就能够同时作为一种社会伦理,起着一种对上格君心,对下美民俗的道德作用,然而,这种道德的精英主义特征也是很明显的,不容忽略的。一方面是这种精英道德支持和维系着这一等级制社会,另一方面又可以说,这种精英道德也正是慢慢从这一等级制社会中发展起来的。尤其在宋代,朝廷一方面对士大夫最为重视和优待,另一方面又对政治改革施加了某种限制,而且当时也确无根本改革政制的可能,这就自然使宋代的儒学全力向内里开拓和发展,把传统哲学的思维提升到了一个很高的层次。

然而，今天我们看到，中国的社会结构已经发生了根本的变化，不仅"有冕的君主"早被赶跑，"无冕的君主"也在渐渐地不可避免地要变成历史的陈迹。社会平等的潮流甚至在有些方面已达到"有过之而无不及"的地步，比方说，在大陆一度出现的知识分子完全被挤到社会边缘，成为"臭老九"，以及脑体倒挂等现象。那么，在今天新的社会条件下，是否还能够继续坚持一种具有精英主义特征的道德呢？是否还能够继续把自我成圣的追求、把在当代大儒的笔下几乎等于西方的"上帝"的"良知"作为道德或者道德的形上学基础呢？[1]这"良知"全善、全能、全智、无所而不在、无往而不是，这"良知"又是根源，又是本体，又是功能，又是主宰，又是实在，又是本体，又是主体之心，又是客观之理，而如此之神的"良知"又据说是内在于人，内在于性，内在于我们每一个人的心中，能够被我们直接体认，立时顿悟，当下即是。然而，这是否是把自己一时的感悟看做了普遍的原理呢？这一虽然努力想摆脱，却仍然牢牢地扣紧人的主观性的哲学是否真的对社会伦理的普遍化有积极意义呢？它对人的认识能力乃至道德能力的有限和不足的一面是否体会得足够深呢？它对人生与道德的态度是否显得过于倨傲了一点呢？

掩卷而思狭义的"当代新儒家"的许多著作，我一直在想，我们虽然把这一出现在当代的儒学流派称之为"当代新儒家"，但它实在还是很传统的，它的基本思路还是自我成圣，它所注重的工夫还是内心修养——甚至更偏向顿悟，而非渐进；它还基本上是一种"道德精英主义"，它实际上与这个时代、这个社会还是很隔膜的，它可能有一种很充分的形上学

---

[1] 牟宗三：《康德的道德哲学》，台湾学生书局1982年版，第453页："再进一步，良知不但是道德底主观原则（只有既是主观又是客观原则，道德法则之体现始有力），而且是形而上学的创生原则，是乾坤万有之基，不但是道德性的心体性体，而且是形而上的道体，而此两者是合一的，是顿时圆融的，因此，良知就是上帝……"

的意义，但却相当缺乏伦理道德的蕴涵，虽然它本身反复申言自己是一种道德的哲学、道德的形上学，但我们确实有理由怀疑它是否确实能成为当今社会道德的形上基石。

熊十力晚年居上海，曾说"现在鬼都没有上门的了"。后来市里派人去看他，他伤心地哭道："我的学问没有人传呀。"[1]牟宗三晚年去香港教书的时候，也是很寂寥、很淡泊的，"他初到港大教书，与学生根本不能通"。[2]那些年他主要是埋头写他的几本巨著——这是伟大的，然而也有一些悲凉，这是寥寥几个"伟大的孤独者"，几个"寂寞的精神漫游者"。这个纷扰的世界、这个喧闹的世界、这个奔突的世界，什么时候能扭过头来、静下心来听听那些伟大智者的声音呢？余英时把今天的儒学称之为"游魂"确实是相当有道理的，它虽然是"魂"，却还是"游荡"在现代社会之中而尚未着"体"，它虽然在"游"，却依然是民族文化"精魂"之一而非易衰易朽之"体"。

总之，一个基本的问题是：我们该如何确定今天的心性儒学的性质以及它在现代社会中的位置呢？它是一种宗教吗？从来不是。它是一种伦理学吗？曾经是，但现在不是。那么它现在究竟是一种什么学问呢？我想，我们也许可以把它称作一种做人的学问、一种生命的学问、一种人生哲学或者哲学的人学、一种传统悠久的人文主义、一种立意崇高的价值体系。我们甚至可以把它称之为一种道德的人生哲学、价值哲学，因为它一般是以道德为进路、为号召的，但吾意却还是不宜直接称它是伦理学或道德学，这种说法可能相当奇怪，但确实还是经过了一番认真考虑的。因为，做人的学问、生命的学问，虽然和道德有紧密的联系，却还不是一回

---

[1] 参见《玄圃论学集》。
[2] 参见刘述先《从学理层次探讨新儒家思想本质》。

事，做人是较全面的，不仅包括对崇高的道德价值的追求，也包括对非道德的崇高价值的追求（如审美的、宗教的，乃至精神的快乐等等），特别是由于今天的心性儒学还不是讲普遍做人的学问，而是一种立意高尚的、无限追求的、可作为个人终极关切的"为己之学"，所以，这就和今天的伦理学主旨不一。今天的伦理学肯定要面向大众，面向所有人，它主要关注的是建立一个普遍化的道德原则和规范体系，建立一种适度有效的社会义务和正义体系，而不是关注个人自我成圣成贤的精神追求。

那么，如果说今天的心性儒学尚非伦理学，而是一种人生哲学，那它是否可能成为这个社会占主导地位的人生哲学呢？它是否可能成为这个社会伦理道德的哲学基础或者价值根据呢？过去它确实可能，它确实在传统社会中占据过主导地位并成为当时社会道德的基石。但是在现在的社会里，我们至少目前看不到它取得主导地位的可能性，这里外部的原因是因为现在的社会是一个价值不断分流，仍在日趋多元化的社会，内部的原因是由于它本身的自我定向，由于它紧紧附着于人性或人心的主观性，这使它很难为现代社会的政治、法律、经济和道德秩序提供一种普遍基础。当然，它无疑能对社会的伦理道德发生一种积极有益的影响，它能够提高人们的精神境界，淡化人们的功利追求，驯导物欲，净化心灵。然而这些对社会道德来说只是在起一种间接的渗透和感化作用，而不是直接的奠基式的支持。它所处的地位只是作为诸种人生哲学、价值体系中的一种，它将很有可能在一段长时间里，在现代社会中处于道家学说曾在传统社会中所处的地位，而少量儒者将只是作为现代社会中的"隐士"，虽有敦风之益，却无治平之功，这当然是我们都不愿看到的情况，但却事实如此。

那么，如果今天心性儒学的地位确实下降了，是否就意味着建立现代社会新伦理就将与传统没有多大关系了呢？确实，尽管儒学在几千年的传统社会中在精神上一直处于主导地位，但到了今天，原装原样的儒学，某一派、某一系的儒学，若不经历一番根本的改造和转化，确实很难直接成为现代社会的伦理体系。但即便如此，我们还是必须承认，新的社会伦理仍然能从传统儒学，从儒学的各派各系，也从其他的传统学派（道、墨、杂、法、佛等）汲取丰富的养料。我们不必分门判教，而是要在更深更后的层面上进行分析、比较、拼合和重组。未来的社会新伦理，乃至新的支配性价值体系（如果能出现）将不太可能再只打上传统的某一家或某一派的明显标记，因为我们不应只是哪一个学派的传人，而是整个中华民族优秀文化的传人。然而，至少在此，由于此书的主题是要从道德意识（良知）的角度来考察今天每一个社会成员的义务。所以，我乐意承认：我在写此书时所汲取和利用的传统资源，基本上还是从心性一派儒学中获得的。

第一章　恻　隐

我们对良心的讨论从恻隐之心开始。恻隐是一种道德感情,而且可以说是一种最原始的道德感情。在人类还没有形成任何明确的道德规范,没有形成对道德义务的观念和情感之前,就已经有同类或同族之间的恻隐之情在原始人的心中萌动和活跃了,这种恻隐之情起着维系群体的、我们今天称之为"社会道德"的作用。

我们看到,一方面,那些强调人在道德上与动物有紧密联系的学者经常是通过人禽共有的同情来阐明其论点的。例如,达尔文写道:"我认为,下述论断是颇有见地的。即:无论什么动物,只要它具有明显的社会本能(social instinct)……当它的智能发展到人的水平或接近于人的水平时,它就一定能获得道德感或良心。"而同情心,则"是社会本能的本质部分,也是社会本能的基础"[1]。达尔文认为:"虽然人类与较高等动物的心灵,有如此巨大的差异,然而这种差异确实是程度上的差异,而不是种类上的差异。"克鲁泡特金也认为人和动物有共同的属性,虽然他是把这种共同的本能称之为"互助本能"。进化论在 20 世纪一度沉寂之后,近一二十

---

[1] 达尔文:《人类由来及性选择》,转引自周辅成编:《西方伦理学名著选辑》下卷,商务印书馆 1987 年版,第 272—273 页。

年又出现了强调人与动物之间的联系的社会生物学学派，其著名代表如哈佛大学教授威尔逊（Edward O. Wilson）、英国牛津大学研究员莫里斯（D. Morris）、英国行为生态学家道金斯（R. Dawkins）等，他们的观点比起古典进化论者来有些改变，如道金斯认为生物基因的本性都是自私的，只有通过教育方能把同情与爱灌输到人们的头脑中去。他虽强调人与动物的联系，但还是把道德的希望更多地寄托在文化进化而非自然本能上。

另一方面，强调和严守人禽之别的学者也往往从恻隐来识取人的道德的源头，这方面当然首推孟子，后儒也严守这一基本分别。耐人寻味的是，西方学者多从理性来分别人与动物，而中国古代学者却强调以恻隐、仁心、良知等情感或综合性的道德悟性、直觉来作为划分人禽的主要标志。如《孟子·公孙丑章句上》："由是观之，无恻隐之心，非人也；无羞恶之心，非人也；无辞让之心，非人也；无是非之心，非人也。"但是，我们也注意到，儒者又常以在动物那里所表现出来的"恻隐行为"来鞭策人，来使人警醒，甚至以此对某些人的残忍行为提出强烈谴责。如《礼记·三年问》："今是大鸟兽，则失丧群匹，越月逾时焉，则必反巡，过其故乡，翔回焉，鸣号焉，蹢躅焉，踟蹰焉，然后乃能去之。小者至于燕雀，犹有啁噍之顷焉，然后乃能去之。故有血气之属者，莫知于人，故人于其亲也，至死不穷。"[1]

那么，这是不是一个矛盾？一方面强调人以恻隐之仁心区别于动物，另一方面又通过在动物那里表现出来的"恻隐之情"来呼唤和激励人？我们可以设想这并不构成矛盾，因为可以说，此"恻隐"非彼"恻隐"也，在人这里的"恻隐"是包含着理性、直觉、信念的同情，是可以充分扩充和高度发展的"恻隐"，但儒者似乎并没有对此进行过专门的分析。两种

---

[1] 此段引文亦见《荀子·礼论》

"恻隐"有质的差别,但毕竟又仍然同属"恻隐"的范畴,由此也许可以走出一条打通强调人禽之共性与严守人禽之分别这两种不同观点的道路。

一般来说,正是在恻隐这一点上最能看出人与动物的那种具有道德意义的联系。恻隐与肉体的感受性和脆弱性的紧密关系对人类和动物是大致同样的。人的肉体直接抗衡痛苦的能力还可能有所退化。人也不能够凭空建立道德,他在某些原始情感上与其他动物总有某种联系,这种联系就主要表现为恻隐。动物对同类的亲密者(甚至对不同类的亲密者,如狗对其主人)的恻隐和关切之情(以及由此产生的忠顺),其强烈和执着的程度有时甚至超过了人。

但我们也还是可以说,人的恻隐与动物的恻隐有质的不同。人的恻隐是人化了、文化了、理性化了、精神化了的恻隐。人的恻隐更广大、更精微、更深入,也更崇高。人的恻隐能变为理念,能凝成信仰,能广被宇宙,能构成人类整个道德体系开端的一环;而动物的恻隐可能在某一点上表现得很强烈,但却是相当直观、相当受直接印象控制的。这种不同可归之于几百万年来不同历史发展的结果,正像我们今日所看到的猿猴几乎不可能再变成人,因为它离人的距离,不仅有人类发展的几百万年的历史,还有它自身循另一条路发展的几百万年的历史一样(当然还得加上现在已经有人类存在这一制约因素),两种"恻隐之情"的差异大致也有同样的遥远。

所以,我们虽然仍可以说恻隐是人禽之别的一个主要标志,但无疑不能忘记这种恻隐之情的人类性质。从而我们说,最根本,也是最明显的使人区别于动物的标志,还是人类的理性,是人类的整个道德体系。恻隐作为道德的源头一般人也可以从他们自身道德成长的经验得到印证。这种情感的最原始,从而也是最基本、最起码的性质还可以从人类社会偶尔堕入的纲纪废弛、无法无天的状态中得到旁证:人类在这种状态中之所以常能维持一线文明于不坠,并渐渐重新走上正轨,实在很大程度上依赖于此种看似柔弱的、"相濡以沫"的互悯之情。

此从中国屡次陷入如南北朝、五代十国时期的频繁动荡和战乱之中，又屡次摆脱出来亦可见一斑。五代初，淮南徐温大破钱镠，徐知诰请乘胜东取苏州，温念乱久而民困，因镠之惧，戢兵息民，使两地各安其业，而曰"岂不乐哉"？船山对此评论道："'十年不克'，'七日之反'，存乎一人一念而已矣。当乾坤流血之日，而温有是言，以留东南千里之生命于二十余年，虽一隅也，其所施及者广矣！极乱之世，独立以导天下于恻隐羞恶之中，勿忧其孤也，将有继起而成之者，故行密之后，必有徐温。此天地之心也，不可息焉者也。"[1] 当然，徐温起此一恻隐之念也可以说不只是行密所感，或独自萌发，而是上上下下的恻隐之情所构成的一种普遍氛围起了作用。

然而，上述的看法虽在阐述我们为何要从恻隐之心开始时不能不有所涉及，却并不都是已经证明了的论点。相反，证明或者说充分展示这些论点正是我们在本章要做的工作。为此，我们不妨假设自己一无所知，先看当代一个很有影响的著名学者对"恻隐之心"的解释。

恻隐之心有些什么基本特征？牟宗三先生在《道德的理想主义》一文中认为：道德的心，浅显言之，就是一种道德感，经典地言之，就是一种生动活泼怵惕恻隐的仁。可以用"觉"与"健"来概括此心，"觉"与"健"是恻隐之心的两个基本特征。但此仁心又不仅涵"觉"、"健"之两目，亦不只涵仁义礼智四端之四目，而是涵万德，生万化，儒家道德形上学（或谓"理性主义的理想主义"）即完全由此而成立。[2]

此显然是从本体论的意义上来说明恻隐之心，而且是从一种心、性、天合一的本体论来说明。这种合一的本体论有一个特点：即几乎说到

---

[1] 见《读通鉴论·五代上·十六》。
[2] 牟宗三：《道德的理想主义》，台湾学生书局1978年修订版。

任何道德概念，这概念都可能直接通向本体，呈现本体，虽有区别，但又相通，这里关键是要会悟，是要能入，是要有"慧根"。

然而，我们想谨慎地使自己对良心的讨论限制在严格的伦理学的领域里，我们将逗留其间，进行区别和分析，使各个概念获得自己明确的意义，使它对任何有起码思维能力的人都不构成障碍，使良心，首先是恻隐之情的道德意义充分地展示出来，而不欲迅速过渡到本体论。由此立场来观察，牟宗三先生上述对恻隐之心的两个基本特征的概括："健"含有易之乾卦本体的意思，而"觉"从本体之根源上说则具佛门意，对它们虽可作一种道德动力和道德觉悟的狭义解释，但很难不被其本体含义所遮掩或涵盖，且离"恻隐"的本义亦似太远。所以，我们想寻求对恻隐之心的一种较为有限、较为严格和贴切的解释。

"恻隐之心"最先是由孟子言明，他是通过一个人看见匍匐将入井的无知孩子所不由自主产生的感情，而把这一仁端亲切指点给后人的。这一例子我们后面还会反复提到，它确实是一个最富于启示性的例证，可以同时让我们看到恻隐之心的纯粹道德性质和这种道德性质的起码性、基本性和普遍性。[1]在此，"怵惕"显然是恐惧的意思，而"恻隐"就是心疼和同情，这一点，从东汉训诂经师到宋明理学大师的历代儒者均无疑义，这也是今天依然存在于我们现实生活中的对"恻隐"的一种最通常、最平易和最切实的解释。而这种解释对于伦理学来说就已足敷应用。

"恻隐"总是指向某个对象的，这对象不是自己，而是他人。在孟子所举的例子中就是那个尚不懂事的孩子，那孩子并不知道自己的危险处境，而我们却已经为他将要遭到的痛苦感到揪心之疼了，此种痛苦就构成了"恻隐之心"的内容。

---

[1] 例见《孟子·公孙丑章句上》："所以谓人皆有不忍人之心者，今人乍见孺子将入于井，皆有怵惕恻隐之心，非所以内交于孺子之父母也，非所以要誉于乡党朋友也，非恶其声而然也。"

所以，我们也可以据此平实地概括出"恻隐之心"的两个基本特征：一个涉及心灵的内容，这就是痛苦，即一个人设身处地所感觉到的他人的痛苦，这一痛苦的内容是人生的内容；另一个涉及心灵指向，这就是他人，一个人在体验到恻隐之情时心灵是指向他人的，是表现出一种对他人的关切，这一指向是纯粹道德的指向。用一句简单通俗的话也许可以说，"恻隐"就是他人的痛苦也到了我这里，而我的心也到了他人那里，这就是心灵相通，就是具有负面的人生内容，而同时却是正面的道德指向的同情。

我们下面就来分析"恻隐之心"的这两个基本特征，在阐述第一个特征即恻隐是一种对痛苦的同情时，我们将指出恻隐与人生的负面因素的一种不可避免的联系，指出我们不仅要用恻隐之心去感受和关切他人的痛苦，更要思考这痛苦及其原因：因为历史上恻隐之情的丰富流淌已经明白地指示出历史苦难的存在。在阐述第二个特征即恻隐是对他人痛苦的关切时，我们将努力使之不与各种非道德的情感相混淆，把它与自爱、生命的欲念区别开来。这两个特征虽然事实上是不可分开的，但我们为了分析的目标不能不各有所侧重。在分析了上述两个基本特征之后，我们将试图阐述如何理解恻隐是道德的源头，以及它作为源头的重要意义，而此时不能不涉及对伦理学有重大关系的性善性恶的问题，最后我们也要指出单纯的恻隐之情的不足，分析它的可能的发展。

一、恻隐所标示的人生痛苦及其意义

恻，痛也。（《说文》）

恻，悲也。（《广雅》）

隐，痛也。（《广韵》）

恻，伤之切也，隐，痛之深也。（《四书章句集注》）

显然,"恻""隐"两字的基本含义都是悲伤和哀痛,这是先儒们的一致意见,也是辞书编纂者们的一致意见。两字连缀为一词,更加强了这一含义。恻隐是一种感情,恻隐表示着对他人痛苦的一种同情的情感反应,意味着怜恤、悲怜、哀矜、体恤、不忍、恻怛、凄怆、悲哀、怜悯、伤感、怵惕、怜爱……

对这一切,古今均无异议。汉语中此类词汇的丰富,也反映了我们的历史上此类情感的丰富。

但是,我们还是可以细细思索这句简单的话:"恻隐是对他人痛苦的同情。"恻隐一向被看作是"仁之端",是道德的萌芽,恻隐作为对他人的纯然关切这一道德指向,经孟子一语挑明和后儒大力阐发,获得了一种证明人性善的巨大意义。恻隐中"同情"的一面得到了充分的注意,然而,"恻隐"的另一个方面,即它本身所蕴涵的痛苦感受,以及它所明白标示的人生痛苦是否也得到了足够的重视呢?

我们所说的"痛苦"当然包括主观感受和客观处境两个方面,但我们在此想特别强调这种痛苦的客观方面,强调这种痛苦是明白可见,可为人察知、为一般人所公认的痛苦和灾难。孟子"孺子将入于井"的例证所指出的痛苦就是这种痛苦,这种痛苦甚至不为主体所觉察——这个可能是在井边玩耍的不懂事的幼儿,并不知道他即将遭受的痛苦,他甚至正处在一种嬉戏的快乐之中,然而,在任何一个路人的眼里,这幼儿都面临着一种人生最大的痛苦——死亡。因此,一种"怵惕恻隐"之情突然出现。[1]

---

[1] 休谟也曾以在其敌人手中做了俘虏的婴儿国王为例,说明有时遭受客观痛苦的主体越不感觉到自己的悲惨状况,反而越是使人怜悯。见《人性论》,商务印书馆 1980 年版,第 408—409 页。另外,也有些成人能够在苦难的处境中安之若素,不以为苦,反以为乐。但我们不能由此说他所处的环境不是一种不幸的环境。我们强调痛苦的客观方面与强调对待他人痛苦的道德态度,强调怜悯的价值是一致的。

孟子所指示的这一痛苦也是一种永久性质的痛苦，这"永久"的意思是说，任何时代、任何社会都会有这种意外发生，都会有这种突然结束一个人的生命的偶然事件存在。这一痛苦的永久性在某种意义上证明了怜悯价值的永恒性：由于任何时候人都有可能遭受痛苦，所以，怜悯在任何时候都有必要存在。[1] 而从另一方面看，人类历史上恻隐之情的源远流长，人类怜悯之心的永不泯灭，不也反证出人类痛苦的某种永恒性质？

我们说，孟子的例证是一个具有丰富意义的例证，还因为在某种意义上这一例证把人推到了某种极端的边缘状态：它一边呈现的是人生最大的痛苦，一种人类永远不可能完全避免的痛苦，一种即使不为主体所知但确实是痛苦的痛苦，这就是人之为人的自然意义；而另一边展示的则是人生最原始的、也可能是最微小的，但却人人都具有的善意，此就是人之为人的道德意义。这些意义都是在最基本、最起码的层次上展示的，前者是或死或生，后者是或禽或人。[2]

我们再回到对痛苦的讨论。我们今日虽无法确切地知道原始人的生活状况，但我们可以推知，他们在当时的自然环境中必然要遇到比今人更大的困难，他们的身体必然要面临更大的痛苦（而精神上却不尽然）。痛苦的原始性、客观性和永久性都把我们引到身体的痛苦。痛苦首先是身体的痛苦，也大量地是身体的痛苦。那些最严重、最剧烈、也最难于替代的痛苦都涉及身体，而那些精神、观念的痛苦之起因也并非与身体完全无关，并且它们只要达到一定程度，也一定会表现为身体的痛苦。身体及其生存条件方面的痛苦也是最易为人察知的，原因多来自外部，从而也是最

---

[1] 当然，怜悯的价值主要还不是由此证明。

[2] 这一点尚可争议。要达到较无争议的一点，也许应该在木石与动物之间区分，而不是在人类与其他动物之间区分。但是，我认为，即使承认其他动物也有某种同情心，也和人类的恻隐心有质的不同。参见前述。

有可能消除的痛苦。但它永远不可能完全消除。人与生俱来，就随时可能遇到这种痛苦，生、老、病、痛，且总是还有一个死亡的阴影横亘其上。如果说个人无肉体亦不会有精神，那么身体更是一切痛苦之本源了。人有身体即会有欲望，欲望得不到满足就会感到痛苦；人有身体即会有感觉，而有感觉即会有痛苦，人的肉体所构成的生命是非常脆弱的，它非常容易染上各种病痛，它也容易被各种原因打断，一片坠瓦、一股气流、一滴毒液、一根钉子，都可能轻易地致人死命。我们不必做出一种本体论的概括，说人的生命本质上就只是痛苦，却不能忽视痛苦也是人生的一个重要方面。

人生即使摆脱不了痛苦，痛苦对人生却也不是无意义的。这不仅是说它本是人生应有之义，不仅是说有了它的存在方能反衬出快乐和幸福，不仅是说它使人生变得丰富多彩（单纯快乐的生活肯定是乏味的生活），也不仅是说它从各方面锻炼和发展了人，而且是说它还有一种道德意义。

我们可以通过区别对待自己和他人的痛苦的不同态度来展现这种道德意义。我们每一个人都会遭受痛苦，而不同的人忍受痛苦的能力是不一样的，他们对待痛苦的态度也各不相同。

对待痛苦的态度主要有两种：一种是注意、哀怜和关切，一种是冷淡、漠然和蔑视。对自身遭受的痛苦表现出一种强烈的自我哀怜和关切是很自然的，只要不是把自身的痛苦夸大和突出到这样的地步——或是反复咀嚼它而陷入绝望；或是反复倾诉它，似乎全世界的眼光都应该集中于此——那它就无可非议，甚至放弃这种关切就是放弃对自身的一种义务。因而，这种关切也可以说具有一种道德意义。但是，如果这种痛苦是个人不可避免或自身无法消解的时候，采取另一种态度也许倒是更合理的，即对这种痛苦采取一种淡漠置之的态度，使身体和处境的痛苦不致也成为精神的痛苦。在斯多亚派的哲人那里，这种痛苦甚至要被精神给否定掉,在他们看来,任何痛苦,都只有通过心灵才能变成痛苦,只有我承认痛苦,这痛苦才真正是痛苦,而外界引起的痛苦并不能够影响到我的内心。这种态度并不是一般人都能采取的,它也常常具有一种很高的道德意义,尤其是在这是为了坚持一种正当的或高尚的生活方式的时候。

当把这两种态度应用于对待别人的痛苦时,情况却发生了一种重要的、甚至根本的变化。如果我在面对别人的痛苦时,因为自己对自己的痛苦是采取一种淡漠置之的态度,因而觉得可以对别人的痛苦也采取同样的态度,那么,显然是混淆了人我之分。这样,这种本来具有道德意义的行为态度,就因对象的不同而转到了自己的反面,它在面对他人时就不再是具有道德意义的了,而是非道德的,甚至是反道德的了——即如果他人如孟子所举例证中那样正处在生命危险之际,而援助又不必以牺牲自己的生命为代价的时候。一个斯多亚派的哲人,可以在剧烈的病痛折磨中高喊:"不,你不是痛苦!"然而,他却不能如此化解别人的病痛。一个泰州学派的弟子可以在贫困中高声吟诵《乐学歌》,然而,他也不能如此要求一切贫困中的人们都走这一条"学以致乐,乐以忘忧"的道路,甚至他不能仅仅注意自身的道德完善,而漠视现实的人间苦难(事实上,如果漠视,他自身的道德也不可能完善)。"艰难困苦,玉汝于成",事实上只能是一种事已至此而难以挽回时对人的一种安慰和激励,而只要有一线希望可以减轻他人的困苦,就应当谋求减轻的办法,就应当出手相助。

人生痛苦虽不可能完全消除,却还是可以尽量减少,尤其是那些最严重、最愚蠢的人为的痛苦。强调痛苦的客观一面也就是指出从外在条件方面减少它的可能性,而这些减少痛苦的谋求都必须从一点恻隐和不忍之心发源,恻隐之情本身也能直接抚慰他人的痛苦,使他们不再感到孤独无援。因此,在对待他人的痛苦时,只有恻隐和关切的态度才具有道德意义。这里关键的是人、我之分。

上面我们说明了我们所理解的痛苦主要是什么，以及这种痛苦在人、我之分中呈现的道德意义。人、我之分是基于个人伦理，我们还可以从社会的角度，从一种普遍的观点看待这种意义。痛苦使受苦的人们相互接近，走到一起。通过痛苦在人们中间建立起来的友好关系，远比通过快乐在人们中间建立起来的友好联系要牢固得多。只要稍微仔细地观察一下他人或者反省一下内心，我们就不难发现这样一个事实：就是我们比较容易去同情他人的不幸和苦难，而同样程度地欣赏他们的成就和快乐却要困难得多。心灵在苦难中比在享乐中更容易相互寻求、相互接近。人们集合在一起，更多地不是因为要谋快乐与享受，而是因为有共同的困难要克服。甚至政治社会的形成也可以说是由原始状态中的种种艰难和不便无意中逼迫出来的，而不是根据一个美好的蓝图而有意创建的。人类各文明中那些最早出现，也最严格、最基本、最后由法律形式固定下来的道德命令大都是禁令，如勿谋杀、勿奸淫、勿盗窃等，它们都旨在保护人类免受那些最严重的痛苦困扰而不是保证快乐。

　　尽量减少和消除痛苦为社会道德提供了最初的、也是源源不断的动力。也正是痛苦，使人们感受到他们每个人都具有的某种脆弱性和局限性。对人生的这些负面因素的认识，将为人类社会的正面的创设提供动因和奠定基础。但所有这些，都必须通过恻隐与同情心才能起作用。痛苦并不会在人们中间自然而然地建立友好的联系，并不会自然而然地建造起政治文明的大厦。没有一种在人们中普遍存在，并广泛地发挥作用的恻隐与同情之心，没有在历史上杰出人物那里活跃地起作用的一颗不忍之心，一颗忧心，痛苦永远只是痛苦。

　　在华夏文明那些最古老的文献中，几乎都有一颗恻隐之心跃然可见。徐复观先生在《中国人性论史》中提出了"忧患意识"这一概念，认为这是在周革殷命之际形成的一种欲以己力突破困难而尚未突破时的心理状态，或者说是一种坚强的意志和奋发的精神，是一种初次确立的道德主体意识。儒家心性之学即以忧患意识为基础，中国人文精神也是从此躁动发源。

我认为，徐复观先生提炼出"忧患意识"这一概念是很有意义的，但是在解释这一概念上却与徐先生的观点有所不同。在此不想过于强调这种"忧患意识"作为道德和人文精神的动力和在确立道德主体方面的意义，我认为，这还是引申义，而且这种引申义也可能不止一种。我还是想暂时守住"忧患意识"的最初义、原始义，即忧就是忧，忧患就是"忧"患（"忧"在此作为一个动词使用）。因为，过于迅速地从心性本体论的角度去解释"忧患意识"，可能很快就过渡到一种"孔颜之乐"的境界，而在"忧心如焚"与"乐莫大焉"之间，在"悯人救世"与"超脱自圣"之间，却有大块空场，大段欠缺。此不仅在伦理学上是这样，在文化的其他领域也是如此。中国传统文化向以多情和境界见称，在某种意义上，可以说此情是最初之端，是最先之源，而境界则是最高之的，是最终之归，而士人学者们常有这样一种倾向，一说学问就谈起这种玄妙高远的境界本体来，这一境界不仅包含着最初的开端，也包含着一切，但我们不能不感叹这种综合的迅速便捷和对绝大多数人来说的难以企及，甚至难以把握，而本来有希望的发展却可能因此被搁置和荒废。真正丰富的综合一般只有在两端充分发展了之后才能够谈得上，两端的充分发展也就意味着对原有界限的不断超越和随之而来的中间部分的丰富和延长，因此，我们今天大多数学人所迫切要做的事可能不是别的，而正是中间大段"致曲"或"坎陷"的工作，这是一个一般的方法论问题，在此只是顺便涉及，但读者可以清楚地看到，作者在本书中努力做出的限制和区分正是由此而来。

我们确实在《周易》《尚书》《诗经》这些古老经典中都看到一颗忧心。《系辞》的作者感叹道："易之兴也，其当殷之末世，周之盛德耶？作易者其有忧患乎?""作易者"是否确系厄于羑里的文王我们已难于确证，然而我们在此却明显地感到了发问者的忧思。易之释文中也多有忧患之情溢于言表。不疑不占，不忧不卜，虽然究竟忧者为何，所忧何患已不可能有定解，但忧者所忧在"患"，所忧为"苦"确是事实。至于忧者所忧是己之患还是人之患，则我们可从它转化成入世救世的行为得知：周公忧而劳苦，孔子忧而奔波，忧者所忧为人之患，为世之苦。

此一忧心渗透进了初民的政治。《尚书·盘庚》中有"汝无侮老成人，无弱孤有幼"。"今予告汝不易，永敬大恤，无相绝远"的呼吁，《洪范》中有"无虐茕独，而畏高明"的告诫，《康诰》中有"不敢侮鳏寡"的诰命，其动机虽然也是敬天保民，为一己一姓祈年永命，但在其发愿处未尝没有一条恻隐之情的涓涓细流。

如果说我们在上述经典中所见的忧心，尚有一种专属精英阶层，自上至下的特征，那么，我们在《诗经》中所看到的，就是一种更为普遍和广泛的情感了，这是一颗更明朗地普现于人心和普照于人世的忧心。我们还可以说，《诗经》虽然多处言心，作为中华民族情感凝结物最原始、最丰富的宝库，它表达了我们的祖先喜哀乐怒等种种感情，但其中最深切、最常见，也最动人的还是这一颗忧心。[1]

在《诗经》中，此忧心如诉如泣、如哽如噎，百转千回，郁结于中，此忧心源远流长，不绝如缕，"不自我先，不自我后"。它涉及的对象有：征人、戍卒、为公务奔波不已的小吏、流离失所的灾民、被贬斥的忠臣，以及失恋者、未亡人、弃妇、游子、孤儿、鳏寡等各种人；它所忧所悯的

---

[1] 《诗经》中"忧"字80见，"乐"字71见。特别强烈地表现出一种忧心的诗篇有《小雅》中的《采薇》《四牡》《出车》《鸿雁》《渐渐之石》《无将大车》《苕之华》《黄鸟》《何草不黄》《小弁》《小明》等篇，《大雅》中的《瞻卬》，以及《风》中的《素冠》《中谷有蓷》《葛生》《葛藟》《黍离》《匪风》《杕杜》等篇。

痛苦不仅有身体之苦，也有观念之苦，不仅有个人之苦，也有社会之难，然而，其中最感人、最深刻的也许还是一种对于整个人生、对于人的命运的忧思。《诗经》中多处描写过这样一种归来者的忧思，最著名的如：

> 曰归曰归，心亦忧止，忧心烈烈，载饥载渴。……昔我往矣，杨柳依依，今我来思，雨雪霏霏。行道迟迟，载渴载饥。我心伤悲，莫知我哀。（《小雅·采薇》）
> 昔我往矣，黍稷方华，今我来思，雨雪载涂。（《小雅·出车》）
> 心之忧矣，于我归处。（《曹风·蜉蝣》）

此处不可简单地就事论事，它实际上以鲜明对比的方式揭出了人类的某种状态，揭示了人的命运，是人生长途、人生归宿的一个真实写照。否则，很难解释为何这些朴素无华的文字几千年来会有如此感人的力量（其中最感人的是一种悲剧式的命运感），也很难解释为何在《诗经》的一些诗篇中会出现如此深的失望：如宁愿自己像植物一样无知无觉（《桧风·隰有苌楚》），或者永远沉入梦乡（《王风·兔爰》）。它说明了这样一个事实：即使在后儒视为理想社会的三代，也仍然有苦难的浓重阴影，苦难是人生的一个重要方面。

《诗经》中大量对痛苦的描述和忧虑至为感人，把这些在中国文化史开端就已出现的大量宝贵文字材料轻轻放过，而不作为思想的养料真是殊为可惜。如果能把这一忧心变为一种深思，无疑将引出许多富于意义的结果。

中国历史上的这一忧心，我们还可以在"长太息以掩涕兮，哀民生之多艰"的屈原那里发现，可以在"穷年忧黎元，叹息肠内热"的杜甫那里发现，直至近代的康有为，在他的《大同书》甲部"入世界，观众苦"中，从"人皆有不忍之心"出发,给出了也许迄今都是最完整的一篇生动描述人间种种痛苦的儒家思想文献。[1] 我们无须详细列举,中国历史文献中这种恻隐之情的连绵不绝(在许多时代成为文学的主流),充分证实了历史苦难的存在,忽视这些历史苦难是一种道德的冷漠,而不思考这些苦难及其原因也是没有尽学者的责任。这并不是说中国历史上的各朝代都是一些不幸的黑暗时代,而是说,即使在相对幸福的时代里,也存在着许多痛苦,这本身就非常耐人寻味。

二、人生痛苦的尝试性分类

那么,历史苦难主要是些什么样的苦难?或更广而言之,人生将遇到一些什么痛苦?怎样划分这些痛苦?造成这些痛苦的种种原因是什么?我们究竟能在多大程度上避免这些痛苦等等,这些就是我们必须深思的问题,这种思考甚至比恻隐心所能引发的直接关怀更为重要,也更有意义。

康有为在《大同书》中把人间诸苦分为下列六种:

(1) 人生之苦七:投胎、夭折、废疾、蛮野、边地、奴婢、妇女。

(2) 天灾之苦八:水旱饥荒、蝗虫、火灾、水灾、火山(附地震山崩)、屋坏、船沉(附车祸)、疫疠。

(3) 人道之苦五:鳏寡、孤独、疾病、贫穷、卑贱。

(4) 人治之苦五:刑狱、苛税、兵役、有国、有家。

---

[1] 但是,就在这篇文献里,我们也同样看到了上述的遗憾:里面多为旁征博引,包括引证自己亲身体验的对人间诸苦的动情描绘,却缺少深入细致的理性分析和思考,其中的分类是仓促的,有不少重叠的地方,最后一类"人所尊尚之苦"把常人视为幸福的一些客观因素视为痛苦也有混淆苦乐之嫌,在痛苦的分类、痛苦的原因与解决痛苦的办法三者之间缺乏细致的推理和有说服力的论证,从而使一种过于浪漫的一劳永逸的一揽子解决方案得以出现。所以,虽然《大同书》中确实包括了许多有价值的见解,但很难说它指出了一条能尽量解除人间痛苦的现实途径。

(5) 人情之苦八：愚蠢、仇怨、爱恋、牵累、劳苦、愿欲、压制、阶级。

(6) 人所尊尚之苦五：富人、贵者、老寿、帝王、神圣仙佛。

分类总是不完善的，我们不能够苛求。但我们还是认为对上面的分类可以做一些改进。在这方面，一种对比和有序的分类可能要比详细地并列更为鲜明和集中，也减少重叠和遗漏。因此，我们可以根据造成痛苦的原因把人生痛苦分为两大类：一类是自然原因造成的痛苦，一类是人为原因造成的痛苦。

自然原因又可以分为外在和内在的自然原因。外在的自然原因，如陨石、雷电、地震、火山爆发、洪水、旱灾、瘴气、自燃的森林大火、野兽的袭击、交通事故、房屋倒塌、试管爆炸，等等；内在的自然原因则指自身内部引起的病痛，如基因缺陷、天生残疾、母亲生产之痛苦、细菌感染、机能衰退，等等。自然原因显然只伤害到人们的身体，而并不会伤害到人们的"观念之我"，即它们并不会伤害到人们的尊严，并不构成对人的污辱，它们带有很大的偶然性，尤其是那些外在的原因，仿佛是由自然的一只看不见的手在随意掷骰子。

人类可以通过科学技术和社会政策努力减少与缓和这种灾难和痛苦，但永远不可能完全消除它们，这不仅因为人的知识和能力毕竟有某种限度，他不可能在完全的意义上成为自然界或宇宙的主人。也因为人之身体必然要受它自身规律的制约，人的生命是脆弱的，人也永远不可能避免死亡。而哪怕这样的灾难减小到最小范围，甚至只落到一个人身上，这个不幸者受到的痛苦的绝对分量也决不稍减。

人为原因的痛苦则指人给自己造成的痛苦，人给自己带来的灾难。前一种痛苦是广义的天灾，这一种痛苦则是真实的人祸，是由人的精神和意识缺陷造成的祸患。

人为原因也还可以继续分为两种：首先，是由于人的知识上的不完善所造成的痛苦，人们并非出于恶意，出于坏心，但却实际上办了坏事，伤害到了他人，而这可能是由于人受到主客观条件的限制。在此如果说人只要出于好心、认真负责，他必能克服知识的局限而使动机和效果一致，并不一定适合于整个人类的情况，并不总是普遍有效。我们必须承认人类的认识能力有某种限制，承认人在外部受到信息资源的限制和在内部受到自身条件的限制，我们得承认人是会犯错误的动物。

其次，则是由于在道德上的不完善所造成的痛苦，即由自私、恶意、残忍、暴虐、仇怨、憎恨、冷漠等原因造成的痛苦，由罪恶造成的痛苦。此种痛苦不仅伤害到人们的身体，也严重伤害到人们的精神，伤害到人们的那个"观念之我"，严格地说，只有观念才能打击到观念，只有心才能伤害到心，一个人面对一片击伤他的坠瓦，对这片瓦是风刮落还是人偶然踩落或有意投掷，将做出不同的情感反应。来自恶意的伤害是双重的伤害，而视人之恶意后面隐藏着某种不得已又是培养一种仁恕胸怀的缘起。

由此可以产生出两种有意义的人生态度的发展：一种是考虑我的行为对他人的影响，另一种是考虑影响到我的他人行为。前一种是尽量虚己以遨游人世，使他人甚至感觉不到我作为主体的存在，视若一物，甚至视若无物，更不要说感觉到我有什么恶意或善意了，这种态度也就是庄子的态度，用庄子的比喻，就是要做"无人之舟""无用之木"。后一种态度则如王安石这首著名的诗："风吹瓦堕屋，正打破我头，瓦亦自破碎，岂但我血流。我终不嗔渠，此瓦不自由。众生造众恶，亦有一机抽，渠不知此机，故自认愆尤，此但可哀怜，对令真正修。岂可自迷误，与渠作冤仇。"但这两种态度可以说都不是一般人所能轻易承担的。

总之，罪恶是痛苦的一个原因，罪恶带来种种苦难，但客观视之，它本身亦是一种痛苦和不幸，甚至是一种最大的痛苦和不幸，也需要人们的怜悯，需要"幸哀矜而勿喜"。而如果把自己也摆进去，在他人的罪中也发现有自己的一份，在造成痛苦的原因中也发现有自己无可辞其咎处，使自己也成为众人的一员，甚至"为世之垢"，那么，此种不仅承担起受害者的痛苦，也承担起犯罪者的不幸的怜悯是一种大怜悯。

那么，这些人为的痛苦是否有可能摆脱呢？我们说，它们至少应当比自然原因造成的痛苦更容易摆脱，因为这原因不在外界，不在自然，而就在人自身，人对自己应当比对自然更有办法。人应当成为自己及其相互社会关系的主人，虽然这"应当"尚非现实。愚蠢造成的痛苦最有可能摆脱，罪恶造成的痛苦最有必要摆脱；而需要我们给予最优先考虑的，则是那些由于社会制度和基本人际关系的不善所造成的痛苦。

我们也许永远都达不到消除每一个人的痛苦，更谈不上保证每个人时时刻刻都快乐幸福，但我们应当尽力消除那些造成最严重的痛苦和不幸的社会条件，应当创造一种通过恻隐和仁爱之情所建立起来的善意的人际关系，创造一种给每个人以安慰和希望的生活氛围。

总之，我们必须冷静地思考我们的恻隐之情所蕴涵，所指示的痛苦，而不仅仅是在恻隐之中感受和关怀他人的痛苦，我们不能因我们心中油然而生的恻隐之情自足，我们还必须在其中注入理性。在我们的每一次直接援手，每一次直接关怀之后，这件事情并没有结束，我们还应该继续思考这些痛苦的原因究竟是什么，有没有可能消除，或者能在多大程度上消除。我们必须正视痛苦，不仅以情感，也以理性来正视痛苦。我们必须用心灵去感受，也必须用大脑来思考。

但是，无论如何，我们得承认，启动这一思考的正是一种恻隐之情，是一颗不忍之心。很难设想，一个对他人痛苦没有感觉、没有体验的人，一个麻木不仁的人会纯然凭一种冷静的求知欲去进行这种思考。

恻隐之情可能从两方面说都是柔弱的,它的性质是柔弱的,恻隐就是"心肠一软",就是"心灵突然一下子变得温柔起来";它的动力也可能是柔弱的,如果它不得到另外来源的滋养而仅受制于直观的印象。然而,它却是一颗富有生命力的种子,如果好好护养,能够长成一棵参天大树。我们永远不要因我们心里的怜悯感到害羞,好像它属于孩子和老人,或者具有一种女性的特点[1],相反,最可怕的倒是我们的心灵变得板结和僵硬,不再能够对他人的痛苦做出反应。

三、恻隐之情的纯粹道德性质

我们说到过恻隐之心的两个基本特征,一个特征是它蕴涵着痛苦,指示出痛苦,这一蕴涵即它的内容,这一内容是人生的内容;另一个特征则是说它是向他人趋赴,是对他人的一种忧虑、担心和关切,这一趋赴即它的指向,这一指向是道德的指向,我们说恻隐是一种纯粹道德的情感正是根据这一指向。

显然,笔者在此采取了一种比较严格的道德标准,在此,"道德"(或者说"有道德")具有一种摆脱了个人利欲,甚至与正面的幸福利益也全然无关的含义。说"恻隐心是一种道德情感",也就是说它是纯然出自一种对他人的关切,而完全不是为了满足自己的欲望,不是为了使自己获得某种利益。恻隐也不是关切他人的幸福和利益,它只是关切如何避免和解除他人的痛苦,恻隐总是只与痛苦相关、过此则是慈善或仁爱(在广义上,后者自然也可以包括前者)。欲为他人创造幸福和快乐的慈爱之情,

---

[1] 休谟在《人性论》中谈到妇女与孩子最受怜悯心理的支配,见商务印书馆1980年版中译本,第407页。又亚当·斯密也谈道:"仁爱(humanity)是女德,而慷慨大度(generosity)却是男德。"

比仅欲抚慰和免除他人痛苦的恻隐之情更有可能出错,更有可能产生适得其反的负面效果,因为,人们对痛苦要比对幸福认识得更清楚,痛苦较具共同性,而幸福更呈多样性,达到减少痛苦这一目标也远比实现幸福这一目标拥有更多的现实手段和可行途径。

恻隐之情的这一道德性质,孟子在他的"孺子将入于井"的例证中说得相当清楚,此时,任何一个路遇此事的人之所以会对将入井的孩子突然产生一种惊惧心疼之情,首先,他并不是想要纳交于孩子的父母,不是想从他们那里得到酬报,得到好处("非所以内交于孺子之父母也");其次,他也不是要邀誉于乡党朋友,获得一种"热心救人"的好名声("非所以要誉于乡党朋友也");最后,他也不是因为孩子如果掉入井里,其哭叫声将使他产生一种生理上的反感("非恶其声而然也")。总之,他不是为了自己的感觉,为了名利心而产生"怵惕恻隐之心"的,这一恻隐之心是纯然善的,是绝对和无条件地具有道德价值的,这一意愿的绝对善性甚至不以随后的行为为转移,更不以行为的效果为转移。

我们可以假设一个人在产生这一恻隐之心后的种种行为及其效果,来证明这一点,尤其是考虑这一问题:在这一恻隐之心产生之后的非道德乃至不道德的行为,或者负面的效果是否将影响"恻隐是纯粹的道德情感"这一普遍命题,而使之不能成立呢?

我们首先假定这个路人毫无疑义会去救孩子而只看这一道德行为的效果。这里可能是这个路人及时拉住了孩子,孩子未掉入井里,或者孩子虽掉入井里,但被路人救起这样一种两人均得全活的正面效果,但也可能是孩子掉入井里,或者孩子得救而救者却死,或者当孩子被救上来时已经溺死的部分负面效果的行为,乃至于可能出现落井的孩子与援救的路人均亡的完全负面效果的情况。但是,在这后面三种情况里,虽然行为的效果都有负面的因素,尤其最后一种是全然负数,但它们怎么会影响到这种救助行为本身的道德价值呢？它们当然更不会影响到产生这种行为的意愿（最初发源处即为一颗恻隐之心）的道德价值，甚至更凸现了这种价值。

以上是完全积极的反应，我们是从恻隐引发的道德行为的效果来观察，但恻隐之心也可能引发不出这种纯粹的道德行为，我们现在再就另一种行为反应设想几种可能的情况如下：

（1）这个路人在那一怵惕恻隐之心一闪念之后，并没有去伸手救助这个孩子，而是转而认为不关己事，扭头而去；

（2）如果这孩子尚未入井，这个人会走过去救这个孩子，会拉住孩子，但如果这孩子已经入井，他考虑到井深或自己不会游泳等危及自己生命的因素，却不会自己跳下井去救这孩子；

（3）这个人去救了这孩子，甚至是跳下井去救的，但事后却希望得到某种感激和报偿，如果没有这种回报，或回报低于他所期望的，他甚至会有些怨愤不平，而人们也许就从这一埋怨中追溯他的救人动机，认为他动机不纯，认为他的动机中杂有对名利的欲求。[1]

确实，在这三种行为中，第一种"扬长而去"的行为不仅没有任何道德价值，而且是不道德的、负面的；第二种"有所顾虑不下井"的行为与第三种"下井救后有所求"的行为的道德性质也要打上一些折扣。但是，这一类行为的道德性质之有无或程度高低的情况，是否影响到了最初那一点恻隐之心的道德性呢？我们的回答当然是否定的。

在此，我们要把情感、意志与行为、效果区别开来，要把这一恻隐之情与产生这一恻隐之情的人区分开来，要把"恻隐是一纯粹的道德情感"这一普遍命题与产生这一情感的特殊主体区别开来，恻隐之心是否确实在这个人那里引发出道德行为，或者引发的道德行为是否产生了积极的效

---

[1] 应该说，这样一种评价不是很公平的。

果，并不影响到它自身的善性，因为它是自在的善、无待的善，本身不依赖于任何行为或有无效果。"恻隐是一纯粹的道德情感"这一命题仍然是可以独自成立的。哪怕这一恻隐之情非常微弱，哪怕它只是一闪念，如电光一样瞬息即逝，作为这一闪光而言它依然是一线光明；哪怕它只是发端的一点清泉，马上就被汹涌的浊流裹胁、污染，霎时间就变得无影无踪，我们也依然不能否认那发端的一点是纯洁和清澈的。

我们可以感到遗憾：比方说，感叹在那个"扬长而去"的人那里此一恻隐之心之"几希"，感慨它多么容易"放失"，落在它上面的灰尘和污垢是多么的厚，它被遮蔽得是多么的深。但我们却不能否认这一恻隐之心确实是善念。这一善念虽然在人们那里是程度不同地存在，但却是人所共具，没有一个人会全然不具备或完全泯灭它，这也就是我们在任何时代，哪怕是社会道德最为堕落的时代，对人类也仍然有信心的依据。

因此，捍卫这一最初的善念，证明它的纯洁性确实具有重大的意义。恻隐或同情常被看作是道德的源头，在这源头上是不能混杂的，源头上差之毫厘，下游就将失之千里，所以我们不能不分辨清楚，不能不争于这源头之一线。

然而，我们实际把应放到后面说的一些话提前说了，我们讲到了"恻隐是一纯粹的道德情感"这一命题的重要意义，但这一命题不能仅靠其重要意义来证明。孟子所举的事例是一证明，我们以后还将回到对这一事例的分析，但我们还需要一些别的例证，我们也需要考虑别的不同的观点，现在我们就来做这件事。

四、对一种结合观点的批评

有一种影响很大、拥有许多支持者的观点认为：恻隐或同情是与人对自己身体的感受和人的欲望紧密结合在一起的，并且是以这种感受性或欲望为来源、为基础的，因此，恻隐或同情实质上就可归结为人对自己的这种感受和怜惜，或者说归结为"自爱"。[1] 我们姑且把这种观点称之为一种以自爱为基础的"结合观"，并可以举出它的一个最著名代表，爱尔维修的观点为例。

这种"结合观"广义上可包括快乐主义（hedonism）、幸福论（eudaemonism）、合理利己主义（rational egoism）、功利主义（utilitarianism）乃至目的论（teleological theories）的伦理学派别，我们由此可列出从伊壁鸠鲁、费尔巴哈、边沁到今天的兰德（Ayn Rand）、斯玛特（J. J. C. Smart）等一长串思想家的名单，但是他们的倾向还是很不同的，并且，鉴于我们的论题是围绕着道德意识（良知），我们特别强调对道德行为之后动机的解释，尤其是要围绕"恻隐之心"与"自怜自爱"的关系（即偏重于注意人生内容的消极面）。所以我们着意选择爱尔维修鲜明有力的观点作为例证。

在中国，这种以自爱为基础的结合观点似乎不像在西方那样源远流长，影响巨大，因为中国伦理思想的基本趋向是道义论（deontological theories）的。甚至在中国一些较强调功利或尊重合理欲望的儒家学者那里，我们也发现纯正的道义论色彩。例见戴震的一段话：

> 孟子言"今人乍见孺子将入于井，皆有怵惕恻隐之心"，然则所谓

---

[1] 在此，我们谨慎地使用"自爱"这个词，以使这一观点不致混同于利己主义或快乐主义。与爱尔维修生活在同一个启蒙时代，且最推崇道德、善良天性和同情心的卢梭也认为"自爱"是人最根本的欲念，人类最原始的关切就是对自己生命的关怀，但他将"自爱"与"自私"作了区分："自爱"主要是指关怀自己的生存和欲念，只涉及自己，而"自私"则是指处处要占第一的心，涉及他人。现在我们所说的这种"自爱"，也是指一种最基本的在消极意义上理解的对自己生命的关怀——即保存自己的生命，避免给这生命带来戕害和造成痛苦。这样，这种"自爱"具有一种道德上属于中性，而非不道德的意义。

恻隐，所谓仁者，非心知之外别"如有物焉藏于心"也。已知怀生而畏死，故怵惕于孺子之危，恻隐于孺子之死，使无怀生畏死之心，又焉有怵惕恻隐之心？推之羞恶、辞让，是非亦然。使饮食男女与夫感于物而动者脱然无之，以归于静，归于一，又焉有羞恶、有辞让、有是非？此可以明仁义礼智非他，不过怀生畏死，饮食男女，与夫感于物而动者之皆不可脱然无之，以归于静，归于一，而恃人之心知异于禽兽，能不惑乎所行，即为懿德耳。[1]

这一段话最易让人产生误解，似乎戴震是把"怵惕恻隐之心"与"怀生畏死之心"混同起来了，是使前者以后者为源、为归，笔者开始也有这样的误解，以为作者是把"怵惕恻隐之心"归之于"怀生畏死之心"，但细读此文（注意引者所加的着重号），方意识到戴震并非是把"怀生畏死之心"作为产生"怵惕恻隐之心"的充分条件，而只是作为一种必要条件（即"皆不可无之"，而这一点是我们也将同意的），而"恻隐之心"的产生，则在于"异于禽兽"的"心知"，能持此"心知"而"不惑乎所行"方为"懿德"。

但是否中国历史上就没有把同情与自爱结合在一起的思想家呢？此又不然。墨子就是把功利与道德、自爱与利人结合起来的第一位大思想家。他反复叮咛爱人不外己，爱人即爱己，爱人者必见爱，恶人者必见恶，爱人于己最有利等等。明儒王艮的《明哲保身论》也说："爱身如宝，则不敢不爱人，能爱人，则人必爱我，人爱我，则吾身保矣。"甚至连最推崇"恻隐之心"的康有为也在其《康子内外篇·不忍篇》中说："凡为血气之伦必有欲，有欲则莫不纵之，若无欲则惟死耳。最无欲者佛，纵其保守灵魂之欲；最无欲者圣人，纵其仁义之欲。"这就把"仁义道德"与"生

---

[1]《孟子字义疏证》，中华书局1982年版，第29页。

命欲望"混为一谈了，于此可见康氏思想的庞杂和混乱。

总之，我们不能低估这种结合观在中国社会中的实际影响，尤其在近代以降道德急剧转变的年代里，它常常方便地成为攻击传统道义论的武器，也常常方便地成为自身不道德行为寻求辩解的法宝。

我们再回到爱尔维修。爱尔维修也和卢梭一样很推崇同情，他说，即使人们说这种同情是软弱的，这种软弱在他眼里也将永远是"第一号美德"。但是，他认为，同情并不是一种道德官能，不是一种天赋的情感，而纯粹是自爱的结果，因为要同情另一个人的苦难，首先必须知道这个人确实痛苦，而要知道这一点，又必须自己感觉到过痛苦。所以，爱尔维修把"身体的感受性"看作道德的根本原则，否定英国哲学家所说的天赋"道德感"，认为道德即源自自爱。爱邻人，在每一个人身上都只不过是爱自己的结果，因而只不过是身体的感受性的结果。[1]

上述观点主要涉及两个问题：一是同情或者恻隐从何而来？二是同情或恻隐心实际上是什么，或可归结为什么？爱尔维修认为同情是从自爱（即对自己身体的感受和关怀）而来，实际上也就是自爱，或可归之于自爱。

由于爱尔维修实际上把同情视作道德的发端，所以讨论同情的根源也就是讨论道德的根源，我们不打算涉及同情这一道德感究竟是源于天命、神旨、动物本能、社会经验，还是先天理性等问题，而只想紧紧围绕同情与自爱的关系展开讨论，我们首先提出的问题是：恻隐或同情是否源于自爱，抑或它有着自己的独立来源？有着完全不依赖于自爱、完全不同于自爱的因素（正是这些因素确定了它作为一种纯粹的道德情感的性质）？

---

[1] 周辅成编：《西方伦理学名著选辑》下卷，商务印书馆1987年版，第63、64—68页。

有一个事实可以说促成了把同情的来源归之于自爱（即对自己身体感受的关切）的结论，这就是：我们确实是经由自身的痛苦而知道他人的痛苦的。我们对之表示同情的他人的痛苦，一般是我们曾经遭受过的，或者由此及彼而能预感到、推知到的，我们对这些痛苦的同情程度，也常常和我们自己体验这些痛苦的强烈程度成正比，[1]而有些我们自己尚未经受过的痛苦，我们却甚至可能不知道去同情（尤其是某些特殊遭遇或年龄增长带来的痛苦），直到我们自己也经历这些痛苦。

恻隐之情确实是由己及人、推己及人的，是一种设身处地的情感。人在身体方面有大致相同的感受："口之于味，有同嗜焉"，身体在负面的感受上也是如此，皮肤被刺破了，都会流血，都会感到剧烈的疼痛；饥饿使他感到难受，劳累使他觉得辛苦，铁链使他觉得行动不便，这就是人类身体的相似性，从负面看是相似的脆弱性；每个人的身体都向各种人类可能遭受的痛苦开放，就身体本身而言，都无可抵御地处在某种裸露状态中，否则他就是机器，或者超人了。如果他对身体的某一部分的刺激感觉不到痛苦，那就是他身体的这一部分失去了机能、失去了作用；如果全都感觉不到痛苦，那就只能是死亡。一个坚强的人并不是不感到身体痛苦，相反，正是因为他感到这种痛苦而不屈服于它我们才说他"坚强"，"坚强"是对精神品质的一种赞辞，这种赞辞我们不会给予生理上失去痛感者。这种对痛苦感受的相似性、共同性就为人们在身体感受的由己及人的推知和关切创造了必要的前提，就为人们建立一种亲近和善意的联系提供了可能。

但是，我们也得注意身体感受性的另一方面；身体总是以个体的形

---

[1] 另外一个衡量标准则与我们对人们的看法有关，例如，看到同样的痛苦，对亲人的同情甚于对路人的同情。古罗马的贵妇甚至会对角斗场上的奴隶不表同情。但在同样的人那里，我们同情他们的程度，则一般是与我们根据自身体验所设想的他们的痛苦程度成正比的。

式存在的，身体与身体之间存在着距离，虽然有大致相同的感受性，但又有断然的分别。你的身体就是你的身体，我的身体就是我的身体。一个人，无论怎样爱另一个正身患绝症的亲人，他也不可能完全感受到他所爱的人的痛苦，他也不可能以自己的痛苦来取代、来消除他所爱的人的痛苦。"不能以自己的死去唤回逝者"，这句话最明显地表现出对这种身体之分别性的绝望，那只是加上一个死，却不能使死者复活。同时意识到这种人类身体感受痛苦的相似性和分别性，可以引出很有意义的结果，使我们在对待人的态度上更符合人性和人道。

但是，人的身体的这种分别性客观上造成的情况是：尽管别人的痛苦感受与我的痛苦感受大致相同，但如果这只是发生在他那里，我并不会感到同样的身体痛苦，我为什么要设身处地，把他的痛苦也看成我的痛苦呢？我可以推己及人，但为什么要推己及人呢？为什么要"举斯心加诸彼"？

正是在这个意义上，我们说恻隐有着自己独立的来源、独立的动力，正是这一来源和动力构成了它的性质，在此意义上我们又可以说这一来源才是它的真正来源，唯一来源，而身体感受的相似性实际上只是起了一种触媒、中介、途径的作用，虽然它也是不可缺少的一个触媒和途径，尤其是在一个人道德成长的初期。如果否认恻隐之情除了"怀生畏死之心"之外，还有着自身独立的来源，而纯以"身体的感受性"作为恻隐的基础的话，那么，就可能得出经受过最多痛苦，或感觉最敏锐的人最富于同情心的结论了。而我们看到事实却并不如此，有些受苦很多的人确实非常富有同情心，但也有的受苦很多、感觉敏锐的人却变为怨恨和仇视人类的人，在他那里，痛苦演变为冷酷，他要为自己受到的痛苦向所有人报复。而另一方面我们也看到，有些生活在一直比较顺遂的环境里的人却也能对他人的痛苦表现出真切的、深厚的同情，就像有一种"天性的善良"。因此，个人对自己身体痛苦的感受和关切显然不是必定导向恻隐之心，这里还有另一种因素起了作用，这一因素才是恻隐心的真正来源。

但是，恻隐心的这一独立来源是什么？是道德本心？是社会本能？是道德感？是天赋的良知良能？然而，这不是一回事吗？恻隐心本身不就是这本心、本能、良知、良能的一部分，本身不就是包括在其中作为其源头和发端吗？这不等于说，道德就来自自身，或道德就来自道德吗？在某种意义上，答案可能就是如此。在伦理学的严格界域里，在道德足以活跃地起作用的范围内，我们有这一回答也就够了。我们当然可以探寻另外的根源，或者说根据，我们在后面"生生"一章中就欲做这种尝试。但我们也得承认，"到此为止"有时候也是一种选择，因为，进一步的探寻不仅可能超出人的认识能力之外，也可能有降低道德，削弱它的独立性，弄混它的根源的危险。在一些坚定地注目道德，以它为唯一追求的人们看来，道德本心本身就是自足、自在、自为的，它本身就是与天地合一的最终本体。如果一定要说它是从什么地方流出来的，那么它一定是从比它更高、更神圣的地方流出来的，而不会从比它更低的地方流出来。我们现在姑且悬搁这一个问题，我们至少可以有把握地说，我们如果处在孟子所言"乍见孺子将入于井"的处境，我们确实能马上当下直观到一颗怵惕恻隐之心，这一恻隐之心是当下呈现、明白无疑，可以直接体认的。

我们现在必须坚持的是：恻隐之心与自爱之心确实截然不同，恻隐不可能源于自爱。两者之间并没有因果关系、源流关系。实际上，我们在人那里可以看到的是两条源流：一条是自我生命的欲念之流；一条是道德和善意之流。在具体的个人那里，对他人的关怀一般是发生在对自己生命的关怀之后，但发生在后面的并不一定是较低的，而更可能是较高的。而且，对整个人类来说，在个人那里出现的这种先后次序并不影响到它们都是人生的两个基本方面。

当然，我们并不认为生命欲念之流就是浊流，是不道德的，它宁可说是中性的，生命就是生命；我们也不否认在两者之间存在联系，但反对把道德归结为欲念，把对他人的关怀归结为对自己的关怀。道德并非源自非道德的、中性的东西，也不最终流入它。道德自有意义、自有价值，不能把道德之流与生欲之流混合为一而贬低道德。所以我们反对结合观而坚持一种分别观，因为我们也不会僭妄到主张生命欲念之流是来自道德、并只向它奔赴。我们之所以如此重视要在道德的发端处——即在恻隐心这里划出一条严格清楚的界限，使之与自爱心相区别，因为这是几乎一切道德行为的起念处，发动处，而一切混杂的东西没有比在开端就混杂而更让人觉得可怕的了。

这样的两条源流揭示了人的地位。人有精神，亦有肉体，人非神，亦非禽，人同时属于这两个世界：理智界和感觉界（康德语）。这就是人的命运。人并不只在这命运中看到不幸，甚至可以说，在现实的人那里，一种动力正是在此紧张和冲突中产生。

但是，这不是二元论吗？这不是仅仅搁置矛盾，而并没有解决矛盾吗？在某种意义上可能确实是如此。但一种对彻底性的要求还是使我们继续发问：难道这两者之间就没有统一的希望吗？希望确实有。但这一统一的线索可能是一条虚线而非一根实线，比方说就通过"希望"的概念。"希望"是一个值得发挥的概念，但不宜在此论述。

导致上述以自爱为基础的"结合观"的第二个事实看来是这一事实：即一个人与他人的利益有一致的方面，有协调和互利的一面。这促使持此观点者认为他人利益与自己的利益是一致的，关怀他人生命与关怀自己的生命是一致的，解除他人的痛苦与解除自己的痛苦是一致的，因此，同情实际上也就是自怜自爱。人们在同情他人的同时实际上是在同情自己，人们是在他人身上爱自己。

我们现在是在恻隐与自怜自爱的关系内讨论此问题，注意的是人生内容中消极的一面。而如果扩大范围，更可以看到许多理论都坚持这种观点。当然这里还有一个把行动重心放在那里的问题（不是理论重心，理论重心一般都放在自我这一面）：即是放在爱人还是爱己上，是强调"欲人之生亦是欲己之生"，还是强调"欲己之生亦是欲人之生"上。这种理论的倡导者起意多在前者，想通过人的自爱心来促成对他人的关切，促进道德，并且本人也常遵循一种合乎道德的生活方式，但在理论上这实际上还是明智，而不是道德，是把明智与道德混淆了，且在理论上它并不能阻止人们在并不违反其前提的情况下走向其反面。

我们不必在此多言人类的欲望和利益除了一致的一面，还有冲突的一面，除了互利的一面，还有互碍的一面。这种冲突的不可免性和在有些情况下的激烈对立性质是尽人皆知的事实，因此，有些思想家似乎由"一致性"而找到了道德的最终真理的那种欢欣鼓舞之情确实让人感到惊奇。[1]

确实，努力把社会安排成一种合作的体系而非冲突的体系，努力造成一种客观上"人人为我，我为人人"的状态，使每个人对自己利益的追求都能有利于他人，而其他人的利益追求也能有益于他，从而达到普遍的稳定、和谐与效率，这是社会制度所应追求的一个主要目标，是一种社会正义。但是这些看来是属于社会制度本身的伦理范畴内的事情，而不宜成为个人或整个道德的基础，而且，再完善的社会制度也不可能完全消除利益的冲突，更不要说我们离这一理想目标还很远。我们前面讲过人类痛苦的很大一部分是人为造成的，而"不要把自己的快乐建立在别人的痛苦基础之上"的流行格言也很明白地揭示出：不仅有一种快乐是不能与人分享的，不能与他人的快乐相容的，而且这种快乐直接就以别人的痛苦为源泉。

---

[1]　如费尔巴哈。

撇开冲突的问题不谈，我们现在想提出的对把同情归结为自爱的观点的另一个反驳理由，是它无法解释由同情和恻隐之心产生的"自我牺牲意愿"，如果说同情只不过是自怜自爱，那么，它确实可以解释某些扶贫济困的助人行为，因为，这样做可以说能够赢得别人的尊敬，甚至带来某些利益，或者使自己今后有难时也有希望得到别人的帮助，从而使自己过一种更好的生活。但是，这种立足于自爱的说法，却不能够解释为何同情和恻隐之心竟然能使人愿意完全抛弃自己的生命和利益，为他人做出一种彻底的奉献和牺牲。

下面我们可以引人们很熟悉的杜甫的《茅屋为秋风所破歌》作为佐证，并以这一例证来概括我们前面所涉及的一些观点。一场秋风卷走了诗人所居屋顶的茅草，使之散落各处，而一些顽童又当面抢走了那些茅草，诗人喊得口干唇燥也是没用。秋风之后又是秋雨，在这昏黑寒冷的夜里：

> 布衾多年冷似铁，
> 骄儿恶卧踏里裂。
> 床床屋漏无干处，
> 雨脚如麻未断绝。
> 自经丧乱少睡眠，
> 长夜沾湿何由彻！

"诗可以怨"，这是我们熟悉的自我怜诉，然而紧接着却是一个突然的转折：

> 安得广厦千万间，
> 大庇天下寒士俱欢颜，

> 风雨不动安如山！

这转折虽然突然，也还不是很陌生，令人惊奇的是最后两句：

> 呜呼，何时眼前突兀见此屋，
> 吾庐独破受冻死亦足！

据此，我们可以指出四点：第一，诗人首先感到的是自己的痛苦，是寒冷和不眠，是为自己的遭遇感叹；第二，这种痛苦有直接的自然原因（秋风秋雨），也有直接的人为原因（顽童）和更为长远持久的人为原因（战乱）；第三，在后面几句，却发生了一种心情的转折：诗人突然由怜己而变为怜悯天下所有的寒士；第四，这种怜悯之情强烈到如此程度：若能出现大庇天下寒士的广厦千万间，自己冻死也心甘情愿，毫不足惜。

在此，我们看到一种次序，即从自怜→恻隐→自我牺牲的意愿，但这只是一种时间上相继出现的次序，而不是一种因果链条的次序。这里有两个飞跃，如果说用自怜甚至不能够解释为何出现第一个飞跃（从自我怜爱到恻隐他人）的话，那用自怜更不能解释第二个飞跃（这种恻隐竟然强烈到如此程度：愿意牺牲自己的生命以为代价）。

我相信，我们都不会怀疑作者意愿的真诚，那么，这里确实发生的一种根本的心情逆转说明：自我牺牲的意愿显然不可能归结为对自己的怜爱。在此，自己对寒冷的感受和自我哀怜只是起了一种触媒的作用。而真正催生这一自我牺牲意愿的显然是与自爱心迥然有别的本有的恻隐之心、道德之心。

类似的例子我们可以广泛地在各种历史文献中找到。比如，我们可以在各文明的古老文献中看到：《诗经》中的《黄鸟》一诗的作者因强烈地怜悯殉葬者，而产生出愿以己身替代的意愿（"如可赎兮，人百其身"）；在印度《薄伽梵歌》中，主人公阿周那作为一方统帅，在大战将临之际突然产生一种强烈的怜悯之情，他表示，他不仅不再希望胜利，甚至于即使对方"用武器把我杀死在战场，我将放下武器而不抗争，如此倒觉得坦然舒荡"。至于基督教，则常被称为"怜悯的宗教"或"救赎的宗教"。"上帝是因怜悯而死的"，十字架就是耶稣基督以自己一身承担和救赎全人类痛苦和罪恶的象征，耶稣以一己之死使人类与上帝重新订约，使人类有望获得拯救和永生，而追随他的人也必须通过奉献和牺牲而得救，我们更看到历史上无数舍己救人的实例，这些都是以自爱为基础的结合观所无法解释的。

一种"自我牺牲的意愿"显然不可能从自爱之心中产生，也不可能归结为自爱[1]，当然，我们也得承认，从恻隐之心直接达到这种自我牺牲意愿亦非常见。在大多数情况下，单纯恻隐之心可能只是会促使主体在自己无生命危险的情况下救助别人，一般来说，要形成舍己救人的坚强持久的动机，还需要有道德义务感、道德信念等来巩固和加强其力量。但是，不管这一最初的恻隐之心的力量在许多人那里可能是多么柔弱，它仍然是一切崇高的道德行为的开端。上述结合的观点无疑低估了个人做出这种行为的可能性，从而低估了道德，把道德降到社会的平均水平，把道德降到明智的水平。而真正崇高和纯正，真正有其独特魅力，能让人全身心追求，并支持着一般社会伦理的道德正体现在这种牺牲行为之中，否则，一切都不过是明智之举。[2]

---

[1]　在此，说在某些情况下自我牺牲亦是自爱，且是"真正的自爱"或"最大的自爱"，是爱"精神的自我"，爱"名声"或者"永生"，只是在混淆概念。

[2]　道德悲观主义者倒常常更能坚持这种道德纯正性的要求，他们悲观的原因正是因为人们常把一种混杂的东西称为道德，所以，在他们的批判中却也显露出一种对纯正道德的热望。结合论者也许会认为自己的观点会吸引许多人，但却不能够吸引那些真正把道德作为自己的生命、愿意牺牲而奉献一切的人，道德正要因这些人保持着自己巨大的力量和崇高的格准于不坠。（转下页）

我们并不是要全然否定爱尔维修的观点，相反，我们认为，它在一定范围内倒是正确的，只要我们都明确这一范围而不误读它。爱尔维修的哲学被包括在近代"启蒙哲学"的范畴内，他的观点确有一定意义，但是，这一问题须另外探讨。

五、恻隐作为"道德源头"的含义

自从孟子首先明言"恻隐之心"为"仁之端"以来，诸儒对此一定位并无多少异议，西方历史上重视良心的一派思想家也大都倾向于把同情看作是道德的源头，或者看做是良心最优先、最原始的成分。进化论者发现在动物那里最接近于"人类道德"的东西，就是一种类似于恻隐或同情的情感表现；而如果反观我们自身每一个人的道德成长，一种首先是对亲近我们的人的关切之情，显然先于任何道德义务和原则观念的形成。我相信，我们对我们的孩子的道德培养也是遵循这一次序，在幼童理性甚至语言能力都尚未成熟的早年，我们在道德上最期望他们的是什么呢？难道不首先是诚实和富有同情心？诚实主要是立己，使自己站得住，同情则纯粹是指向他人。

恻隐是"仁之端"，"仁"即被我们理解为"道德"。这种"道德"是严格伦理学意义上的"道德"，而不是本体论或人生哲学意义上的"道德"。韩愈曾在《原道》一文中对这两种不同意义的道德做了区分，认为儒家以"仁义"为限定词的"仁义道德"不同于老氏去"仁义"而言的"道德"，"仁与义为定名，道与德为虚位"，但按其文中的解释：以"宜"来解释"义"，

（接上页）康德言："德性之所以有那样大的价值，只是因为它招来那么大的牺牲，而不是因为它带来任何利益。……道德愈是呈现在纯粹形式下，它在人心上就愈有鼓舞力量。"（《实践理性批判》，商务印书馆1960年版，第158页。）

这"义"实际还是虚的,"博爱之谓仁"的"仁"才是唯一的定名。这样,儒家的道德也可以说就是"仁的道德"了。儒家的其他概念如"心"、"性"、"天"等都有本体的含义,而"仁"却是相对比较严格固定的伦理学范畴。在儒学中,仁居"仁、义、礼、智、信"五常之首,同时也可包括五常,仁也居"仁、智、勇"三德之首,同时也可包含三德。"仁"可作为一个专名使用,这时它是五常之一、三德之一,但也可作为一个总名,这时它就是"道德"。

因此,说"恻隐为仁之端"与说"恻隐是道德的源头"是一致的,但后儒对"仁"的解释太丰富而玄奥、太含蓄而多端,所以我们在此还是用"道德"这个词。那么,我们说"恻隐是道德的源头",这里的"道德"是什么含义,而这一"源头"又作何解释呢?

完整意义上的"道德"包括:(1) 主观的、在每个人心里内在地发生的,只能为他自己通过反省觉察的道德心理现象;(2) 客观的、可为他人从外部观察到的,个体或群体的道德行为现象;(3) 作为一种精神的客观凝结物的,以戒律、警句、格言,或理论、学说等形式表现出来的道德知识现象。[1]

"源头"的意思也可以有三种含义:(1) 根据(内在的理由);(2) 动力;(3) 现象(即仅仅是时间上的最先出现,并且本身被包括在将作为定语出现的概念范畴之内)。

那么,恻隐是整个道德的源头吗?这里我们需要做一些具体的分析。在上述三种道德现象中,道德心理意识无疑是主观的、最个人化的,我们完全可以说,恻隐是这一道德意识(或"良心")的作为源头的一个

---

[1] 这种划分源自波普尔(K.R.Popper)的三个世界划分的观点,所以我们不再对这三种现象的特性做说明,读者可参考波普尔的 *Objective Knowledge*, Oxford University Press, 1972。

组成部分；至于道德行为活动，也可以说最终都可分解为个人的行为活动，因此，它们的动力也有恻隐的一份，而这一份动力一般是处在最开始的地位的；最后，道德原则和规范等理论知识最初也可以说都离不开个人的概括和创制，而个人最初之所以开始这一创制，也离不开他心中一点作为最始源的恻隐和不忍之心。总之，我们说"恻隐是道德的源头"是离不开一种个人的道德观点的。在某种意义上，恻隐可以说是整个道德的源头，但是如我们上面所见，它将在个人道德观点的制约下按三种道德现象的次序逐步受到限制（道德原则、规范之知识现象最倾向于超越个人的人格性）。准确地说，恻隐之情只是道德意识（良心）的直接源头，它要作为道德行为或道德知识的源头，却显然要经过其他意识成分而尤其是理性的中介。

那么，"恻隐是道德的源头"，这一"源头"的意思究竟又是指什么呢？是指恻隐是道德的根据、动力，还是仅仅指现象呢？我们仍借用上面对道德现象的三种划分来说明，从族类或个人两方面看，恻隐都可以说是道德心理意识的"最初的涌现"，它是道德心理意识现象的一部分，又推动着道德心理意识的深化和扩展，因此，作为"良心"的源头，它有作为动力和现象的双重意义；而对于道德行为活动来说，恻隐只是一种最初的动力，并且这种最初的动力并不一定是道德行为最主要的动力。而对于已经社会化了的道德原则、规范等知识来说，我们说过，恻隐必须经过个人的中介才能起作用，应该说它对形成这些原则规范的动力虽然是最原始的，但也可能是最微弱的。而且它显然不是这些原则规范的内在理据。

因此，我们说"恻隐是道德的源头"，主要是指恻隐是个人道德意识（良知）的源头，在此它有动力和现象的双重意义，而当我们说到道德行为活动和理论知识时，恻隐只具有一种最初动力的意义。而无论"道德"意指什么，恻隐看来都不具有最终理由根据的意义。

"源头"这一比喻确实很好地表现了恻隐之心在道德体系中的地位，首先，这表明它不是处在道德之外的东西，而是属于道德内部的，源头是从道德内部说的，恻隐之情就是道德最初的涓涓细流；是仁之始，仁之端；其次，这也表明它是最初的流淌，最初的动力，这一动力并一定是人们的道德活动中最巨大、最主要的动力，它虽然不是汹涌澎湃，但却是源源不断——在贤者那里是常不泯，在常人那里是不常泯，而在恶人那里亦不会完全泯灭。它的主要意义不在中流的浩大，而在源头的清纯，凭它自身，它甚至可能走不了很远，然而，它又可以说是泥沙封堵不死的泉眼，败叶遮蔽不住的净源。

　　从整个人类历史来说，虽然不乏以各种"理由"、"原则"、"主义"扼制、甚至消灭恻隐之心的企图，但这些企图最终都归于失败。在一个基本的底线上，我们甚至可以谈论起恻隐之情的绝对无误，因为，所谓的"理由"、"原则"、"主义"可能酿成大错，忘记生命的根本，而恻隐之心在这一对生命的基本态度（是保存还是毁灭它，对它的痛苦是漠视、残忍还是恻隐、同情）上却不可能出错，在此，这种情感的逻辑在底线上胜过一切理性的推演，动人的蛊惑、巧妙的欺瞒和疯狂的激情。也正是在此，这种柔弱的感情会变得强大、形成一道最坚固的屏障，使人类不致长久地陷入狂热、暴行和恐怖之中。恻隐之情的一个突出的特点就是：它面对的痛苦愈是巨大，就愈能在自身中激发出巨大的力量。

　　所以，我们虽然不同意卢梭对主要表现为同情的良心所作的夸大了的赞辞[1]，不同意说良心任何时候都绝对无误，高于理智。但是，我们也确实看到怜悯之情作为人类最原始和最纯正的一种道德感情，对于使人们履行最起码和最基本的道德义务，使社会不致长久堕入野蛮的巨大意义。

---

[1] 卢梭：《爱弥儿》下卷，商务印书馆 1983 年版，第 417 页。

在有些时候,可能法律已经废弛,权威不复存在,甚至理性也已颠倒或迷惑,此时正是靠一种尚未泯灭的恻隐之情救人于溺,拯世于狂。因此,我们需要聆听它的声音:也许我们并不总是向它请教,然而,当社会生活被逼入险境的时候,我们就会听到这一柔弱的声音突然变得强大有力,因为它更贴近生命,贴近我们道德的起点,这起点也是我们的道德乃至全部文明的最后一道防线。如果连这一防线也守不住,如果人类连起码的同类之间的恻隐之心也丧失殆尽,那很难设想人类会成为什么样子,很难设想人类还能够存在,或成其为人。

孟子正是在这一最基本、最起码的意义上点出人性之善,指明人禽之别。"孺子将入于井"的例证很贴切地表示出这一意思:一边是孺子匍匐将入井,这意味着一个生命即将丧失,而另一边则可能只是举手之劳就可挽救这一生命。一边是死亡的如此的沉重;一边却是所要求的行为的如此之轻易,一种几乎不费吹灰之力,但也非一定预许着名利和报酬,而是纯粹善意的行为。孟子正是在这一意义上说出"由是观之,无恻隐之心,非人也"的结论[1],认为每一个人处此境地都会油然而生怵惕恻隐之心。不管这一恻隐之心是多么微弱,多么"几希",如"火之始然,泉之始达","苟不充之,不足以事父母",但它的产生及其纯洁性却是毫无疑义的,从此一善念即可证出人性善。

我们相信:每一个人见到"孺子将入于井"这一情景,都会在一刹那间产生一种怵惕恻隐之心,即使确有这样的人,这种怵惕恻隐之念在他那里微弱到如此程度:只是一闪而过,甚至不为他所觉察,然后他继续走自己的路,扬长而去。那么,我们还是可以说,他见到了这件事与他没

---

[1] 《孟子·公孙丑章句上》,按焦循解释,此并不表示一种价值评判的意思,而是作一事实的陈述。这我们也可以从孟子另一段正面叙述得到证实:"恻隐之心,人皆有之。"(《孟子·告子章句上》)

见到这件事，对他的心境所产生的影响还是不一样，日后，假如他听到了这个孩子的死讯，他的心情是否会像他从来没见过这孩子一样丝毫不受影响呢？甚至他不必听到这一死讯，在他余生中，是否就不会有这样的时刻——他回忆起这一件事来而不感到丝毫的不安呢？甚至我们还可以再退一步，假设他对这一件事真是完全无动于衷，那么，他是否在他一生中遇到的每一次类似的事情上，都没有感到过丝毫的当时的不忍或者事后的不安呢？更不必说，难道还会有人走过去把这个"孺子"推一把掉到井里？

我相信，没有一个人能逃脱此一追问，正像没有一个人能否定自己是人一样。

六、平心而论人性善还是人性恶

一些学者可能一直没有清楚地理解到：把人的善端与中性的生命欲念对比是一个错误，要证明性善或性恶是要把人的善端与恶端相比，而生命的欲念并不是恶。一个刚刚降生的孩子，我们很难说他是善人或者恶人，然而，他长大了或者盖棺论定时人们对他的评价却可能是两者之一。这就说明，虽然每个孩子出生伊始都可以说是处在某种"白板状态"中，主要是生命的欲念在活动，但他身上还是潜藏着向善或者向恶发展的两种可能性，若完全没有这两种可能性，完全没有这样的潜存因素，我们就很难解释为何后来他们会成为善人和恶人。善恶不可能是凭空出现的，因此，我们也许可以把这样两种可能性简称为"善端"与"恶端"。那么，对人来说，是哪种可能性更大呢？或者说，是善端超过恶端还是恶端超过善端呢？我们就在这一意义上谈论性善性恶，不是在"性即理也"的意义上，而是在"生之谓性"的意义上谈性善。所以，我们完全可以通过经验的反省与观察来进行。

那么，我们再回到前面孟子所举的"孺子将入于井"的例证。这是一个比较客观的情境：路人与孩子素不相识，然而路人看到"孺子将入于井"不仅不会欢欣鼓舞，不仅不会有意推孺子入井，[1] 不会视若无睹，而且几乎每个人都会生起一种足以使他出手相救的怵惕恻隐之情，即使个别撒手不管者也难免会有事后的不安。这一当时的不忍与事后的不安足可以证明人的善念超过恶念，善端超过恶端。

就此我们还可以再举一个例子，假设一个人同时得到两宗财产，一宗是由正当途径得到的，一宗是由不正当的途径得到的，即使他并不会交出这宗来路不正当的财产，而我们却可以有把握地说，他对这两宗财产的心理态度还是会不一样，他使用和享受那宗不正当的财产时，一定不如他使用和享受那宗正当的财产时那样自在、那样心安（哪怕这种心理差别只是轻微的）。[2]

由此我们就可以从这个即使犯有恶行的人心中，也看到一种心理的不平衡。至于在整个人类那里，我们更可以看到：善意与恶意并不是相互平衡的，人的向善的可能性超过向恶的可能性。人的善念超过恶念，而这一超过哪怕只是轻微的一点，也就像天平一端的砝码超过另一端的砝码一样，使人类的生活和世界的历史决定性地摆向一边。如果说这就表明了人性善的话，我们就在这一点上言性善，它丝毫不高远，也不玄妙，但同样能鼓舞我们对人类道德的自信心——一种恰如其分的自信心。

性善性恶问题，聚讼几千年，我们并不打算，也不认为我们在此就能提出什么胜解。因为它不止是一个事实的问题，而是常常不能不成为一

---

[1] 大概只有精神失常者除外。我在前面设想路人的反应时没有考虑这种可能性，而听过我的讲授的听众和读过此文的读者几乎都没有就此提出过疑问，也说明这实际上是我们大家一种潜在的共识。

[2] 因此俗语有云："不义之财流得快。""强盗难以成巨富。"

个本体的问题、形而上学的问题,甚至成为道德形上学的基石。[1]相对于其他概念来说,后儒也是在"性"这一概念上用心最深,费力最巨。但是,若从规范伦理学着眼,我们仅求之于事实,取一种平实的观察,又会觉得获得一种合理的解释并不困难,至少这种解释对我们保证一般的道德践履足敷应用,我们现在就来说这种平凡的见解。

要弄清性善性恶这个问题,当然首先要澄清这两个基本的概念:一个是"性",一个是"善"("恶"可以作为其对立面相应定义)。诉之事实,那么"性"就是"生",而且应当是"刚生下来"的"生",赤子状态的"生",是尚未受到后天影响的"生"。而"善"也就是"有道德"。但我们要特别强调,这里关键的是要把这一"善"理解为"善"的潜在可能性,即"道德的种子"(甚至还不是萌芽)。我们也可以在这一意义上把这种"善的可能性"简称为"善端",此时的"善"相应于尚未成长的"生",也是尚未成长的"善端",而相应地也就有恶的可能性——恶端,否则就无法解释人间怎么会有罪恶,怎么会有公认的恶人。

而我们如果把性善之"善"理解为"善端",许多争执也许就可缓和或消解。我们在人的本性或天性问题上所谈的"善""恶"也只能是"善端"、"恶端",性善论或性恶论者使用的方法实际都是逆溯法,他们不可能从孺子判断善恶,因为怎么能说一个刚生下来的婴儿是善是恶,或者说所有刚生下来的婴儿是善的多还是恶的多呢,他们只能从成人的善恶状况回溯,他们也不能不回溯,因为他们是在什么是人的本性或天性的层面上解说,这样,回溯自然只是回溯其端,争论性善性恶实际上也就是争论人们与生俱来时是带有更大的向善的可能性还是向恶的可能性,问题是争论

---

[1] 〔明〕胡广《性理大全》,[清]李光地编《性理精义》以"性理"来概括宋明,尤程朱一派儒学是很有道理的。

者并不一定都充分和明确地意识到这一点。

由是否把"善端"视为善的问题就可分出人性论的两大派别：如果人们认为"善端"还不是"善"，人们就可得出"性无善无恶"（如王安石），"性可善可恶"（告子），甚至"性超善恶"（道家）的结论来。这三种观点实际上是可以在"善端"非"善"的意义上统一的，即它们都是"性白板说"，只是道家始终坚持"白板说"，而告子等却认为人以后可善可恶。如果人们认为"善端"（或"恶端"）已经可以被称之为是"善"（或"恶"），那就可得出"性善论"（孟子）、"性恶论"（荀子）、或者"性先天有善亦有恶"的"性善恶混说"（扬雄）、"性三品说"（韩愈）等等，这几种理论实际上也是可以在"善端"即"善"的意义上统一起来的，即它们都认为性非白板，善恶的可能性已经可以被称之为是善恶，它们的不同仅在于是从什么角度看，是强调哪种可能性大，或者摆平两者甚至三者。[1] 而如果真正理解了"善"与"善端"的这种语义差别，上面两种观点（"性白板说"与"性非白板说"）实际上也可以在互相清楚对方所说的语义的基础上得到调和。

孟子是"性善论"的坚决捍卫者，但我们从他对性善的举证实际也可以明白，他所说的"善"实际上是指"善端"。有一次，公都子列举了"性无善无不善"、"性可善可不善"、"性有善有不善"等好几种观点之后问孟子："难道他们都错了吗？"孟子回答说："从天生的资质看，可以使他善良，这便是我所谓的人性善"。[2]"性善论"在此实际上就等于"性可善论"了，

---

[1] 王阳明言：古人论性何以有异同是因角度不同，"有自本体上说者，有自发用上说者，有自源头上说者，有自流弊处说者"。（《王文成公全书》卷三，第24页）

[2] 原文为："乃若其情，则可以为善矣，乃所谓善也。"《孟子·告子章句上》，此从杨伯峻译文。按杨的解释，此"情"指"真情"，即真实的天生资质，但不管对"情"字怎样解释，孟子认为"可以为善"亦即"善"是一事实，且这是在回答性善性恶问题时提出来的。

我想，告子大概也会同意如此解释的性善论，当然两人强调的重点还是会有不同，这点我们以后还要说到。

我们上面实际上列举了中国历史上几种主要的人性观点[1]，我们当然不是要务以调和会通为事，而是想顺便解决一个人们常常忽视的语义问题，同时也注意到它们确有"将无同"的一面。但是，要是寻求对人性的一种概括性的解释，人们肯定不会满意如扬雄的性二元论或韩愈的性三品说，因为人性就意味着人的天性、本性、共性，就意味着要提出一种对人性的基本因素或主要倾向的解释。扬、韩仅描述事实，而我们还需要一种对事实的概括。而从道德的观点看，我们也不会总是满足于"性白板说"。究竟人的善端超过恶端，还是恶端超过善端呢？我们最终将还是无法回避这个问题。而真正要以"是"或"否"的形式明确地回答这个问题，我们看来还是会自然地倾向于同意孟子的结论，其理由已如上述：这一性善已由恻隐之心指示给我们。

七、单纯恻隐之情的不足和可能发展

我们之所以要旁及性善性恶的问题，是因为这个问题对伦理学关系重大。然而，当我们指出了恻隐的重要道德意义之后，我们也得谈到它的不足。在此，"源头"的比喻又可以用上了。作为源头，恻隐还有必要发展，有必要扩充。这就是孟子所说的"苟能充之，足以保四海；苟不充之，不足以事父母"。良知正要在对这一点恻隐之心的推广工夫中朗现。

---

[1] 形上学意味太浓的除外。从事实看，分别性与情、意等似无必要，因为离开情、意等实际就没有什么性可言了，除非把性作为一个本体。如朱子言："性无形容处"，"未发是性"，"性是太极浑然之体"（参见钱穆《朱子新学案》，第319页）。所以，李翱之复性论，宋儒之性理论等暂不考虑。

恻隐作为一种最初发动的道德情感，它最主要的发展当然是要和理性结合，它不能满足于自身，不能停留于自身。我们不能以我们是有同情心的，我们是好心肠的而自足，因为这种感觉若无理性指导经常是盲目的，常常失之过分，或者方式不当和动力不足。

过分的怜悯者可能连自己应当做的事情也做不好，因为他随时准备去可怜别人，他有着最丰富的泪腺，愿意迅速地回应任何一声叹息，如果不能自然遇到同情的对象，他甚至准备去发现他们，这就使他无意中成为一个窥探隐私者了。而我们也得警惕这样一种危险：即怜悯转变为一种嫉妒，如果自己不能够自立，不能够自知，不能够以理性恰如其分地掌握自己的感情，而是使自己的感情完全依别人的境遇为转移，随着别人的境遇由坏变好，善意的怜悯就可能变为恶意的嫉妒。我们确实可以看到这样一些人：他们在这种转变中丝毫不感觉到矛盾。有时最能同情人者恰恰又是最会嫉妒人者，他们在这两个方面都是感情最丰富者。

也有的怜悯者无形中表现出一种优越感，而这时对被怜悯者就构成一种羞辱，伤害了他们的自尊心。对于人的有些痛苦，我们本来也许只能在内心里悲叹，默默地援手，而不能用许多同情的絮叨去打扰他。并且，无微不至的关怀和照顾有可能挫伤一个人自信自强的能力，不是促进反而阻碍了他的发展。一个人的成长和发展有时也需要痛苦，他需要锻炼自己忍受痛苦的能力，需要在自己感受最深的痛苦时获得最大的力量和最高的慰藉。怜悯心并不是要求我们对每一个他人的痛苦都做出同样迅速和贴近的反应，有时我们只需在关键的时刻援手。真正的援助必促成自助，促成自助的援助才是真正尊重人的援助。盲目亲近的恻隐实际上会把人们捆到一起而相互掣肘。

另外我们也得谈到，得不到其他支援的恻隐之情将会动力不足，随时搁浅。恻隐确实有柔弱的一面，如果它只依凭感情行进。它可能使别人柔弱，而自身也疲软乏力。我们只需举一个简单的例证：我们可能刚刚还在戏院里为剧中人的不幸遭遇伤心落泪，而走出戏院就蜂拥挤车，对被推搡到一边的老人孩子置若罔闻。

最后，单纯的恻隐之情也太受直接印象的控制，一个人可能真心地向一个站在他面前的乞丐提供施舍，随后却在一纸会给许多人带来痛苦的命令上不假思索地签字批准。以上当然主要是从流弊言之，是指出对恻隐的误用、滥用可能造成的弊害，而究其根源，这又是我们单纯依赖恻隐之情，不能扩充和发展它所致。[1]

所以，我们不能够在单纯的恻隐之情上驻足，它必须得到扩充和发展。这种发展一方面是在个人道德的领域内，另一方面是在社会伦理的领域内。在个人道德领域内的发展，比方说有范围的扩展，这类似于孟子所说的"推恩"，在传统上一般是这样一个次序：父母→亲人→族人→朋友→熟人→乡人→国人→人类，最后乃至于动物和自然界；而在程度上也有由负面的同情他人痛苦的恻隐心，进到正面的为人谋利造福的慈善心；至于由怜悯好人→怜悯常人→怜悯罪人这样一种进展，则显然带有宗教的意味。

以上都可以说是主要在情感方面的发展，或指向信仰的发展，在上述普遍化、深入化的发展过程中，虽然无疑要有理性的因素渗入其间起很大作用，但它还不是由以情感为主的良心向以理性为主的良心的转折。恻隐之情的最重要发展是理性化，即使它是以走向最高信仰，走向天人合一

---

[1] 我当然不会同意尼采反怜悯的结论，但是，必须承认，尼采对怜悯的批评有许多是建立在他对人的心理的敏锐观察的基础上的，所以有些批评是不无道理的。有关尼采对怜悯的批评可参见《朝霞》，第 80、133、138、146、224 节；《快乐的知识》，第 14、271、338 节；《查拉图斯特拉如是说》第一部中"爱邻"，第二部中"同情者"，第三部中"侏儒的道德"，第四部中"最丑陋的人"诸篇；《道德的谱系》"前言"第 5 节，第二章第 6 节；《反基督徒》中"善恶之界"、"基督教与柔弱者"、"剥夺生命的怜悯"、"弱者的神"、"柔弱是基督教驯服人类的秘方"等节；《看哪，这人！》"我为何如此智慧"中的第 4 节等。

境界为目的，也有必要通过理性这一中介，否则，它就只是少数几个人踽踽独行的路径。而道德并非只是个人的专利和独享，它首先应作为社会赖以生存和发展的基本保障。

所以，我们特别注意恻隐之心在社会政治方面可能起的作用，注意它与政治的联系。

孟子说："人皆有不忍人之心，先王有不忍人之心，斯有不忍人之政。"[1] 从先王的礼乐政制中，可以推出其中深藏的一颗不忍生灵涂炭之心，一颗恻隐之心。而孟子之所以大声呼吁要行王道、施仁政、制民之产，使民有恒业恒产，免于饥馁冻死；之所以要强烈谴责兼并掠夺土地城池的战争，斥之为"率土地而食人肉"，"率兽食人"，主张"善战者服上刑"，也都是起念于这一颗恻隐之心。我们上溯至《诗经》中"哀刑政之苛"的诗篇，仲尼之"始作俑者其无后乎！"的悲叹，下推及康有为对大同世界的构想，都可以看到这样一颗恻隐之心。而这一不忍之心是以"生生"为首要原则的，它首先注意的是由社会制度的原因造成的对身体和生命造成的严重苦难，它渴望消除这些人为的社会痛苦。这样，这一作为最初源头的不忍之心，事实上就可以倒过来构成据以检验一切社会制度的其正当性的最后上诉法庭。究竟是戕害人的生命还是保存人的生命，对人的生命是不忍还是忍心甚至残忍，就应当成为评判一切政治制度和设施是否具有道德合法性的一个最终标准。

然而，如何真正在政治制度中实现这一不忍之心，可能是一个更现实、也更令人困惑的问题。在当时的历史条件下，孟子主要寄希望于君王之心，希望启发、扩充君主的不忍之心，希望"格君心之非""一正君

---

[1] 《孟子·公孙丑章句上》。

而国定",后来的儒者也都视君心为"国本"。[1] 然而,且不谈君王是处在一种多么容易遮蔽其恻隐之心的"唯我独尊"的权力地位上,即使君主确有无限的悯心和善意,是否能把它直接贯彻和如何贯彻于制度也是一大问题。制度不同于个人,制度自有它的一套技术和运作方式,而这些都必须诉诸理性。不仅是价值的、道德的理性,技术的、工具的理性也必须充分成长。只有理性的架构才能大大拓展道德的空间,并使道德普遍地行之有效,而在社会伦理的领域内尤其是如此。

因此,虽然不忍之心确实应当成为社会政制的道德之源,但在"不忍人之心"与"不忍人之政"之间,并没有一条可以直情径遂的平坦大道,而是需要有大段严密细致的理性"致曲"的工夫。[2] 强调直接性就必然诉诸个人,诉诸君王之心,而君王之心并不总是可靠的。我们在此并不是要对几千年来的传统政制和政治理论作出苛评,而是要指出诉诸政治的恻隐之心今天所应当采取的方向。古人所处的历史条件不同,他们尽了他们的努力,而我们也需要尽我们的努力。虽然此处并非专门讨论社会正义理论的地方,但我们确实看到使单纯个人主观的恻隐之情转向普遍客观的道德理性的重要性。

但是,在使社会政治理性化、法治化的过程中,我们也决不可忘记根本,忘记制度应有的发端,我们也许还得一次又一次地把社会政治方面的规范、把法律的规范重新带到出发点加以审视,看它们是否偏离了这一出发点,偏离了多少,并予以适当的纠正。我们更要谨防以动听而虚幻的

---

[1] 如《朱子语类》卷108"论治道":"天下事有大根本,有小根本,正君心是大本。"中华书局1986年版,第7册,第2678页。

[2] 明显的如刑罚。刑罚看来是与恻隐相对立的,然而适度的刑罚其间却含有"禁暴止杀"的悯意,历代儒者看来大都深谙此理——"小有诛而大有宁",所以倒常常不是主张放松刑罚,而是主张严明刑罚,反对数赦。

所谓"理想"、"原则"来压制乃至扼杀恻隐之心，把社会拖入持久的动乱、流血和冷酷、残忍的行为之中去。[1] 如果在一些重大问题上争执不下，迷惑不解，我们也许就得回溯到这些最朴素的道德真理，[2] 这些真理说的都是一些最朴实的话，例如，"保存生命是善，戕害生命是恶"，但却是些最重要的话，我们可以从人人皆有的恻隐之情中倾听到这些话。

---

[1] 阿·托尔斯泰在《阴暗的早晨》中如此思考人们缺乏怜悯心的两种情形："时势是残酷的，人们不是在广大的范畴中思维，在不比宇宙狭小的规模中放纵情感，便是靠赤裸裸的厚颜无耻在苟安偷生，在这两种情形里，都缺乏日常的慈悲。"我们也许还可以进一步指出，前一种情形往往导致后一种情形的出现。

[2] 其朴素如雨果《九三年》中一个母亲与一个曹长的问答："你是哪一党的——我不知道。——你是蓝的？还是白的？你跟谁在一起？——我跟我的孩子在一起。""怎么！你不知道谁杀死你的丈夫吗？——不知道。——是一个蓝的还是一个白的？——是一颗子弹。"（人民文学出版社1978年版，第12、16页。）

第二章 仁　爱

孟子在谈到人所"不学而能"的"良能","不虑而知"的"良知"时,也提到良心的另一个源头——亲爱。"孩提之童无不知爱其亲者。及其长也,无不知敬其兄也。亲亲,仁也;敬长,义也;无他,达之天下也。"[1]

在孟子那里,恻隐所包含的人生内容是负面的,但是是指向任何人,亲爱所包含的人生内容则是全面的,甚至更多的是正面的,但是只指向亲人;恻隐是成人面对即将落入井里的孩子,由此可证出人普遍具有的善端;亲爱是孩子面对抚养他的父母,由此来显示人天生就有的良知;以上是它们的不同。然而,我们又可以看到它们是相通的,恻隐中有爱,有最低限度的同类间的相亲相爱甚至某种相悦;亲爱中也有恻隐,有对亲人受苦的恐惧和担心,这两种感情都是一种原始的、自然而然发生的情感,在孟子看来,它们均可视为道德的源头。

纵观传统儒家文化,恻隐的主要意义看来是证明人性善,于是,"人人皆可为尧舜",道德努力就有了人性的根据;而亲爱的意义则不仅标示出道

---

[1]《孟子·尽心章句上》。

德努力的主要性质和内容，还具体指出这种道德努力的方向和次序：作为一个道德主体，我立足于自身，我首先应当敬爱我的父亲、兄长；如果我是一位女子，那还要敬爱我的丈夫，然后是别的亲人，然后才是其他的人。

然而，当爱推及他人时，这爱就不止是亲爱了，"立爱自亲始"，但当这爱扩大而包括了友爱与博爱时，这爱就可以称之为"仁爱"。

"仁"的含义很广。孔子、孟子视情而定，多端发"仁"，但两人都曾把"仁"解释为"爱"，[1]汉、唐儒一般均以"爱"名"仁"，至宋明儒，有以"物我一体"言"仁"者，有以"觉"言"仁"者，而朱子释"仁"为"心之德、爱之理"最兼顾也最通行，阳明则认为不必非韩昌黎"博爱之谓仁"。[2]总之，"仁"虽意蕴丰富，大要还是不离"爱"字。

"爱"的含义也很广。"仁"是在中国历史上形成的一个范畴，"爱"则可以说是一个世界性的概念。在我们的生活中，可以听到"爱自然"、"爱美"、"爱真理"、"爱故乡"等种种说法，但在我们这里，冠以"仁"的"爱"却有自己特定的一些意思。

那么，这特定的意思是什么呢？

首先，"仁爱"自然是我们传统文化中所讨论的爱，是具有华夏文明特色的爱。如上面所言，"仁"实际上也可以说主要是"爱"，但我们不单说"仁"而说"仁爱"，是想强调它是一种感情，而且，"仁"的意思很多，"爱"的意思也很多，但把它们组合为一个词，它们就互相限定了。

其次，"仁也者，人也"[3]，我们所讨论的"仁爱"主要是指人与

---

[1] 《论语·颜渊篇》："樊迟问仁。子曰：'爱人。'"《孟子·尽心章句上》："仁者无不爱也，急亲贤之为务。"《尽心章句下》："仁者以其所爱及其所不爱。"

[2] 《王文成公全书》，商务印书馆国学基本丛书简编本，第90页。

[3] 如《吕氏春秋·爱类》："仁于他物，不仁于人，不得为仁。不仁于他物，独仁于人，犹若为仁。仁也者，仁乎其类者也。"又《淮南子·主术训》："遍知万物而不知人道，不可谓智，遍爱群生而不爱人类，不可谓仁。仁者，爱乎其类也。"

人之间的爱,爱的主体和对象都是人,这就有别于西方宗教的、超越的爱。[1]此外,由于我们所集中注意的是人与人的关系,人与天的关系不在我们讨论之内,所以我们的讨论也有别于宋明儒的本体论。最后,由于人与自然、人与动物这一伦理关系虽然重要,却也不适合在此讨论,所以我们也不涉及有关生态和动物的伦理。

最后,即使都是从人的角度谈爱,也还有是从人的整个生命的意义、存在的本质谈爱,还是专从人的道德、义务的角度谈爱的区别。前者如西方的弗洛姆、罗洛·梅等人本主义心理学家,如罗素、莫洛亚等许多作家所作的探讨,而后者正是中国传统"仁爱"的特色。但这一特点也正好符合本书的题旨:即我们在本章中将主要是从道德、从义务的一个较狭窄的角度去观察爱,从五伦的角度去观察爱,而不是从整个人生的角度去观察爱,这样,所论自然不会那样丰富多彩,甚至不免枯燥生硬,但爱毕竟是爱,爱是奇妙的,它甚至能给论述它的最生硬文字也带来一些温润和亲切。当然,要真正把握爱的深刻含义和全部美妙,则永远只有自己亲身去投入爱。

下面我们就按五伦的顺序展开我们有关仁爱的讨论。

一、对传统孝道的分析

父母与子女之间的爱,可以说是我们要讨论的爱中唯一真正基于血

---

[1] 西方有关爱的类型的概念古代主要有"eros"(性爱、爱欲)、"agape"(神爱、圣爱)、"philia"(友爱)、"nomos"(忠爱),后世则有"courtly love"(优雅的爱),"romantic love"(浪漫的爱)等反映两性之间爱情的概念。如果硬要比附的话,中国的"仁爱"概念大概最接近于"忠爱"加"友爱",而没有最接近肉体的"性爱"和最具超越性的"圣爱"这两端的意思。佛教中没有作为最高主宰的唯一神,佛教的爱是普爱众生。虽然佛教的这一思想对中国的士大夫有深刻的影响,但在传统伦理学中居于核心地位的仁爱说还是始终以人与人之间的爱为中心内容的。

缘的爱。严格地说，血缘主要是一种纵的联系，是指由生育所发生的亲子关系。[1]而父母与子女就居于这种联系的两端。"父母"与"子女"完全是依据这种血缘关系定义的。而且，这里有一种宿命般的不可替换性；一个人生而是谁的孩子，就永远是她和他的孩子了。血就是血。我们在我们自己的孩子身上，常看见某些也属于我们自己的一些特征——不仅有重要的性格特征，甚至有细小的习惯性动作。虽然遗传基因会随着一代代延续而递减，但在我们生前所能见的数代之间，总能看到某种相似性，而直接的两代之间就更是如此。

父母与子女之间的感情得到了这种血缘联系的坚强支持。父母不能不对自己的孩子怀有某种怜爱，因为，在他们的孩子的生命中也有他们的生命，这孩子在某种意义上还是他们的一体，是他们的骨肉，对孩子的爱也就是对延续自己的生命的人的爱；而孩子也不能不对自己的父母有一种依恋，因为这是他／她所从出的来源，他／她对这来源不能不怀有一种神秘的敬意和亲近之情，在他／她的幼年，他／她常把父母的世界看成一个神圣的世界。他／她对父母的感情是对产生和哺育自己生命的人的感情。父母与子女之间的关系在期望、关切、忧虑等情感方面和人们各自与其他人的关系方面有着显著的不同，而这就是血缘的力量。

先儒举出了许多有力的、可以从我们自身得到印证的心理学证据来说明子女对父母的感情。一个人未成年不必说是相当依恋父母的，就是在成家立业、甚至自己也有儿孙之后，也还是会仰慕父母，若是养有亏欠或敬有差失，即便他事皆顺遂，心里也还是会有一种缺憾。

孟子举舜为例：尧帝打发他的孩子跟百官带着牛羊、粮食去田野中为舜服务，后来又妻以二女，最后又把天下禅让给了舜。美色、财富、尊

---

[1] 费孝通：《乡土中国》，"血缘和地缘"一节，三联书店1985年版。

贵,这都是天下人所欲望、所追求的,而这些舜都得到了,但他却因为未能得到父母欢心而郁郁寡欢,像孤儿一样无所依归,他到田野里,向着天一面诉苦,一面哭泣,而他的父母我们是知道的,"父顽母嚣",自身都有很多毛病,但他们却仍然是舜终身依慕的对象。

　　这自然是大孝。但我们不也有过类似的心情:如孔子所说,人很少自动发生强烈的感情,大概也就是在亲丧的时候吧[1],父母的年龄我们不可不知道,然而却是"一则以喜,一则以惧"[2],喜是喜父母高寿,惧是惧死亡的阴影毕竟又逼近了他们一步。不论我们的年龄有多大,只要父母健在,我们就还是孩子,我们就还有一些任性的权利,我们就觉得自己还不太老,因为,在我们与死亡之间,就似乎还有父母在为我们作一道屏障。他们在最后地护卫着我们。在这个意义上,仅仅他们的活着就是我们的幸福,我们的安适。这一切我们可能平时并不会经常感觉得到,但当父母真的离世,我们马上就强烈地感觉到了这一点:现在就剩下我们自己直接地面对死亡了。如果我们在他们生前奉养孝敬有欠缺,我们就将追悔莫及。所以,曾子说"孝悌有时",切莫错过。[3]

　　然而,这些也许都还只是尽孝道的心理和生理依据,而不是纯粹的道德依据,我们后面将谈到有关道德的依据。而为了引导到这些道德依据,我们先要提出一个问题:即相对于强调孝道来说,为何我们的先人,尤其历史上的儒家学者,都是强调子女对父母的孝敬而很少具体谈到父母

---

[1] 《论语·子张》:"曾子曰:'吾闻诸夫子,人未有自致者也,必也亲丧乎!'"
[2] 《论语·里仁》:"父母之年,不可不知也。一则以喜,一则以惧。"
[3] 如《大戴礼记·曾子疾病》:"故人之生也,百岁之中,有疾病焉,有老幼焉,故君子思其不可复者而先施焉。亲戚既殁,虽欲孝,谁为孝?老年耆艾,虽欲弟,谁为弟?故孝有不及,弟有不时,其此之谓欤?!"

对子女的慈爱,且更少把这种爱看成一种义务?[1] 父母抚养子女不是更有必要,更应当成为义务吗?仅仅强调孝道而较少讲慈爱不是片面的、有差等的、不公平的吗?

确实,从人生和进化的角度看,有众多的理由支持首先应当是父母关怀子女,热爱子女。父母是长辈,他们已经自立,而每个孩子生下来却都处在柔弱无力、无法自己生存的状态,因此,父母生下了孩子就负有抚养和关怀他们的义务,这是人类的延续所必需的,甚至动物也能在某种程度上做到这一点,此即所谓"虎毒不食子","虎狼,仁也"[2],人当然就更应当做到这一点;父母们以前也曾从自己的父母受过这样的抚养才成长为人,因此他们也该如此履行自己的义务等等,这些理由看来确实都能成立。

但是,大自然的造化之妙看来却已经自然而然地安排好了这一点,也就是说,它使这种每个人都应当关怀自己的子女、自己的后代的要求甚至不必成为严格的道德要求,更不必说成为法律的普遍命令,而是在一个基本的水平上将其纳入了人的某种天性和本能之中。这种基本的父母对子女的关怀是人们一般都能自然而然做到的事情。而且,造化之妙看来还体现在这一点上:即从本能上说,人们对自己的子女比起对自己的父母来说都要更为关心一些,对子女的感情比起对父母的感情要来得更强烈和更有

---

[1] 我们也可以看到许多对父母之爱的感人描述,例如,《诗经》中著名的《蓼莪》一诗:"哀哀父母,生我劬劳。……父兮生我,母兮鞠我。拊我畜我,长我育我。顾我复我,出入腹我。欲报之德,昊天罔极。"又如唐孟郊《游子吟》:"慈母手中线,游子身上衣,临行密密缝,意恐迟迟归。谁言寸草心,报得三春晖!"但这些描述的主旨还是要报答父母之恩,父母之德。孔子说"父父子子",先儒也常说"父慈子孝",北齐颜之推甚至说:"父不慈,则子不孝",但是,总的说,中国历史上对慈爱的要求远不如对孝道的强调,传统道德的重点不是放在"父慈"而是放在"子孝"上,这一点应当是没有疑义的。

[2] 《庄子·天运》。

力些。每一个是子女同时又是父母的人可能都不难发现（这也许会使他感到有些惭愧）：自己对父母的关心和爱一般都要弱于对自己子女的关心和爱，如果不是这样，如果一个人比关怀自己的子女更关怀自己的父母，那一定是通过了某种努力才达到的结果。而我们对这一对上和对下的爱的自然的不平衡大概也很难给予任何道德上的褒贬，这是一个自然的生物学的事实，甚至可以说是为我们和其他动物所共有的一个规律，它客观上可能还保证了族类的不仅延续，而且进化。

因此，我们强调孝道就可以说在某种意义上表现出一种人禽之别、文明之化的含义了。我们一向说传统道德的自然血缘的气味浓重，而在父母与子女的爱这种唯一真正以血缘为基础的感情中，我们看到的恰恰是：传统道德强调相对来说比较非本能、非自然的一面，即强调子女对父母的爱而非父母对子女的爱。许多动物，尤其哺乳动物都能和我们人类一样表现出对自己的子女的关心，但是，却很少有动物对其父母表现出像人类那样的终身仰慕父母的孝行来。这种重孝在华夏民族中还体现着一种追求稳定和谐的文化性格，这种性格也许不是最有利于由生存竞争带来的社会发展，但它还是自有其价值和意义，尤其是道德方面的价值和意义。

道德正是在此呈现。甚至我们可以说，正是通过更强调子女对父母的爱，我们古老的文明使他们之间的互爱从一种主要是本能的爱转变成为一种重心放在道德上的爱。义务感、敬畏心等种种规范被引进来了，甚至有时这种爱全然以道德的面貌出现。[1]

所以，这种偏重未尝不是一种调节，如果社会的主要目的是要达到和谐，那么就应当通过道德之力来弥补自然本能的不足——即弥补子女对父母的爱的不足，使两方的爱达到一种平衡，使他们视为最重要的这一

---

[1] 这当然可能成为一种流弊，需要一种爱的人生哲学，而不止是爱的道德学来润泽和补救。

社会关系达到一种稳定,从而带来一种整个社会的和谐。古人对这种血缘关系的感情之不平衡并非全然没有认识,例如他们注意到人们对父母的孝敬之情在有了妻子儿女之后就减退了[1],但这是事实而不是价值,是自然而不是人为,人毕竟还是拥有比自然赋予他的更多的东西,毕竟还是有超越纯粹事实的可能,他可以对事实进行某些选择,或顺,或逆,或大顺小逆,有时甚至大逆小顺,"事实"与"应当"并不全是一回事。而除了这些情况之外,古代中国人实在还有很强的理由鼓励人们力行孝道,这一点我们马上就会谈到。

原始人的基本生活单位不是今天的"小家",而是"大家",是一种父权制的氏族。在中国历史上,国家的发展看来也没有打破这一格局,而是形成一种家国合一的状况。这样,本来是从一种自然感情发展出来的"孝亲",作为家族主要的精神与道德黏合剂,还被加上了一种沉重的政治责任。不过,对这一过程我们还是可以分为两个阶段来观察:在周代或周代以前的社会里,亲亲不仅是一种社会政治德性,而且直接就是政治制度,经过春秋战国的大动荡,在秦汉以后,亲亲在政治制度中的影响日益缩减,"孝"主要是作为一种具有政治效用的社会道德教化力量起作用,但"孝"仍被视为道德的根本,其他的德目都可以看作是"孝"的展开或延伸,[2]"孝"尤其是与"忠"这一纯粹政治的德性紧密相连。

到了近现代,使孝道以及体现这一孝道的三纲之一——"父为子纲"招致大量攻击的主要缘由,正是这种孝与忠的联系,家族制度与政治制度

---

[1] 《荀子·性恶》:"妻子具而孝衰于亲。"《邓析子·转辞篇》:"孝衰于妻子。"《礼记·坊记》:"子云:'父母在,不称老,言孝不言慈。闺门之内,戏而不叹。'君子以此坊民,民犹薄于孝而厚于慈。"

[2] 甚至父母关怀子女的义务也被列为他对自己父母的"孝行";"不孝有三,无后为大",一个人不生养子女就是对父母最大的不孝。而爱其自身,显身扬名也都是孝。

的联系。[1] 但是，我们却不可抛弃历史观点，完全无视我们的祖先在创建这种使亲亲与尊尊、贤贤结合的家国政制时，欲使天下息争而又保有活力的一番道德苦心[2]，我们也不能否认绵延数百年的"郁郁乎文哉"的周文气象，其中一种彬彬有礼、温情脉脉的政治景观和君子风度，殆至春秋时期我们仍可见到。倡导"孝道"对社会的敦风厚俗之功亦不可一笔抹杀。

另外，我们也要把人、我之分的观点引过来分析历史上的重孝。倡导孝道的古人多是站在什么立场，从什么观点提倡孝道的呢？是站在儿女还是父亲的立场上，即主要是要求自己还是要求他人这样做呢？如果是基于后者，那确实有向柔弱者"施虐"的气味，而如果是基于前者，则反可视为一种可取的行为。而我们知道，中国传统伦理的基本立场是一种自我主义的立场，是由己推人的立场，因此，在强调重孝时可以说主要是站在自身要孝的立场上、是站在儿女的立场上。[3]

当然，重孝及至泛孝主义的流弊也是很明显的，郭巨埋儿，老莱子娱亲，以及割股尝秽等孝行，不仅今天看来已很不近人情，就在当时大概也不曾为真正的大儒所赞赏，而从其整个孝的理论来说，其性质以及在文化体系中的地位也已不适应变化了的现代社会。尤其是"孝"与"忠"的联系和类比，在今天已显然不合时宜。这里的出路首先是分离，使孝亲仅仅作为一种子女对父母的爱，只在家庭中起作用，使之回到个人伦理的范畴中来。而今天我们已经有了这样做的社会条件。

---

[1] 见谭嗣同：《仁学》；吴虞：《家族制度为专制主义之根据论》；陈独秀：《宪法与孔教》等。

[2] 王国维：《殷周制度论》。

[3] 鲁迅在批判传统孝道时也曾采取了一个很有意思的自我主义的立场：即"我"或"我们"作为转变期的一代，作为觉醒者、先行者，要"各自解放了自己的孩子，自己背着因袭的重担，肩住了黑暗的闸门，放他们到宽阔光明的地方去"，也就是说自己还是要做孝子，却不让孩子们对自己这样做了，这责任到此为止，到我这里为止，这当然是一种宝贵的精神，如果一个人只是对自己，那道德上怎样严格要求似乎也不算过分，至少我们不能对他横加指责和干涉。

第二章 仁爱　　123

二、现代社会父母与子女之间的爱

我们说过,古人重孝泛孝有他们的理由,他们的家是一个大家,是一个家族,他们的家的功能不止是生儿育女,还包括种种经济的、社会的,乃至政治的功能,用费孝通的话来说,这种乡土社会中的家是个绵延性的事业社群,它的主轴是在父子之间,是纵的而不是横的。因此,维持这一主轴的坚固,进而达到整个家族的团结,从而完成这家族所承担的各种事业功能,自然就成为最重要的事情。而把这样一种巨大的责任加于"孝"之上,"孝"能不重乎?

再从整个国家看,家与国又是相连的,家的稳定直接关系到国的稳定,孝自然就要与忠相接了,需要"以孝养忠",甚至"以孝治国",加在孝之上的责任自然就更重了。

而在今天,我们现在的家离古代社会的家已经相当遥远了,离吴虞抨击孝道时候的家、乃至离巴金青年时代的家也都很远了。一百多年来,中国最大的社会变迁或者说进步,大概就是这家庭关系方面的进步,这包括父权制家族的解体和男女平等的潮流。[1]现在我们也许真的可以说国就是国,家就是家了,而且,这家也不再是过去那样动辄十口百口的大家了。家变小了,功能减少了,放在"孝"之上的政治和社会重负大都被卸去了,那么,我们需要问:今天我们应当怎样做父亲和做儿女呢?或者说,从道德的角度,我们应当对父母与子女之间的关系和感情提出一些什

---

[1] 我们焦躁着要实行现代化,而这现代化的社会基础无形中已经被准备好了——虽然这准备可能还只是破坏,是打碎这基地上原有建筑的工作。我们的古代社会是一个伦理纲常的社会,试问在我们现在的社会里,三纲还剩什么?五常还剩什么?三纲在辛亥革命之后据说就已去其一,现在又去其几?作为五伦的五常,有三者是与三纲相合的,剩下的又怎样了?新的纲常又是什么?打破是痛苦的,但看来也是容易的,而最为艰巨吃紧的工作,还是建设。我们的希望也就在建设,尤其是建设一种新的伦理。

么要求呢？

最简单的回答可能是说：两者并重。父母与子女之间的关系应当是平等的；他们应当互爱，父慈子孝的要求应当置于平等的地位、给予同等的分量。这看来并不错，但我们却觉得有些理由使我们应当使这义务天平稍稍偏向儿女一方，即更强调他们对父母的义务，其理由如下：

这首先可能是有感于当代的状况，而以之作为一种纠偏的办法。在今天的家庭里，尤其在城市的家庭里，父母的权威实际已经大大削弱了，尤其对成年的子女，可以说不复存在，甚至有一种西方所谓"倒歧视"的现象——不是父母、老人本位，幼者受轻视，而是幼者本位，父母、老人受轻视。父母不再包办儿女的婚姻，或者说是这样包办——有些父母为置办儿女的婚事花光自己全部的积蓄，一些儿子在成人之后仍然是"啃老族"。儿女婚后也大都不与父母住在一起。日常的昏清定省、嘘寒问暖自然就不可能有了。因此，正是我们客观上远离了父母，越来越难于就近关怀和照顾父母，主观上也就越应该要求自己对父母给予较多的关怀和爱心。

其次，我们说过，强调子女对父母的义务和关怀，实际是一种对自然不足的弥补，对双方之间感情天生不平衡的一种调节，而且，正是在这种调节中显示出文明和道德的力量。有这样一种道德调节比没有这样一种道德调节是不是于社会（甚至也于自己）更好呢？一个尊老爱幼的社会是否比一个"老年人的地狱"的社会更好呢？无论我们怎样喜欢竞争、效率、发展和进步，但是否能说我们也喜欢它所带来的一切呢？我们是否能避免发展中的这种弊病（我想我们很难承认这种不关心父母、歧视老人的现象不是弊病，说它们本身也是善，为我们所乐意）？我们能否在不损及（或不严重地损及）发展的情况下也仍然保持一种浓厚的上下之间的亲情，一种淳朴的天伦之乐呢？

最后还要涉及传统，我们祖先对亲密和谐的向往并非没有意义。虽然社会已经必然地进入了现代，但古老的梦想仍保持着它的魅力。我们要尊重我们的传统，包括强调孝敬的传统。这尊重不仅是因为这传统来自我们的祖先，象征着我们的来源，也是因为我们若能借助传统，也将更好地把握现在和开创未来。因为传统并不是字面上的，实际上已相当程度地融化在我们的身上，决定着我们的喜好、愿望与追求。我们身上有否弃不了的祖先的血，强行违逆可能只会增加剧烈而无益的苦痛。这种对传统的尊重当然也不是全盘继承，而是需要注入理性，进行细致的分析，我们上面对孝道的分析就是想做这样一种工作。我们希望从这种分析中一方面将产生对传统的理解、宽宏和原谅，以及一种后人对前人应有的尊重，另一方面也导致剥离和分解出富有精神和道德价值的成分。

"天下没有不是的父母"，这句话常常为人诟病。然而，我们若从"可怜天下父母心"的角度去理解，从其动机，从其情感发动处去理解，常常又能欣然释怀。可能确实有这样的父母，他们爱得糊涂，爱得盲目，但很难说他们不是从一颗爱心出发。全然不爱自己儿女的父母是极其罕见的，即便如此，从血缘来说，也还是可以说"天下没有不是的父母"，他们只要生下了你，他们就确实是你的父母，即便你有充分的理由与父母疏远，乃至登报声明脱离父子关系，这血还是否定不了的，这血缘就规定了一份义务，而真正的义务是不以对方对自己的态度为转移的。[1]

而且，如果说更强调子女对父母的义务依然是一种不平等的话，那这大概也是所有不平等中最可原谅、最可接受的一种不平等了，因为它本

---

[1] 贺麟：《五伦观念的新检讨》："总之，我认为要人尽单方面的爱，尽单方面的纯义务，是三纲说的本质。而西洋人之注意纯道德纯爱情的趋势，以及尽职守、忠位分的坚毅精神，莫不包含有竭尽单方面的爱和单方面的义务之忠忱在内。所不同者，三纲的真精神，为礼教的桎梏，权威的强制所掩蔽，未曾受过启蒙运动的净化，不是纯基于意志的自由，出于真情之不得已罢了。"《文化与人生》，商务印书馆1988年版，第61—62页。

身就包含着一种血缘上的不平等：一个在前，一个在后，一个居上，一个居下。我们的血是从父辈和祖先那里流淌而来的，我们对他们的爱中不能不带有一些敬意，而如果说正是这些增加的敬意造成了不平等的话，那么，我们也还是不能撤回这些敬意。

当然，这并不是说我们就可忽视另一个方面，忽视父母对子女的义务和爱。在这里，我们针对传统的弊病，也许特别需要强调一种父母对子女的理解的爱。父母的义务不仅是要慈爱、抚养和教育子女，而且还需要理解和宽容他们。父母与子女的冲突经常发生在子女即将成人的阶段：子女即将离开父母的呵护而走向社会，他们有他们新的愿望、新的追求，他们似乎正处在一个"无情无义"的年龄，而忘记了过去父母对他们的细心体贴和爱护，他们甚至把这种爱护看作束缚；他们开始反抗，开始批判家庭，开始向往外面的天地。在这样的时候，父母怎么办？传统似乎并没有在这方面给出多少回答；古代社会的追求在性质上经常是重复的，儿女的机会也常附着在父辈和祖辈的身上，而现代社会在这方面却大大不同了。

因此，我们有必要提出"可怜天下儿女志"这句话，以与"可怜天下父母心"并列。我们要去细心体会儿女的志愿。孩子并不是我们的私产，我们不能够照我们自己的模样去塑造他们，或者希望他们去完成我们未遂的志愿。我们必须尊重他们。他们有选择自己生活的权利，有追求自己所喜好的价值的权利。只有尊重他们的权利，他们才能真正成为一个独立自为的人、成为一个完整的人。我们应当努力去理解他们的要求，即使不能理解，也应给予恰当的宽容。我们当然不是袖手旁观，而是要尽量利用自己的经验和智慧提出建议和劝导，但是，最后的决定却必须由他们自己做出。他们确实长大了，他们就要离开我们了，我们在感到失落和惆怅的时候却也应该感到庆幸，希望他们超越我们，希望他们比我们自己做得更好，生活得更好，且不必是按我们的方式和方向做得更好和生活得更好。

这样一种爱才是更伟大的爱，因为在这样一种爱中，既包含了无条件的奉献和牺牲，抛弃了任何个人占有和支配欲的因素，又包含了成熟的理性的成分。

总之，在我们上面所说的父母与子女之间的爱中，我们强调的是责任感、义务和本分，而简单地说，也就是强调爱中的道德因素，除此之外，我们也强调理解，即爱中的理性成分。我们不仅在父母与子女的爱中是这样要求，也要使这一原则贯穿于我们后面所说的其他爱的感情之中。

三、传统社会的夫妻关系

夫妻关系本身不是血缘关系，但却是一种开创血缘关系的关系，亲子关系即由此而缔造。因此，若不限于夫妻关系本身，而是从它的上下联系，从它在家族世系中的地位来看，它又在这种血缘关系中扮演了构成一个个中心环节的角色。在家族树的每一个环节上，也就是说，在父父子子、祖祖孙孙的每一个上下联系的环节上，都是一种夫妻的关系，这种关系是开放的，它也必须是开放的，血亲婚配就意味着退化，它在各种文明中都相当普遍地被视为一种禁忌。因此，我们又可以说，为我们的先人所极其重视的那种单纯父系的血缘关系，却是经由一种本身非血缘的关系来维持、延续和发展的。[1] 在一个家族的成长过程中，它必须不断接纳"新血"（准确地说是"新的基因"），甚至对一个种族来说也是如此。[2] 夫妻关系在家族中的这种重要地位说明了为什么它被古人如此重视，为什么处

---

[1] 从现代生物学的观点看，"血缘"这一概念并不准确，因为，性状遗传并非是通过血而是通过基因来传递的。儿女的基因一半得自父亲，而另一半得自母亲。当然，中国古代单系血缘关系之所以重要，并不是由于生理，而是有重要的社会原因。

[2] 陈寅恪在讨论隋唐史时曾谈到过"种族的新血"的意义。

理这种关系的原则也被纳入了三纲之中。

夫妻关系不是血缘关系,但却是一种亲属关系。通过婚姻,不仅夫、妻两人,夫妻双方所属的两大家族也都成了亲人。亲戚关系可分为两类:一为血亲,一为姻亲,前者属"天伦",后者属"人伦",在这个意义上说,婚姻又是亲戚关系的一种拓展、一种开创,婚姻是唯一能把非亲人直接变为亲人的途径。作为客观上的可能性,非同一血缘的人皆可成为婚姻的对象,人皆可夫,人皆可妻,但最后总是一对特定的人终成眷属。[1] 这就意味着婚姻也是一种选择,甚至是一种冒险[2],即便在父母包办婚姻的社会中,这也是一种选择,只不过主要不是当事人的选择,而是父母代为选择罢了。这种关系不像亲子关系那样有一种宿命的成分,而是有了一种自由,但这种自由也就更加重了婚姻的责任。[3] 我们常说婚姻是我们每个人的"终身大事",在古代它还是"家族的大事",这种关系的重大牵涉自然也就成为父母包办的一个客观原因,而如果这种牵涉变得不再重要时,包办也就不再有必要。

以上说的都是婚姻对于血缘家族的意义,我们尚未从性别的角度讨论爱对于双方的意义,因为我们主要想讨论的是婚姻之爱、夫妻之爱、家

---

[1] 这当然是指一夫一妻制而言,但一夫多妻等婚姻形式也同样包含着一种选择的因素。

[2] 《左传·桓公十五年》记郑国雍姬得知丈夫受国君命欲杀其父,于是问母亲:"父与夫孰亲?"其母说:"人尽夫也,父一而已,胡可比也。"这说明了血亲的宿命的、不可替换的性质,但从另一方面说,正是因为人皆可夫,却只择一为夫,恰体现出一种珍贵性和神圣性。雍姬之母的意见实为其娘家人的意见,并不合后来的三从四德。因为按传统三从四德的观点,婚姻已改变了雍姬的地位,"出嫁从夫",并跟着丈夫遵从公婆,对公婆的遵从此时要超过对自己父母的遵从。这方面的例子我们可见《史记》所载汉高后吕雉死后铲平诸吕之乱的事件,朱虚侯刘章的妻子是吕禄之女,而刘章正是从其妻得知诸吕之谋,而在铲平诸吕之乱中发挥了重要作用的,也就是说,这次是女儿没有站到父亲一边,而是站到了丈夫的一边,作为"妻子"的形象胜过了作为"女儿"的形象。

[3] 当然,这也使婚姻带上一种偶然性,一种无可如何的命运的色彩。如《史记·外戚世家》所言:"人能弘道,无如命何。甚哉,妃匹之爱,君不能得之于臣,父不能得之于子,况卑下乎!"

庭之爱,而不是全部的男女之爱。婚姻显然包含着性爱——在今天,它首先是性爱,也主要是性爱。婚姻是两性的结合,婚姻使两个人结为一体。两个异性,两个原来陌生的人通过性爱结合为一,这确实是一种"极大的奥秘"[1]。性的差别是人类最原始也最永恒、最显著也最隐秘的一种差别,而从这一差别中却产生出了一种统一的可能——通过性爱不仅达到对异性的,也是对他人的完全认识和融合。性爱不仅满足人类那种最原始的肉体本能和欲望,也满足一种认识自身本质的精神上的渴望。性爱就其本质而言是独占性的,因为只有互相独占,才有可能达到一种从外延到内涵的完全重合。

不过,我们不想多论婚姻的性爱因素以及这种性爱对于人生的意义,这有两个理由:首先是因为我们的传统一向是淡化婚姻中的性爱成分的,而我们这本书的一个主要宗旨就是要从传统出发,研究传统中可为今天所利用的因素;其次我们主要是从道德角度来讨论男女之爱,注意这种爱中的义务成分,而限于篇幅,集中探讨夫妻之爱而非全部的男女之爱当然较适于这一题旨。

那么,传统对夫妻关系说了些什么呢?应该说,有关爱情的内容说得很少。或更确切些说,是反映上层文化的"大传统"很少涉及爱,我们只是在一些诗篇,尤其是悼亡诗中,从反面窥见到古代士人生活中一种深情、真挚和沉痛的爱[2],正面描述真诚热烈的爱情的篇章在文人诗中较为罕见,而是多见于民歌之中,那些最大胆、最奔放的情诗一般都是民歌。尤其值得一提的是《诗经》"风""南"中的大量情诗,在除去了"诗序"

---

[1] 《新约·以弗所书》。

[2] 参见杨周翰《十七世纪英国文学》中《论弥尔顿的悼亡诗》一文中的比较。他指出了一个很有意思的问题:西方没有悼亡诗的传统,但我国文学里悼亡之作却有很悠久的传统,其原因恐怕要从社会学、伦理学等方面去找。

加上的一层道德外衣之后，这些诗显示出一种天真无邪的纯朴爱情之美。可惜后来此一源流却呈枯竭，甚至民间的情歌也再没有那时的势头了。中国士人对爱情的思考更呈贫弱，没有出现过系统的有关爱情的理论著作。当然，这并不意味着在古人的夫妻生活中就缺乏爱，爱并不是一件要常常说在嘴上或写在纸上的事情，爱主要是投入和体验，但是，就是在爱的实践方面，中国历史上也没有出现过如西方中世纪"优雅的爱"（courtly love）与近代"浪漫的爱"（romantic love）那种可以用明显的阶段标志的、在社会上或至少在社会上层蔚然成风的爱的潮流和运动。

古人对夫妻关系主要是强调其中的道德成分、义务成分。夫妻之间的感情在很大程度上被道德化了、义务化了、规范化了。这义务中并不是没有性爱，并不是没有感情的考虑，但这些一般都被隐而不提。夫妻间的亲密常被视为"轻佻"，"相敬如宾"、"举案齐眉"才是正轨，夫妻之间保持着一定的距离和相当的差别。男主外，女主内，"男不言内，女不主外"，夫妇之间最重要的是和，"夫妻好合，如鼓瑟琴"、"夫妇和而后家道成"。《小戴礼记》之"内则"、《大戴礼记》之"本命"都详细地规定了夫德与妇德，规定了丈夫与妻子应尽的本分。

这种规定显然不是平等的。"男子者，言任天地之道，如长万物之义也，故谓之丈夫。丈者，长也，夫者，扶也，言长万物也。知可为者，知不可为者；知可言者，知不可言者；知可行者，知不可行者。是故，审伦而明其别，谓之知，所以正夫德者。""女子者，言如男子之教而长其义理者也。故谓之妇人。妇人，伏于人也。是故无专制之义，有三从之道。在家从父，适人从夫，夫死从子，无所敢自遂也。教令不出闺门，事在馈食之间而正矣。"[1]总之，是男尊女卑，男主女从，夫唱妇随。

---

[1]《大戴礼记·本命》。

妻子不可提出离婚，但丈夫却可休妻。妇有七去：不顺父母、无子、淫、妒、有恶疾、多言、窃盗[1]；不过也有三不去：有所取无所归，与更三年丧，前贫贱后富贵。这三条可以说是男方的义务，尤其是最后一条，后汉人宋弘回答汉光武帝的一句话"糟糠之妻不下堂"一直被传为美谈，而陈世美与秦香莲的故事作为反面事例也广为流传。

但古代女子的地位卑微确是事实。《诗经·小雅·斯干》中记载了贵族之家生男生女的不同待遇；真是一个天上，一个地下。妇人主事则有"牝鸡司晨"之讥。女人若与腐败的政治有了某种哪怕轻微的干系，就更被视为"祸水"。女子成婚之后以侍奉公婆、相夫课子为务。夫妇之情不要说比不上父子之情，甚至不如兄弟之亲，兄弟是手足，妻子则如一件衣服可穿可脱。[2]

但是，在宋朝之前，节烈尚不像后来那样强调，妇人再醮并不太受指责。虽然也有如三国时夏侯令女那样夫死断鼻、誓不再嫁者，或者怕受污辱而赴死者，但却不像宋朝以后出现了那样多的节妇、烈女。此不能全诉宋儒，但宋儒也确有不能辞其咎处。

这里重要的也是一种人我之分，或者说男女之分。在古代，只有男子才有"代圣人立言"的资格。如果说，强调孝道者还多是从子女的立场发言的话，强调节烈却纯是把义务强加于他人之身。所以，程颐"饿死事极小，失节事极大"一语，虽然可以解释为是站在一超越观点为强调普遍绝对的道德精神而举此为例；甚至也可以说后来的节妇烈女多是自愿而为，并没有受到强迫，或者说，她们虽然也受到舆论的压迫，但这种舆论多是俗儒所为，而真正的大儒并不斤斤于此等等，我们却还是可以说：无

---

[1] 其中"无子""有恶疾"非人为之过，故后来所说的"五出"将这两者排除在外。

[2] 钱钟书：《管锥编·毛诗正义》第17则"夫妇与兄弟"条。

论如何，越过为维持社会生存所必需的道德义务必须是自发的，必须是自觉自愿的，而倡导一种把自己完全排除在外的这种要求很高的道德义务，本身即有不道德之嫌。

为什么要鼓吹节烈这种不仅仅是片面的，而且是极苦极难的义务？我们上节说到了古代中国家族本位、家国合一的格局，从最好的方面去理解，在这一格局不变的情况下，鼓吹节烈可以说有想维护家族的稳定，进而是天下太平的目的。一方面，夫妻关系、男女关系随着社会的变迁在中古之后可能确实有了松动的迹象；另一方面，积累了相当问题的社会政治又无法谋得一个根本的解决，"节烈"也就被作为挽回世道人心、进而平治天下的办法之一了，这在某种意义上正好说明了传统社会政治理论的困窘，而从鼓吹的效果说，也只是人为地制造了许多苦痛，于国于家并无多少补救，守节殉节者却把自己也牺牲了；甚至对"节烈"所直接针对的婚姻中性关系的松弛状况也没有多少改变，一方面越是极其严格、极其"高尚"，另一方面则越是极其放纵、极其"下流"。[1] 而在这里尤其让人感到震惊的则是这样一种夫妻间的不平等：一方面是男子可以纳妾，勾引嫖妓也常常被默许，一方面却是女子要为一个甚至她未见过面的订婚男子殉死或守节终身。男女间的不平等于此发展到了极致。

四、现代社会夫妻之间的爱

近一百年，尤其近四十多年，我们的家庭结构有了很大的改变。现在最常见的家庭是一对夫妻加上一个未成年孩子的"三位一体"的核心家

---

[1] 我们在此并不想作道德褒贬，故"高尚""下流"均用引号，我们只是想指出这一鲜明的对比；在收紧婚姻关系的同时却出现了大量的淫秽文字。这在明朝尤其明末盛行的通俗小说中看得很清楚，对性快乐的陶醉，乃至审美的描写，对性技巧的公开讨论等，都大量地见诸文字。

庭,家庭的主轴由纵轴变成了横轴,由父子变成了夫妻,而妻子一般都有职业,或参加生产。男女在社会政治方面的平等已基本上成为事实。[1]这使夫妻之间关系发生了一种根本的转变,以前这种关系是一种男主女从的关系,这种主从关系又依附于父子之间的主从关系。而在现在的家庭关系中,要求这种主从关系的客观原因多已消失,家庭不再是一个事业经济乃至政治单位,家庭越来越多地摆脱了原先沉重的政治经济责任,家事也越来越独立于国事,婚姻甚至在最政治化、最革命化的年代里也在某种程度上被承认为是"个人问题"。家日益成为人们私生活的领域,成为人们有别于社会的天地,甚至成为逃避社会的"堡垒"。

这种家庭内部的平等和外部的独立所造成的结果就是:家庭更能够追求自己本身的目的了,这就是夫妻间的两情相悦、生儿育女和家庭温馨。夫妻情感在剔除了一些重大的其他顾虑之后,变得单纯和热烈得多了。浪漫主义的爱情在中国虽然姗姗来迟,但也席卷了许多的痴男痴女,这可以由无数爱情故事的风靡作为旁证。两性之间感情的这种浪漫蒂克化可能有利有弊,但无论如何却是一个事实。

那么,在今天变化了的情况下,我们能从道德的角度对夫妻之间的爱情说些什么呢?

首先,节、烈的道德是可以放弃了,不仅是片面的、单一要求女方的节、烈义务要废止,而是任何一方的守节或殉情都不宜提倡。对现在的男人们,大概也没有必要要求他们去还那笔历史的宿债。无论如何,我们的道德应当是为生者的道德,而不是为死者的道德。当然这并不是说过去的节妇烈女所表现出来的牺牲精神就毫无可取之处(这和社会命令的节烈

---

[1] 费正清:《美国与中国》,商务印书馆1987年版,第346页。"在这纷至沓来的变革之中,作为个人的妇女,摆脱了她们先前非常不平等的地位。她们这种无声无息而又飞速的解放过程,是本世纪尚未被人记载的最大革命业绩之一。"

要求是两码事），也不是说，过去的节烈行为就全错了，毫无价值，或只有"哀悼的价值"，而是说，至少社会变化了，社会已无须个人做出这样的牺牲。所以，对于那些出自感情坚持不再嫁娶的人们，我们虽然不可横加干涉，但却应加以劝导，希望她（他）们放弃这一坚守，甚至以这样的理由来劝导：说这也是死者的愿望。

其次，我们应当努力去创造爱，把爱作为终身的事业而不是一时的陶醉和热狂。不消说，这当然不是单方的，而是双方的义务。爱在某种意义上也是义务，也是一种道德要求，甚至是个人伦理中最高的道德要求，是可以把其他所有道德要求包括在内的最高也最普遍的道德要求。当然，这样高度概括的"爱"就和我们现在所说的"夫妻之爱"意思不完全一样了，而成为一种广义的关切。但是，夫妻之爱中也仍然保留着这种关切，并把这种关切作为其感情的核心。我们可能对我们遇到的每一个需要援助的人都给予一定的关切，这就是一种爱、一种博爱，但我们不会到处去寻找他们，除非对方陷入危险的境地；我们也不会给予对方超出我们通常对我们的爱人所给予的那种热烈的柔情和关切，这些并不是我们的义务。但是，作为丈夫要爱自己的妻子，作为妻子要爱自己的丈夫却是一种义务。我们也有必要，必须在这种爱中来体验人类之爱的全部绝对性、崇高性和深刻性。爱人的相互关切应当是一种铭心刻骨的关切。一对夫妻若不爱任何其他的人而只是互爱，当然很难说这种爱是一种正常的、健康的爱（甚至不太可能存在或持久），同样，一个人如果连自己身边的人也不爱，连与自己最亲密的人也不爱，他怎么能够爱周围广大世界中的人们呢？

我们尤其需要把爱情作为一种终身的事业。我们所渴望的爱不是那种闪电般的、迅速热恋又迅速冷却并导致分离的爱。我们可能看错人，可能爱错对象，但是，我们无论爱上谁，当我们爱上他（她）的时候，总是把对方看作一个可以终身托付的、完全信赖的伴侣来爱的，否则，那就只是性的吸引、算计或别的什么东西了，而不是爱。爱可能失败；爱在人，成却在天，但我们却不能不爱。很难设想，一个三心二意、见异思迁的人能得到真正的婚姻幸福。爱的真实意义就是：在这一刻，你就是我，就是全部的世界，我愿终身不渝，与你白头偕老。而真正要使爱成为一种终身的事业，就必须不仅诉诸感情，也诉诸义务。

按照爱情的真实含义，爱是应当导致婚姻的。"愿天下有情人都成眷属"，这是正道，是普愿，不能成为眷属的情人则属不幸。但我们又遇到一句话："婚姻是爱情的坟墓。"婚后的爱与婚前之爱确实有很大的不同。

婚姻是一种法律制度。婚姻要建立起家庭，家庭有自己的经济利益，而且婚姻多半会导致生儿育女。婚姻从各方面看起来都是一种束缚，原先那种不牵涉经济、法律与儿女的自由单纯的爱不再存在了，现在不仅有对于对方性方面的责任，还有了许多其他的责任。在心理上婚姻也似乎带来了爱的松弛，神秘感消失了，得到了的东西似乎就不再新奇，法律的保障似乎使爱不再需要成为一种努力，原先为争取得到对方愉悦的品质，可能会不想再费力去继续保持。婚后的生活是琐屑的、实际的、缺乏诗意的，充满各种柴米油盐考虑的，这些生活琐事都必须有人去做，或至少需要有人去操心、去安排。而仅仅靠爱情并不能使我们自然而然地做到我们应当为爱情做的一切事情，这并不是说最初的爱情不珍贵，而正是因为它珍贵，我们才应该努力浇灌它、护养它，但这光靠最初单纯的爱情是不够的。所以，热恋的情人的耳里可能不耐烦听到"义务"两字，但现在作为夫妻，却要学会去做虽不一定情愿但却应当为爱情去做的事情。如果这爱不是全然盲目，而是包含着理性，那么，从这种理性中就会产生出对义务的接受和承认，义务将把他们带过爱情的那些泥泞路段而使坦途重现。

因此，与其说"婚姻是爱情的坟墓"，不如说婚姻开始了爱的一个新的阶段。爱总归要冲进婚姻这座城的，而不管婚姻的具体形式发生什么变化。爱情的本性就是要导致婚姻，导致家庭，而且从本性上说、从意愿上说是导向一个白头偕老、终生厮守的家庭，否则它就是只开花而不结实了，否则它一定会有某种遗憾——甚至在这种给我们最大的超越一己之藩篱的希望的爱情中，我们也仍然得不到我们所渴望的融合与统一。婚姻与家庭对爱情提出了一种真正的考验，有幸经过了这一考验的人才更有资格谈爱，才更有资格说："我已经爱过。"爱的深味也许只有在婚后的长期生活中才能慢慢体会得到。而只能做一对浪漫情侣，却不能做一对好夫妻的人却未免有一种深深的缺失。我们有时见到许多浪漫和狂热的爱情最后以悲剧告终，这甚至使我们羡慕起古人来，他们的家庭生活大概要稳固、平和、安宁得多。也许真正的婚姻幸福就在于此：互相体贴、互相依赖、持久的安宁、和谐和心心相印。如果真能做一种社会学的统计，今天社会上幸福婚姻的比例大概并不高于古代社会，不过，这也许可以解释为是由于我们现在还是处在一个过渡期。

总之，在夫妻间的爱情中也必须注入理性与义务的因素。所谓理性，就是说要知道什么是爱，怎样去爱，要加深与对方的理解和沟通，理性地尊重对方而非任情恣性；所谓义务，就是说要培养一种责任感，尊重和关切对方，遵循一定的原则和规范，共同承担爱情的结合所带来的一切。爱情当然不仅仅是"敬"，但爱情也不仅仅是"性"，甚至不仅仅是"恋"。爱情是一种感情，但它是一种属人的感情，也就是说，是一种不仅与人的各种感情紧密相连、也与人的理性和道德紧密相连、糅合在一起的感情。

当然，在恋爱和婚爱中主要起作用的永远是爱情，是一种深刻的、铭心刻骨的思恋之情。在那些挚爱的人们中，在那些已经通过磨炼而深谙爱情之艺术的人们中，义务感经常是隐而不显的，他们常常并不感到义务的强制性，他们所做的许多事情都是以爱的名义做出的，他们只是互相爱着，这种爱足以使他们不知不觉地、满心愉悦地承担着自己的义务。

强烈地凸现出义务感的时刻则是这样的时刻——这时夫妻之间的感情产生了裂痕，或是出现了危机。若把这种危机推到极端，这也就是我们最后的一个问题，即夫妻之间认真地考虑是否离婚，是否还保持夫妻关系的问题，过此之外，就不是我们所要讨论的范围了。

在这个时候，一方、甚至双方可能都没有了爱，在这个时候，所能诉诸的主要是双方的道德义务感或者说良心。那么，一个人在这样的时候应当怎样做出决定呢？

首先需要采取的态度可能是慎重。婚姻毕竟是一件大事，一件我们不能不严肃对待的大事，轻率常常会带来痛苦和悔恨。这慎重应当首先表现在限制知情者的范围上，应当把这件事视为是夫妻俩人的私事，除非万不得已或确有必要，最好不要把它变成他人的事，变成大家的事，这不仅是向自己负责，也是向他人负责，他人很难了解夫妻间的纡曲和恩恩怨怨，不要"陷入于罔"；另一方面，这种私事一旦变成众人的事就可能变得自己反而无法把握它而只是被推着走了，最后的结果反而违背自己的心愿。慎重还表现于最好冷处理一段时间，当事人还应当各自问问自己：我是否还有可能弥补感情？只要有一线希望，就应当再努力试试，这努力就是一种义务。

其次，我们要看到这件事不止关系到我一个人，还牵涉到对方，牵涉到整个家庭，如果这家庭有孩子或父母，就还牵涉到他们，尤其是孩子。这样，就不能仅仅以我一己的感情和幸福为转移。这件事将会对其他人造成什么伤害？对方以及其他人能否承受得了这种结果？婚姻的事当然最主要的还是双方的事，离婚与否就应当主要考虑与双方有关的理由，但如果对其他人产生的后果将十分严重，就也有可能凌驾于原先的理由。另外，这里还涉及一个外在的条件或社会承受力的问题，即对与自己没有直接关系的人们的影响问题。理想的社会当然是使这种影响越来越少,但我们并非一定总是处在这种较理想的社会条件之下。总之,这将是一种痛苦的抉择,而在这种抉择中不能仅仅考虑自己,也要考虑到这一抉择将影响到的所有方面。我们对夫妻之间的感情就谈到这里为止,毕竟,在爱情上谈太多的义务,总是一件让人扫兴的事情。

五、友爱与博爱

在说过父子与夫妻的关系之后,按五伦的顺序,本应说到兄弟。但是,首先,兄弟之悌在古代纲常中相对来说地位并不是太重要,而在现代中国独生子女居多的社会里似更丧失了存在的依据;其次,兄弟之情除了受血缘制约而不能自由选择之外,其他方面都类似于友爱。所以,我们直接来谈友爱。

古人谈论朋友之情远比谈论男女之爱要多。我们对古代先贤的婚姻生活知之甚少,但他们的师友交往却往往记载甚详。《论语》的第一段话中就有:"有朋自远方来,不亦乐乎!"从上句话也可以看出,与对爱情的述说多是从悲的方面落笔——如相思、苦恋、悼亡一类形成明显对照;对友谊的述说洋溢着一种欢乐愉快的气氛。这是什么原因呢?明代学者陈继儒在为西人利玛窦所集《友论》所撰"小叙"中给了一个解释:"伸者为神,屈者为鬼。君臣父子夫妇兄弟者,庄事者也,人之精神,屈于君臣父子夫妇兄弟而伸于朋友,如春行花内,风雷行天气内,四伦非朋友不能弥缝。"

此一解释已约略触及友爱的实质,如果用现代的语言,我们就可以说,首先,在古代的父子、夫妻甚至兄弟之情中都还有一种主从之分,而在友爱中,朋友则是相互平等的,在朋友之间没有尊卑之分、上下之别。

其次，其他关系都受血缘或亲属关系的制约，朋友则是可以自由选择的，合则聚，不合则离。婚姻初始自可选择，但夫妻之间并不平等，也不可轻易解脱；兄弟之间较为平等，但谁互为兄弟却属天定；而父子则既不可选择，又最严尊卑之分。这些关系都有屈处，都不可随意。相形之下，朋友一伦最为舒展。古人在其他纲常中的压抑之情，拘谨之情略抒于此。

正是因此之故，当传统纲常在近代遭到攻击之时，朋友一伦却不被涉及。谭嗣同在其《仁学》下篇第三十五节中写道："五伦中于人生最无弊而有益，无纤毫之苦，有淡水之乐，其惟朋友乎！……兄弟于朋友之道差近，可为其次。余皆为三纲所蒙蔽，如地狱矣。"朋友之道，不惟不受攻击，后来并多有论者认为宜在父子，夫妻等伦常关系中亦推行朋友之道，即平等之道。例如，《缘缘堂随笔》的作者丰子恺在《儿女》一文中这样写道："我以为世间人与人的关系，最自然合理的时候都不外乎是一种广义的友谊。所以朋友之情，实在是一切人情的基础。'朋，同类也。'并育于大地上的人，都是同类的朋友，共为大自然的儿女。"这里暗含着一条进入博爱的路径，不过这个问题我们以后再谈。

我们既然说的是"友爱"，我们就要把它和其他一般的"交往"区别开来，我们是从典型的意义上谈"友爱"。成为朋友的起因是多种多样的：有共同的求道，有才能的吸引，有相近的兴趣或气质，有时甚至什么也不为，只为一段艰苦或危险的共同经历，或者是多年来的相处所致。这些起因并不一定要是道德的，但建立和维持其友谊的却必须是道义方能称得上是"友爱"，即朋友要是道义交，而非以财交、以利交、以势交，以权交。"朋友，以义合者。"[1]这并不是说朋友不可互助以求利、不可合作以兴利，而是说朋友之间不可有利害打算，不可算计，当你发现一个你曾真

---

[1] 朱熹：《四书章句集注·论语·乡党》注语。

心相待的"朋友"与你纳交的目的只是要利用你时,你会感到深深的失望,这可以说明我们心目中的真正友谊是什么。友爱是应当超越利害考虑的,应当是合乎道义的。

友爱所提出的道德要求有许多是和对人们的一般交往所提出的道德要求重合的,比方说要诚实、守信、勿伤害人、有起码的同情心等等,只不过要求的程度更高罢了。比方说诚信,对一般人,我们可能只要求当我们问到他时他能以实相告,或者纵不肯相告时也不要骗我,而对朋友,我们则还希望他能主动相告严重关系到我们的实情。但这种提高了的要求是与自愿原则结合在一起的,即合则交,不合则去。世上没有强迫的友谊,友谊总是一种互相自愿的选择。

所以,除了指出友爱的平等、自愿和超越功利这几个特征之外,我们并不打算仔细讨论友爱所提出的道德要求,这些要求有些我们要在后面作为一般社会交往所要求的个人道德义务加以探讨,我们在此仅指出中国传统朋友之道的一个突出特征就是:古人不仅重视朋友要以道义合,道义交,而且其交往的起因或目的也常常是因为道义,为了道义的,即一群朋友汇合在一起是为了组成一个道德的团体,切磋道德的学问,造成道德的君子。这意思顾宪成在1605年9月东林书院第二次大会上说得最豪爽,他说:"自古未有关门闭户,独自做成的圣贤。自古圣贤,未有绝类离群,孤立无与的学问。吾群一乡之善士讲学,即一乡之善皆收而为吾之善,而精神充满于一乡矣;群一国之善士讲习,即一国之善皆收而为吾之善,而精神充满于一国矣;群天下之善士讲习,即天下之善皆收而为吾之善,而精神充满于天下矣。"此言或许过于乐观,古代大规模的书院讲习也自有流弊,难免鱼龙混杂,但此种气魄承当却很能鼓舞人。在各种各样的朋友中最值得珍贵、也最难寻觅的朋友可能还是共同求道互助进德的朋友。

友爱我们就说到这里,关于博爱的内容,我们想着重指出它所包含的恻隐成分。恻隐之心与爱亲之心同被孟子视为良心之端；后者更为积极、肯定，但只对亲人发；而恻隐虽然只是怜悯人之痛苦一面，却是普遍地博施于所有世人。因此，一种悲悯的胸怀既是博爱之缘起，又可以说是博爱之本。孟子说："人皆有所不忍，达之于其所忍，仁也。"[1] 人在认识过程中开始可能是不忍亲人之痛苦，不忍友人之痛苦，逐渐发展到不忍世人之痛苦，这就是广泛的仁，就是博爱了。这博爱作为人心中的感情时，其内容似乎是消极的、被动的，但由它引发的行为却会是积极的、主动的。所以，董仲舒说"何谓仁，仁者憯怛爱人"可谓最得其意[2]。这意思也是孔子之意，见《礼记·表记》："子言之，仁有数，义有长短小大。中心憯怛，爱人之仁也……"后来朱子在《仁说》中也说："故人之为心，其德亦有四，曰仁义礼智，而仁无所不包；其发用焉，则为爱恭宜别之情，而恻隐之心无所不贯。"恻隐之心相应于爱，相应于仁，并如仁包四德一样，贯穿了爱恭宜别之情，恭敬、重义、明别都可以说是爱，是憯怛恻隐的博爱。

六、博爱是否能从亲亲之爱中推出？

我们不再细论博爱的性质与要求，如果把博爱理解为对所有人都有一种关切、同情、尊重和责任感，那么，它可以说渗透到了一切道德要求之中，所有形式的爱，所有形式的道德要求都可以说包含了它，或以它为基础。我们现在只谈谈传统"推爱"的一些问题。我对世人的爱是不是从我对亲人的爱中推出来的呢？我对亲人和其他人是否应有区别？传统推爱有两种：一种是由孝推至忠，由家推至国，由个人伦理推至社会伦理，此

---

[1] 《孟子·尽心章句下》。

[2] "憯"通"惨"，憯怛即忧伤痛苦之意，恻隐之意。

处兹不论；另一种是由己推至亲，由亲爱推至博爱，这还是在个人伦理的范畴内推扩，我们可以略加分析。

我们的爱应当是博大的，我们应当爱所有的人，但显然我们不可能像爱我们的亲人那样爱所有的人，对不同的人的爱是有差别的，虽然这种差别是否大到要把亲爱单提，使之超越于和优先于博爱尚可商量，但我们对待不同的人的关切肯定不可能，也不应当完全一样。一般来说，我们爱的次序大致也是由亲人及路人，我们对亲人比对路人会给予更多、更积极主动的关心和爱。[1]

但这是否就是说我们的爱是等差的爱，我们的感情是依对象离我们的关系的远近为转移呢？我们对他人的爱是否就总是越近越浓，而越远就越淡，我们总是要先在关心了亲人之后才能关心其他人呢？恐怕不是这样。因为我们这里还有另一个标准，就是他人对爱、关切和援助所需等级的标准，即在此不仅有一个亲疏厚薄的问题，还有一个轻重缓急的问题。比方说，邻里同样逃难，我们当然不能丢下自己的孩子而去替他人携负其子，但当看到别人的孩子"匍匐将入井"而自己的孩子却安全无虞时，却肯定应暂时放下自己的孩子而去抢救邻人之子。

古人最重孝亲保身，但程颐也谈到与人一起去猎虎时，若遇到危险，不能说自己家里有老父老母就撇下同伴不管，还是要挺身而出，为孝亲计只是一般应尽量避免与人一起猎虎而已。

因此，针对"爱无差别"的命题提出"爱有差等"的反命题也是不适合的。因为这里有不止一个标准，不能仅仅以一个标准，比如说以亲疏关系划定爱的等级。更好的说法是"理一分殊"，爱的道理都是一样的，

---

[1] 也正因此，我们说博爱主要是一种恻怛之爱，说我们对世人的爱主要是对他们的痛苦和紧迫需要做出积极回应。

不论你是在抢救邻人之子，还是在孝敬自己的父母，你所表现出来的爱在性质上都是相同的，你在孝亲中也体现出一种博爱，而在博爱中也表现出一种亲情。对爱的对象的普遍性不能做一种简单化的理解，因为你实际上不可能去关切、甚至认识所有的人，然而你却还是可能具有一种博爱的精神，这精神就体现在你爱你周围的人，包括你的亲人的行为之中。这就是"爱之理一"。这种"爱之理一"还表现在它有绝对性的一面，这绝对性也不依你爱的对象为转移。如果只说爱以亲疏为标准，那就不能解释有时何以要为邻人之子而舍弃自己的生命了。另一方面，我们对自己的亲人与对待其他人的爱又是不一样的，爱的形式和内容是有差别的，它提出的具体要求也都是有差别的，这就是"分殊"。我们都各有自己的父母、亲人和朋友，有自己的生活圈子，我们一般对亲友会给予更多的关心与爱，但是，这并不影响我们在有些时候挺身而出，舍己救一个路人，因为这也是一种"分殊"。按陈荣捷先生解，此一"分"不是"分别"之"分"，而是"应分"之"分"。

现在还有一个问题是：博爱，或者说对世人的爱是否是由对亲人的爱中推扩出来的呢？这两者之间看来并没有一种逻辑的联系，事实上，我们应当把这种推扩看作一种比喻，就像"爱邻如己"一样。"爱邻如己"是一种比喻式的号召和呼吁，意思是说你对邻人的爱要强烈和执着，它并不是对如何能获得这种对邻人的爱的一种解释，并不是说爱人可以从自爱中逻辑地推演出来，因为这里根本推不过去，或者推过去也是只有越来越稀薄一途。

同样，上述舍己救路人也无论如何从孝亲中推不出来，舍己救路人必须根据另一种命令或另一种观点才能得出。它是因为对生命的普遍义务在一种危急时刻凌驾于其他义务。所以，仁可以说是孝悌之本，而孝悌却不能说是仁之本。而且，"爱之理一"，爱也不需要从这个推到那个，从此"殊"推出那"殊",各种形式的爱都可以说是"一个理"。所以,我们不妨把"老吾老,以及人之老;幼吾幼,以及人之幼"等有推恩意思的话语理解为一种下手工夫,或者就像程颐所说是"行仁之本",这里的"本"是一种"近取譬","就近下手"的意思,而不是"本元"的意思。

最后,我们回到良心的源头问题。如果要继续追问:恻隐与亲爱,究竟哪一个是良心的最初源头和发端呢?我们该如何回答呢?也可以换个方式问:它们中究竟哪一个是良心的最终源头呢?这样问就设定了一个自我的观点,一个追溯者的观点。而问哪一个是良心的最初源头则是取一种超脱自我的普遍的观点。虽然观点不同,两者实际是问同一个问题,但由于观点不同,答案却有一些差异。站在自我的立场上,我们也许可以不仅认恻隐,也认亲爱为我们良心的最初发端,最初起源,这就像孟子所说的一样。但是,如果我们从一普遍观点看,我们的回答宜是以恻隐为良心的最初源头。因为,我们所说的良心的源头是指人人都有的善端,这一善端无疑应当涵有最大的普遍性,它不仅应当能在所有人那里存在,而且应当能对所有人表露;它也不宜被规定得具有太多的正面的、积极的内容,而是具有一种最基本、最起码的性质,这样它才能最广泛地为人们所涵有;而在这些方面,恻隐无疑比亲爱具有更大的普遍性。总之,我们有理由说,如果能对一个路人发生恻隐之情,肯定更有可能对自己的亲人产生恻隐之情,而反过来,说能怜爱亲人也一定会怜悯世人却没有同样充足的理由。

而且,我们可以仔细想想在父母子女那里发生的情况,作为客观的观察者,我们首先看到的是父母对子女的慈爱和关切,然后才是子女产生对父母的依恋,并且,这种依恋开始还是包含强烈的自爱成分的,婴儿之所以依恋父母是因为父母爱他,父母是给予他温暖和食物,给予他安全感的人。

所以，这种依恋实际上主要是一种自恋，只是到后来，他才可能逐渐发展起一种真正爱父母和他人的能力，一种纯然对父母和他人的关切。所以，从一种客观的、普遍的观点来看，是不宜把亲爱作为良心的源头的，我们也许只能在比较狭窄的意义上说亲爱是良心的一个源头，即从个人、从自我的观点上说：我们可能常常是首先从爱父母而知道爱这个世界的，我们通过爱亲人而知道了爱世人，或者说，我将通过爱父母来体现，来延伸对所有人的爱。应当说这是有一定道理的，因为父母对子女的爱虽然可能在强烈程度上胜过子女对父母的爱，但子女对父母的爱中却包含着更多的义务成分，所以，从自我道德成长来说，培养自己对父母的爱，即儒家所说的孝亲，有助于加强爱中所包含的责任感、义务感，有助于体会爱的崇高性和绝对性。即便这不是培养和展现爱的唯一道路，但却不失为一条符合我们传统的、也有着最多先行者的可靠道路。

第三章 诚 信

前两章我们分析了一向被看作良心源头的两种情感:一是恻隐,二是仁爱(其要义是亲亲之爱)。其中恻隐可以说是良心真正的源头,而仁爱广义上可概括全部个人伦理的要求。但它们并没有明确告诉我们应当怎样去做,它们还不是直接义务的命令,所以我们想在第三章和第四章中,探讨作为良心重要内容的两种内在品质,这两种品质一是诚信,二是忠恕。

诚信与忠恕自内而言是品质,自外而言则是义务。伦理学所理解的良心可以说主要就是对义务的认识,而诚信与忠恕属于良心的主要内容。具体义务有很多,我们在此是把诚信与忠恕作为两种基本义务来处理的。这种处理不仅考虑到了良心本身的构成要素,而且也是依据了使传统良知向现代社会转化的观点。我们认为,"诚信"或者说守诺、履行契约,"忠恕"或者说适度的容忍,应是现代社会的每个成员所应当遵循的两项基本义务。

我们现在先谈诚信。这有一个理由:因为两相比较,诚信是处己的立身之道。没有至少一定程度的诚信,个人就站立不起来,说出话来没人信你，连你自己也会感到怀疑、感到绝望，你自己成了前后不一、言行不符的断片，而不是一个完整的人，更不要说谎言和不守诺将对社会带来的危害以及它在道德上属于恶这样一种基本性质了。而忠恕则是处人的一贯之道，而且相对来说要求稍高些，体现了更高的修养水平，所以我们想循序而进，由诚信次及忠恕。

一、作为严格的道德概念的"诚信"

什么是诚信？"诚"和"信"分别是古代两个重要的哲学伦理范畴，诚、信虽可以互训，但还是有不同："诚"也被作为本体论范畴使用，"信"却始终是一个伦理学概念。现在我们把它们放到一起组成一个词，不仅因为古人也这样使用，[1] 还有我们自己特别的一些界定的意思。

这界定从"诚"的方面说起来就是：我们的探讨将不涉本体之诚、天道之诚，或者天人合一之诚，而只涉及道德之诚、伦理之诚，作为个人的内在德性的"诚"，这也就是诚实，而这诚实又显然要在人与人的交往中体现，在伦理关系中体现，即在一种使人信任的关系中体现，这是"诚"所受到的限制；而这界定从"信"的方面说就是：我们的探讨也主要不是谈客观的信、客观的真实、真理或社会如何建立普遍的信任关系等等，而是从个人的、内在的角度谈论信，从正心诚意的角度谈论信。总之，我们所论的诚是"信之诚"，我们所论的信是"诚之信"，"信"给"诚"加上了外在的、关系的限制义；而"诚"又给"信"加上了个人的、内在的限制义。我们不仅要在人与人的交往中努力做到说话信实，还要努力从内心去体会诚信的道德意义，体会诚信是我们作为人的一种基本道德义务，这

---

[1] 如《荀子·不苟》："诚信生神。"

样才能保证我们良心的始终正直和平安,不欺己更不欺人,也就是说,我们要使我们的信立于内心之诚的基础上。同时,我们也要使我们的诚不脱离客观之信,也就是说,不脱离道德正当的范畴。

我们还可以再从另一面申说一下"诚信"的限制意义,这可以通过"真实—真诚—诚信"这一组概念的比较来进行。[1]

"真实"也就是事实、真理,它可以用于一切事物:自然、社会、个人;它的反面是虚假,是不真。"真诚"也是真,但只是主观意识领域里的真,它仅涉及人,而且是个人、主体,它着重的是自己与自己的关系,是要求忠实于自己,是不欺己,不欺心,这种不欺己,不欺心就好像心里有一个法官在检查所有在意识中出现的念头,看它们是否真的自内心而发,还是仅仅是一些浮在表层的托辞和借口,彻底的真诚要求一个人在内心要鉴别和杜绝一切不是出自本心而是有意无意哄骗自己的念头,而在外部则要言其真心所欲言,行其真心所欲行。在"从心所欲不逾矩"的道德圣贤那里,这种真诚无疑是最高的道德境界。[2]

但"真诚"也可能用来为前后不一,为不道德的行为辩护,例如,一个不履行自己的允诺的人可能会为自己的背约行为如此辩解说:"这就是我现在心里真正所想做的,就是我真正的意愿,我不想再欺骗自己了"云云。但是,他却不可能以"诚信"为理由进行辩解,因为"诚信"意味着你的言行要使人相信,使人信任,这样,"诚信"就主要不是不欺己,而是不欺人了,简单说来,诚信最基本、最起码的意思就是不说谎,不许假诺言,不作假见证等等,前面所说的那个背约者在缔约时也许并不是存心说谎,但在别人眼里,他不履行他的诺言,他以前所许的诺言就是假诺,

---

[1] 简化一下,也可以说"真—诚—信"三个概念。
[2] 这正是宋儒重视"诚"的一个原因。

就是谎言，所以诚信也要求一个人必须使他的诺言客观上不成为谎言，要求他必须对他所说的话负责，必须履行他所说的，哪怕他的想法又有了变化。当然，这是一种特殊情形，诚信更普遍的情况是要求我们在出言或许诺的时候就不说谎，不说我们清楚知道是与事实相反的东西。言语必涉及他人，这样，诚信就在这种关系中获得了一种道德的含义，它永远是一种基本的道德规范、道德要求，而"真诚"则只在上述"从心所欲不逾矩"的道德圣贤的意义上属于道德的范畴。而且，即使在此时，它也没有抛开诚信的要求，而是把它包含在其中而成为自然而然的了。

"真实""真诚""诚信"这三个概念当然是有联系、有共同之处的，这一共同之处就是它们都包含着真，在某种意义上，前者也可以说包含后两者，但严格说来，这三种真是有分别的：一是指所有事实之真，一是指自身意识之真，一是指涉人言行之真。它们之间也会有冲突，例如一个人真实存在的意识可能并没有反映事实之真，而且也妨碍了他的言行之真，而事实意味着真理、信实意味着善良，对于真实的自我来说，三者完全合一可以说一直是古往今来人们苦苦追求的一个理想。

这里我们还要再说一下"诚"和"信"的差别。我们知道：《中庸》中的"诚"这一概念受到宋、明儒的高度重视和大力阐发，"诚"被视为客观的，但却是精神性的本体、本原，同时也被视为主观的，但却是与客观本体合一的境界、圣域。"诚"和"信"是有相通的一面的，因为儒学本身主要是一种道德学问，儒家的形上学和本体论本身就是道德的形上学、道德的本体论，而非宇宙或认识的形上学、本体论。儒家的"诚"就其进路和依皈来说，基本还是一种"道德之诚"，但是，这"诚"又不是一个纯道德概念，而是一个形上学的概念，"诚"与日常语言中的"真诚"也有一种联系，"诚"在日常语言的使用中也可以用来表示坦率、说真话、说出自己心里当时真正想说的话，不掩饰、不说违心的话、"心与口誓"、

"口不违心",等等。

这两方面的因素结合起来就有可能使单纯重"诚"的理论导致某些道德上的流弊,[1] 即一方面重"诚"而忘记了"信",视"诚"为最高境界,而忘记了下手的工夫和客观的标准离不开"信",从而脱离道德关系和实践去专意体会和揣摩那"诚";另一方面,则是把"诚"等同于日常生活中的真诚和坦率,甚至有可能认为只要真诚,就是正当,或至少可以不受谴责,人完全可以"率性自为"。[2] 我们知道一些儒家正统学者在这方面对于他们所认为的异端如李贽等人的批评,而纵观李贽本人的生活和行为,其"罪"并不如此之甚焉,甚至很难说其真正有"罪"。但是,这里的问题可能还不是那少数有才有识或在历史上有名有姓者的作为,而是在过分推崇真诚的思想的影响下更多名不见经传者的所作所为。其最下者完全有可能走向以"真诚"为掩饰的无耻,而这种厚颜无耻无疑是一种最无可救药的行为。

所以,船山许是感于明末学风之蔽及士类中一些人的无耻,特别郑重地提出"诚者,虚位也;知、仁、勇,实以行乎虚者也。故善言诚者,必曰诚仁、诚智、诚勇,而不但言诚。"[3] 这也同样可以作为我们现在提出"诚信"而不单言"诚"的一个理由。

另外,我们还要注意这样一种危险,即如果仅仅以"诚",或者说不

---

[1] 这在当代西方的一些存在主义者那里表现得很明显,存在主义者,尤其是无神论的存在主义者,最重视"真实的存在",萨特不遗余力地反对"不诚"(bad faith),于是,某些惊世骇俗的行为,其中包括某些明显伤害到他人和社会的行为,就可以因其出自"真诚"、出自"本心"而得到辩解甚至称赞,个人也可以在"真诚"的名下放任自己的行为。

[2] 我们常常能够理解某些天才艺术家的"率性自为",但却不能不深深地怀疑这一准则是否能普遍化,以及不能不警惕这一准则产生广泛影响时的后果。可参见拙著《若有所思》中第163段:"什么时候可以对人性信任到这种程度呢,说:真诚就是我们的道德。"(上海人民出版社1988年版)然而,我们虽然一边是怀疑和警惕,一边又对人性抱有多么巨大的希冀和期望!

[3] 王夫之:《读通鉴论》,东汉"平帝三"。

欺心，不欺己来要求自己，而不注意使行为符合客观的规范，那么，并不是没有这样一种可能的：即由于自我在心里的反复辩解，渐渐地使自己甚至习惯于完全真诚地去做那并不合于道德的行为，同时还以为自己的言行是符合道德的。这就像说"自己把自己都骗了"，或者说"自己把自己给感动了"，也像船山所说的："天下相师以伪，不但伪以迹也，并其心亦移而诚于伪，故小人之诚，不如其无诚也。"[1] 这种自欺的"真诚"当然可以说也是和绝对的真诚或者说真正的诚意相矛盾的，可以用后者来反对前者，或者来震醒前者，但我们确实有理由怀疑仅仅说"诚"是否能够使这种纠正落到实处。

因为，从基本道德的最初进路来说，与其一意在内用力，也许还不如主要在外用力。即首先在行为上用力，纵使自己开始不情愿，也要努力去做那符合正当的事情，而决不要去设法在自己的意识里把自己做过的事情或想做的事情予以正当化，也决不要一味相信自己的"真心诚意"，误以为只要"真心诚意"就是有道理，就不会伤害到他人。孟子说"强恕而行，求仁莫近焉"，这个"强"字最值得我们思索，而"求仁莫近焉"则还显示出这一"勉强而行"的路正是我们达到"仁"这一目标的最近途径。

我们现在不欲在此章中做太广泛的探讨。并且，谨慎的态度也许使我们此刻愿意承认：我们并不一定能认识所有事物之真，我们对自己甚至也难于做到完全真诚。我们都知道，要杜绝一切说谎很难，而要完全消除自己意识中潜行的谎言，就更是难乎其难了。并且，自欺毕竟不像欺人那样直接影响到他人、伤害到他人，因而也没有欺人那样具有明显和纯粹的道德学含义。所以，我们从道德着眼，主要只须谈涉及他人的"诚信"、"诚

---

[1] 王夫之：《读通鉴论》，东汉"平帝三"。又可参见纪德的小说《伪币制造者》，其中描述了人们是多么容易自欺，多么习惯于寻找理由自欺以及不自觉地安于自欺。

实"或者"信实"。

最后,我们还有必要区分一下出自明智动机的"诚实"和出自道德动机的"诚实",因为只有后者才是我们真正想在这里讨论的。西方人有句格言:"诚实是最好的策略"(Honesty is the best policy),诚实常常能比欺骗给一个人带来更大的好处,尤其从长远和总体来看是这样。诚实的信誉一旦建立,会自动起来保护诚信者的利益。我们的祖先也常说"忠信以为甲胄","忠信以为城池","匹夫行忠信,可以保一身,君主行忠信,可以保一国",等等。[1] 所以,从明智的观点出发,也有支持诚信的坚强理由。一个有远见的商人,在正常情况下可能会努力去做到"童叟无欺",这样最终会建立他的良好商业信誉,发展他的生意;但是,假如他刚从另一个人那里借到一大笔钱,那个人就偶然遇车祸而死,而借款这件事只有他们两人知道,也没有留下任何字据,他是不是要说出真相呢?他若只从明智的考虑出发,也许就会说"否"。但支持诚信的还有更重要的理由,即道德的理由,他若从道德的观点出发,对这件事就会毫不含糊地说出一个"是"字。他可能会想:"是的,我可以昧下这笔钱,但那样的话,我成了什么人呢?"古人常说诚信是立身之道,立身之道当然有上面所说的明哲保身的意思,但还有非保身、有时为了诚信甚至甘愿捐躯的意思。这种宁死也不说假话的行为就是为了道义,就是以身殉道,舍生取义。当然,这

---

[1] 又见司马光在《资治通鉴》"周纪二·显王十年"中的评论:"夫信者,人君之大宝也。国保于民,民保于信;非信无以使民,非民无以守国。是故古之王者不欺四海,霸者不欺四邻,善为国者不欺其民,善为家者不欺其亲。不善者反之,欺其邻国,欺其百姓,甚者欺其兄弟,欺其父子。上不信下,下不信上,上下离心,以至于败。所利不能药其所伤,所获不能补其所亡,岂不哀哉!昔齐桓公不背曹沫之盟,晋文公不领伐原之利,魏文侯不弃虞人之期,秦孝公不废徙木之赏。此四君者道非粹白,而商君尤称刻薄,又处战攻之世,天下趋于诈力,犹且不敢忘信以畜其民,况为四海治平之政者哉!"温公在此区分了明智之信与道德之信,同时指出,如果说为了功利也有必要立信的话,为了道德更有必要立信。

样的情况还是比较少的,一般的情况还是明智的考虑与道德的理由一起合力支持诚信的要求。不过,我们现在来讨论诚信,就仅从道德的角度来考察它,我们主要检查信与义的关系。

诚信是否不仅是一种明智的考虑,也是一种道德义务?而且,它是否不仅是一种一般的道德义务,还是一种基本的道德义务?我们所谓"基本的义务",在此是指处在第一等级的,仅仅凭自身就要求履行而不必诉诸其他道德原则的义务。我们一般都知道一个人说话要诚实,但是却很少问为什么要诚实,而出于明智和出于道德的不同的理由要求诚实是会有很大差距的,把诚实究竟作为道德的基本义务还是非基本义务也会有相当不同的结果。

二、信与义关系的历史分析

我们现在试对历史上的信与义关系的观念做一些分析,在我们所能依据的文献资料的范围里,我们特别重视春秋时期,影响了以后二千余年的传统"诚信观"可以说就是在那时候塑造成形的,后来并没有大的变化。我们可以从分析两个事例入手:

> 1. 公元前651年,晋献公病危,担心死后他所宠骊姬之子奚齐的命运,于是召见曾为奚齐师傅的荀息,问他"士怎样才可以说是信?",荀息答道:"假如死者复活,而生者面对他不惭愧曾对他说过的话,就可以说是信了。"于是晋献公把奚齐托付给荀息,荀息答应了。晋献公死后,因国人对骊姬谗杀太子申生等早已积怨甚深,里克联络了国内外力量,将杀奚齐,问荀息打算怎样,荀息说将殉死,里克说这没有什么益处,荀息说他已向先君许诺,不可以背叛诺言,虽无益,也没

办法。里克杀奚齐之后，他即准备死，有人又劝他立骊姬之娣的儿子卓子以葬奚齐，荀息立了卓子，里克又杀了卓子，荀息终于殉死。《左传》引"君子"的评论说：诗经里说白圭之玷，还可以磨掉，言语有了失误，就没有办法了，荀息就是这样。[1]

2. 公元前594年，楚国出兵围困宋国，宋向晋国告急，晋侯本欲出兵救宋，但被伯宗劝止，于是只派使节解扬去宋国，命令他去告诉宋国别投降楚国，说晋已举师，援兵很快就到。结果解扬路上却成了楚人之囚，楚国国君以重利贿赂解扬去跟宋国人说相反的话，即说晋国不会派援军来了，解扬不同意，三次劝说之后，解扬同意了，然后楚军让他登上楼车到达城下，向宋国人喊话，解扬却趁机把晋侯所命令他传达的话告诉了宋国人。楚君想杀掉解扬，使人对解扬说："你答应了我的话，却不履行，这是什么道理？不是我不讲诚信，是你抛弃了诚信，赶快就刑吧！"解扬答道："信载义而行就是利，谋要不失利以保卫国家才是为民之主。所以，义无二信，信无二命，你贿赂我，是不知道什么是命，我受命以出，可以死，却不可以废弃命令，你怎么能够贿赂我呢？我答应君，是要完成命令，即使死了，也是我的福气。我的君主有可信任的使臣。而我则得善终，这样的死又有什么可怕呢？"于是，楚君就放他回国了。[2]

以上两个例子，第一例是"荀息守诺"。它直接触及了我们所要讨论的一些根本问题。守诺本身是不是就是义？在它之上是否不再有更高的义，守诺是否不必以这更高的义为转移？是不是任何的诺言都必须遵守，

---

[1] "士何如则可谓之信矣？"一段问答据《公羊传》，其他均据《左传·僖公九年》。
[2] 据《左传·宣公十五年》。

即使守这诺言已经于事无补，甚至可能有悖于其他道义原则，这时也还是要守这诺言？从荀息的行为可以看出，他对这些问题的回答是肯定的。"君子"的评论则有些不同。在评论者看来，似乎诺言不可不守，但许诺不可不慎。这一看法可以是从保身的明智立场出发，也可以是从洁己的道德立场出发（即认为这诺言不合道义），或者两者兼而有之，那么，我们就要由此上溯到荀息许诺时的情况了：假定许诺是不合道义的，除了上述他事实上的选择之外，这时他无非还有两种别的选择，一是说真话，明确表示他不能做出对国君的承诺，而从保身的立场看，他可能此时就身已不保了，从道德的立场看，他当然是可歌可泣的，但评论者之意似不在此；再一种办法就是许假诺，假装答应下来，但并不准备以后去履行，这也许正是评论者所暗示的意见。例如，先假装答应下来之后再逃离晋国。这样他既能够避免当前的危险，又能够摆脱后面的困境。那么，从道德的观点看，一个人处在这样的情况下，他能不能够说谎呢？

　　我们已追溯出了这样一个严峻的问题，它涉及诚信的道德命令是否绝对不可违犯，是否容有例外的问题，但对它的回答我们却想放到后面去讨论。我们还是回到这一事例，真正恰当的评价必须在充分了解了当时的各种情况之后才能做出，而我们并不完全具备这样的条件。我们只能从已知情况推论：荀息既然做过奚齐的师傅，他肯定感到对奚齐有一种义务；而他作为臣属又肯定对国君负有义务；他也不忍欺骗一个濒死者；而辅立奚齐是否不合道义也并不完全确定：因为子并不能承母之过，子有自己独立的身份，其继位也并非全然不名正言顺，且国家也有自己的大利——这一大利就是稳定而不使生灵涂炭，并且最坏的结果也不过就是牺牲一己……大概正是这些原因促成荀息对晋献公做出了承诺而没有拒绝，而许假诺本身作为一种不道德的行为看来完全不在他的考虑之列。他必须说真话，这本身就是一种做人的基本义务。从这一点看，荀息的精神确实又是很高尚的，荀息提供了一个以诚信为义务，而且以诚信为基本义务的典型范例。

第二个事例则正好是一个说明不以诚信为义，或至少不把诚信作为一种基本义务的范例。在此，诚信与否要受其他目标的支配。晋侯不欲出兵，却命令解扬去告诉宋国人他要出兵，此一不信也，在此国家的利益高于诚信；解扬知道晋国没出兵，却欲从命传达这一谎言，此二不信也，在此君主的命令高于诚信；解扬被执之后，明知道他还是会转达君命，但却假装答应楚君，此三不信也，理由还是君命高于诚信，所以，遵命就是信。而按这一观点，解扬不是也重信吗？[1] 他不也是一诺千金、大义凛然吗？他为了信守君主之命不是想尽了一切办法（包括说谎）吗？他不是把个人生死也置之度外吗？但我们知道，从事实来说，他实际上是以谎言维持谎言，他实际上是在欺骗楚君以便把晋侯的谎言传达给宋国人。而楚君虽是贿赂解扬，但他要解扬说的话倒实在是真话。虽然这是发生在战争之中，战争有自己的逻辑，战争中很难避免尔虞我诈，但是，即使我们设定晋宋一方是正义的一方，这是否就可以使如此欺骗敌手，尤其是欺骗盟国正当化呢？至少在此显然还有另外的选择。不过，我们并不是要评价这件事，我们只是想借此说明：仅以诚信作为手段，认为诚信要以别的原则为转移（在解扬这里是"命"，而他把这种君主之命也称之为"义"），有时会产生多么混乱的结果。这是一个连环套，而在这一连环套中，哪怕只是一个环节出了问题，谎言就可能变成真理，而真理却反而成了谎言。

我们这两个挑选出来的事例是否具有典型意义？"君子"的评论是否具有代表性？荀息与解扬所表现出来的两种倾向，在后来的历史上，究竟

---

[1] 顺便提一下，春秋时臣对君的关系多是说"信"而不是说"忠"，如《左传·成公十七年》："人所以主信知勇也，信不叛君，知不害民，勇不作乱。"又如《左传·宣公二年》："弃君之命，不信。"这说明了当时士的流动性，君臣关系还多是一种信约关系。

哪一种更占主导地位？对这些问题，我们可以不匆忙回答，而是再看看当时思想家的观点。

先秦人较少说"诚信"而多言"忠信"或径直说"信"。先秦的时候，"忠"的意思没有后来"忠君"的特定义，忠就是"衷"，是真心诚意从内心发出的意思，或者进一步说是"尽心竭力"之意，所以，"忠"可以类似一个形容词，用在不同的德性概念上，如"忠信""忠恕""忠厚"等。在这个意义上，"忠"可以说与"诚"同义。

《论语》中"信"字出现了38次，孔子有3次谈到"主忠信"，"忠""信"在孔子"文、行、忠、信"之四教中占其二，可见孔子甚重视"忠信"。"人而无信，不知其可也。大车无輗，小车无軏，其何以行之哉？"[1]这句话生动地表示了人无信则无以立，无以行的意思。言语能够信实，行为能够恭敬，则在"蛮貊之邦"亦可以行得通，言语若不信实，行为若不恭敬，则在家乡"州里"也行不通。

但是，这里所说的"信"是不是一种基本的义务呢？最接近于明确回答这个问题的一句话不是孔子，而是孔子的弟子有子说的。他说："信近于义，言可覆也。"意思是如果信约符合义，那就可以去履行这信约。但是，反过来呢，如果信约不符合义，那怎么办呢？回答可能是：这样的信约根本不能去订，但如果我们是处在要么是订，要么是死的边缘处境呢？这时该不该违心地去订约呢？这时可不可以做假的承诺呢？问题只有放到这一处境中才能够显明，把信是否视为义对这一处境中的抉择将有关键的影响。而我们从有子这句话可以看出这样的意思：信与义不同，信还不是义，或至少还不是最基本的义，因为是否守信还要根据信是否合义来决定。那么，这是不是也是孔子的意思呢？

---

[1]　《论语·为政》。

《史记·孔子世家》记载了这样一个故事：蒲国人围住了孔子，与其弟子斗得很厉害，后来害怕了，就跟孔子说："如果你不去卫国，我们就放你们走。"孔子答应了，与蒲人订了盟约，但随后就去了卫国，子贡问："难道可以负盟约吗？"孔子回答说："要挟、强迫的盟，神不会理会的。"[1] 如果这个故事是真实的，就等于回答了我们上面提出的问题，说明孔子确实认为信不是第一等基本的义务，为了其他目的——如以道救天下，有时可以立假盟约，可以许假诺。但这个故事的真实性是有争议的，一些儒者，如程颐相信此事，[2] 但也有些学者，如钱穆认为此事不可信。

　　我们且不以此事为证据，而是来综合地看看孔子的有关言论及著述：

　　第一，从孔子论"信"看，孔子认为"能行五者于天下为仁矣"，这五者就是"恭、宽、信、敏、惠"。"信"是其中一德，也可以说是一种义务，但看来孔子没有把"信"的地位看得很高，"信"是不学的普通人也常具有的品质，如"十室之邑，必有忠信如丘者焉，不如丘之好学也"，忠信虽如底色，如璞玉，很重要，但须修饰、雕琢，不然就有蔽："好信不好学，其蔽也贼，好直不好学，其蔽也绞。""言必信，行必果"的士被列为第三等，排在能"行己有耻，使于四方，不辱君命"的第一等士与"宗族称孝焉，乡党称弟焉"的第二等士之后，虽高于"今之从政者"，但还是"硁硁然小人哉！"[3]

---

[1] 即"要盟不信"，这是春秋时代的人常说的一句话。但曹沫劫盟，逼齐桓公还侵鲁之地，桓公当时被迫答应了，后来想反悔，管仲劝他守信，此又是"要盟亦信"了，后之君子对此事甚推许，说明守约的关键不在要挟与否，而在盟约本身是否合乎大义。

[2] 《二程遗书》卷四，"盟可用也，要之则不可，故孔子与蒲人盟而适卫者，特行其本情耳。盖与之盟与未曾盟同，故孔子适卫无疑。使要盟而可用，则卖国背君亦可矣。"（《二程集》第一册，中华书局1981年版，第72页）从诚信也是义务的观点看，则"与之盟与未曾盟"无论如何是不能等同的，如果说这盟会"卖国背君"，你可以不去"盟"，但不能说"盟"与"不盟"都是一样。

[3] 当然，此话也可以解释说孔子在此是有所特指——比方说专指只重允诺，而不重允诺之义的侠士。但我们要综合地、全面地看，如果我们对这句话的解释与孔子其他的有关言论（接下页）

第二，从孔子论"直"看，孔子说："吾党之直者异于是：父为子隐，子为父隐——直在其中矣。""直"就是不隐瞒，说出真相，与我们所讲的"诚信"意思相同，但在此，"直"要服从孝亲。

此事详见《吕氏春秋·忠廉篇》："楚有直躬者，其父窃羊而谒之上，上执而将诛之，直躬者请代之，将诛矣，告吏曰：'父窃羊而谒之，不亦信乎？父诛而代之，不亦孝乎？信且孝而诛之，国将有不诛者乎？'荆王闻之，乃不诛也。孔子闻之曰：'异哉，直躬之为信也，一父而载取名焉，故直躬之信，不若无信'。"如果孔子的评论是就事论事，那么他显然是正确的。因为这位楚国的所谓"直躬者"，不过是一个"窃义者"，甚至是一个狡猾的人，其行为并不足取。但如果是把"父为子隐、子为父隐"作为普遍原则，则又有说。

我们也许可以考虑孔子在此是把这一"互隐"原则主要作为非执政者或非执法者的原则，而对执政者或执法者来说，还是不能随便隐曲的，因为据《左传·昭公十四年》记载，他也曾赞扬过晋国的大臣叔向说："叔向，古之遗直也。治国制刑，不隐于亲。三数叔鱼之恶，不为末减。曰义也夫，可谓直矣"。不过，"直"的要求还是程度不同地受到孝亲的影响仍是无疑义的。

第三，从孔子论"谅"看，"谅"也有"信"的意思。齐国管仲与召忽原来都是侍奉公子纠的；可以说与公子纠有信约，公子纠被杀后，召忽自杀以殉，管仲却转而做了齐桓公的宰相，管仲这一行为受到后来一些人的责难。孔子为之辩护说：管仲辅相桓公，称霸诸侯，使天下得到匡正，人民到今天还受到他的好处，免于夷化，他难道要像普通百姓那样守着小

(接上页）均不矛盾，就应该被考虑进去，作为我们的结论的一个证据，如果它与其他有关言论相矛盾，就应作为孤证而被排除。这一原则甚至适用于上述与蒲人盟约的例子。

节小信,在山沟中自杀而没有人知道吗?在此,信低于"尊王攘夷"之道。

第四,从孔子所著《春秋》看,按传者的解释,《春秋》有三讳:为尊者讳,为贤者讳,为亲者讳,又有为中国讳等说。讳即隐讳某些事实,所以,有"天子狩于河阳"之谓,[1] 又有"许世子止弑其君贾"之谓[2]。在此"信"又要服从于"尊尊""贤贤""亲亲"等大义了。

我们从以上的综合考察可以得出这样的初步结论,"信"在孔子那里当然不是被仅仅看做一种策略手段,或明智考虑,孔子甚至很重视"信",数次讲"主忠信","信"被看做一种德性、一种义务,但是,"信"并不是被视作一项基本的义务,它还要服从一些更高的要求,这种更高的要求当然不是功利,也不是如解扬所理解的"君命"即为"义"一类,而仍然是道德义务,而且是一些很崇高的道德义务,然而"信"确实不属于这些基本义务之列。"信"比"仁"低,比"孝"低,比"内圣外王"低,比"尊王攘夷"低,信要以它为转移。

孔子这一诚信观渊源有自,春秋时代的社会氛围,包括士风与政风无疑从正、反两方面影响和刺激到孔子,前述荀息守诺、解扬使宋这两件事都是发生在孔子出生之前,在春秋时并非罕见,而且以"信"从"命"、以"信"从"义"常常受到推崇,而守信有时反受到批评。再以史笔为例,赋予道德褒贬而影响到史事的真实性的史笔也时有见,并非自孔子始,如赵穿袭杀了晋灵公,赵盾作为正卿"亡不越境,返不讨贼",晋国太史董狐便记载说:"赵盾弑其君",这虽然说明赵盾对此事负有责任,但事实毕竟和"崔杼弑庄公"不一样,那么,史家如何区别这两者呢?若不加区别,又假设没有传注,后人不是要将这两件并不相同的事视为一事吗?后人又将如何得知历史的真相?

---

[1] 《左传·僖公二十八年》。
[2] 《左传·昭公十九年》。

第三章 诚 信

孔子的这一诚信观也和当时的社会结构有关，与解决当时社会根本问题的方案相连。当时的社会是一个"精英统治"的等级制社会，所以诚信要求的范围实际上可分为两个层面，一个层面是对士以上阶层的，在这一阶层中要求严格的诚信；另一层面则是对民众的，总的说是要取信于民，说真话，办实事，但这中间也包含一些可能不一定全具诚意，但却对取信于民有帮助的礼仪制度。当时社会的结构要求上层"取信于民"，但上层却出现了相互之间信义关系松弛、礼仪荒废的状况。

所以，孔子特别强调两方面的信：一是朋友之间的信、君子之间的信，此进可达到统治层的团结，具有政治效用，退亦是人伦所必需、是君子所当为和学者之所乐；二是对民众的信，即使民信，孔子讲："民无信不立"，"信则人任焉"，"上好信，则民莫敢不用情"，这里就不仅有个人交往之信的问题，还有一个政治责任的问题，也就是"大义"的问题。"信"具有政治意义，信就必须从正道、从大义。可能确实有这种情况：有些礼仪虚文连履行者自己也不一定完全相信，但在当时的等级制度实际上不可能根本改变的情况下，履行它却有稳定天下、使民获利的意义，这样，也就有履行它们的必要了。所以孔子说"祭神如神在"，曾子说"正颜色，斯近信矣"，其良苦用心今人不可不细加体察，但是，这种"使民信任"毕竟和作为基本道德义务的"诚信"有差距，一种非绝对的和不严格的诚信观抑正是由此而发？或者说，不把诚信置于基本义务之列正是因为太接近政治，而受了等级政制的牵连？

当时的时代对孔子思想的影响究竟有多大，其程度我们还是不易判定的，但孔子思想对后来的历史却肯定是发生了重大的影响。

孟子说："大人者，言不必信，行不必果，惟义所在。"[1] 此语明显有

---

[1] 《孟子·离娄章句下》。

脱胎于孔子"言必信,行必果,硁硁然小人哉!"的痕迹,而信必须从义的意思则更明确了。《谷梁传》说"言而不信,何以为言",似很强调信,但马上接着说"信之所以为信者,道也,信不从道,何以为信",信是否为信,就还要由其中是否载道,或是否合道来决定了。孟子谈"信"比孔子少,在阐明其性善论的"四端说"中也未涉"信",不过他说到了"父子有亲,君臣有义,夫妇有别,长幼有序,朋友有信",认为这是尧舜使契为司徒时所施的"五教"。后来,董仲舒在《举贤良对策一》中提出"夫仁、义、礼、知、信,五常之道,王者所当修饬也",正式形成与"三纲"相配的"五常"。但"信"的地位还是不高,在此居于末位,主要是在朋友一伦中起作用,碰到与其他义务如孝亲、忠君相矛盾时还是要服从它们。

后来的宋明理学家光大了思孟一系的儒学,由强调外在的五常转为强调与乾之四德、性之四端相配的仁义礼智,而"信"的地位似更下降,"信"只起证实四者的作用,而本身不受重视,如伊川说:"性中只有四端,却无信,为有不信,故有信字。"[1]朱子说:"木仁、金义、火礼、水智各有所主,独土无位,而为四行之实,故信亦无位而为四德之实也。"[2]宋儒不重伦理关系中的"信",但却甚重个人修养中的"诚"。但此"诚"是本体,是"真实无妄",是"不自欺",是"天之道",或者"天人合一之道",与我们所说的"诚信"不完全相同。[3]至于"信"是不是义,在《二程遗书》第九卷中程子明确地说:"信非义也,以其言可覆也,故曰近义。"[4]

---

[1] 《二程遗书》卷十八。
[2] 《朱子文集》卷五十六,《答方宾王》。
[3] 朱子曾谈到诚、信之别,认为诚是自然底实,信是做人底实,"诚者天之道"是圣人之信,众人只是"信",未可唤作"诚"。见《朱子语类》第一册,第102—103页。
[4] 《二程集》,中华书局1981年版,第105页。

当然，这并不是说程子就认为信不是一种道德要求，这里的"义"应做"基本义务"解，即信非大义。

甚至到了明末清初，我们在王船山这位人格最可崇敬、思想也相当纯正、批判"伪诚"甚力的儒家思想家那里，也仍然可以看到"诚信"并没有成为一种普遍的基本的义务，他说：

> 人与人相干，信义而已矣；信义之施，人与人相干而已矣；未闻以信义施之虎狼与蜂虿也。楚固祝融氏之苗裔，而周先王所封建者也，宋襄公奉信义以与楚盟，秉信义以与楚战，兵败身伤而为中国羞。于楚且然，况其与狄为廷，而螟蟘及人者乎！
>
> 楼兰王旧事汉而阴为匈奴间，傅介子奉诏以责而服罪。夷狄不知有耻，何惜于一服，未几而匈奴之使在其国矣。信其服而推诚以待之，必受其诈；疑其不服而兴大师以讨之，既劳师绝域以疲中国，且挟匈奴以相抗，兵挫于坚城之下，殆犹夫宋公之自衄于泓也。傅介子诱其主而斩之，以夺其魄，而寒匈奴之胆，讵不伟哉！故曰：（夷狄）者，歼之不为不仁，夺之不为不义，诱之不为不信。何也？信义者，人与人相於之道，非以施之（非人）者也。[1]

总之，"诚信"在传统伦理中的地位看来确实不是很高，信要从道、从义，诚实的要求就要受到影响，受到削弱。我们这里当然要特别指出：在儒家那里，诚信虽然不是第一位的，要服从其他的原则，但这原则肯定不是功利，不是快乐，更不是一己之特殊目的和欲望。在历史上占主导地位的传统儒家伦理，一直是严格道义论的（deonto-logical theories），"信"

---

[1] 《读通鉴论》上，"汉昭帝三"，中华书局1975年版，第87页。

虽然受到了某种支配和制约,但仍然是受着道德的支配和制约。孔子之义,宋儒之义并不是如解扬所说之"义",更不是秦皇霸业之"义",所以,这就限制了随心所欲地以个人利益或特殊目的来解释诚信,就严格地区别于诸如"不说假话办不成大事"、"不骗别人发不了大财"一类言行。

但是,我们还是可以说,这种把诚信视为次要义务的诚信观实际上是传统儒家道义论的一个薄弱环节,是一个它的阿基里斯之踵。

道义论是与目的论(teleolgical theories)相对而言的,道义论意味着不能仅以目的,甚至是道德的目的来证明手段,证明某些行为或者行为准则是正当的,而是还必须考虑到某些行为本身的性质,而说谎从其性质来说就决不可能是道德的,这是从反面说。从正面说,正是诚实使一切道德行为和德性真正成其为道德,所以它不能不是一项基本义务,对诚信的偶然违反如果说可以谅解的话,也只能是在诚信与其他基本义务严重冲突的时候,把对它的违反作为一种调节准则提出,而不能使诚信径直服从于其他义务,例如"孝亲"等等。忽视了诚信作为基本义务的地位,就可能在道德体系中撕开一个缺口,影响到整个道德的真诚性,诚信的要求就可能被看作是要以事情的性质为转移,并依交往的对象来衡量,如果说诚信要服从"尊华夏,攘夷狄"的原则,就将导致对外邦不守信用,订立欺诈性的盟约或者屡屡负盟;如果说诚信要服从"孝亲"的原则,就将导致与法律的冲突,普遍的法治就不可能建立起来。但削弱诚信最重要的还是对道德本身的侵蚀,道德最忌虚伪,如果不把诚信作为基本义务,就可能由信伤诚,由"善"伤真,既然可以欺人,那么也可以欺己,从而行一种自欺欺人的"道德"。

"诚信"要求是即是、否即否,而不能口是心非,前诺后违,随机应变,八面玲珑。然而,虽然孔、孟最恨乡愿,而中国历史上乡愿却相当多,这是什么原因呢?这是不是与没有把诚信视为基本义务有关呢?还有政治生活中的瞒和骗也可以说是源远流长。人与人政治关系中的某种言不由衷的随声附和，应付式的虚假表态也许有助于防止激烈的冲突和大规模的流血，然而，从长远看来，这种利益是否超出了我们因此所付出的代价呢？

严复曾经对中国与西方的有些风俗进行过比较，他说：

> 今天中国之詈诟人也，骂曰畜产，可谓极矣。而在西洋人则莫须有之词也。而试入其国，而骂人曰无信之诳子，或曰无勇之怯夫，则朝言出口而挑斗相死之书已暮下矣。何则？彼固以是为至辱，而较之畜产万万有加焉，故宁相死而不可以并存也，而我中国，则言信行果仅成小人，君子弗尚也。盖东西二洲，其风尚不同如此。苟求其故，有可言也。
>
> 西之教平等，故以公治众而贵自由。自由，故贵信果。东之教立纲，故以孝治天下而首尊亲。尊亲，故薄信果。然其流弊之极，至于怀诈相欺，上下相遁，则忠孝之所存，转不若贵信果者之多也。[1]

严复认为中国社会薄信果与重孝尊亲有关，而我们也许还可以进一步指出，这种薄信与尊亲又是与中国历史上超越具体自我的观点的伦理学理论一直欠发达有关。无论如何，到了19世纪末，由于中国社会的开始转轨，轻视信果的危害已经是很严重也很明显了。现代社会政治的平民化和所要求的公开性，使过去等级制社会中使民信任的一些策略已经不再有效了，这就要求政治家必须更加守信，而社会各阶层、各集团和各成员之间的基本信任，作为现代政治能够稳定和有效运作的一个基本条件，也要

---

[1]《严复集》第一册，中华书局1986年版，第31页。

求所有公民都把诚实作为自身德性的主干。[1] 市场经济更是以信用为自己的生命,如果只要挣钱就可以不讲信用,让"坑蒙拐骗"流行,骗人甚至骗到"杀熟""宰亲"的地步,那么,不要说个人和民族无法在道德上自立,甚至我们连一个比较健全而稳定的市场机制也建立不起来,这是值得我们深长思之的。

扩大到道德以外的范围,我们还可以说,道德上的轻视诚信与不重视科学求知也有一定联系,两者会相互影响,相互加强。科学的长足发展必须借助于一种强烈而单纯的发现真理和追求真实的动机,如果这种追求真实的动机在道德领域不受重视,那么,在一个以道德为重心的文化中,追求真理的科学体系的地位也就不会太高。

当然,我们所有这些批评在相当程度上是采取了一种现代的眼光,而古代形成的这种诚信观却有它存在的某些历史根据,最重要的是我们前面所指出的历史上难以打破的分离的等级制的社会结构。然而,今天这一社会结构却是被打破了,社会制度发生了一个根本的变化,所以,我们有理由也有必要采取一种新的把诚信视为基本义务的诚信观。

三、如何规定作为基本义务的诚信

我们前面说到要使诚信作为现代社会中人们的一项基本义务,提高诚信在道德义务体系中的地位,这就意味着人们不必再诉诸其他的义务来

---

[1] 曾被打成"胡风反革命集团分子"的张中晓曾在其《无梦楼随笔》中写道:"真正的政治道德是以实际政治中的合理性为基础的(无此基础,则温柔性又是单纯的主观感情),这就是诚实与负责。"他又直接把"诚实与负责"称之为"现代政治道德"。他一定是从自己的亲身经历中体会到了"诚实与负责"在政治生活中的极端重要,而他的生命也正是在"谎言、残忍与冷漠"的三重压迫下最终夭折的,人们现在只知道这位很有才华的青年确实是死于"文革"初期,却甚至不知道他的准确死期和死因。其引文见《散文与人》,花城出版社1993年版,第10页。

决定是否遵循诚信的要求，而是在一言一行之前，首先应考虑到诚信，诚信的要求在严重伤害到他人利益的范围内甚至被纳入法律，若不遵守就构成了欺诈罪、伪证罪而要受到惩罚。那么，既然诚信被赋予了如此的重要性和强制性，我们就有必要再澄清一下我们现在所说作为基本义务的"诚信"的内容，以免不应作为基本义务的内容也被纳入其中而要求所有人都必须优先考虑和严格执行。

我们通常所说的"诚"字一般指内心，指一种真实、诚恳的内心态度和内在品质，"信"字则涉及自己外在的言行，涉及与他人的关系。单纯的"诚"重心在我，是关心自己的道德水准，关心自己成为一个什么样的人，单纯的"信"字则重心在人，是关心自己言行对他人的影响，关心他人因此将对自己所持的态度。

所以，"信"字有"诚"字所没有的一种含义：这含义就是"信任"，"信任"就不仅是一己之诚，而是必须发生在至少两个人以上的关系之中。"信任"或是自己信任别人，或是使别人信任自己。自己信任别人有两种情况：或是别人确实值得信任，或是不值得信任，也就是说有意无意地欺骗了你，但即使这样，轻信也可能比处处防范的世故更值得仿效，轻信是缺点。但常常是一种最可原谅的缺点，因为若排除了轻信的智力缺陷，我们在轻信者那里看到的常是一种对他人的善意。

不过，能够信任和理解他人并不属于"诚信"的范畴，我们可能反对欺骗，拒斥谎言，但却宽宥和谅解他人对自己说的谎言，并相信别人能改变这种缺点，继续给予信赖，这是一种合乎道德的态度，但不是诚信的道德，而是一种高尚的恕道。而"使别人信任"才与诚信有关，即你要使你的一言一行被别人相信，你要在周围的人们中间建立起良好的信誉，使别人愿意信赖你。

但是，"使人信任"尽管最接近于"诚信"，且从长远来说，必须自己诚信才能真正使人信任，"使人信任"却还是与诚信有所区别。在这种"使人信任"中甚至可以包括欺骗和谎言，这在政治家那里尤其明显。据说林肯说过："你确实可以在某一个时候欺骗所有的人，你甚至可以永远欺骗某些人，但你却不能在所有的时候欺骗所有的人。"林肯强调的是谎言不可能总是普遍有效，但是，若改变这句话的强调重点而并不改变这句话的意思，那就可以变成如下的句子："你不可能在所有的时间里欺骗所有的人，但却还是有可能在所有的时间里欺骗一些人，或在一些时间里欺骗所有的人，即获得他们的信任。"马基雅维利也说：在任何时候，要进行欺骗的人总是可以找到某些上当受骗的人们的。引述这话当然不是要默认甚或鼓励欺骗，在此不涉道德而只关乎事实，[1]我们在此只是想说明"使人信任"与真正的"诚信"确实有差别，两者并不完全等同。而在社会被相对隔绝和分离为几个等级，社会没有公开和自由的舆论、民众的文化和政治素质相对低下的情况下，这种差别就可能鼓励政治家们去滥用蒙蔽和欺骗的策略，错误地依赖于如何"使人信任"的手段，而不是真正做到"诚信"，即真正诚实无欺，言行一致。

  我们在中国传统的等级社会中可以看到，维护统治阶层的崇高道德形象对平治天下是至关重要的，在这种维护中，当然包括儒家真诚地在君主和士大夫中要求"诚信"的努力，但也包括一些只是"使人信任"的策略。古人所说的政治方面的"信"多同时包含上面两种意思，即还不是纯粹道德的"诚信"。[2]"使人信任"，可以说重心主要是在他人那里，关心的重点是一切如何"使人信任"，这中间就可能包含非道德的手段；而"使人信任"的目的也可能主要是给自己带来好处，这回到了自我，但却不是

---

[1] 若从道德上讲，有意欺骗是在利用和践踏人们的善意，这是它的罪性中最不可饶恕的一点。

[2] 如《吕氏春秋·贵信》："信之为政大矣，信立则虚言可以赏矣，虚言可以赏则六合之内皆为己府。"

道德的而是功利的自我。

总之，单纯的儒家的"诚"可以说是道德的、内在的，重心在我，而单纯的"使人信任"则不一定是道德的，它是外在的，重心在人。而我们现在讲"诚信"就是要把这两者结合起来，"诚信"的意思就是要立足于道德自我，但却是面向他人，在人际关系中讲诚信。

我们使"信"受道德之"诚"的限定的原因是很明显的，因为我们本来就是要讨论道德、讨论义务；而我们之所以要在信义的客观关系中来规定诚，则和我们要把诚信规定为现代人的一项基本义务有关。传统儒学的发展主要是朝着为己之学的方向发展，所以，它越来越看重内在的"诚"而不是看重外在的"信"。它重视内心的道德修养工夫，对道德主体提出了很高的要求，这些要求是否都能够成为基本的义务呢？

我们可以举宋儒徐积为例。有一次，徐积要为母亲做饭，先经过一户卖肉的人家，心里想要买这里的肉，但因为还要去市场买其他东西，就暂时没有买。当他归来时，走了一条较近的便道，也看到一户卖肉的人家，他打算就在这里买，因为这样更方便，但这时候他却突然自念道："我已经心许了开始那个卖肉的人家，而又突然改变主意，这不是欺骗我的初心吗？"于是仍然绕道去原来那个卖肉的人家买肉。徐积后来回忆说："吾之行信，自此始也。"

这件事可能会被今人视之为"迂"，但我们却不可轻视这件事对一个人自我道德修养工夫的影响，一个人坚持不违初衷，这件事关键不在对他人会有什么影响，不在别人因此会怎么样，因为我毕竟没有对别人许过诺，别人并不知道我的心诺；而是这件事对自己将有何影响，我自己因此会怎么样，因为我毕竟曾在自己心里许过诺。是否守这一心诺表面看来确实并不重要，不守它确实也并不构成什么大错，但守了它却可能获得一种重大的意义，使自己进入一个很高的道德层次，这就是徐积说"吾之行信，自此始也"的含义。我既然连这样一件事也能做到,那就大大提高了我的道德自信心,进入了一个新的境界。这也从一个侧面说明了儒学作为为己之学的意义,这类事主要是作为一种道德上自我磨炼的工夫而有其重大意义。

但是,这一对心诺的履行是否能作为一种基本义务而要求人们普遍地、严格地遵循呢?显然不能这样。作为基本义务的诚信,它的要求也应该是基本的、起码的,大多数人都不难做到的,若违反就将给他人和社会带来损害的,同时也应该是能够客观地加以鉴别和判定的。所以,我们所说的诚信所关注的就不是心诺,而是言诺,不是对自己做的许诺,而是对他人做的许诺,不是主观的"诚",而是客观的"信",不是初心与后心的一致,而是前面的言行与后面的言行一致。致诚的道德意义我们已在徐积的例子中看得很清楚,但我们现在却想改变一下这角度,不是仅从个人,而是也从社会的角度来看待这件事,也就是说不是强调由致诚而为己,由致诚而成圣的一面,而是由致诚而为人,由致诚而致信的一面。成圣是"高山仰止"的崇高道德境界,却非一个基本和普遍的社会义务。

作为基本义务的诚信既然排除了例如履行心诺以希圣希贤这样的高要求,那它包含的内容可以怎样表述呢?我们继续以许诺为例来说明这个问题。

许诺面临两个道德问题:第一个问题是我将做出的许诺是否必须符合道义?传统儒家一向重视这个问题,强调信要从道从义,信约必须循道义而行,甚至批评只重友情,为友情不惜做出违反道义的承诺的侠士;同时也强调一种高度的道德责任感,乃至"以天下为己任"。第二个问题则是我将做出的许诺是否必须是真心的?我是否可以许假诺?传统儒家对这一问题却不如对第一个问题那样重视,但这个问题显然正是我们现在所关注的。第一个问题涉及总体的道德选择,涉及对道义的根本解释,超出了本章所论的范围,而第二个问题则只涉及一种义务——诚实的义务。而我们现在想说，诚信正是把不许假诺规定为我们的一项基本义务。

诚信并不要求我们去做出一切合乎道义的承诺，而只要求我们不许假诺。这一要求虽然是基本的，但我们下面就将看到，它对人的要求并不低，能始终坚持这一点将同样体现出崇高的道德精神。而我们特意从反面来规定这一基本义务还有一层特殊的意义，若从正面表述，作为基本义务的诚信，可以表述为是说真话的义务，但是，我们是否有义务去说出一切我们认为是真理的东西呢？甚至于更进一步，我们是否有义务去揭露一切我们从周围的人那里所发现的一切我们认为是谎言的东西呢？把这一要求作为基本义务，按照我们上面提出的标准显然是不恰当的，而从正面把诚信阐述为说真话的义务，却有与上述要求混淆之嫌，所以我们宁愿说，诚信的基本义务就是要求我们不说假话，要求我们自己对他人不说假话。我可能不说出我认识到的全部真理，我甚至可能对流行的谎言保持沉默，但我自己将不说假话，不附和谎言，不存心欺骗，当然，是否一切谎言都不被允许，还有待于下面的具体分析，但我们可以把不说谎一般地规定为我们的一项基本义务。

四、我们为什么不应当说谎？

我们为什么不应当说谎？为什么要把不说谎规定为我们的一项基本义务？这是由说谎本身的性质和后果所决定的。说谎本身即恶，诚实本身即善——我们可以引证人类历史上几乎所有文明、所有种族的道德法典来经验地证明这一点，我们也可以诉诸自身的道德直觉来作为证据。但是，我们更想察看的是康德的理性论证。

康德认为：说谎由于其本身的性质而要自己否定自己。这里提出的主要试金石是看它是否可以普遍化。一个明明没有偿还能力的人，为了借到一笔钱，他是否可以向人许假诺呢？这时他只要想想，他的这一假诺是否可以普遍化，是否人人都可以照这个准则行事，从而使这个准则成为一个普遍法则就够了，而只要这样一想，他就可以马上发现，如果许假诺这个准则普遍化，就根本不会有任何许诺了，许诺就将成为不可能，因为每一句话都可能是谎言，承诺也就失去了意义。康德的这一论证包含着一种观点的转换，即由一己的观点，个人的观点转向一种普遍理性的观点，即不仅不是从说谎者的明智观点，甚至也不是从受害一方的观点来反对说谎，而是从纯粹的、普遍的理性观点来考虑说谎。这就消除了预先的道德谴责的设定，但即便如此，我们看到，说谎从本身逻辑来说还是不能成立的，它一旦被试以能否普遍化的原则，就要自相矛盾、自行取消。说谎能成功实际上有赖于别人不说谎，有赖于多数人在多数情况下都互相信任。一个说谎者所采取的策略是一个逃票乘客的策略，甚至没有谁比他更希望别人都诚实，都互相信赖的了。说谎者是自相矛盾的，只是强烈的利欲和薄弱的理性使他安于这种自我矛盾。康德因此把不许假诺规定为对他人的一种完全的、严格的、在涉及经济利益的范围内可以用法律强制的基本义务。

　　除此之外，说谎还违反了人是目的的原则，说谎者是把他人仅仅作为手段而不是作为目的。最后，说谎也可以说违反了意志自律的原则，因为它是受其他的东西，例如功利决定的。而这三个可作为检验原则的绝对命令实际是一致的，最根本的还是人是一个理性存在者，他不应当按一时的好恶和利欲行事，而是应当循可以普遍化的法则行事。所以，康德会以这样一种绝对的语气说："由于说了一个谎，一个人抛弃了，甚至可以说彻底毁灭了做人的尊严。"[1]

---

[1]　鲍克：《说谎》，吉林科学技术出版社1989年版，第32页。

康德不赞同根据效果来进行道德论证，但我们却认为还是有必要把效果也同时考虑进来，正是因为考虑到效果，我们后面才有可能缓和上面康德这句话中的严厉语气，但总的来看，效果也是强有力地反对说谎而赞成诚实的。在此，我们可以区分出几种观点来：

首先是相对双方的观点，即欺骗者和受骗者双方的观点。恶意的谎言，为说谎者自身谋利的谎言对受骗者的伤害是毋庸置疑的，我们不必多说。我们现在要说的是，即使确实是出自善意的谎言，例如父母为孩子的利益对孩子说谎，政府为公众的利益对公众说谎，也还是有一种严重的危险存在：受骗者一旦发现自己被欺骗了，他们就会感觉受到了污辱，就会觉得自己是在被操纵。他们觉得自己被剥夺了选择的权利，而由别人代替自己选择了，他们就可能不再信任对自己说谎的人，甚至对更多的人乃至整个社会持不信任的态度，而这种事发生在公众与政府之间远比发生在孩子与父母之间更为危险，因为后者毕竟还有一种血缘的亲情来维持和调节。

从说谎者一方来说，他可能从说谎中暂时得到好处，但这种好处是以别人一旦识破其谎言，将会带来比他的暂时收益大得多的损害为赌注的。他所得到的好处有赖于谎言不被人识破，而即使谎言不被识破，我们也不可低估它对说谎者的心理和人格造成的潜在影响，他得费尽心机，不断地用新的谎言，去弥补旧的谎言；而他每说一次谎，又使后面的谎言变得越来越容易，越来越必须，这都增加了他被识破的危险，而最重要的是，他只要有一点自我反省的能力，他就不难想到：这样他成了一个什么样的人呢？这样的生活不是太苦了吗？由此而来的利益不是太沉重了吗？事实上，我们在生活中之所以拒绝一些看来不会直接有损于他人但却对自己有利的谎言，并不是害怕伤害他人，而是害怕伤害自己。

其次，我们也可以超出欺骗与受骗的双方，而从一种客观的、整个社会的观点来看待说谎。显然，某种程度的诚实所造成的社会上相互信任的气氛，是维系一个社会的基本纽带。没有一种起码的相互信任，社会就无法存在哪怕一天。而欺骗和谎言却腐蚀着这一基本纽带。所以，说谎不仅是对直接受骗者的伤害，也是对整个社会的伤害。若允许说谎蔓延到一定程度，这社会就将崩溃。

所以，我们看待说谎所造成的后果，不仅要从受骗者一方看，也要从说谎者一方看；不仅要看到当事的双方，也要看到整个社会。也许个别的说谎确实能产生一些好的结果，但全面和长远地看，说谎总是产生对个人和社会的有害结果，而诚实则导致有利的结果。

这样，综合上述的理由，我们就可以说，说谎从其性质和效果上看都是一件坏事，而诚实却从两方面说都是一件好事。至少，诚恳地说出自己认为是真实的事情时，他不必提供另外的理由，以说明"我为什么要诚实"，对这样一个问题每个人都会觉得好笑，诚实本身就是他这样做的理由，而当一个人有意要欺瞒别人时，他却不能不提出另外的理由来为自己辩解，以回答"我为什么要说谎"的问题，这是一个真正严肃的问题。这就意味着，我们在任何时候、任何情况下都应该首先选择诚实。而当我们说到"选择"时，实际已意味着冲突，即由于某些原因使我们考虑到说谎也是一种选择，在大量不冲突的情况下，我们则是不假思索地以诚实而决非欺骗的态度与人交往，诚实是自然而然的、正常的，而说谎却是不自然的、特例的，这些都说明诚实是常道，也是正轨，是我们所应当遵循的道德义务。

五、我们是否要拒斥一切谎言？

但是，我们是否要拒绝一切谎言，在任何情况下都不说谎呢？是否一切谎话都不被允许，或者不被原谅呢？

康德的回答是要拒绝一切谎言，在他的《论出于利他动机说谎的假设权利》一文中，康德断言：甚至于当一个凶手向我打听，被他追杀的人是否躲在我的家里，而这个人作为我的朋友恰好是在我家里，这时，我也不能够向他说谎（当然，此时假定沉默、支吾和拖延是不可能的）。因为谎言即使不特别伤害某一个人，也是对人类普遍的伤害，谎言败坏了法律之源，法律以说实话为基础，若有一个最小的例外，都会使它变成一纸空文，因此，在一切宣称中，坦白和诚实是一个神圣而又绝对庄严的理性法令，不受任何权宜之计的限制。在任何情况下，一个人都无可选择，他必须讲真话。

康德的主要理由是任何例外都会使原则和法律自相矛盾，使它们的普遍性失效。道理看来确实是这样，但这是纯粹理性世界的道理，也许是神的而不是人的道理。人是复杂的，是具有二重性的，用康德自己的话来说，人是同时属于理智界和现象界的，人有理性也有感性，有精神也有身体，每个人都只享有一次这样的生命，而从这里就可引申出人的其他基本义务，例如尊重生命，保护生命，不戕害生命，人不止负有一种基本义务，基本义务是一个复数，不是只有诚实才是我们的基本义务，保护生命也是我们的基本义务。而当这些义务发生冲突时，我们就要衡量哪一个义务更重，当一个对凶手而发的谎言能够挽救一个无辜者的生命时，我们为什么不对这凶手说谎呢？这一谎言在逻辑上是和诚实原则有矛盾的，但我们人类的处境也许就注定了我们不能不有所妥协，而且，我们还可以预测这样一种生死关头的谎言决不会很多，一般也能够为人所谅解，人们此时更注意的将不是这谎言本身，而是这谎言后面的善意，因此，它在实际生活中并不会对原则构成大的威胁，并不会使原则的普遍性失效。

再一点是，我们可以考虑，我们尽管同意在上述例证中的说谎会带来巨大的好处——挽救一个人的生命,但我们并不是要因此而否定谎言的性质本身不是恶,并不是要说谎言本身不是坏事。也就是说,我们并不是主张有些谎言是可以提倡的,而是主张有些谎言是可以原谅的。这样,就仍然没有损害到诚实原则本身。尤其是当我们面对他人的这类说谎时,我们要注意和赞赏的只是他人在这一行为中表现的深厚的恻隐和仁慈之情,而不是说谎本身,这一说谎只是被我们原谅、被我们允许。而假设是我们自己处在这一境况中,我们为救一个人说谎了,我们所感觉到的是被一个更紧迫的基本义务凌驾了,我们会为他人的生命得到挽救而感到欣慰,但我们并不会为说谎感到骄傲,我们不会为此炫耀,而是甚至感到一丝痛苦——这也许是我的唯一一次说谎,它仍然是件坏事,但我必须承担它;而且它必须停留在这一点上,它决不应该被扩大。

而且,并不是一切善意的说谎都可以得到谅解。这样,我们既然不取康德的绝对论立场,而是认为某些谎言是可以原谅的,那就有必要对谎言的种类做出某些划分,以决定哪些谎言是可以原谅的。

奥古斯丁曾按谎言的罪行严重性质的等级把它们分为八种,阿奎那在此基础上又把它们分为四类,现把他们两人的意见综合如下:

一、恶意的谎言	1. 宗教的谎言 2. 无端伤人,且对任何人都无好处的谎言 3. 在为一方谋利的同时伤害另一方的谎言	严重性质递减
二、纯粹的谎言	4. 纯粹以说谎骗人为乐事的谎言	
三、玩笑的谎言	5. 意在安慰取悦别人而说的谎言	
四、正规的谎言	6. 不伤害任何人却有利于某人获得钱财的谎言 7. 不伤害任何人却有利于某人保全生命的谎言 8. 不伤害任何人却有利于某人免遭人身污辱的谎言	

按阿奎那的意见，他的划分是同时考虑到谎言的性质和后果的，第一类谎言是恶意的谎言，其中的三种谎言从动机说都是恶意的，从效果说包含了对他人的伤害，第二类纯粹的谎言，与第三类玩笑的谎言，在广义上都可以说是玩笑的谎言，但前一种是纯粹使自己快乐，后一种是使别人快乐，善意在此就出现了；第四类正规的谎言实际上是善意的谎言，它维护的是他人的利益，其中的善意按所维护的对象是钱财→生命→尊严而上升，我们总结奥古斯丁与阿奎那的观点，可以引出这样的意思：

1. 毋庸置疑，谎言本身是罪，是不义。

2. 说谎者的恶意加重了这罪，而说谎者的善意却减轻了这罪，谎言的罪行严重性质随善意的增加而递减，纯粹谎言则可看做一条中线，不增不减。

3. 我们有可能程度不同地给予原谅和宽恕的谎言是那些善意的谎言，而那些非善意，尤其恶意的谎言却是不可原谅、不可宽恕的。

我们如果撇开其中的宗教内容，而仅在人间社会中考虑问题，这一分类及其所包含的思想对我们是很有启发和帮助的，我们大概不能比他们做出更好的分类，虽然我们不必以某一种确定的宗教信念为根据。仅仅人类的生存和发展，就能给诚信原则提供充足的理由，甚至包括给某些情况下的容有例外提供理由。

然而，我们虽然觉得无法彻底地坚持康德拒绝一切谎言的绝对立场，却仍然要看到康德这一理论的重要意义。我们在现实生活中所看到的危险多是滥用种种原谅和宽恕谎言的理由，以及为谎言提出一些不能成立的理由和借口，而并不是把诚信原则坚持得过分和不近人情。除去肆无忌惮的欺诈和蒙骗不说，我们是太容易为自己辩解，把本来无法辩护的谎言也予以"正当化"。我们熟睹了种种厚颜无耻的表演，百般掩饰的造作，谎言常常在冠冕堂皇的名义下通行无阻。我们有时甚至错以为我们自己或他人缺乏对真理的承受能力，认为我们自己或他人还没有成熟得足以享受真理。而康德在其绝对论中却表现了一种对人类的深刻关切和充分信任，考虑到了说谎对人类社会将产生的长远和总体的效果，以及人按其本质存在所应当做的事情。康德的理想也许是接近于神的理想，也许永远不能在人类社会中完全实现，但它却提醒要我们尽力向这个目标迈进，它也警告我们不要把说谎只看做是一件小事，不要只计算得失，而是要看作是一件关系到人类尊严和正直的大事。

总之，诚信是我们的一项基本义务，诚信就意味着不说谎，但是，在某些特殊的情况下，我们也许不能不容有例外，所以，我们最后试图扼要地概括一下我们可据以选择的一些个人准则：

1. 我们首先得谨慎地分析自己的处境，在时间允许的范围内掌握尽可能多的信息，仔细地辨别自己是否果真处于一种说谎有可能成为一种选择的处境，是否有别的基本义务更迫切地摆在自己面前，因为只有一个义务才能凌驾于另一个义务，才能缓解或取消另一个义务。义务只受义务的限制，允许勾销诚信义务的，只能是一种在此时此地更迫切、更重要的义务。

2. 即使果真处于这种处境，说谎确实有可能成为一种选择，另一种义务真的迫在眉睫，我们也还是得最后地考虑一下是否用诚实的办法仍有摆脱这一困境的希望，这一最后的优先权给予诚实，是因为诚实与说谎两种选择并不是平等的，并不是只需比较采取它们的不同后果就可决定取舍的，因为从性质上说，说谎是恶而诚实是善，说谎必须提出另外的理由而诚实却不必提出另外的理由。

3. 在考虑说谎的后果时，我们也必须采取一种通观的观点。即不仅要同时看到它对受骗一方和说谎一方的影响，也要看到它对整个社会的长远影响。

显然，能通过上述三种考虑的说谎是很稀少的。我们必须意识到：说谎永远是一种"万不得已"，我们必须尽力去减少它。这种努力当然也包括从社会方面去消除那些无形中以生存压力去强制说谎，或者以厚利去诱发说谎的社会条件，这甚至是更重要的，但从个人来说，作为一个道德主体，不管处在什么样的社会条件下，他都负有恰当地坚持诚信原则的基本义务。

第四章 忠　恕

　　忠恕与诚信一样,作为一种内在的品质、一种内心的态度,也是我们所讨论的良心的重要内容。就像诚信的内在性是由"诚"字规定的一样,我们所说的"忠恕"的这一内在性主要是由"忠"字所规定的。"恕"也可理解为一种行为,一种对他人实际呈现的态度,但说到"忠恕",我们就是在个人意识的层次上讨论"恕"了。单独一个"忠"字有许多意思,对"忠恕"中的"忠"也有不同的解释,但在我们现在所说的"忠恕"中,我们想对"忠"字取一种最直观、最便捷的解释,这就是"出自心意为忠"(《国语·周语》),"中心曰忠"(《周礼·大司徒疏》)。简单地说,"忠"义正如其形(由"中"、"心"组成),"忠"义也正如其音("中"或"衷"),"忠"就是内心的意思,"忠恕"就是内心的恕意。

　　当然,这内心的恕是必然要发出来的。既然是忠恕,是确实存在于心中的恕,它必然要在对他人的态度中表现出来。所以,我们讨论忠恕又不能离开人际关系,我们甚至主要是从人际关系反观忠恕,使内不离外,己不离人,这正是我们整个良心论想遵循的一个原则。宋儒经常讲诚信,讲忠恕,他们所讲的侧重在诚,侧重在忠,那是在希圣希贤,在本体的层次上讲的；而我们现在讲诚信，讲忠恕，是在常人，在伦理的层次上讲，所以侧重点要放到信，放到恕上。忠恕是被我们看成一种基本义务，看成一种具有客观根据的内心命令。

一、己所不欲，勿施于人

子贡问孔子：有没有一个可以终身奉行的字呢？孔子回答道：那不就是"恕"吗？"己所不欲，勿施于人"。[1]

仲弓问仁，孔子说："出门如见大宾，使民如承大祭。己所不欲，勿施于人。在邦无怨，在家无怨。"第一句话是说敬，专指施政，第二句话就是说恕了，是指普遍交往，最后一句则是说始终无怨，三句都是从心来说仁的。[2]

孔子说："道不远人，人之为道而远人，不可以为道。"又说："忠恕违道不远，施诸己而不愿，亦勿施于人。"[3]

"己所不欲，勿施于人"，或者说："施诸己而不愿，亦勿施于人。"这就是恕道了。"恕"字按字面解就是"如心"，就是使"己心如人心"或"人心如己心"，就是以己之心，度人之心，以心揆心，以己量人，考中度衷，设身处地。

具体地说，"己所不欲，勿施于人"就是当自己要对他人做什么事时，先想想自己是否愿意遇到这事，如果自己不愿意，就不能对他人做这件事。我们不愿意被偷、被抢、被杀，所以，我也不能对他人做这种事，衡量的标准当然是自己，是自己的"不欲"，而之所以能把别人也当成自己，

---

[1] 《论语·卫灵公》。
[2] 《论语·颜渊》。
[3] 《礼记·中庸》第八节。

对他人也用这个标准来衡量,却必须发自一种纯粹的善意,一种我们在"恻隐"一章中已描述过的善意。

简单地说,忠恕之道也就是眼里有他人,心里也要为别人着想。这世界并不是我一个人生活在其中,这世界还有许许多多其他的人,他们和我一样,我生活,也要让别人生活("Live, let live")。而如果超越自我而取一种普遍的观点,就会看到每个人都有自己生存和发展的权利,由此就可努力创造出一种制度的恕道来。

"己所不欲,勿施于人",这是一个简单而朴素的道理,却是一个使人类社会得以生存、文明得以延续和发展的一个基本道理。

恻隐之情告诉你要关心他人,而忠恕却给出了明确的命令,告诉你对他人应当做(或不做)什么。忠恕使恻隐变为明确的义务,使人上溯到他人痛苦的原因,从而抑制自己,不去成为他人痛苦的这种原因。"己所不欲,勿施于人",我们在未听到这句话之前就感到这意思了,并在生活中常常实行它,我们在各文明的基本经典中也都可以看到类似的表述,然而,我们却还是为我们的祖先自豪,因为,把这一道理如此鲜明有力地概括为一个基本义务的命令并不容易,这一概括正是孔子的一个伟大功绩。我们可以说,忠恕的思想是孔子学说中一个最为光辉、最具普遍性的思想,一个几乎无须转化就可为现代社会所用的思想,一种我们可以在今天继续发扬和光大的宝贵资源。

"恕"字不见于孔子之前的主要经典如诗、书、易中,然而,这些经典中却有些与"恕"有关的字,例如宽、让、宥、容等,它们也包含恕的意思。以"容"字为例,《尚书·梓材》说:"无胥戕,无胥虐,至于敬寡,至于属妇,合由以容",这可以说是一种基于普遍观点的制度之恕,而《秦誓》:"如有一介臣,断断猗无他技,其心休休焉,其如有容。人为有技,若己有之,人为彦圣,其心好之,不啻如其口出,是能容之……"则可以说是一种基于自我观点的个人之恕。然而，这还主要是一种赞美的描述，而非一个义务的命令。只是到孔子这里，恕才被明确地阐明为是"己所不欲，勿施于人"，并被赋予"一以贯之"、"终身行之"的突出地位。

并且，孔子为我们展示了一个终身实行忠恕之道的崇高形象。夫子温良恭俭让，谦虚大度，何所不容？从一些小事也能略见一斑。子路少年时曾欺凌孔子，孔子并不以忤己为意，可以说折服子路的正是这样一种忠恕的精神。孔子对弟子的态度最能显示其恕意，他来者不拒，往者不追，不专制，不呆板，不是正襟危坐，不苟言笑，而是虚怀若谷，谈笑风生。对其他人孔子也是如此，甚至常透出一种自嘲的幽默，这种幽默也是从恕道中来。达巷党人讥讽孔子博学而无所成名，孔子说："那么专执哪一项呢？是专执御呢还是专执射呢？我想还是专执御吧！"太宰也批评孔子说"夫子是圣者吗？怎么这么多才能呢？"孔子听到了说："太宰知道我吗？我年轻时贫贱，故多能鄙事，君子要多能的吗？不多的呀！"当然，孔子之行忠恕已进入一个至高的境界，已经达到了自然而然、无须着力的地步，而我们则不妨从基本的做起，把它看成一个命令，一种义务，强恕而行，推己及人。

"己所不欲，勿施于人"是一个命令，而且是以一个禁令的形式表述的。这一命令可以看作是由外向我提出的，然而却要求我取一种自我的观点。它所涉及的是一种人我关系，在此，"己"、"人"与"勿施"的意思都是很明确的，关键是"不欲"，而禁令就将由这一"不欲"做出，"勿施"的内容就是"不欲"的内容。这样做潜在地设定了一个前提：就是我所不欲的，也是他人所不欲的，所根据的是一种我与他人的共同性，一种人类的共同性。

那么，人们普遍地"不欲"什么呢？这可以从"欲"的反面来规定。"饮食男女，人之大欲有焉""食色，性也"，这可以说是人最基本的欲，即生存和延续的欲望。那么，人最不欲的首先就是被剥夺或被破坏这些生存和延续的大欲了，例如被夺走食物，被阉割，被幽闭乃至被杀害等等。但是，哪怕只是人的生存和延续后代的这种权利，也不仅仅是以自己的身体为限，人会发现，若仅仅以自己的身体为限，他的身体也将很快不保，他的生存还必须有一些更大的屏障和更广的空间，因此，即使这一最基本的生存权利，也要有一个自然的延伸范围：比方说他还要有能工作以谋生的权利，还要有拥有自己合法财产的权利，这样，任意剥夺人的财产、抢劫和偷盗也就严重地损害到这些权利了，这些损害也是一个人的基本的"不欲"。何况，人之为人还是高于食色的，"人是高于温饱的"，人不同于禽兽，人还有另外的精神追求和欲望，人是一个理性的存在，越是复杂的活动越能给人以满足，所以，那些贬低人、污辱人、削弱人的尊严的行为肯定也是人的"不欲"。这些行为，从施予者是个人的角度来说，就包括欺骗、凌辱、诽谤、专横、压制等等。

所以，我们看到"不欲"主要应当是指行为（不义行为），这样才与后文的"勿施"相配。子贡有句话："我不欲人之加诸我也，吾亦欲无加诸人。"[1]也是说"己所不欲，勿施于人"的意思，这个"加"就是行为，按古注，"加"有"陵"的意思，陵是高坡，有居高临下的意思。所以，注释者把子贡的话直接解释为：我不希望别人施加不义行为于我。[2] "不欲"广义说来是指人一切不愿要的东西，这些不愿要的东西可以统称之为"苦"或"痛苦"，但有些他人的痛苦如遭地震、遇车祸并不是我的行为所能影响的，所以与后面我的"勿施"无关，而我所能做的只是不要以自己的不义行为去造成他人的痛苦，不要使自己成为他人痛苦的原因。所以严

---

[1]《论语·公冶长》。
[2]《十三经注疏》下册，中华书局1980年版，第2474页。

格地说,"己所不欲,勿施于人"中的"不欲"只是一部分"不欲",即"不欲"人为造成的痛苦,而这正是人能做的。

二、为什么不说"己所欲,施于人"?

为什么不更积极一些呢?为什么不从正面说"己所欲,施于人"呢?那可能是更高的道德要求,但却不适宜被规定为是可以"一以贯之"、"终身行之"的"忠恕"的内容。"忠恕"作为义务可能是起码的、基本的,但也因此是普遍的,要求始终适用于所有人的,甚至是带有某种强制性的。这正是"一以贯之"、"终身行之"的真实含义。我们现在正是把"忠恕"看作这样一种基本的普遍的义务,而如果把"己所欲,施于人"作为其内容,我们就会发现:

首先,这是人所难能的,要求人人始终都把自己所欲的也施于人,凡自己希望什么,就马上积极去帮助别人达到什么,这显然是难于一以贯之,终身行之的。而相形之下,要求每个人都不对他人做不希望发生在自己身上的事情却要容易得多,而且这里已经体现了一种对他人的基本关切,防止了最严重的一类痛苦。

其次,这样做也不一定有必要,甚至是有危险的。人的欲望在一些基本的层次上虽然大致相同,但在较高的层次上却也有迥异,我们不能随意把自己的欲望都当成他人的欲望。我们不一定能清楚地认识到对每个人来说他最好的追求、他最好的生活方式是什么。人在欲求方面的歧异远远大于人在不欲方面的歧异。

所以,我们不如通过"己所不欲,勿施于人"为人们扫清一些对任何追求来说都是基本障碍的东西,这样扫清基本障碍实际上也就保证了那些最基本的欲望得到满足,但更高、更全面的欲求则要交由每一个人自己去理解、去把握、去追求，我们不能代替他们去追求。先儒一直视成圣成贤为最高尚、最美好的追求，一直赞美和倡导这种追求，然而，他们也并不作为义务要求所有人都走这条成圣成贤的道路，相反，他们倒反复强调儒学是为己之学，学者最忌尚未为己就要为人，"人病舍其田而耘人之田——所求于人者重，而所以自任者轻。"[1]

忠恕比起热情助人来确实显得有点儿冷淡，然而，这却是因为它注入了冷静的理性的缘故。热烈助人的激情有可能转化为其反面，正如孔子所说："爱之欲其生，恶之欲其死，既欲其生，又欲其死，是惑也。"[2] 对人一下子热如火，一下子又冷如冰，或对一些人热如火，对另一些人冷若冰，这就是惑，而忠恕即意在排除这种惑。忠恕同时看到自己和他人，同时看到人的优点和人的弱点，但却更强调自己的弱点，更强调严于责己。我们可以举一个例子：宋朝李守贞据河中叛乱时，周祖带兵讨伐、平乱之后，得到许多朝臣及藩镇与李守贞相交结的书信，周祖准备把这些人的名字记下来一一予以追究，而他属下的从事王溥却劝他把这些书信都烧掉，不予追究，周祖照办了。否则，顺藤摸瓜，穷追猛打，又不知要牵连多少人。这里当然可能有明智的考虑，以免人心惶惶，又生新乱，但也有对人的弱点的深刻认识而产生的恕意。

人都是有弱点有缺陷的。那些紧盯着别人缺陷的人，自身之所以没有表现出这种缺陷，往往不是因为他们很完美，而是因为他们没有陷入过别人所陷入的那种处境。所以，我们必须谨慎，我们必须设身处地。我们的"恕"意从根本上说就来自对人的局限性的深刻认识。"恕"有宽容、误解、原宥之意，只是它不是对自己宽容、谅解，而是对别人宽容、谅

---

[1] 《孟子·尽心章句下》。
[2] 《论语·颜渊》。

解。《圣经》中有一个故事颇能说明"恕"和人的局限性的这种关系,一些文士和法利赛人带来一个行淫时被拿的妇人,说要用石头打死她,耶稣就对他们说:"你们中间谁是没有罪的,谁就可以先拿石头打他。"于是,这些人一个一个都出去了,最后,耶稣对那妇人说:"我也不定你的罪,去罢,从此不要再犯罪了。"[1]

在此我们且不去深味耶稣的话,使我们感动的甚至是那些号称苛刻乃至伪善的文士和法利赛人竟也一个个默默地出去了,应该说这是很不简单的。一个能这样做的人就绝不是一个没有希望的人,一个能这样做的民族也绝不是一个没有希望的民族。我们知道,有多少人在义愤填膺中却干下了蠢事(尤其是当他们作为人群出现的时候)。所以我们不能不谨慎,不要总以为自己真理在手,德性在身,正义在胸。

当然,也同样正是因为人的局限性:人总有一身,人必有一死。在某种意义上,人的身体和生命的局限性就固定住了善恶,伤害就是伤害,杀人就是杀人,罪就是罪,我们并不因此而走向泯灭善恶,即使我们无限的精神仍然可以努力去把握这一点,去理解在无限延伸的意义上人性本善或人性向善,这种善性或向善性普遍地为每个人所涵有,我们的行为却还是要抗击罪恶,不同的行为也还是要分出善恶高下。所以我们无疑不会否认,上述那些交结者的行为当然是格调低下的,我们的意思只是说,倘若扪心自问:我们自己是否就完全没有过这样趋炎附势的行为或者念头呢?我们自己是否就高尚得能够总是大义凛然地严词责备别人呢?而所谓"好人"与"坏人"是否又总是能够界线分明,并且应当视若水火,势不两立,不共戴天,你死我活呢?作为自己,当然要行为严谨,防止一失足成千古恨,但对别人,只要并不构成现实的严重威胁,是否应允许别人自己去反

---

[1] 《约翰福音》第八章。

省、去改正自己的错误呢？

一个人要责备另一个人是很难的，所以说"责难"，而"责备"本身亦可说有求备，求人完美之意，因此，我们不妨这样去理解"责难"和"责备"的意思，从而不轻易责人，不求全责备，心里牢记《尚书·伊训》中的古老智慧："与人不求备、检身若不及。"如此，才能容，才能让，才能宽，才能恕。上面我们所举的一类例子在中国历史上是很多的，说明我们的祖先是深得恕意的，倒是今天我们这些后人有时就像中了魔，非要斗个不休，斗个你死我活，"爱之欲其生，恶之欲其死"，此不能不说是一大惑。

谈到忠恕不宜用"己所欲，施于人"的方式表示，我们几乎肯定会遇到这样一种责难：即如何解释孔子所说"己欲立而立人，己欲达而达人"？孔子在此不是从正面阐述这一要求的吗？这和说"己所欲，施于人"不是差不多一样呢？乃至人又怎么能够自禁：不让自己去无限地爱别人、帮助别人呢？我们也确实看到：人们轻易地引用这句话，一下就把它解释为最高意义上的爱，从而使基本义务混同于最高要求。所以，我们下面就来考虑，"己立立人，己达达人"[1]与我们上面所说的"己所欲，施于人"是否一样？以及一种无限的爱和宽恕的精神对于作为义务的忠恕乃至所有道德义务的意义何在。

我们先要看孔子说"己立立人，己达达人"这句话的背景，看这句话的前后关联，原文是：

---

[1] 为方便起见，我们下面常用此简称。人们对"己欲立而立人，己欲达而达人"一语有三种解释：（1）己欲自立而亦使人自立，己欲通达而亦使人通达（人生的、全面的）；（2）己欲自立而亦使人自立，己欲通达而亦使人通达（仅仅道德上的）；（3）只有己欲立方能立人，只有己欲达方能使人通达，由此甚至可引出一种易卜生式的个人主义解释：即只有人人"主观为自己"，方能"客观为他人"。这种非道德主义的解释显然不是孔子的原意，因为孔子强调的不是"己欲立""己欲达"而是"立人""达人"，"己立立人，己达达人"被视为"仁之方"，而第二种解释也不够全面，所以我们取第一解。

> 子贡曰:"如有博施于民而能济众,何如,可谓仁乎?"子曰:"何事于仁,必也圣乎!尧舜其犹病诸!夫仁者,己欲立而立人,己欲达而达人。能近取譬,可谓仁之方也已。"[1]

显然,孔子这里所说的"仁"不是最高层次的"仁",不是作为总名的"仁",而是与圣有区别的"仁",即:

(1) 圣:博施于民而能济众;
(2) 仁:己欲立而立人,己欲达而达人。

于此可见,"己立立人,己达达人"不同于"博施于民而能济众"明矣!而"博施于民"正是我们上面所解释的"己所欲,施于人"的意思,即想积极行善施惠于众人。因此,"己立立人,己达达人"显然并非指那种积极行善助人的"己所欲,施于人",而实际上还是"恕"。也就是说,孔子在此所说与"圣"有别的"仁"实际上不是别的,而正是"忠恕"或"仁恕"。朱子也如此解释这段话的意思:"近取诸身,以己所欲譬之他人,知其所欲亦犹是也,然后推其所欲以及于人,则恕之事而仁之术也。"朱子并指出这是要"全其天理之公"(或者说"致圣")的进路,要"于此勉焉",并引吕氏话说:"虽博施济众,亦由此进。"[2] 所以,我们要注意"己立立人,己达达人"的特定含义,不宜把它说高了,它并不代表孔子的"仁"的最高义或全体义,而只是仁之一端,是仁之术、"仁之方"。

但是,确实,"己立立人,己达达人"与"己所不欲,勿施于人"不同,孔子在此是以正面阐述的形式来点明"恕"意的,为什么能够这样做呢?

---

[1] 《论语·雍也》。
[2] 《四书章句集注》,中华书局1983年版,第92页。

或者说,在什么条件下能够这样做呢?让我们再来看看孔子所用"立"、"达"两字的含义:

"立"字在《论语》出现26次,主要有三层意思:

(1) 站立,如"束带立于朝";

(2) 树立,如"本立而道生";

(3) 立足,立身,即指在社会上立足或道德上立身,如"三十而立"。

"达"字在《论语》中出现19次,也主要有三层意思:

(1) 明白,如"赐也达"、"丘未达";

(2) 达到,如"欲速则不达";

(3) 通行、通达、行得通,如"君子上达"、"下学而上达"。

那么,我们体会"己立立人,己达达人"这句话,"立"、"达"两字的意思显然都是属于上面分列的第(3)种含义,也就是说"己欲立而立人"就是指不仅自己要自立,也要使别人能够自立;"己欲达而达人"就是指不仅自己要能通达,也要使别人能够通达,合起来说就是:不仅我们自己要有生存和活动的空间,也要让别人有生存和活动的空间。[1]

而且,我们相信,在"己立立人,己达达人"这句话的深处,是隐含有一种人格平等的意思的,即他人应当有和我一样的生存和活动空间,这就要限制自己去凌驾于他人;同样,我也应当有和他人一样的生存和活动的空间,这就意味着从道义上说不是一定要屈己从人。当然,儒者一向都是强调前一点的。

---

[1] "立""达"也可以理解为还有道德上"立身"和"通达"之意,但由于这里努力的方向主要是"立人""达人",即强调的是"立人""达人",所以我们认为:"立""达"也主要是指使他人有足够的生存和发展条件,而不是专指要使他人在道德上发展完善,否则就有违儒学"为己"之旨了,而且,让他人有足够的生存和发展条件,这本身就呈现出强烈的道德意义,本身就是道德命令。

那么，我们由此就可发现以正面形式来阐述"己所不欲，勿施于人"的关键条件，这就是："立""达"是很基本的，它是指人们生存和活动的基本条件，它并不意味着人们的生存必然快乐幸福，并不意味着人们的活动必然成功顺遂，而是想消除人们生存和活动的基本障碍，提供人们生存和活动的基本舞台。"立"不是"幸""福"，"达"也不是"成""功"，孔子在用正面形式来阐述这一基本任务时，不用其他字眼而用"立""达"二字，盖有深意焉，比方说，如果用"己所欲，施于人"来表示，这个"欲"就不像"立""达"那样确定了，"立""达"是基本的、有限的，而"欲"则可以是无限复杂和提高的。

"立"字所指示的基本义很明显，如果说"达"的意思还有些含混的话，我们不妨再看看孔子对"达"义的明确解释：

> 子张问："士何如斯可谓之达矣。"子曰："何哉，尔所谓达者？"子张对曰："在邦必闻，在家必闻。"子曰："是闻也，非达也。夫达也者，质直而好义，察言而观色，虑以下人。在邦必达，在家必达。夫闻也者，色取仁而行违，居之不疑。在邦必闻，在家必闻。"[1]

这里的"闻""达"之分当然含有道德教诲意，有要求人们努力提高内心修养意，但"达"的基本义也很明白地凸现出来：即"达"并不是"闻"或后人所说的"闻达"或者"发达"。"达"没有那么高的积极的意味，"达"在孔子那里还是很基本的（我们且不谈其中的进一步含义如"虑以下人"），所以，孔子心目中的"达"决没有后人所用的"达"包含有"诸事顺遂"、"心想事成"的意思。

---

[1] 《论语·颜渊》。

也正是在这样一个很基本的层次上，也就是说，在一个谈论基本欲望或不欲的层次上，忠恕的正面和反面的陈述才可以互相换用而不致有意义的分离和冲突。因为，人们的基本欲望是大致相同的，所以我们也可以确定，他们的基本不欲也是大致相同的，这样，基本的欲望与基本的不欲就不过只是表述方式的不同罢了。所以，"己立立人，己达达人"也可以说只是"己所不欲，勿施于人"的另一种表述，这两种说法是统一的，它们不是在最高的价值意义上统一，而是在基本的价值意义上统一。

我们在其他文明经典中也看到类似的情况，例如，在希伯来–基督教的传统中，我们看到，在犹太教经书《多比传》中，多比嘱咐其子："你不愿意别人如何对待你，你也不要以同样的手段去对待他人。"[1] 这是否定形式的表述。在《新约》中，耶稣说："所以无论何事，你们愿意人怎样待你们，你们也要怎样待人，因为这就是律法和先知的道理。"[2] 这是肯定形式的表述，被基督徒称之为"金律"。然而，我们注意到，在肯定形式的"金律"中，"己之所欲"（即耶稣说的"你们愿意"）并不是无限制的，饕餮似的，更不是指向权势、财富、名声等世俗成功目标的，而只是指向他人对自己的行为，只是对别人对自己的行为和态度的一种期待，这是一种相当基本和起码的"所欲"，所以，"金律"实际是可以和前面否定形式的命令在这一意义上统一起来的。

否定形式的表述可能有一个弱点，即它也许不能够充分地展现在这一命令背后的一种无限精神，它也不适宜自上至下地概括和统摄道德的全部命令，这就是道德和宗教的体系不满足于仅仅以这种否定形式表述的主要原因。但是，我们也必须注意到：相对于肯定形式的表述，否定形式的

---

[1] 张久宣：《圣经后典》，中国社会科学出版社 1987 年版，第 12 页。
[2] 《马太福音》第七章。

表述也有一个明显的优点，即它能明确地展示道德的基本命令，向所有人指出道德的进路，故而对建立普遍的社会道德体系特别有意义。以否定形式表述的这种命令不容易含混，丝毫也不暧昧，而且作为禁令出现，更有一种特殊的力量，而它所指示的义务，也确实是我们应当首先履行的。

至于一种无限的爱和宽恕的精神对于履行忠恕等义务的意义何在的问题，我想，首先，从个人来说，虽然一般人在一般情况下都能不困难地履行这些义务，因为这些义务并不是要求很高的，但是，在某些特殊情况下，个人却可能陷入很难履行这些义务的处境，在这种处境中，如果没有一种无限的爱和宽恕的精神，就不容易履行这些义务；所以，虽然义务的内容应当接近于法律，使义务能为大多数人在正常情况下不费力地履行；而支持人们履行义务的精神却应当接近于宗教，使义务即使在某些很难履行的边缘处境中也仍然为人们所履行。有限的义务并不是靠同样有限的精神和意愿就足以支持的，相反，它所需要的精神和意愿必须长远得多、深刻得多，乃至需要一种无限的精神来支持。

其次，从社会来说，一个社会道德体系也必须有一种渴望无限、追求无限的精神来支持它、引导它才能具有魅力，才能感动人和吸引人，才能面对世俗而又超越世俗，才能始终不堕其高度并向着更高的水平提升，才能使自己不断与时更新和变化。这种无限精神就成为这一社会道德体系内在的核心。但是，在这两者之间，一定要有可靠的通道，一定不能够互相抵触。

我们这还只是从社会伦理和道德义务的角度论述一种追求无限的精神的意义，除此之外，这种精神还自有它的意义、自有它的价值，它可以成为人们个人的终极关切，成为他们的安身立命之地，成为他们的最高理想、最深渴望，给他们带来最大安慰乃至最大欣悦，它还有可能成为一个社会的主导价值体系，对人们的生活方式和价值追求产生广泛和长远的影响。所以，我们当然不应当自禁，不应当满足于履行有限的义务和培养有限的精神，我们应当努力去超越自己的局限性，这不仅是为了道德的正直，也是为了人生的圆满。

总之，我们要从忠恕做起，这并非是说我们不要立一救人救世的宏愿，而是说，真正恰当有效的救人救世宜从忠恕出发。忠恕甚至可以说是我们一切对他人的行为态度的基本，是人间一切乐善好施、舍己为人之壮行的基础，是人间一切辉煌事业和美好蓝图的底色，即使我们有一大慈大悲、普度世人的心愿，我们也首先要确定一个"己所不欲，勿施于人"的态度，这就是不能强制别人。我即使是实行"己所欲，施于人"，也要使之首先受"己所不欲，勿施于人"的行为方式的限制。也就是说，即使我认为是对别人好的东西，我也不能把它强加于人，不能对我欲对其行善的人使用种种我不欲自己遇到的手段去达到这一目的。更不要说为了自己的利益和私欲而去强制他人了。亦即有所为要从有所不为做起，要受有所不为的限制。

所以，我们不宜把作为基本义务的"忠恕"说高了，不宜以"己所欲，施于人"作为忠恕的规定，不宜难人所难能。这不仅是指从行为上说不宜无限地积极助人，也是指行为不宜无限地消极退让。古代的史书中常记载有这样的高士，即当他们遇到这样的情况：本来是他们自己拥有的东西，却被别人错认甚至有意要攫为己有，这时他们默不争辩，坦然相让，这种行为自然难能可贵，并且常有一种深刻的潜在的感召力：一些有恶习的人受到了一种他所曾欺凌者的高尚精神的感化，从而洗心革面，重新做人。所以，有时人们可以为高尚的道德行为下这样一个简单却不无道理的定义："道德行为就是那些能够从别人那里引出他们身上的最好部分的行为。"但是，这种高让也不是我们所说作为基本义务的"忠恕"的内容。

当然，我们也决不能把忠恕说低了，忠恕不是逆来顺受，不是和光同尘，不是乡愿，不是姑息。逆来顺受是一种缺乏意志力的状态，听凭自身受外来横逆和自身气质的摆布，而忠恕却常常要求一种很高的意志力，是用意志来克制自己，是听从义务的命令："你勿——"忠恕也不是放弃自己的责任，不是没有是非观念，而只是严于责己，宽以待人。

问题是在这种超脱高让与逆来顺受之间可能存在着某种联系，甚至两者有时很难分辨。一意推崇高让，失掉了正义、公平的观念，流弊则可能是没有骨气的逆来顺受、忍气吞声。梁启超在20世纪初曾激烈地批评这种流弊：

> 吾中国先哲之教，曰宽柔以教不报无道，曰犯而不校，曰以德报怨、以直报怨。此自前人有为而发之言，在盛德君子偶一行之，虽有足令人起敬者，而未欲承流，遂借以文其怠惰恇怯之劣根性，而误尽天下。如所谓百忍成金，所谓唾面自干，岂非世俗传为佳话者耶？夫人而至于唾面自干，天下之顽钝无耻孰过是焉！今乃欲举全国人而惟此之务也，是率全国人而为无骨无血气之怪物，吾不知如何而可也。中国数千年来，误此见解，习非成是，并为一谈，使勇者日即于销磨，而怯者反有借口，遇势力之强于己者，始而让之，继而畏之，终而媚之，弱者愈弱，强者愈强，奴隶之性，日深一日，对一人如是，对团体亦然，对本国如是，对外国亦然。以是而立于生存竞争最剧最烈之场，吾不知如何而可也。

> 大抵中国善言仁，而泰西善言义。仁者人也，我利人，人亦利我，是所重者常在人也；义者我也，我不害人，而亦不许人之害我，是所重者常在我也。此二德果孰为至乎？在千万年后大同太平之世界，吾不敢言，若在今日则义也者诚救时之至德要道哉。夫出吾仁以

仁人者，虽非侵人自由，而待仁于人者，则是放弃自由也。仁焉者多，则待仁于人者亦必多，其弊可以使人格日趋于卑下。[1]

三、难于实行忠恕之道的几种情况

实行忠恕很难吗？应该说是不难的，忠恕的基本道理是很简单、很明确的：你活，也要让别人活，这世界上还有他人。我们共同生活在一个社会中，共同生活在一个地球上，我们不能不互相尊重、互相关照、互相有所约束。每个他人的存在本身即为我自己规定了一个空间、一个范围、一个界限，除非经人允许，我不能随意逾越这些界限。我们在这世界上不能够如入无人之境，长驱直入，反客为主，我们每个人都必须尊重他人，他人也才能尊重我自己。

实行忠恕也很简单，很明确：我应当怎样对待他人，应当做什么，不做什么，只需问问我自己就可知道。而这里优先和基本的是不做，是我不能对他人做什么，那只要问问我自己：我不希望别人对我做什么？我愿意处在这一行为的接受者而非施予者的地位吗？答案马上就可清楚。我自己就是标准，或更准确一些说，我自己的"不欲"就是标准。这个标准应该说是最简明、最切近的：不欲＝勿施。《大学》里所讲的"絜矩之道"就是这个意思："矩"是制作方形器物的模子，也就是标准，这个标准就是我自己，"絜"就是"度"的意思。"絜矩"就是以己度人：我不希望上司专横地对待我，那我也不要这样专横地对待我的下属；我不希望下属欺瞒我，那我也不要欺瞒我的上司；这就是"絜矩之道"。"絜矩之道"也就是

---

[1] 梁启超：《新民说·论权利思想》

恕道。当然，用到社会政治上，它还有以身作则，为人表率的积极意义。

那么，忠恕容易吗？应该说又是不容易的。"己所不欲，勿施于人"，看来不难，只是不对他人做某些事而已，但有时候却很难，很难克制自己不对他人做某些事情。这里主要有三种情况：一是声色之诱，二是权位之重，三是横逆之来。我们分别来谈。

我们说过："勿施于人"的内容就是"己所不欲"的内容，我们对自己的"不欲"应该说是知道得很清楚的。但这里关键的是要把自己的"不欲"也转变为他人的"不欲"，也要想到这也是他人的"不欲"，并把他人的"不欲"与自己的"不欲"等同看待，而由于人、我客观上的分别性，人们并不容易想到这一点，并不容易等同看待。一个对黑人友善的白人，可能会为消除种族偏见而努力呼吁，但他也许还是很难体会到黑皮肤在种族隔离时代对一个黑人的全部含义。而尤其是，一个人不仅对他人与对自己的"不欲"难于同等地感同身受，他的所欲有时可能还正是要通过他人所不欲的方式来达到和满足。这就是"声色之诱"，就是一己之欲、一己之利的诱惑。那些对他人残忍、专横、压制、欺骗的人所追求的是什么呢？除了极少数纯以他人的痛苦取乐的情况之外，不正是他们自己的财富、权力、名声或威严吗？所以说，在一般情况下实行忠恕容易，在有厚利诱惑的情况下实行忠恕就不易。

第二种情况是权位之重。忠恕是以一种人格平等的观念为前提的，然而，在现实生活中，人们总是有差别的。他们是处在不同的权力等级和负责地位上，构成一个差序的系列。而我们知道，权力地位是多么容易诱惑一个人，不管其下属的意愿如何，而只照自己的意愿行事。而且，客观上权力越大，号令越易，也就越不容易克制自己，越难做到"己所不欲，勿施于人"。在此，有两种东西很容易混淆：一种是任何社会组织都必须有的权力和权威，另一种则是对这种权力和权威的滥用。因此，把恕道的实现仅仅寄托在对个人的教育与感化之上是不现实的,我们必须同时在两个方面努力:一是在制度方面,要厘定合理的权力范围,通过健全民主和法治,造成一种使各级握有权力者对自己不能不有所克制,对其治下不能不有所容忍,甚至敬惮的制度;另一方面则在个人的努力,要提倡一种忠恕之道,提倡一种容忍和克制的精神。

个人权利的保障与恕道并非不相干,相反,恕道恰恰可以说是法治社会中人们所应当具有的基本观念和基本态度。而恕道在中国传统中的蕴藏是十分丰富的。孟子说要以"不忍人之心行不忍人之政"即含此意,所谓"恻隐之心"就是不忍人,而要不忍人就要忍己,忍己就是克制自己,就是即使身为国君,有些事也不能对下属做,不能对子民做,而这些事究竟是些什么事,就可从"己所不欲"得知。所以,容与忍是不可分开的,要容人就得忍己,要忍己方可容人。这里关键在忍己,如果不是忍己,而是忍人,那就什么事也能做得出来,那就可能从不忍走向残忍。客观上权力越大越不容易忍己容人,这里光靠着那"君王之心"是不够的,还要以制度建设来作为保障。但制度又是靠人去建立,靠人去维持的,所以,也不可忽视提倡恕道的意义。

第三种情况是"横逆之来",也就是说别人不正当地侵犯了我、欺凌了我,这也是一种不容易恪守"己所不欲,勿施于人"这一命令的境况。和前两种情况不同,这里不是自己的主观贪欲和客观地位起了作用,不是自己主动要去破坏这一原则,而是纯粹被动的,自己首先是被害者,别人的首先侵犯似乎勾销了这一义务对我的要求,我似乎可以以牙还牙,以侵犯回击侵犯。我们可以设计一个简单的例子,比方说,一个人在其服务的部门受到上司的严重欺凌和压制,我们可以设想以下四种可能的反应:

1. 这个人感到十分愤怒,他把上司之过亦看成社会之过,他决心报复并不再信任社会,把社会上每一个居其上者甚至每一个人都视作潜在的欺凌者,他觉得以后对他们就可以做同样的事,可以不计对象地实行报复,可以先发制人。

2. 他决心报复,但只报复他认定是欺凌了他的人,并以同样的手段进行报复,报复到大致同样的程度。

3. 他决不屈服,决心抗争:但只用他认为是正当的手段进行抗争。这样,最简单的办法就是诉诸法律或其他一切合法的途径,直至达到一个他认为是公正的结果。

4. 他可能以一种犯而不校、彻底放弃的精神对待这事,他不自己报复,也不诉诸法律,而是接受自己的处境,听之任之,安之若素。这种反应有点类似于《吕氏春秋·贵公篇》记载的一个寓言:楚王失弓,不肯去找,说"楚王遗弓,楚人得之,又何求乎?"仲尼听到了,说:"人亡弓,人得之,何必楚。"老子听到了这事,说:"失弓,得弓,何必人。"即来自自然的东西,又回到了自然。那么,以上三种态度就是分层次表现的同一种彻底的恕道了,其中一个比一个更超脱。我们还可以进一步假设庄子听到了说:"失,得,何必言?"即超脱到得失却不必言的境界。

以上四种反应:第一种不计对象、不计手段地向社会报复,其不义性质显而易见;第四种很高尚、很豁达,但不是我们所要说的普遍义务(而且有时还可能有悖于义务);我们需要辨别的是中间两种反应:即我们对冒犯者、凌辱者是不是要"以其人之道还治其人之身"。

我们在此不涉及战争等集体对抗的特殊情况,而只是谈公民范围内的人际交往。我们在个人受到"己所不欲"的事情时怎么办?是否此时对施加这一行为者可以不再遵守"勿施于人"的原则?这一义务此时是否容有例外?我无辜遭人痛殴时难道不可以还手吗?我深夜回家发现一个窃贼正在我的住宅里偷东西,难道不可以悄悄搬走他放在一旁的自行车再去报警吗?我这样做能算是偷窃吗?这些行为当然是可以的,但是，这只是发生在紧急关头，出现了另一种可凌驾于其他义务的义务，且按严格的定义来说，在此还手只是自卫，而搬走小偷的自行车也不是偷窃，它们还是包括在我被殴打、被偷窃这一事情之内，而不能够单独地予以观察。

但是，如果时过境迁，我仍然蓄意袭击曾殴打我者，或者策划对我怀疑是偷窃我者进行一次偷窃，这看来就脱离了原先的事情，而可以独立出来加以考虑了。我们无法在此深入分析各种细节，但却可以一般地说，我们不能够以欺诈回击欺诈，以侮辱回击侮辱，以不义回击不义，以不道德的手段对待不道德的手段。因为，很显然，如果这是原则允许的话，那将只要有一个人行不义，就会形成一长串不义的链条而危及社会。这链条总得有个中断，那么就得尽早让它在我们这里中断，而且，我们也还可以用其他正当的手段来保护自己的权益。

合乎道德与否的判定实际最后都要落实到手段上，即落实到行为上，对人及其品质的评价最后都要归结到对行为的评价，即对他追求自己目的的手段、方式的评价；对目的的评价不易客观化，每个人都可能觉得自己的目的是正确的，或辩解为是正确的，而对手段的评价却比较易于客观化。而重要的是，有些行为手段按其性质来说，完全可以肯定是人类普遍所不欲的，因而也是不道德的。所以，我们在横逆袭来的时候也要努力坚持"己所不欲，勿施于人"的原则，坚持实行恕道，坚持不行不义，这是对我们的真正考验。

诚信、忠恕这样一些基本义务都有这样的特性：它们本身要求并不高，一般人在正常情况下都能够不费力地履行。但是，当我们处在某些特殊境遇中时，坚持它们却十分困难，而且，这些很困难的时候又往往是这样的时候：如果能坚持它们则十分高尚，如果不坚持就将堕入卑鄙，在高尚与卑鄙之间没有平常的大块空场可以存身。因此，一个本来只是要做一个正直者的人,但命运,或者说那种非此即彼的边缘状态却使他成为一个伟大高尚的人,当然也可能是一个渺小卑鄙的人。要经受这一考验就需要我们注重平时的努力,"不矜细行,终累大德",小事都不能忍,一触即发,"睚眦必报",当有声色之诱、权位之重、横逆之来时又何能忍?何能恕?此时"苟患失之",就可能"无所不为"。作为基本义务的忠恕并不是要求我们放弃我们的正当权益,而只是要求我们"己所不欲,勿施于人",不对别人做我们自己不愿遇到的不义行为去保护我们的正当权益。

以上所说的"声色之诱"、"权位之重"和"横逆之来"三种情况,其中第一种是每个人都可能遇到的,第二种是居上者容易遇到的,第三种是居下者容易遇到的。这三种情况基本上可以涵盖难于实行忠恕之道的主要情况。而从合理的社会条件来说,当然是以如何解决第二种情况最为重要,也最为紧迫。这种解决包括从制度上合理地分散和限制权力,以造成一种使人们不能不相互容忍的社会条件,同时也应包括培养一种合理和适度的容忍观念和态度,即不仅仅是不能不相互容忍,而且确实从心里有所不忍,乃至上升到从心里和行动上习惯于尊重他人的权利,这两方面的努力应当说均不可少。

1959年3月,胡适曾发表一篇重要文章《容忍与自由》。他的意见是"容忍比自由更重要"。"有时候我竟觉得容忍是一切自由的根本,没有容忍,就没有自由。"殷海光随后也发表了一篇回应的文章,他肯定了容忍的意义,但同时认为:"容忍的态度不可漫无限制,应该有一限度",二十多年后,林毓生又发表了两篇长文,分析胡适、殷海光,以及毛子水所论的"容忍与自由",他特别指出了制度的重要性和优先性:即如何通过对待与限制社会上政治权力而使社会变成容忍的社会,因为容忍并不是一般人所能容易做到的,因而容忍的道德与心态缺乏一种普遍性,难于从每个人的道德意识和心理状况中产生出来。[1]

问题在这些一步步的讨论和分析中应该说是越来越清楚了。"容忍"可以被包括在我们上面所讨论的"忠恕"之中，虽然它并不能涵盖"忠恕"，而"忠恕"却可以涵盖它。所以，我们相信，我们上面对"忠恕"的讨论是可以给"容忍与自由"的问题带来一些新的启发的。

这里的关键看来在于区分两种道德、两种容忍。其中一种道德是有关个人追求的道德，是较纯粹的"私德"，它所主张的容忍当然不是有限的，而是可以无限提升的，从而，它也就不是所有人，或多数人都能容易做到的，就不具有一种现实普遍性；还有一种道德则是有关个人义务的道德，即作为社会一个成员的个人义务，这样，它所主张的"容忍"就不是无限的，而是有限的，不是无度的，而是适度的，从而，它就是大多数人在大多数情况下都不难做到的，也是所有人在义理上应当做到的，这样，这种适度的"容忍"就具有一种普遍性。

所以，如果胡适所倡导的"容忍"是指这种适度的容忍，那么，他所说的并没有错；而殷海光则更明确地指出了容忍应该有一个"限度"。问题是，殷海光并没有清楚地界定何为适度的"容忍"，而当他说到容忍很难，以及"自古至今，容忍的总是老百姓，被容忍的总是统治者"时，他这时所谓的"容忍"甚至连上面所说的第一种"容忍"的道德含义都失掉了，而只能理解为是"逆来顺受"。"容忍"是否还是一个德性也都成为问题，这样就混淆了概念。

如果在殷海光那里，"容忍"的含义还只是有些含混的话，林毓生看来则是把"容忍"主要理解为是那种传统意义上的、私人性质的，要求很高的德性，所以他认定它缺乏普遍性。这反映了传统"道德"观念对于我

---

[1] 林毓生：《政治秩序与多元社会》，台湾联经出版事业公司1989年版。

们的深刻影响。因为,确实,传统的道德观发展到后来主要是一种自我希圣希贤的道德观,它所主张的恕道是一种很高的恕道。这种恕道对于建立自由民主的法治社会确实没有直接的意义,对它如不予以恰当理解和区分,甚至还有可能妨碍这种社会的建立,但是,如果不止是这样理解"道德",如果把"道德"也理解为不仅是每一个社会成员的义务规范,而且理解为是制度本身的正义原则,就像 Rawls、Nozick、Dworkin、Hare 等许多西方政治哲学家和伦理学家所理解的那样,那么,"道德"对民主法制就有了相当重要的意义。因此,在这一点上,殷海光所说的"道义之为根",就比"政治的非道德化"的说法具有更深刻、更贴切的意义。

传统的道德为什么难于确定出适度的忠恕、适度的"容忍"呢?这当然有各种原因,而从思想观点上说,首先,自然是因为它的自我定向,自我观点,它没有发展出一种系统的普遍观点;其次,与此相联系的就是,它也没有能发展出一种"权利"的概念,也就更不会把"权利"作为一个道德的概念来看待了。而只有与"权利"概念并行的"忠恕"概念才能持久一贯地趋于适度。

因此,我们之所以在本章中不遗余力地寻找和确定作为义务的"忠恕"的界限,一次次明确地划定它的范围,正是由于我们意识到:"忠恕"中虽然已经含有可为我们今天所用的丰富资源,但它又同时受到传统社会中一些过时观念的纠缠,我们对它不能不予以仔细的分析和剥离。

四、"一以贯之,终身行之"的含义

我们现在要讨论"忠恕"的地位,并在这一过程中继续阐明"忠恕"的含义。首先看孔子与其弟子的两段对话:

子曰："参乎！吾道一以贯之。"曾子曰："唯"。子出，门人问曰："何谓也？"曾子曰："夫子之道，忠恕而已矣。"[1]

子贡问曰："有一言而可以终身行之者乎？"子曰："其恕乎！己所不欲，勿施于人。"[2]

"一以贯之"，"终身行之"——我们打算就以这两句话来说明忠恕在个人道德体系中的地位。

"终身行之"比较容易解释，意思就是说一个人可以终身实行恕道，终身奉行"己所不欲，勿施于人"。北宋范纯仁一生行事就可以看做是对这句话的一个好注脚，他从布衣至宰相，"夷易宽简，不以声色加人，义之所在，则挺然不可屈。"[3] 他看到王安石变法的弊端，就挺身而出，不怕贬黜而直言相争，但当后来司马光执政，要尽去新法时，他又说："把那些过头的去掉就可以了。"他反对蔡确，但当大臣们廷议蔡确的一首诗是谤讪时，他却认为不可以如此兴诗狱，他也不同意将蔡确贬流新州，认为："此路荆棘已七八十年，吾辈开之，恐不自免。"因而竟被认为是与蔡确一党。后来，当形势变化，司马光、苏辙等又受到攻击时，他又挺身为之辩护。他在章惇为相时，上疏为被贬之吕大防申述，结果自己也被贬永州安置。这时虽然他眼睛已经失明，却欣然上路，路上他的几个儿子常说怨恨章惇的话，什么都怪罪于章惇，他就制止他们。后来船在江上翻了，他被救起，一身湿淋淋地对儿子们说："这总不是章惇干的吧！"范纯仁这样总结自己的一生："吾生平所学，得之忠恕二字，一生用之不尽。"并告诫子弟说："惟俭可以助廉，惟恕可以成德。""苟能以责人之心责己，恕

---

[1]《论语·里仁》。

[2]《论语·卫灵公》。

[3]《宋史》卷三百一十四。

己之心恕人，不患不至圣贤地位也。"[1]

这里我们还需要特别提一下"可以终身行之"中的"可以"两字，加在"终身行之"前的"可以"两字点出了相对于履行其他义务来说，力行恕道最不容易犯错误的特征。履行其他义务有时要求一种较高的理智判断能力，而恕道正如我们前节所解释的，只不过是"己所不欲，勿施于人"、"不对他人行不义"罢了，这比"如何对他人行善"的判断要容易得多。"忠恕之道"本身的提炼和概括是浸透着理性的，它表现了对人的地位和本性的清醒认识，但就实际的践履来说，却是相对比较容易的。恕道就意味着宽宏大量，虚心谅解，严以责己，宽以待人，这确实是最不容易对他人构成伤害的一种义务，因为它主要是责己、约己，如果说真的造成什么损害的话，那么损害到的也只是自己。履行这一义务只有力不足之忧，而很少有行过头之弊。它也不像"孝悌有时"，它是面对所有人的，而人活着就有交往，从这一点说也是"可以终身行之"，"普遍行之"。

"终身行之"的有些意思我们后面还要提到，现在让我们再来看"一以贯之"。"一以贯之"的意思从字面上本来也不难理解，按我们现有的常识去解释，也不致有什么大错：亦即"以一贯之"，通俗地说，就是"以一个东西贯穿始终或全部"。但是，对这句话的解释由于还有一些历史的公案，我们也就还有必要把它的意思再梳理一下。

北宋邢昺疏《论语》"一以贯之"章说："贯，统也"，"忠谓尽中心也，恕谓忖己度物也。言夫子之道唯以忠恕一理以统天下之理，更无他法。"[2] 这里释"贯"为"统"，"统"有居高临下"统摄"之义，说"唯以忠恕一理以统天下之理，更无他法"看来太绝对了一点，因为，"仁"在夫子之

---

[1] 《宋元学案·高平学案》
[2] 《十三经注疏》下册，中华书局1980年版，第2471页。

道中不是一个更具统摄性的概念吗？甚至其他的一些概念，如礼、敬、诚、信等，在孔子学说中不也有与"恕"大致相当甚至更高的概括性吗？

南宋朱子承程颐之说，把忠、恕分开，相应地把"一"和"贯"也分开，"一是忠，贯是恕"。一是一本、一心，这一本、一心就是"一个真实自家心下道理"，就是"真实无妄"，在圣人那里就是"诚"，而在一般人这里则是"忠"；而"贯"则是"通"，"贯"即通万事。"贯"也就是要以"恕"贯乎万物之间，把忠于一己之心拽转头，变为忠于他人之心；合起来说，"一以贯之"也就是以"一心应万事"。打个比方，这就好像一棵树，忠是本根，而恕是枝叶；这又好像用绳索串铜钱，绳索是一，即忠，串是贯，即恕。

这样，"一以贯之"也就可以说是"以一贯之"，这里的"一"不是"忠恕"，而只是"忠恕"中的"忠"。而"忠"也就是"心"，就是"诚"，因而，在宋儒心、性、理合一的道德形上学中，以忠"贯"也就等于以心"贯"，以诚"贯"，以性"贯"，以理"贯"了。这当然说得通。这不仅克服了上面邢昺的以忠恕一理来统天下之理难于自圆其说的困难，而且上升到了哲学本体论的高度，这是一种把儒学融会贯通为一个道德形上学体系的很有意义的努力。所以，宋儒，还有后续的明儒，都喜欢说"一贯之道。"

但这样说也有一个困难，就是离开原义似乎太远。当然，发展就是离开原点，就是从出发点走开。但以上所说即是作为对孔子原话的直接解释，就不能不考虑到原义。而我们仔细察看一下就会心生疑问：把忠、恕分开，再把仅仅"忠"作为"一贯之道"，是不是离开了孔子的原义呢？曾子说"忠恕"，孔子直接说"恕"，而这里的"恕"也就是"忠恕"。宋儒对此是肯定无疑的，他们强调恕与心的联系：恕离不开忠，"恕自忠发"。但另一方面，是不是此处要一以贯之的"忠"也离不开"恕"呢？孔子在此所说的"忠"并不是一般的"忠"，单纯的"忠"，而正是与恕联系在一起的忠,即一颗恕心、一腔恕意。他并且不止一次给"恕"或"忠恕"下了明确无误的定义:这就是"己所不欲,勿施于人"。所以,讲"忠恕"是"一贯之道",可以"终身行之"不能脱离这一特定含义,忠恕在此是不能分开的,"一以贯之"就不是仅仅以"忠"一以贯之,而还是以"忠恕"一以贯之。而在宋儒的解释中,恕意是不是已经悄然淡化甚至失落了呢?"己所不欲,勿施于人"的意思是不是已经不见了呢?恕当然要诚,但从一颗诚心里是否就能推出恕意,从而诚心就代表了恕呢?若按宋儒的解释,"一以贯之"实际上是忠,他们认为要在这个意义上理解"忠恕"是"一贯之道",那么,凡可以与忠连接在一起的德性就都可以说是"一贯之道"了,甚至一切德性都可以说是"一贯之道"了。因为,有什么德性不和忠、不和诚联系在一起能够真正称得上是德性呢?从此可以看出忠或诚确实有一种高度的统一性和概括性。但是,我们的问题却是,为什么在孔子与曾子的对话中,是"忠恕"而不是别的德性被视为"一贯之道"?为什么孔子只说"恕"字可以"终身行之"?孔子有两次紧接着用"己所不欲,勿施于人"的意思来解释"忠恕",在此,"忠恕"明显又是有特定内容的,它不仅仅是一颗诚心,而且是一颗真诚的恕心。可以"一以贯之"、"终身行之"的正是这真诚的恕心,更明确地说,就是可以在一切伦理、一切道德行为中都包含恕意,都贯穿"己所不欲,勿施于人"的原则,一个人可以把"己所不欲,勿施于人"作为自己终身奉行的行为准则。

这样,我们说:实际上就有两种"一以贯之"了,第一种"一以贯之"是从哲学本体论的高度说的,由上至下、彻里彻外的贯,此一"贯"实际包含一个"统摄"的意思;这也就是宋儒所说的"一贯"。这种"一贯"犹如把一张大网收到一起的一根粗绳、一个总纲,所贯者虽可以有多名(忠、诚、心、性),但实际上只是一个东西。第二种"一以贯之"则是从伦理学,尤其是从道德践履的角度说的,这种"一以贯之"实际是把所贯者看作一种基本义务、基本准则,认为它们将可以被其他义务,尤其是更高的义务所包含,所容纳,这种"贯"不含"统摄"的意思,相反,它正是因为更基本才可以贯穿于其他行为准则,它不是从高处说的,而是从低处,也就是从最基本、最起码的意义上说的。这种"贯"就像基础、就像底色,上层的一切辉煌建筑都包含着它,也就是被它所贯通。但它并不统摄它们,它也不排斥还有其他的基本成分。宋儒的"忠恕一贯"是在第一种意义上说的,而孔子与曾子对话中所说的"忠恕一贯"看来正是在第二种意义上说的。心领神会的曾子不是要以"忠恕"来总结、概括和统摄孔子的全部学说,而只是把"忠恕"看作一种基本的义务。这也正是我们所理解的"忠恕"在个人道德体系中所应当占有的地位,也就是说,忠恕是以道德态度与人相处的基本之道,一贯之道。

宋儒为应付佛学的挑战,把儒学发展为一个融会贯通的道德形上学体系,这确实很有意义。但由于这一体系的自我定向,以及在社会伦理方面缺乏建树,也带来了一些流弊。最主要的流弊如好高骛远,喜谈玄妙,这不仅成为后来清儒集矢之的,宋儒自己也有觉察和纠正。例如,朱子多次批评一些学者不谈"忠恕"而好言"一贯",或者,不理会"贯"而只去想象那"一",就像只讨一条钱索在此,却不去穿钱,结果还是一条空钱索。或者像拿一个箍想要箍桶,却没有木片,也还是一个空箍,全然盛不得水。所以,他说:"不愁不理会得一,只愁不理会得贯。"[1] 主张由贯致一,即由恕致忠。要成圣贤,也要从基本的做起。不能误以为在一室之内,静坐澄心,默想那诚,就能成一道德君子。道德必须在人际关系中展开。一味高远,可能把德目都丢了,践履都忘了。

---

[1] 《朱子语类》卷二七。

清儒正是感于宋明儒的流弊,因而不再高谈心性,甚至很少谈"理",而是强调规范之"礼",笃实之"行"。阮元、王念孙把"忠恕"解释为行事,把"一以贯之"解释为"一以行之"。应该说,清儒的方向是对的,然而也有二弊:一是回避心字。在此忠恕虽可理解为对他人的实际行为,但也是内在的品质,"恕"即是"如心",不用"心",怎么能"恕"?第二个弊病是太拘于文字训诂,虽然是要努力去接近孔子的原义,但走了迂曲的路,在释义上反有牵强之处。

如果我们总结一下上面一番历史的梳理,我们不妨说:第一,"忠"和"恕"是不可分的(或者说恕和心是不可分的);我们不必像宋儒那样强调"忠"而无意间失了恕;也不必像清儒那样忌讳"心"而有意不说"忠";只有"忠恕"合说,才最得孔子原意。第二,"一以贯之"从伦理学的角度应当被理解为忠恕是一种基本义务,这种义务在一基本、起码的层次上贯穿于所有义务,所有道德行为准则,忠恕就是"己所不欲,勿施于人",就是"不对他人行不义",这当然是最优先的、最根本的,所以我们就在这个意义上说它是"一贯之道"。

我们在"一以贯之"之外再加上一个"终身行之"来说明忠恕的地位,当然是为了更强调个人践履的意义。如果两者并称,则可以说,"一以贯之"是就理论而言,"终身行之"是就实践而言;"一以贯之"是讲普遍性,是说恕道可用于万事万物,"终身行之"是讲恒久性,是说恕道可贯穿人生始终;"一以贯之"是面对所有人,是说"人人可行","终身行之"则是独自面对,是说"至死方息"。

五、为什么忠恕可以"一以贯之,终身行之"?

那么,为什么忠恕之道有如此的地位和意义?它为什么可以"一以贯之"、"终身行之"呢？我们前面对这个问题已有所涉及，现在还想再集中地申说一下我们的看法。

主要的答案还是忠恕作为义务的基本性质，它是义务，必须履行，但它作为义务又是基本的、起码的，大多数人都能做到，也都希望人们普遍做到。它作为义务有时对我们要求很严格，不容推诿，不容辩解；但一般来说又并不难人所难能。

我们可以再来分析一下人的"欲望"和"不欲"，人们的欲望或需要可以说是低同高异，在最低层的一些基本欲望如要求自身生存、繁衍后代、安全和财产有保障等方面是大致相同的，而在高层的欲望如精神寄托、审美方式等方面又是存在着相当大的差异的。这就是人的共同性和差异性。

恕道可以说能同时从这两方面获得对自身的支持，由于人的基本欲望大致相同，我所欲望的也是别人所欲望的，我由我所欲望的东西也就能知道别人的所欲，我由我自己想生存、繁衍后代和保证安全，就知道别人也想生存、繁衍后代和保证安全，所以，人心中的善端——恻隐和同情之心就引导我由此种知识去实行恕道；不对他人做不希望发生在我自己身上的事情。另一方面，由于人们的高层欲望、精神追求相当不同，我就不可以用自己的欲望去规范他人的欲望，以自己的追求去代替他人的追求。焦循说：

> 孟子曰："物之不齐，物之情也。"惟其不齐，则不得以己之性情，例诸天下之性情，即不得执己之所习所学，所知所能，例诸天下之所习所学、所知所能，故有圣人所不知而人知之，圣人所不能而人能之。知己有所欲，人亦各有所欲，己有所能，人亦各有所能，圣人尽其性以尽人物之性，因材而教育之，因能而器使之，而天下之人，共

包涵于化育之中，致中和、天地位焉，万物育焉。[1]

这就是从人的差异性讲要行恕道的理由，在此，我们只需把最后一个"圣人"的概念换成"社会"这一概念就行了，"社会尽其性以尽人物之性，因材而教育之，因能而器使之"，一个理想的社会、公正的社会就是这样一个各尽所能、各得其所的社会，就是这样一个"乾道变化，各正性命"的社会，用程子的话来说："乾道变化，各正性命，恕也。"

这样一个道理复杂吗？应当说是不复杂的。这样一个目标高远吗？应当说也是不高远的。这样一种对人的要求难吗？应当说也是不难的。

因为，这里是从最基本的着手，是求同存异，是保证大地、放开天空，是"万类霜天竞自由"，就好像群鸟可以在天空自由飞翔，可以飞高，可以飞低，甚至有时可以不飞，可以为寻觅食物飞行，也可以纯粹练习飞行，然而，它们都有自己的栖息之地，大地永远接纳它们，天空永远对它们开放。当然，在人类社会中，这大地和天空实际上就是我们自身，即我们每一个人都必须尊重其他人的生存和活动空间，自己的生存活动不应当对他人的生存和活动空间构成妨碍，所有人的基本生存和活动空间都应当是平等的，而强调恕道也就是强调对他人这种基本权利的尊重。这不仅需要个人的努力，也需要制度的保障。

我们的祖先不直接谈权利，而是谈忠恕，而忠恕实际就是在我心里放着的他人权利，忠恕就是在我眼里他人所应当享有的同等自由，忠恕就是限制自己而保证别人的权利。传统儒学不直接讲权利、讲自由，因为它的基本定向是自我主义的，站在自我主义的立场上讲权利和自由是不好讲的，也是很危险的，大讲"我的权利"很可能导致一种唯我主义，结果是

---

[1] 《雕菰集》卷九，"一以贯之解"。

造成谁的权利也无法保障的无政府状态。但先儒的自我主义并不是快乐或利益的自我主义,而是道德的自我主义,所以它着重讲自我的义务。在自我的义务中所包含的他人权利虽然隐而不显,但毕竟是可以从中演绎出来的,而且,先儒的恕道包含着一种一切权利要真正成立所必须有的要义:这就是人格的平等。恕道已深入到这样一个真理:即只有他人的同等权利得到保障,自身的权利也才能真正确立。洛克说:"一旦宽容法完全确立下来……那时所有教会均有责任将宽容作为自己自由的基础。"[1] 而我们也可以说,一旦权利法完全确立下来,所有个人也同样有义务以恕道作为自己权利的根基。正是在这方面,恕道作为自由民主的法制社会的主要传统思想资源的意义充分显露出来了。这种社会可以在各方面从我们的传统中寻找资源,有价值资源如民本思想,有制度资源如监察制度;但却不能忽视一种最重要的资源,这就是伦理道德的资源,这些资源包括孔子仁学和传统儒学中的许多重要成分:如仁爱、恻隐、诚信等,但最重要的,并直接可以与之衔接的一种伦理资源则是忠恕之道,忠恕应当是民主社会中人们相互交往和对待的一种基本态度。当然,这里所说的忠恕不是高让,而是有度的忠恕,是作为基本义务的忠恕。

而且,孔子是从否定的方面来规定忠恕这一义务的,这尤其显示出忠恕这一义务的基本性质。"忠恕"意味着"己所不欲,勿施于人",也就是"有所不为"。"不为"什么呢?

我们再回到前面所说的人的基本欲望大致相同和高层欲望存在相当差异的命题上来。在基本欲望的层次上,由于我们的欲望与别人的欲望大致相同,即需要生存、延续和安全,我能由我的所欲知道他人的所欲,我也就能由我的不欲知道他人的不欲,我知道,由外界来限制和否定这些基

---

[1] 洛克:《论宗教宽容》,商务印书馆1982年版,第42页。

本欲望对我来说是痛苦的,那么这对他人也就是痛苦的,这样,"不为"就可以由这些基本的"不欲"得到一种内容上的规定,"不为"就是不对他人做否定其基本欲望的事情,"不为"的内容就是基本欲望之内容的反面。这些不能去做的事情包括不谋杀、不奸淫、不抢劫、不偷盗等,这些禁令的数量并不多,但它们的内容是很明确的,它们被明文载入法律,并且也是各民族道德或宗教法典中的基本戒律,它们所禁止的行为的不义性质是显而易见的,因为这些行为侵害到了人们的基本欲望、基本利益。这是就基本欲望而言,在此,"不为"是有明确的内容规定的。

然而,就高层欲望来说,由于我和他人在这方面存在着相当差距,我并不一定清楚他人的真实欲望,也就不容易在各种高层欲望之间评判高下,所以,在这里就不宜对"不为"做出内容上的规定,不能说我不能对别人做的事情只是我认为不好的事情,而我认为好的事情就都可以对他人做出。在此对"不为"不做内容上的规定,还因为这些较高的精神寄托或审美方式一般并不侵犯到人们的基本欲望,或至少可以纳入一种互不侵犯的秩序。那么,对这些高层欲望是否就不做限制了呢?在此是否就没有什么"不当为"而可以"为所欲为"呢?当然不是这样,我们只是说在此限制一般不涉及内容,在此"不为"不是根据欲望的内容来规定的,而是根据满足欲望的方式来规定的。也就是说,"不为"在此只是一种形式的规定,这一形式的规定简单地说来就是:不强制。即不强制他人追求与自己相同的高层欲望,你可以吸引、说服、呼吁和示范,但是不能够强制。这里当然还是可以有评判,有价值的高下,甚至我们可以期望一种较高级的人生追求能在社会上占据主导地位,但它今天必须建立在人们自觉自愿的基础之上。

应该说,忠恕的这些要求一般来说并不难,因而是很可以在人际交往中一以贯之,并在个人生活中终身行之的。按照我们前面的解释,恕道不过就是：第一，不去做那些明显侵犯到人们基本欲望的事情，反过来说，也就是做一个守法的公民；第二，除此之外，在生活中也不强制他人，反过来说也就是宽容他人，容忍他人。在某种意义上，后者是可以囊括前者的，因为侵犯人们的基本欲望也就是一种强制，但由于几种基本的侵犯人所共知，内容比较明确，也相当重要，所以我们把它们挑出来单做一类。另外，这样区分出来也可帮助我们了解我们今天的主要用力所在，社会发展到了今天，应该说涉及基本欲望的几项"勿施"是明确的，也不难做到的，而涉及高层欲望的"不为"意识却还须用力培养。我们较能容忍乃至帮助他人的基本生存，却不易容忍他人的不同意见和喜好。

　　恕道主要是对自身行为方式的限制、对手段的限制，而这种限制最终归结起来不过是"勿侵犯""不强制"而已。这看来是很宽松的一种要求，但它也有很严格的一面。因为它意味着：有些事情，像我们前面提到的几种严重侵犯，是无论为了什么目的和欲望也不应当做的，即使这样做能给人带来重大的利益，客观上有很大好处，主观上也是想对人行善，一般也还是不能对人做这些事情。而有的目的论的观点虽然看起来很严格，认为只有符合某一目的的行为才是正当的，甚至把某些妨碍这一目的的道德行为也排除在外，或者列入次等，它却可能在另一方面因为这一目的而把某些从性质上说显然是不义的事情也视为是符合道德的，这样，它就是以其目的而曲解了道义。

　　由此，我们还可以理解到"一以贯之""终身行之"，忠恕是"一贯之道"的另一层含义。也就是，忠恕不仅因其义务的基本性质而可以"一以贯之""终身行之"，它还因其是一种义务而应当"一以贯之""终身行之"。忠恕就是始终坚持自己，就是"直道而行"，它决不因任何非道德的目的而歪曲自己，屈折自己。若歪曲和屈折自己，那就不是"一贯之道"了。我们在前面分析横逆之来的情况时，强调过：即便在这些情况下，也仍要坚持决不以不义对不义,决不以邪恶对邪恶的原则,这样才是"一以贯之",才是"终身行之",才是不歪曲和屈折自己的"一贯之道"。

横逆是一种恶,而我们负有抗恶的义务。如果我们在前面指出的第四种放弃反抗的超脱态度不是出于一种精神的信念,而是出于性格的懦弱,那么,如此反应者就是放弃了自己抗恶的义务。这种反应只有出于信念才是有力量的,才能感化人,否则就只是姑息纵恶。作为基本义务的忠恕并不是姑息纵恶,它主张抗恶,但也不是以恶抗恶,因为勿以恶抗恶也是一种义务,也就是说,忠恕在此时仍要坚持手段的正当性,虽然在这时候坚持这一点并不容易,但只有这样,才能防止不义的蔓延。因为,如果我们也使用不义的手段,那我们成了什么人呢?我们不是与我们谴责的对方处在同一水平吗?我们也许可以用我们的目的为我们的行为辩护,但即使好的目的也会因受不义手段的腐蚀而逐渐变质的,所以我们必须坚持正当,即使这会延缓正义的胜利,但这一迟到的胜利却更为可靠。面对横逆可以说是一种最严重的考验,是能否"一以贯之"的最后一环,如果连横逆之罪都可以在某种意义上得到宽恕("罪其行而非罪其人"、不"以其人之道还治其人之身"),那么,正邪难判的异议、"异端"就更可宽容了。

如此把忠恕作为一种义务而贯彻始终,并不会伤害到谁。大概没有哪一种义务能像忠恕这样最不容易造成负面效果,也最不容易与其他义务相冲突了(例如,我们很清楚,有时诚信将造成严重的负面效果)。因为,忠恕作为一种义务只是不行不义,而这种不义可以从"己所不欲"方便地得知,即使我们尚不清楚我们的正面义务是什么,我们却可以首先划出一个大致的范围而把不义排除在外。比起我们应当做什么的知识来,我们对我们不应当做什么毕竟要知道得更多些,也更清楚些。

总之,我们说,由于忠恕是一种基本的义务,我们应当"一以贯之","终身行之";而由于其作为义务的基本性质,我们也能够"一以贯之","终身行之"。讲"应当"主要是就其难处讲,讲"能够"主要是就其易处讲,但从根本上说,"应当"就意味着"能够",人作为一种有理性的存在,只要一种对人们行为的要求,能够确有根据地被规定为人们的基本义务,我们就要始终一贯地遵循它。

*　　*　　*

到现在为止,我们在前四章中已经讨论了"恻隐"、"仁爱"、"诚信"与"忠恕"四个概念,从传统良知向现代社会转化的角度看,仁爱可以说是总纲,是头脑,恻隐则是源头,是发端,而诚信与忠恕则是基本的两翼,诚信是基本的立身之道,忠恕则是处人的一贯之道,恰当规定的诚信和忠恕是我们的基本义务。先贤对恻隐论之甚明,而对仁爱却有其含糊;对忠恕阐之甚力,对诚信却也有所隐曲,究其源,与他们所处的社会历史条件大有关系,今天,我们则必须参照变化了的社会情况而细心地加以分析鉴别,把我们传统中这些富有价值的成分发扬光大。

第五章　敬　义

在前面两章，我们讨论了"诚信"和"忠恕"这两项最基本的实质性义务，在接下来的第五章和第六章中，我们想转而讨论义务的较具形式性和一般的方面，而且仍然是从内在的角度进行探讨，这样，第五章"敬义"就是讨论作为社会成员的个人对一般义务的敬重心和责任感；第六章"明理"就是讨论个人对普遍伦理的认识和体察。

把"义"、"理"联系起来并非我们的发明。"义"可训为"理"，"义理"一词也早就见之于先秦两汉典籍，[1] 后儒也经常讲到"义理"，但是，把文化学术（主要是儒学）明确三分为义理、考据、词章则始于清儒戴震，并为章学诚、姚鼐等沿用。从上述的三分法，我们可以明白两点：一是"义理"囊括之广，除去文学和纯粹训诂、名物、史实的考证，一切理论的领域都可以说被其包括在内；二是清儒在这种三分法中强调"义理"，而不是说"性理"，不是说"心性之学"，这已反映出一种不满于"理"的

---

[1] 《荀子·大略》："义，理也。"《荀子·议兵》："义者循理。"《庄子·天下篇》："以义为理"。《韩非子·难言》："义理虽全，未必用也。"以及贾谊《新书·道德说》："义者，理也。""义者，德之理也。"

过分内在化倾向。虽然清儒"实事求是"的最大成绩还是在考据方面，但"义理"却是我们很可借鉴的一个概念。

从伦理学角度看，"义"可理解为"义务"，"理"当然就是"伦理"了。这是分别说，如合起来说，以"义"为形容词，"义理"也可以说就是"义务之理"，这就比"伦理"的含义要狭窄一些。我们要特别说明的是，不管那种"理"，我们在此所理解的都不是一己主观之良知一时所顿悟、所明白透亮之"理"，而是指人的理性一般都能认识的客观普遍之"理"，也就是原则、常理，是"天生烝民，有物有则"之"则"，"民之秉彝，好是懿德"之"彝"，它们是不以一己意识为转移的法则和常道。

义务也可以说就是这种道德法则和常理，但作为义务，它是以命令的形式表述的。说"理"一般是用系表结构表示，比如说"诚实是一种美德"，但当换一个方式，用动宾结构说"人应当诚实"或"你勿说谎"时，这种说法就是指义务了。而由于伦理学主要是一门规范科学，是总归要对人的行为发生影响的，它的道理大都可以表述为义务的命令。

这样看，"义"、"理"就在很大程度上是颇为相通和重合的了，尤其从一个道德践履者的角度来看更是如此。两者当然还是有区别，单纯说"理"离行为较远，采取的是一种较为超脱的观点，就其内容来说，对历史上道德现象的归纳性描述，对道德语言和逻辑的分析，甚至对道德行为规范的最终根据的探讨，都可以说是伦理学之"理"，但却不是"义"。一说到"义"时，就离行为很近了，就已经使我们感到一种迫切性和强制性了，我们对它有一种直接的情感和意志的反应。所以，我们分别用两章来谈"义"、"理"，在"敬义"一章中着重谈心灵对义务的一种情感和意志作用，而在"明理"一章中则着重谈心灵对义务的理性认识。

一、"义"字的诠释

翻检一下古代以语义分类的辞典以及《经籍纂诂》，对"义"的解释有很多条，义和许多辞相通，有"宜""理""利""善""平""路""制""断""节""正""纪""让""容""殉""我""恶恶""禁非""诛暴"等等，并与"仪"通假。这大概是中国古代辞典的一个特色：即注意词义的关连和相通，对于稍具抽象意义的词，常以许多字解释一个字，又以一个字解释许多字，这反映了古人重视疏通会悟的思维特点和学术风气，这是一个历史事实，我们今天的人却似乎不必对此津津乐道，而是要努力从分别词义着手，寻找比较固定和明确的释义。

这样，我们就不妨来分析《释名》所给出的一种解释：

义者，宜也，裁制事物使合宜也。

这是对"义"的一种最主要、最通行的解释，据经师们的意见，"义"的本字就是"宜"。又据容庚教授的考证，"宜"在甲骨文中似与"俎"为同一字，"俎"为一种杀礼，用为动词，是"杀"的意思，庞朴先生对此有充分的阐发。[1] 但我们现在不打算深究"义"的原始义，而是想肯定这一点：即"宜"在春秋战国时期即已被定为是对"义"字的解释，而且这一"宜"字此时的意思也已经和我们现在所理解的"合宜"、"适当"的意思相差不远，不再表示"杀"意。

"合宜"、"适当"可以指一切事，但我们从先秦诸子对"义"的用法可以得知：他们所说的"义"主要是指道德上的"合宜"、"适当"。为限

---

[1] 庞朴：《稂莠集·儒家辩证法论纲》，上海人民出版社1988年版。

制和明确词义起见,我们可以用"适当"一词指一切事情的合宜,如风调雨顺是"雨量适当",而用"正当"一词专指道德上的"合宜",如《中庸》:"义者,宜也,尊贤为大。"这里的尊贤之义就是道德上的"正当"。"适当"是一个比"正当"外延更广,包含了非道德内容的范畴,而"正当"则是一个纯粹的道德范畴。

依此类推,我们可以区别出下面的两组概念:

非道德范畴	道德范畴	
一、适当	正当	义务论范畴
二、应该	应当	
三、好(利)	善	价值论范畴

从纵列来看,其中左面一组:"适当""应该""好"都可以看作是包含了道德内容和非道德内容的一般范畴,而且,在和右面一组概念对称时,还可以专指非道德内容,如"雨量适当","你应该先开灯再进屋"和"这汽车很好",右面一组则是纯粹道德范畴,如"说谎是不正当的"、"你应当说实话"和"他的心很善"。

  正当→义理
  应当→义务
  义→宜→当义

而从横行来看,第三组"好"与"善"都是价值范畴,第二组"应该"与"应当"是行为规范的范畴,其中"应当"是道德义务范畴,"应该"是非道德义务范畴,第一组"适当"和"正当"也是针对行为说的,与第二组相比只不过还不是以命令形式（动宾结构）说的，而是以说理的形式（系表结构）说的，但两者的意思实际是一致的，我们从上面"说谎是不正当的"与"你应当说实话"两句话说的实际是同一个意思可以得知，所以，"正当"也可以说与"应当"一样是属于义务论的范畴而明显地区别于"好"、"善"等价值论的范畴。

传统有关"义"的争论是集中在两个问题上：一是"义利之辩"，也就是"义"（正当、应当）与"利"（好）的关系，两者孰更优先，孰更重要？而坚持义优先于利的义务论或道义论观点（deontological theory）在历史上一直是占优势的。另一个问题我们姑且名之为"义理之辩"，即义务是不是也是义理，或者更确切地说，义理是不是客观之理？"义内"还是"内外"？这个问题一直争执不下，但至少在宋明这段时期，看来是"义内"或融合"内外"的观点占了优势。第一个问题涉及义务论与价值论的关系，第二个问题则可以说是发生在义务论内部，我们在本节主要讨论第二个问题。

这样，我们再回到前面"义"的解释，我们就可以说，"义"就是"宜"，而"宜"也就是"当"。之所以用"当"字，是因为可以通过"正当"与"应当"两词，更好地把"义"既是相对静止的"义理"，又是相对活跃的"义务"两方面的意思都包括进来。我们可以总结我们的思路如下：

> 实际上，"宜"和"当"两单字本身就已同时包含"道理"和"命令"两方面的意思了。古人习惯用单音词，当他们在论及道德问题时，把"宜""当"作为一个名词使用时，如说"不亦宜乎"，"当而已矣"，说的是"义理"，是"正当"；而在把它们作为一个动词使用时，如说"是以惟仁者宜在高位"[1]"汝当行善"时，说的则是"义务"，是"应当"。

---

[1] 《孟子·离娄上》。

由此一字两用，我们也可看出"正当"与"应当"，"义理"与"义务"的相通。

照我们的理解，义理与义务的差别既然主要是表述方式上的，而我们又旨在阐述一种强调行动和践履的伦理学，所以，适应今人一般都使用双音词的习惯，我们不妨就以"义务"一词来讨论其客观性，不过我们得始终记住这义务也是义理。

二、义务的客观性

"义"即是"义务"，也是"义理"。"义务"不仅是对我发出的命令，也是对所有人发出的命令，不仅我应当遵循，所有人也应当遵循，因为它是普遍、客观的道理。坚持"义务"亦即"义理"显然就使我们立于一种准则义务论（rule-deontological theory）而非行为义务论（act-deontological theory）的立场。这就把我们带到义务的客观性问题。我们认为义务不是依赖于自我，依赖于个别主体的，义务不是"运用之妙，存乎一心"，义务不是因人、因时、因地而异的，义务具有不依赖于个别主体的某种"天经地义"的性质，它不因主体认识和彻悟而存，也不因主体不认识它而亡。

义务的客观性当然不是指它如天地一样实实在在，可见可闻；义务的客观性甚至也不是指它如天地运行之理一样与人无关，相反，义务、义理，或人伦之理恰恰是离不开人的，理解义务的客观性的困难也常常是来自这里。

义务是从人作为人与其他动物的区别中产生出来的，它是从人与人的关系中产生出来的，它是从人的"生生不息、世世繁衍"中产生出来的，它的概括，它的成言成文离不开人类的精神。然而，它又不依赖于个别的人，不依赖于自我，不仅仅存在于领悟它的心灵之中，它是客观存在的，个人的心灵可以领悟它，但它并非由个人的心灵产生，也不仅在心灵中存在。人类的精神无论如何并不等于一己的意识，普遍的理性也不等于一己的良知。我们不敢妄说一种脱离人类的"客观意志"、"世界精神"或"天地之心"，但人的理性本身就是具有普遍性的，人类所获得的知识也是可以客观化的。

所以，我们所说的义务客观性，从否定的方面说也就是指义务是非主观的、非个体的、非自我的、非特殊的意思。义务外在于个别主体，不囿于一己之良心，义务不能从一己之心灵观察，哪怕是从圣人之心观察，而是要采取一种普遍的观点，一种超越主观的观点去观察。义务不可能外在于人类，但却外在于个别的人，外在于主体的心。

并非可见可闻的东西才具有客观性，不可见不可闻的东西也具有客观性，这就是事物的一定之义、一定之理、一定之规。客观性的含义也不是说我们无须用自己的心灵去对这些义理规范加以认识，无须通过主观意识去把握它们，而是说我们各自的主观意识所把握的并不是由我们的心中自生的理，而是客观普遍的理，我们的心灵不能任意改变这理，这个理是其他人也可以如我一样观照和体察的，他们所观照和体察的理与我观照和体察的理是同一个理。因此，这理才具有普遍的效力，所有的人就都必须遵循这同一个理，听从它的命令，即使他主观上并没有认识到这理，我们也可以对他提出要求，对他的行为进行评价。也正是由于义务是客观的，我们才可以相互讨论它们，传授它们，积累有关它们的知识，提出明确的原则规范，它们不是不可揣摩的、神秘的、只能在个人内心的深处自我观照的，而是明白可见的社会之纲维。

我们觉得，先儒对"义"的一个古训——即把它训为"路"，以及使"义"与"道"相联系，最能说明义务的这种客观性。

夫义，路也，礼，门也，惟君子能由是路出入是门也。[1]

仁，人心也，义，人路也。[2]

仁，人之安宅也，义，人之正路也。[3]

居恶在？仁是也，路恶在？义是也。居仁由义，大人之事备矣。[4]

仁，宅也，义，路也。[5]

孟子反复说"义"是"路"，"人路""人之正路"，那么，怎样理解孟子所说的"路"的意思呢？

每个人活着就有所行，有所为，有所动，这些行为或行动是为了达到各种各样不同的目的，我们可以把这些目的称之为相对于各人的"好"，"善"乃至"至善"。这些目的，在行动之始就表现为动机，或者说"志"。"志"可能是多种多样的，有大志，也有小志，有道德的目的，如成圣成贤，救国救民，也有非道德的目的，如谋生求职，经商营利，还有不道德的目的，如沽名钓誉，争权夺利，而无论目的如何，都必须通过"行"来达到，都必须有达到这目的的手段，所行的方式方法，或者说途径，这就是"路"了。

一个人刚开始做某件事时的目的动机，如果他不以实相告，我们是不会得知的，但我们却可以看到他为达到这一目的所做的事情，他必须通过某一途径去达到他的目的。"志"是看不见的，而"路"却是看得见的，而"路"也就有大路、小路，正路、邪路之别。孟子所告诉我们的就是，

---

[1] 《孟子·万章下》。
[2] 《孟子·告子上》。
[3] 《孟子·离娄上》。
[4] 《孟子·尽心上》。
[5] 扬雄：《法言·修身》。

"义"就是"人路"、"正路"、"大路",就是达到一个目的的正当途径,就是行为手段的正当性,就是人人都应当遵循的道理。而"不义"当然就是邪僻的路、苟且的路了。人要循正路而行,也就是循义而行,循理而行。作为"义"的路是大道,是大家都可以见到的,是一般都认为是正当的,也是绝大多数人都能顺着走的。

孟子并不一概否定求利致功的目的,他呼吁制民之产、士有所养就是明证。但是,士还应该有更高的抱负,而对所有人来说,无论追求什么,也都还有一个"必以其道"的问题。我们可能都想得到一笔财产、一个职位,但我们必须以正当的途径去获得它,而不能以苟且的方式去得到它。我们可能都想免除某些灾难,如饥饿、死亡,但也可能碰到只有通过苟且之路、伤天害理之行才能免除将加于自身的灾难的情况,这时我们就可能必须坦然承受这灾难,这就是"临财,毋苟得,临难,毋苟免"的含义,这是基本的义务,在这个特殊时刻,"舍生取义"亦不为过。

再高一点,静心反省一下人除了谋利之外是否还应有更高的精神追求,为了这一精神追求是否应当不惜以身殉道,这就还涉及目的,就步入更高的境界了。但对一般人来说,最重要的还是"义在不苟","有所不为"。"人皆有所不为,达之于其所为,义也。""人能充无穿踰之心,而义不可胜用也。"[1]

孟子所反复叮咛的也就是这一点,一定要注意行为、手段的正当性,决不能"苟且",不能"诡迂",不能"穿踰",不能"钻穴",不能行"妾妇之道",而要行"大丈夫之道"。"妾妇之道"当然不宜拘于字义,"齐人有一妻一妾"的故事中行"妾妇之道"的恰恰是那个"良人(丈夫)",孟子感叹道:"由君子观之,则人之所以求富贵利达者,其妻妾不羞也,

---

[1] 《孟子·尽心下》。

而不相泣者，几希矣。"[1] 此一感叹并非绝叹，它世世代代还在被人们以不同方式重复，此甚可哀也。由此也可看出价值目标对行为方式有着很重要的影响，"志"在某种程度上决定着"行"，这从自我的观点看尤其是这样。

但是，我们说过，从普遍的观点看，"志"是必须通过"行"来体现、来达到的，而所"行"之"义"就是"路"，走什么"路"在道德上往往要比达到什么"目标"更优先、更重要。无论对自己还是对他人，对"路"也可以比对"志"更好地予以判断。荀子甚至说，君子与小人之异不在追求的目标，而仅在追求的方式，即所求则同，所以求则异，君子道其常，而小人道其怪，[2] 但这里的"所求相同"似乎只应理解为最基本的欲求大致相同，他们高层的欲望还是很不一样的，即我们上章所说的："低同高异。"

无论如何，除了道德人格的目标，我们每个人都免不了还要有许多不属于道德的目的和欲求，如谋生求职一类，而如何求，走什么路，这就有义了，如果以正道求，那么，即使我的所求尚非宅于广博的仁心、爱心，而只是为一己一家的奉养，那么，我也不失为一个正直的人。而且，长此以往，始终坚持直道而行，正道而求，无疑有益于、也许是最有益于陶冶我们的情操，最终把我们造就为一个高尚的人，甚至进入圣域。此即"惟其义尽，所以仁至"。

总之，我们从"义"为"人之正路"的比喻可以得到的启发是：第一，路是用来行的，用来到达某一目的的，所以，"义"直接与行为有关，与手段有关；讨论"义"尚非讨论最终目的，讨论至善问题；第二，路是迹，是可见的、外在的，所以，"义"也是人们有目共睹的，是客观的道德原则，道德规范；第三，作为"义"的路是正路，是大道，是常途，所以，

---

[1] 《孟子·离娄下》。

[2] 《荀子·荣辱》。

"义"也是具有普遍性的，是人人所应当遵循的，也是绝大多数人所能够遵循的。

以上所说，我们也可以从"义"与"道"的联系得到印证。《尚书·洪范》说："无偏无陂，遵王之义；无有作好，遵王之道，无有作恶，遵王之路。无偏无党，王道荡荡，无党无偏，王道平平；无反无侧，王道正直。"在此，很显然，"义"、"道"、"路"三字的意思是一致的，所说的都是"王道"即"社会正义"，用不同的字只是为了避免重复。后来荀子"从道不从君，从义不从父"也可以说是这种用法，也是"道""义"等同。

不过，"道"有时虽可等同于"义"，却是在它包容了"义"的意义上等同的。"道"本身是一个更为深广的哲学范畴，而不止是一个伦理学概念。"道"还可以包括根本价值、最终目的的含义，也就是说包括"最好"、"至善"、"最高理想"的含义。所以，我们可以说先秦诸子各派各家都"志于道"，"以道自任"，但不好说它们都"志于义"、"以义自任"。"义"只是方式、手段，这时它与"道"的关系正如孔子所言："行义以达其道。"[1]也就是说要通过正当的途径来实现其理想。

春秋时期，孔、墨两家都甚重义。孔子说"君子义以为上"，"君子义以为质"，君子与小人的区别就在"喻于义"还是"喻于利"；墨子说"万事莫贵于义"，"义为天下之大器"，他们对义的客观性看来都没有发生过疑问，都把义看成是客观的原则规范，看成是具有明确内容的，孔子以《春秋》明"大义"，此"大义"显然不以个人主观意识为转移，墨子以葬父为例，说这不仅是我的义，也是你的义。后来荀子讲"礼义"，韩非讲"公义"，汉董仲舒讲"以义正我"，唐韩愈讲"行而宜之之谓义"，也都没有怀疑过义的客观性。但是，在《孟子·告子》中有两段批评"仁内义外说"

---

[1] 《论语·季氏》。

的言论，孟子在其他地方还谈到要"集义"而非"义袭"，要"由仁义行"而非"行仁义"等，这些言论到宋明时特别为儒者所强调和推崇，"义内说"于是被敲定，而"义外说"几乎成了一种禁忌，所以，我们要专门疏解一下《孟子·告子篇》中的这些话。

告子说：仁是内在的，不是外在的，义是外在的，不是内在的。我爱我的弟弟却不爱别人的弟弟，这是因我自己的缘故，所以说仁是内在的，我敬我家里的老人，也敬其他的老人，这是因他们年纪都比我大的缘故，所以说义是外在的。

孟子的反诘是：不知道你所谓的义，是在老人那里还是在敬老的人那里？（如果说义是在外，是在被敬的对象即老人那里，那么，对象不同，恭敬心也应该不同才是，而实际上）就像喜欢吃别人家的烧肉的人，也喜欢吃自己家的烧肉，他喜欢吃烧肉的心并无不同一样（不管对象是我家的老人，还是其他的老人，恭敬之心也都是一样的，也就是说，义不在对象，而在主体，不在外，而在内）。[1]

紧接着孟子指导公者子与孟季子问难的一段也是批评"仁内义外说"，论据大致相同，限于篇幅，不具引，我们主要分析孟子与告子辩论的一段。

首先，从上例可以看出，告子所说的"仁""义"是有特定含义的，仁是爱弟或爱亲，义是敬长，"仁内义外"一说的产生大概跟这种特定含义很有关系，因为爱亲比较自然，容易从心中油然而生，而敬长却不那么自然，容易感觉到具有某种外在的约束性，强制性。所以觉得是"仁内义外"。

但是，以内外来分别仁、义看来并不恰当，至少是不重要的。爱

---

[1] 原文不易懂，为明白扼要起见，此处删去了一些内容，同时又以括号中语补足其意。详见《孟子·告子上》第四段。

亲、敬长可以说都是某种义务，或者说都是总称的儒家的"仁"之"义"，它们作为原则规范，都是客观的、外在的，而若把它们看作内心品德，从个人的道德践履出发，它们又可以说都是主观的、内在的了。

其次，义的客观性或外在性也不宜理解为是存在于对象那里，这一点孟子反驳得有道理，后来王阳明也有过类似的驳论，大意是说，如果说孝的理在父亲那里，那父亲一死，这理岂不就没了吗？

当然，我们认为，这理最终也不是存在于主体那里，存在于心灵之中，尤其是上述具体的义理。因为个人既是对象，也是主体，个人作为对象会死去，作为主体也会死去，所以，孝的理也不会存在于儿子或主体的心里。这一理宁可说是存在于人与人的父子关系之中，只要这一关系是客观的，这一孝义或孝理也就是客观的，我们且不说"天不变，道亦不变"，而是只要人类存在和延续一天，这种父子关系存在一日，也就有这种孝义孝理存在一日。人类的基本义务可以说都是从这种客观关系发源的，义务客观性的根据就在于这种客观关系。当孟季子说：一个人心里敬的是自己的大哥（仁），但在一起饮酒时却先敬本乡长者而非先敬自己大哥，因而可证义是外在的而非由内时，孟子解释说这是因为本乡长者"在位故也"，这个"位"就是指一种客观关系。

总之，我们说，告子在此确实是说得有些不妥的，不妥之一是以内、外分别仁、义并不恰当；不妥之二把"义外"理解为"义"存在于对象那里也不妥当。而究其原因，则在于不能超越一种自我的观点，不能摆脱仅仅从人我的关系看问题，这样，一看到义不在自我，就以为义在他人了，看到义不在主体，就以为义在对象了，告子没有看到，义务是存在于一种普遍的人际关系之中，是这种客观关系的应有之义。但是告子的基本方向还是正确的，他不过是想肯定孔、墨都已经肯定的东西而已。

即便是孟子，他虽然批评"仁内义外说"，但他所说的"仁，人心也，义,人路也",不也有"仁内义外说"的倾向吗?在这一并列"仁""义"的句子中,"义"既非是"人心",岂不也是外在的吗?而且,他对"仁""义"的特定含义的解释也有接近告子处,如说"仁之实,事亲是也,义之实,从兄是也。"[1]那么,孟子批评告子难道只是因为"好辩"吗?

  当然不是这样。我们若从孟子的整个思想着眼,就会发现此辩含有深意。孟子与告子的争论是在人性论的背景下展开的,告子认为,人性就好像杞柳树,义理就好像杯盘,把人性纳于仁义,就好像用杞柳树来制成杯盘。这样,就有过于强调义从外部对人的规范性和强制性,而忽视人的主体自觉性和自律性的危险。孟子则要鼓舞人的自信心,高扬人的主体性,所以他强调"仁义礼智,非由外铄我也,我固有之也",其宗旨,正如朱子在《孟子集注》中引范氏所言:"二章问答,大指略同,皆反复譬喻以晓当世,使明仁义之在内,则知人之性善,而皆可以为尧舜矣。"[2]而在其他一些地方,正如我们上面所见,孟子并不否认"义"也有客观的一面,孟子把"义"视为"人之正路",说士必须"居仁由义",赋予"义"以明确的内容,如"非其有而取之非义也","未有义而后其君者",皆可见其对义务客观性质和内容的承认。但若涉及根本,则孟子当然又认为"仁义礼智根于心"。

  不过,我们在此并不想涉及心、性、天等更高层次的义理根据的问题,而只想顺便指出,孟子不仅仁义并提,而且使义内化,从而使"义"字又有了一种新含义——即"义务心"。这样,"义"一字就不仅含有我们前面所说的客观的"义务"、"义理"的意思,也含有主观的"义务心"、"义务感"的意思。在"四端说"中,这"义务心"就是"羞恶之心"(在

---

[1] 《孟子·离娄上》。
[2] 《四书章句集注·孟子集注》卷十一,中华书局1983年版,第382页。

此，甚至最明白可见的客观之"礼"也内化为"恭敬之心"，这是我们很不容易理解的)。我们下面就要来谈这一"义务心"，这也是我们从良心论的角度所必须谈的。

我们现在再回到《释名》所给出的对"义"字的解释：

> 义者，宜也、裁制事物使合宜也。

"宜"实际就是"理"，而裁制事物使之合"宜"合"理"的则是"心"，是"心"在裁制事物，决定行为，但它并非凭空决定，而是必须使之合"理"。所以，"义"字也可以说同时包括有客观之"义务"、"义理"和主观之"义务心"双重含义，但最主要、最优先的当然还是客观的"义理"之义。

三、对义务的敬重心

前已述，"义"可分为两层意思：一是从事上论，"义"指客观的义务、义理；二是就心上论，"义"指主观的义务心、责任感。而我们现在来看这义务心，又可将其再区分为两个层面：一是对义务的理性认识，或径直说是对义理的认识，在此，使之向现代社会转化的关键是首先采取一种普遍的道德观点，我们将在下一章探讨这个问题；二是对义务的一种情感态度，在此，最值得向现代社会中的人们推荐的是一种对义务的敬重心，我们现在就来讨论。

孟子把义务心阐述为一种"羞恶之心"，朱子《四书章句集注》解释说："羞，耻己之不善也。恶，憎人之不善也。"我们要注意这是在"四端说"中的解释：孟子实际是把良心之端分析为四：恻隐之心为仁、羞恶之心为义、辞让或恭敬之心为礼、是非之心为智。"义"在内化的同时也缩小了其原来的蕴涵,"义"不再具有"人之正路"或"正当"的广义,而是"羞恶"或"恶恶"的狭义,主要是一种类似于"耻"的感情,若扩大其意思,也可以说"善善恶恶",即把"择善"的正面意思也包括进来,也就是说在"善恶"之间进行抉择,但这与作为"是非之心"的"智"又似有重叠之嫌。"智"也是"辨是非,别可否"。后来朱子说"义如利刀相似"、"义主收敛"、"义字如一横剑相似,凡事物到前,便两分去"、"义之在心,乃是决裂果断者也。"[1]

这些说法,都是讲的一种裁断抉择。这说法看来跟"义"的本字"宜"原有"杀"的意思有些关联,是"杀"意的一种隐蔽的流衍。至今我们仍在用的"舍生取义"、"慷慨就义"等成语中也存有一种肃杀、凛然的气息,表示着刚决果断而赴死、殉节的意思。所以,要说"义"和"智"有区别的话,区别也许就在"义"主要指对我自身行为的选择,且所裁所决的"是非"常常是"大是大非",是处在紧要关头,甚至生死关头的裁决。

这种对"义务心"的解释彰显了人的主体性,尤其突出了主体的意志抉择作用,无疑是很有意义的。但我们不可忘记:这一"义务心"只是四端之一,它在被内化时其蕴涵也缩小了。"礼"分走了"恭敬"之意,"智"分走了一般的"是非之心",而作为道德行为动力之源的"恻隐之心",则为"仁"所涵有。"仁"并且可以作为一个总称,包括心之四德,而"义"却不能包"仁",也不能包括其他二德,这样,它作为"义务心"实际上就不是全面的。"义"从心上论,若偏于感情的理解,则是"羞恶",若偏于意志的理解,则是"裁断",而尤其是指斩钉截铁地"禁邪辟恶","宁死不为"。

"羞恶"和"去恶"先都得知道什么是"恶",什么是"正",这种"知道"

---

[1] 《朱子语类》卷六,"仁义礼智等名义"。

就必须诉诸原则、义理，然而，我们在此且不谈在"羞恶"之前就应有的对义理的认识，而是谈在这种认识之前就应有的一种对义务的"敬重"之情，这种敬重涉及对人在世界上的地位的恰当估计。我们还有必要指出，把"义务心"单纯理解为"裁断"并不是没有一种导向非理性的抉择伦理学的危险的。如果把"裁制决断"推到极端，就可能把人置于或者太自傲、自我期许太高，或者太绝望、类似于"垂死挣扎"的地位，[1]而这两者都不是对人的处境、本性和使命的恰当描述。

所以，我们想转而看对"义务心"的另一种解释，这种解释是由康德所提出的。

"义务心"概念在康德那里是这样引入的：康德先从道德评价的角度出发，认为世上除了"善良意志"之外，没有绝对的、无条件的、本身即好的东西。然而，在人那里，这一"善良意志"实际就是"义务心"，因为，人并非上帝，并不可能从心所欲，任意挥洒都是"正当行为"、"全善之举"，人心中还有许许多多的欲望、喜好，这些欲望、喜好都可能对真正的道德行为构成障碍和限制，正因为在人心里有这些障碍和限制，"正当"也就要变成"应当"，对人构成命令，构成义务，而非生性所自然，心灵所本悦，这并非是说义务与人性就没有相合处，而是说，只要有哪怕一丝不合，从原则的普遍性着眼，也就必须以绝对命令的形式表现，必须作为义务向人们提出，说"你勿……"、"你应当……"，而非说"吾欲……"、"吾悦……"。人必须克服自己的种种主观障碍和限制，摆脱喜好和欲望，而纯然出自对义务的敬重而行动。这一对义务的敬重也就是"义务心"，只有纯然出自义务心的正当行为才是不仅合法，也合乎道德的行为，只有这样的行为才具有道德的价值。

---

[1] 前者如明代晚期的某些儒者，后者如当代西方的无神论存在主义。

可见,"义务心"就是内心对义务的敬重和推崇,从一个行为者的角度看,就是一事当前,不问自己的一切欲望、喜好和利益,而只问:"这是否是我的义务?"只要是我的义务,我就必须履行,否则就予搁置。在我的心里,义务的分量最重,义务优先,义务第一,打个比方说,义务如军令,而"军令如山",在义务面前,其他一切理由都要让路。康德解释说,这种对义务的"敬重"虽然是情感,但不是受外来影响的情感,而是由纯理的概念自己养成的,所以与爱悦与恐惧等外界原因引起的情感不同。

那么,这敬重意味着什么呢?敬重的对象实际上是什么呢?它是怎样产生,又具有怎样的意义呢?这敬重首先意味着贬抑我们的自负心。人的全部好恶都可以说是"利己心",这种利己心又可分为两种:一是对自己的过度钟爱,即自私;一种是认为自己有立法权力,而把自身看做是无须受制约的,即自负。在纯粹的实践理性看来,自私原是人的天性,甚至在道德法则之前就已发生于我们心中,所以它只把自私加以规范、加以限制,使之与道德法则相符合,然而对于自负,它却要完全将之压制下来。我们只有贬抑自身,才能唤起我们的敬重心来。但这并不意味着敬重心只是消极的、否定的,因为贬抑的同时就是高扬,在贬抑感性和好恶的同时,就高扬了理性和法则。

所以,对义务的敬重也就是对道德法则的敬重,当道德法则的表象在我们心中出现的同时,我们也就产生出一种对法则的敬重之情。对法则的理性认识和敬重之情是相伴而行的,一种潜在的敬重总是与法则的表象结合在一起,如影随形。所以说,敬重是一种纯粹由理性产生的感情,而不是如恐惧与爱悦一样是由外界原因产生的感情。道德法则直接唤起我们的敬重心,它本身就是我们的敬重心产生的原因,我们对道德法则的敬重是它在我们的心灵上产生的效果。虽然道德法则何以能直接唤起我们的敬重心并不为我们所知,但我们清楚地知道,不是说因为我们敬重法则,法则才普遍有效，而是因为法则普遍有效，我们才敬重它。我们由此也可看出，客观、普遍的道德法则是第一位的，而主观的敬重之情是第二位的，虽然"敬重"是康德唯一一种在道德上推崇的感情。

敬重总是只施于人而永不施于物。敬重是对人的德性的尊敬而非对人的才能的惊羡。敬重远非一种快乐的情感，但却最少痛苦。这就像我们的先人所说的：尽自己的义务并非是为了自己得到快乐，甚至不是为了别人的快乐（有时从这义务得利的并非是我们喜欢的人），而是为了使自己"心安"。我们履行了我们的义务，我们才感到安心。[1]

"心安"是比"心悦"更基本的一种状态，然而，它也因此更不可缺少，更具有普遍性。我可以没有"欣悦"和"快乐"而生活，我甚至可能不想去追求它，然而，我却不能没有"心安"而生活，"不安"就必然导致我要去改变自己的生活。所以，"心安"实在比"心悦"有更大的道德推动力，它也有助于防止在追求"心悦"中使不道德的行为偷偷溜进来。因此，把"义务心"解释为一种"悦义之心"是有危险的，敬重所带来的正面心理状态则至多是"心安"，而不是"心悦"。

对道德法则的敬重心乃是唯一的、无可怀疑的道德动机，正是通过敬重，客观的道德法则才成为我们内心主观的行为准则、成为直接的行为动机。敬重是一种使普遍法则变为个人行为准则的一种"道德关切"（Interesse）。而"动机"、"准则"、"关切"这三个概念，都只能施用于有限的存在者上，因为它们全都以一个存在者的狭窄天性为其先决条件，这些概念不能够用在神的意志上。

这就又回到了我们前面所说的：谈到义务，就离不开人，谈到义务

---

[1] 伊川："'安安'，下字为义。安，其所安也，安安，是义也。"《二程集》，中华书局1981年版，第153页。

就意味着有限制要突破,有障碍要克服,而这些限制和障碍就来自人的感性存在。人不是神,人不能生来就自然而然、满心愉悦地实行道德法则,这法则并非他的本性法则。人通过艰苦的努力,不懈的坚持,工夫纯熟之后,也许会使敬重转为爱好,但对法则纯粹和完全的爱悦总仍然是人可望不可及的一个目标。所以,康德对那"传染了许多人的单纯的道德热狂"不以为然,批评那设想自己意向完全纯洁之后所达到的"圣域"谬想。那些人满以为自己心灵不待勉强,自然良善,无需鞭策,无需命令,因而忘记了自己应尽的义务。

若把康德对义务的那段著名的赞辞[1]与在东西方都可见到的对个人心灵陶醉的神秘主义描述进行一番比较将会是很有意思的,两者都涉及进入一个很崇高的精神境界,但后者从进入的路途到最后达到的状态都不是很明确的,且看来只为极少数"特选者"所专有,而前者是每一个人都可进入的,只要他在非常困难的情况下仍坚持履行自己的义务,他就会在自己的心里发现这样一种感受:不论我多么卑微、多么软弱,但只要我能够在任何情况下都遵守义务的命令,就使我上升到了接近于与法则同一的地位,使我感到了自己身上还有超越自身的东西,这东西就是我的高级天性,就是使我得以摆脱由我的感性存在带来的自然机械作用而独立的理性。

我确实是敬重、甚至是敬畏法则,就像我对我头顶苍穹的无限星空表示敬畏,那不是作为感性存在的我所能控制的,甚至那神秘也不是我的知识理性所能洞穿的。我感到敬畏,然而,这敬畏是我的敬畏,我能够敬畏,而一个没有理性的动物是没有这种敬畏的,这种敬畏甚至本身就指示出我的另一种生命,指示出我还有另一种敬畏,即对心中道德法则的敬畏。这两种敬畏有相通之处,然而,如果说第一种敬畏主要是贬抑人的自

---

[1] 康德:《实践理性批判》,商务印书馆1966年版,第88—89页。

负，第二种敬畏却还提高人的自信：我能够循道德和信仰超越我的感性存在的限制而向着无限飞升。

对义务的敬重心揭示了人的两重性：人既是一个感性的存在，又是一个理性的存在，他同时属于感性与理性两个世界，一方面受着自然的因果律支配，不由自主，另一方面又能够自身开创一个系列，自我立法。所以，敬重义务也就是敬重法则，而这法则由于实际上也是人自己制定的，所以，敬重法则又等于敬重自身，敬重自身的那一高级天性，相信人能凭借这一高级天性（亦即实践理性）超越自身的有限性。

这种对超越的渴望和自信并不是康德哲学独具的特点，相反，我们可以说，几乎一切立意高尚的哲学无不具有这一特点。亚里士多德说，在人那里也赋有神性，不要以为做人只需想人的事情、作为有死者只需想有死者的事情就够了，人还要竭尽全力去争取不朽，在生活中做合乎自身最高贵部分的事情，即过一种哲学家的、从事理智活动潜心沉思的生活。如果说这与康德的道德超越的观点还有些差距的话，新儒家的观点与康德就很接近了，即都主张从道德超越人的有限性。但是，这里还有一个关键的差别就在于康德的道德观是面向社会、面向所有人的，而古代儒家的道德观在后来的发展中却有面向自我，面向少数人的精英论倾向[1]（在这方面倒是儒家的道德观与亚里士多德的德性论有相同的地方）。

导向普遍化的观点必然与承认人的有限性有关。康德在强调超越的同时也强调人的有限性，所谓"义务"，所谓"命令"，所谓"法则"，所谓"敬重"，所谓"关切"等等，都是以一个存在者的有限性为先决条件的。"义务"就意味着约束，"命令"就意味着被约束的对象有可能不服从，"法则"

---

[1] 这一点常常被当代新儒家中研究康德的学者所忽视，我同意他们的一些看法，如认为康德是西方最值得我们注意的一位思想家，但在如何理解和对待康德的问题上，却与他们存在着许多分歧。

就意味着要对义务作一种具有普遍效力的概括,"敬重"就意味着法则也有外在的、异己的、或者说"不容己"的一面。法则确实是"自律"的,但又是"律己"的,它有毫不含糊的"律"的意思:即约束、规范、限制,而这一切都是因为"人的有限性"。

"人的有限性"是一个特别值得发挥的概念。虽然准确地说应该是"人是一个能够追求无限的有限存在物",但我们这里要特别指出这后一个方面,即"人的有限性"。正是因为注重"人的有限性",所以,在康德那里,道德人格的理想并非是能与天地契合无间的圣人,而是能在任何情况下恪守自己义务的普通人,达到这一理想也主要不是通过自我修养或道德小团体的切磋,而是通过作为社会一员的人们始终一贯地敬重自己的义务,履行自己的职责。

有一个真实的故事也许可以被我们用来说明康德心目中的道德楷模和进路,也颇能说明对义务的敬重是怎么一回事。这故事说的是有一个人,办了一个小银行,吸收了一些小额存款,然而,由于某些他本人无法料到的情况,在一次席卷范围很广的金融危机中,这些钱全都损失了,银行不得不宣告破产。于是,他带领他的家人,决心在他的余年通过艰苦的工作和节衣缩食,把这些存款全都退还给储户。一年年过去了,一笔笔退款带着利息陆续被寄回原先的储户,这件事感动了储户们:因为他们知道,银行的破产完全是一个意外,而并非这个人的不负责任或有意侵吞,他们虽然因此都遭受了损失,但这损失摊在许多人身上毕竟不是很大,比较容易承受,而摊在一个人身上却是非常沉重的。何况,这个人的努力偿还的行为已经证明了他的内疚和善意。他们便联合请求这个人不要再偿还欠他们的存款了。然而,这个人却认为还清欠款是他的义务,他只有履行了自己的义务才会感到心安,他照旧坚持不懈地做下去,为此放弃了许多生活中的欢乐,没有闲暇,没有另外创立事业的可能,这件事就成了他一生的使命，他精神专注、目不旁骛、锲而不舍、高度虔诚地只是做好这件事，终于，他寄回了最后一笔存款，这时，他已经精疲力竭了，接近了生命的终点，他在这一生没有实现自己年轻时就怀有的远大抱负，没有创立什么辉煌的事业，因为他的后半生完全被拖进了这件事，他似乎只是被动地、不断地在一个个命令的召唤之下活动："还钱！""还钱！""还钱！"然而，与他所做的这些平凡的事情相对照，是否还有比这在道德上更辉煌的业绩呢？与他这些看来似乎被动的行为相对照，是否又有什么行为比这呈现出更崇高的道德主体性呢？

"还清别人存在你这里的钱款"，这确实不是什么很高的要求，而是做人的一个基本义务。平常做到这些事情也并不难，但有时候却很难很难——例如处在上面发生的那种情况之下。这时，能否履行这一义务，就有赖于对义务的一种敬重心了。在通常的时候，明智、利益、爱好可能都会支持自己去履行义务，但当我们遇到上述情况、遇到履行义务将把我们投入非常窘迫的境地，甚至带来死亡时，诸如明智、爱好一类动机就会悄然撤退，我们就必须独自依靠我们对义务的纯然敬重之心来坚持履行自己的义务。

所以，康德强调义务心的纯粹性，强调它与爱好、喜悦无关，而只是对义务的敬重，认为我们只能从对法则的敬重心中汲取动力，义务并非赏心乐事，义务在这方面带给人的主要是心灵的平静和安宁。欢悦至多是履行义务中的副产品，而且这副产品也并不总是出现，而如果在履行义务中始终期待着欢悦，甚至以它为鹄的，那就会把人引向危险的方向，离真正的道德越来越远。

康德在《道德形而上学基础》中所列举的有关什么样的义务行为才具有道德价值的例子可能给人以错误的印象：似乎只有那种痛不欲生时仍保存自己的生命，生性冷淡却仍努力助人的行为才有道德价值。而我们知道，人的实际动机经常是复杂的，各种欲求是纠缠在一起的，在正常情况下，为什么不可以允许其他的考虑（如明智）来协助义务心呢？为什么要有意克制在敬重义务的同时所自然产生的欢欣呢？席勒曾写诗批评康德对"爱好"的压制，讽刺说："难道我先要努力蔑视我的朋友，然后再怀着厌恶去做义务命令我去做的事情——即给他以帮助？"[1]

但是，平心而论，我们也许只能说康德因为要强调敬重心与爱好心之间的对立，所举的例子有些不妥，但这一原理并没有错，外表合乎义务的行为与本于义务心的行为并不一样，只有本于义务心的行为才有道德价值，而我们要真正从道德上判断，一个行为仅仅是合于义务还是也同时本于义务心，往往只能在某些特殊情况下——即在其他非道德动机与快乐撤走时才看得最清楚。

当然，我们不应否认在正常情况下，一个主体伴随有快乐的义务行为可能也有道德价值，但这一行为之所以有道德价值，还是因为在这主体那里存有对义务的敬重心，而不是因为他感到快乐。这里的关键是，只有强调对义务的纯然敬重心，强调要以它作为道德行为的动力，才能够使义务圆满、原则一贯，命令也确实是绝对命令。义务绝非是我们喜欢就履行，不喜欢就可以不履行的事情，虽然我们大多数人在大多数情况下都可能愿意履行我们的义务，甚至乐意履行我们的义务，但我们确实都可能碰到我们也许不愿意履行这义务、履行它们甚至将给我们带来痛苦的少数特殊情况，如果说这时候就可以不履行义务（这时不履行确实常常能得到人们的谅解），那么，义务的普遍性、原则的一贯性、命令的绝对性又从何谈起？在这样一些特殊情况下，道德主体所能依赖的也就是对义务的纯然敬重之心了，而使他在正常情况下的义务行为具有道德价值的也是这种敬

---

[1] 包尔生：《伦理学体系》，中国社会科学出版社 1988 年版，第 300—302 页。

重之心，只是在这特殊情况下这一敬重心更单纯、更明显、让我们看得更清楚罢了。也正是在这样一些特殊的时候，一种平凡的履行义务的行为会突然间放射出奇异的光彩，使目睹这一行为的人们的心灵也深深地为之感动，而这一行为的主体也由此进入了一个崇高的道德境界，就像我们在上述"偿还欠债"的例子中所见到的一样。

而我们要批评康德的地方并不在这里，并不在其贬斥爱好心而推崇敬重心，我们想提出质疑的问题是：人对义务的履行如果并非以爱好心作为动力，那么他是否能得到除敬重心之外其他情感的支持？按康德的解释：敬重心是纯粹由理性产生的情感；那么，它是否就是唯一的道德动力呢？人们的其他情感是否就一无可为呢？在直接面对一个行为时可能确实是像康德所说的那样，人必须以一种对义务的敬重心而履行义务，但如果我们追溯得更远，我们就会发现，恻隐或同情也是道德动力的一个源头。而且，这一恻隐之心也是纯粹的道德情感，与任何自私、明智、爱好无缘，这我们已在第一章予以证明。那么，为什么要忽视它的作用呢？

人并不仅仅是理性的存在，也并不只是理性才能支持道德，如果说只有理性才能支持道德，那我们未免太低估自己了，那就是把我们自己一分为二，在理性与非理性的东西之间划出了一条不可逾越的鸿沟，把理性与感性完全对立起来了。而且，我们认为，提出"恻隐之心"作为根本的道德动力之源，可以为"人何以会产生对道德法则的关切和兴趣"这样一个难题提供一个可供选择的答案。康德认为这个问题是我们无法得知的，这可能确实是凭纯粹知识理性无法得知的，但我们每一个人心中的恻隐之情无可置疑的存在和不可抑制的涌现却是一个明白无误的证据：证明我们每个人不能不在某种程度上关怀一切有理性者，甚至一切有感性者，因而也不能不对适用于一切有理性者的普遍道德法则产生关切和兴趣。

当然，恻隐之心必须通过理性的中介才能真正持久和一贯地发生积极的作用,对一个道德践履者来说,恻隐心必须转化为对义务的敬重心,他必须按照道德原则行事,听从普遍法则的命令,而不是为突然涌现的恻隐之情所左右。卢梭认为良心(主要是同情)始终绝对无误的想法只是一厢情愿。[1]

四、人的有限性与无限性

卢梭的理论只是说明有许多条路通向夸大人的能力,美化人的本性,从而导致以人为神,造出种种人格和社会乌托邦的事实。我们在前面评述康德所论对义务的敬重心时,已经提到过"人的有限性"是一个特别值得发挥的概念,现在我们就对这个概念在个人道德上的意义略加阐发,[2] 而这也是为了回答这一问题:即为什么我们要特别强调对义务的敬重心,而不是强调对义务的决断心或欣悦心?以及我们为什么认为:人必须通过首先是敬重义务,并且主要是敬重义务而成为一个有道德的人?

人的有限性是一个明显的事实。生命,或者说有血有肉的、尘世的生命属于每个人只有一次。并且,无论科学技术如何发达,医学的发展如何帮助人延长其生命,每个人的寿命或生命预期(life expectancy)也还是有一个大限。而且,不仅个人,人类也可以说有一个大限。每一个人出生伊始,他就处处碰到限制。在他有自我意识和选择能力之前,他就在相当程度上被他父母的基因、被他将要在其中诞生的社会规定和限制在一个范围之内了,而即使他后来培养起一种理性判断和意志选择的能力,他的每一选择也同时是一个规定、一个限制,选择了走这条路就不能走那条路,

---

[1] 《爱弥儿》下卷,商务印书馆1983年版,第417页。

[2] 至于对这个概念的较全面意义的较充分阐发,比方说,阐发"人的有限性"在社会政治、形上本体以及超越信仰方面的意义,我将在以后探讨传统正义、天道和性理时谈到。

而那种似乎保留了某种形式上自由的三心二意者反而只会一事无成。

我们的先人应当说是相当清楚地认识到了这种人固有的局限性的，我们可以举《史记·龟策列传》中所载的一件事来说明这一点：

据说宋元王二年的时候，有一只大龟被一个渔夫豫且捕到了，于是大龟托梦于元王，请他解救它，当元王得到大龟想放走它时，却遭到其大臣卫平的劝阻，经过一番辩难，元王终于把龟杀了，再用它的身架来占卜战争等大事，无不灵验，一时宋国成为强国。

《史记》中这件由褚先生（少孙）补记的故事，并不见于先秦史籍，其素材大概是来自《庄子·外物篇》中的一个寓言，但是，使我们感兴趣的并非这件事，而是由此事引发的一段议论。不能作为信史的材料却常常可以作为思想史的材料，因为它们反映了当时人们的流行观念和思想。当时人们的评论是：这只龟虽然很神，能托梦于元王，却不能使自己从渔夫的笼中脱逃；能使占卜者百战百胜，却不能自解于刀锋之灾，免于剥剌之患。神龟尚且如此，尚且有所不能，何况是人？"人虽贤，不能左画方，右画圆"，[1] 所以人不能不感慨自己的有限处境，悟到天地人生皆有所缺的道理。

据褚少孙记载，孔子当时也听到了这件事，于是评论道：日月星辰也不能完全，所以有孤有虚，"黄金有疵，白玉有瑕。事有所疾，亦有所徐。物有所拘，亦有所据。罔有所数，亦有所疏。人有所贵，亦有所不如。何可而适乎？物安可全乎？天尚不全，故世为屋，不成三瓦而陈之，以应之天。天下有阶，物不全，乃生也。"[2]

对这些话，我们并不容易找到确凿的证据证明它们确是孔子所亲言，但其中的道理却是很明白、很实在的："人有所贵，亦有所不如"，"物

---

[1] 这是在先秦典籍中常见的一句话。
[2] 《史记》第十册，中华书局1982年版，第3237页。

不全，乃生也"。而且，我们从孔子那里，也还是可以发现一些类似的思想，发现他对自己，乃至人类的知识和能力所持的一种相当谨慎、决不僭越和傲慢的态度。

孔子反对骄傲，甚至可以说喜欢一种不确信的态度，他时常给其弟子子路直通通的傲劲泼一点冷水，当他要漆雕开去从政，漆雕开回答说"恐怕我不行"时，孔子却对他这种态度感到很高兴。[1] 孔子甚至说："如有周公之才之美，使骄且吝，其余不足观也已。"[2]

孔子对人的知识的基本态度是："知之为知之，不知为不知，是知也。"[3] "君子于其所不知，盖阙如也"。[4] "阙如"也就是把所不知道的东西暂时悬置起来，打上括弧。当代西方现象学对现象后的形上本体采取的也正是这样一种悬搁的态度。不是傲慢和轻率的解释，也不是根本否认，而是谨慎的承认和悬置。为什么子贡说"夫子之言性与天道，不可得而闻也"。[5] 为什么"子罕言利与命与仁?"[6]，乃至为什么孔子说"未知生，焉知死?"[7]，其原因恐怕也应当部分地从这种基本态度中去寻找。孔子反复讲自己"无知"，[8] 决不自居为"生而知之者"，[9] 有时甚至说"予欲无言"[10]，也应当说确实是深深体会到了人的知识以及语言的某种局限

---

[1] 《论语·公冶长》。
[2] 《论语·泰伯》。
[3] 《论语·学而》。
[4] 《论语·子路》。
[5] 《论语·公冶长》。
[6] 《论语·子罕》，子罕言利当然是与其重义有关，但为何罕言命，以及对仁也一直没有给出一个明确的定义，除了其他原因之外，也无疑与他的谨慎态度有关。
[7] 本注释内容见本书第260页。
[8] 如《论语·子罕》："吾有知乎哉，无知也。"
[9] 《论语·述而》。
[10] 《论语·阳货》。

第五章 敬义

性,而绝不是有意谦虚。

当然,虽然深刻地认识到了人的知识及语言的局限性,孔子对此所取的态度还是和道家很不一样的。庄子说:"吾生也有涯,而知也无涯。"这一事实想必是孔子也会同意的,但当庄子接着说:"以有涯随无涯,殆已,已,而为知者,殆而已矣。"[1] 此即倾向于放弃求知,使自己保持某种童蒙无知的状态中,这却是孔子肯定不会同意的。孔子决不会因为人生有限,所知有限而放弃求知,而是仍要努力为知,孜孜求知的。孔子也不否认人具有某种认识人类自身、社会和历史的能力,如他说"其或继周者,虽百世,可知也。"[2] 又说:"不知命,无以为君子也。"[3] "五十而知天命。"[4] 但是,我们之所以要特别指出孔子的另一面,指出孔子也认识到人的知识的局限性,是因为这一点常常被后来者看轻乃至忽略。孔子

---

[1] 《庄子·养生主》。

[2] 《论语·为政》。

[3] 《论语·尧曰》。

[4] 《论语·为政》。然而,这里的"命"或"天命"看来不仅有客观必然之理的意思,也有人的偶然命运、人的局限性的意思。我们可参见刘述先在其近作《五年来的学思》中的解释:"儒家思想一向为西方学者所批评,认为它相信人的可完善性,对于人生采取了一种过分乐观的态度。我最近对于这种说法有所弹正。今年六月在洛杉矶举行的国际孔孟思想与中国文化前途研讨会议,我以英文宣读论文,重新检讨孔子对鬼神、祭祀与天道的态度。我特别对于孔子的天命观进行了反思。为什么孔子要到五十才能够"知天命"呢?显然他不只是知的宋儒所谓的"理命",即《中庸》所谓"天命所谓性"的天命,他也在同时体悟到宋儒所谓的"气命"的重要性,也即人在实然世界之中所遭逢到的不可控制、不可了解的命运,它的来源依然在天——那个神秘的超越的令人敬畏的创造的根源。人在年轻时以为无事不可为,临老乃知道个体生命的有限性,有德者不必有位,人只能在自己时代、环境、具体生命的重重限制之下发挥出一点点创造的力量。中国的"天""人"属于一种"内在的超越"的型态,故此真正要了解儒家的睿识,就要同时体悟到天人的合一(内在)以及天人的差距(超越)的意义。人要到五十多岁才能够真正看到自己气质的缺陷与有限性,以及理想与实践、言与行之间有多么大的距离。这一层意思我也曾经在几次儒耶对谈的国际会议中加以强调。我现在才慢慢在一个实存的体验的层面上了解到,过去我曾经说了太多自己做不到的话,做了太多自己不该做的事,而不可以事事设词为自己辩护。人的确一方面有仁心与创造性的种子,另一方面又必须面对内外的严重的限制而不可空谈光景:这大体显示了现阶段我对于道理的体悟。"(景海峰:《儒家思想与现代化》,中国广播电视出版社1992年版,第594—595页)

说:"知之为知之,不知为不知,是知也。"而中间一句承认"不知为不知"恰恰也是"知",却时常为后儒轻轻放过。作为先师的孔子,倒常常比他后来的学生和传人表现得更为谨慎,更为谦虚,而其后人却有"多见其不知量"处。

至于人们在道德上的有限性,我们则可以从孔子不轻易许人为仁略见一斑。对于人性,孔子只是谨慎地说了一句"性相近也,习相远也"。另外,之所以要忠恕、要宽容,也正是考虑到现实生活中他人和自身的种种缺陷,把人作为人,而不是神来看待。甚至作为人们主要下手工夫的"仁之方"——"己立立人,己达达人",其深处也反映出一种对"人一般来说更关心自己"的性质的认识。为什么许多道德体系常常呼吁"爱邻如己"?为什么它们常常叮咛人们要"设身处地"、"推己及人"?正是因为在通常情况下,尤在没有经过道德训练和培育的情况下,人们的自爱之心一般都要胜过爱人之心。而道德家则要把这一自爱之心同时也拽而向外,不使它一味内敛,但就在这一过程中,他们也不能不从人的这一基础出发,甚至不能不利用人的这一性质作为一种道德资源。

这在我们前面"忠恕"一章中所引范纯仁的话中也看得很明显,范纯仁说要"以责人之心责己,恕己之心恕人",恰说明人们一般容易原谅自己而责备别人。程子说:"大抵人有身便有自私之理,宜其与道难一。"[1] 宋儒强调的所谓"十六字心传"亦云:"人心惟危,道心惟微",宋儒常说"气命","气质之性",以及极其重视工夫,也都说明即使是极其弘扬人的善性的宋儒,也在相当程度上认识到人在道德上的局限性。乃至于近代曾在《大同书》中构建了一个乌托邦社会理想的康有为,也不是不承认人所固有的某种局限性:

---

[1] 黄家羲:《宋元学案》第一册,中华书局1986年版,第620页。

> 天地生于无极之中,至渺小也。人生于天地之中,又渺小之至也。以为身则七尺,以为时则数十年,而又疾病困之,境遇限之,少嬉老衰,蚀之蠹之,中间有为之亦几矣……极其功业之大,不过数千里;极其声名之远,不过三千年,置于无极之中何如乎? 然若身焦思而为之,未易至也,则亦何取乎? [1]

我们引述这些言论,并不是说这些作者都已充分地认识到了人的有限性,恰恰相反,我们之所以引证这几位作者,恰恰是要说明:如果说即使那些尚未充分认识到人的有限性的作者,也不能不在某种程度上承认并考虑到人的有限性,那么,这种认识就更是大多数人的共识了。[2]

那么,人的有限性主要表现在哪些方面呢? 在我们能够追溯的范围内,这些有限性又源自何处呢?

我们可以用这样一个图予以简要的展示:

人的有限性
1. 知识的有限性
2. 道德的有限性
3. 幸福的有限性

生命的有限性
1. 生命只有一次
2. 身体的脆弱性
3. 身体的需求、欲望

限于篇幅,在此我们不能详细地演绎这些有限性及其相互关系,我们只限于指出:这些被区别开来的有限性当然又是相互之间存在联系,以及相互渗透的。而人在知识、道德与幸福方面的有限性在我们能够追溯的

---

[1] 康有为:《康子内外篇》,中华书局 1988 年版,第 14 页。

[2] 如广泛流传民间的格言"金无足赤,人无完人",如明末文人张岱的"人无疵不可交,人无癖不可交"等肯定"人之疵"的评论。

范围内,则可归之于人的生命、人的身体的有限性。

现在的问题是,人的这些有限性究竟有什么意义?它们是否只是一些负面因素而应当被我们否定掉或者不予理睬?或者我们也承认它们具有某种意义,也承认我们不能忽视它们,因为它们毕竟是有关人的基本事实,然而,却还是只在较次要的层次上接受它们,比方说,只在具体道德义务的实践和应用层次上顾及它们,而不把它们纳入道德形上学,乃至人的整个生命信仰这一层次予以考虑?

在这本书中,我还不打算从最高层次全面地考虑人的有限性的意义,我还只是准备从作为一个社会成员的个人道德的角度来考虑它们,追问它们在道德上的意义,那么,我们说,我们在前面实际上已经多次涉及这个问题,比如在第一章中,我们指出了人在幸福方面的有限性与恻隐之心的联系,指出痛苦也是人生的一个基本方面,我们必须关怀、思考这痛苦,努力抚慰、缓和并减少这痛苦。在第四章中,我们也指出了忠恕义务与人的知识与道德缺陷的关系,指出"恕"意根本上来自对人的局限性的深刻认识,同时也指出,我们并不因为认识到人的局限性而走向道德的相对主义,恰恰相反,正是因为人的身体和生命的局限性固定住了善恶,使善就是善、恶就是恶。生命属于人只有一次,人死就不可再复活,人的身体又是易受伤害的,所以,杀人就是杀人,罪就是罪,"把一个人活活烧死,不是保卫教条而只是杀死一个人"。[1]

善就是善,恶就是恶,可以在两层意义上理解,第一层意义是,有些行为或行为准则就其性质而言本身就是善或者恶,这种善或恶的性质是与行为主体无关的;第二层意义是联系到行为主体,联系到具体的人来考

---

[1] 卡斯特利奥:《宗教宽容宣言》,转引自茨威格:《异端的权利》,三联书店 1986 年版,第 12 页。

虑的，这时，若持一种无限的观点，确实每一个人都赋有善性或向善性，每一个坏人都可能变成好人，甚至达到一种泯灭人间善恶的境界，[1]但是如果从有限的观点来看，由于侵犯者的生命及其受害者生命的有限性，我们就必须把侵犯称之为"恶"，把侵犯者称之为"作恶者"，我们就必须阻止和抗击侵犯。

由此我们还可试着处理一个在人们的道德实践中经常遇到的困惑，那就是由于道德行为实际上总是与其主体，与具体的人联系在一起的，而这一主体在做出这一道德行为时，由于其作为人的局限性可能其动机并不是完全纯粹的，或者并不一定总能在类似的处境中都这样做，或者在生活的其他方面也都严守道德，也就是说，我们在现实生活中所遇到的人很少是全善全恶，大贤大奸的，而多半是较好的人与较坏的人。那么，在这"较好"与"较坏"之间是否就没有区别呢？赞扬前者，批评后者是否就只是"五十步笑百步"呢？一个总是损人利己并且趋于厚颜无耻的人，是否就能够以其他人的行为也并不总是符合道德，或者以他们的道德行为的动机中也还杂有私念而为自己的行为辩护呢？换言之，他是否能以神的标准去要求别人？而当别人不能满足这一要求时，他就可以说："既然你们也不是神，那我就不妨与魔鬼为伍？"

我们对这种辩解无疑是断然否定的。一个合乎道德的行为，不管做出这一行为的人是谁，也不管他是否始终这样做，就这一行为本身而言，这一行为就是善行，而在一个复杂的行为动机中，也不管这一动机中是否杂有其他私念，就其中所包含有善念而言，这一善念也绝对仍是善念（这一点我们在前面分析孟子"孺子将入于井"的例证中也曾指出过）。

而且，正因为我们不是神，而是人，我们才需要做出不断的道德努

---

[1] 阳明《天泉证道》的首句"无善无恶是心之体"也是在一种无限本体的意义上说的。

力,我们确实没有进至至善之境,但我们前进一步就是一步,而少后退一步也就是一步。我们确实应当不断前进,但是,哪怕均为后退,后退五十步和后退一百步也不是没有差别的,也许,一道或人或魔的深渊就正好横在这五十步与一百步之间,我们离那堕落的深渊自然是越远越好,而在这一意义上,少后退一步也就是前进一步了。我们要清楚,人的生命是有限的,我们一旦落入那深渊,我们很可能等不到爬出来就将死去——带着一个污浊的灵魂死去,而即使我们也许能借助一种信仰的力量飞升而出,被我们伤害的人也可能已经死去,这将是一种无可挽回的遗憾。

所以,正像厚颜无耻者并没有理由为自己辩护一样,那些较好的人们,那些心地善良,有耻心和畏心的人们也完全没有必要因这些人的指责或嘲笑而感到困惑。他们不应当为自己还不是神而感到气馁,他们更不必为自己还不是完全纯洁、甚至永远达不到完全纯洁而走向自暴自弃。这又回到了有限与无限的问题。是仅仅一种对人的完善的无限允诺,还是同时并列以对人的有限性的坦率承认更能鼓舞和激励人向善?在这两种观念中,是哪一种更能给人以道德上的自信心,同时又给人们普遍地提供一种较为切实可行的途径?

人不是神,"人是会犯错误的动物",所以,那种把义务心主要理解为决断心的理论是太依赖主体,太相信自身了。同样,把义务心主要理解为欣悦心也有可能误导道德,我们怎么能如此自信:认为一切义务、一切正当的行为准则都将是人性或人心所欣悦的呢?不管我们如何把这性或心解释为"本性""本心",我们也还是无法回避这一问题:即如何向现实生活中的所有人展示或验证这"本性""本心",从而使所有人认识和践履这"本性"或"本心"。片面强调心灵的"欣悦"也容易使人脱离道德,极少数高者的"欣悦"进入审美或宗教神秘主义的状态,而大多数人的"欣悦"则还是停留在功利、物欲的状态。正确地说,道德上具有享受和满足意的状态应当主要是"心安","心安"不像"欣悦"有那么大的快乐和满足,但也因此更不可缺少。一个人可以不求快乐,甚至那些最著名的快乐主义者如伊壁鸠鲁也只不过是寻求"身体的无痛苦和灵魂的无纷忧"而已(这也说明了人的幸福具有的某种局限性),但一个人却不能没有"心安"而照旧生活下去。

当然,我们并不排斥决断和欣悦,我们也不否认它们在良知中仍然有其地位;我们在行为之前的有些时候不能不做出决断,甚至要仅凭自身做出决断;我们在行为之后的有些时候也确实感到欣悦,并且,这种欣悦作为道德行为的副产品而非追求的对象还将有助于我们今后的道德践履。但是,构成我们的义务心的主要和优先的成分还是应当是一种敬重。由于我们是作为人而存在的,我们意识到我们在知识和道德上的局限性,我们就不能不对客观的道德法则表示敬重,这些法则虽然可以说直接产生自人与人之间的客观关系,但却是不依人的意志,更不依我的意志为转移的。我们可以在各种层次上认识到这些法则,可以在形式的普遍化原则中,在"己所不欲,勿施于人"的命令中,在各种文明法典的共同内容中,甚至在现代国家的大部分法律中认识到这些法则。我们不敢僭越和傲慢,不敢说这些法则就出自"吾心",甚至说"吾心"就是法则。且不说这些法则的神圣根源或形上根源,仅仅它们客观的社会根源就足以使我们对它们产生深深的敬重之情。而这种敬重是与我对人类及自我的有限性的认识须臾不可离的。不是对义务的决断心、欣悦心,而是对义务的敬重心,较符合人类在自然界中的地位,以及自我在社会中的地位。

当然,这并不意味着我们要满足于有限,甚至对我们的有限性洋洋自得。文艺复兴时期的代表人物梅第奇(Cosimo de Medici)曾经这样说:"你追求无限的东西吧!我只求索有限的;你去把你的云梯架上天堂吧!我只架在人间，不会那样爬得高而跌得惨。"[1]这种洋洋自得也是一种傲慢，而我们说到的"敬重"已经提示出我们将不满足于有限，我们将渴望和追求无限。我们知道，即使是有限的道德义务，也有必要得到一种无限精神的支持。

问题在于，我们可能恰恰是需要通过认识到自己的有限性来追求无限，通过认识到自己的不足来寻求超越。如果自身已是圆满具足，那也就没有必要寻求超越了。承认自身的有限性，这正是超越自身的第一步。

我们甚至可以说，如果人类确有某种无限性的话，那可能正是一种从对自身有限性的认识中产生出来的一种对无限的渴望。人的无限性并不在于其事实上的无限，而是在于他认识到自己的不足而渴望无限、追求无限。应用到道德上，我们也就可以说，我们说性善也不是指事实上每个人出生伊始都赋予了一颗善良的心，或者说都能够达于至善，而是说从总体来看，人类的善端超过恶端，人类向善的可能性要超过其向恶的可能性。性善论实际上要在一种性向善论的意义上理解才较为确当。而那些人类中的优秀者之所以要不可遏止地向善，之所以要把向善作为毕生的任务，除了他们心中有一种善端、有一颗善意的种子之外，也是因为他们深刻认识到，他们心中同时也有一颗不善的种子，他们与生俱来也带来一种宿命般的不洁。

在各种各样终有一死的动物中，那意识到自己终有一死的动物毕竟要比没有这种意识的动物高出一筹。同样，在人类中，虽然所有人的知识都可以说是有限的，但是，那些意识到自己的知识有限的人也终究要比没有这种意识的人高出一筹。古希腊最有智慧的人是谁？不是那些得意洋

---

[1] 莱因霍尔德·尼布尔：《基督教伦理学诠释》，台湾桂冠图书股份有限公司1992年版，第46—47页。

洋贩卖知识的智者，而恰恰是"自知其无知"的苏格拉底。人必须知道自身知识的限度，乃至自身幸福的限度、自身道德的限度，而只有信仰、渴望、追求是没有限度的。

五、由履行基本的义务走向崇高

前面，我们对康德所捍卫的义务心的纯粹性和崇高性已经有了很深的印象，捍卫这一纯粹性是为了保证一种不混杂的道德，一种不随人喜好的道德。不过，我们也始终不可忽视，康德所说的义务还有一种基本的、起码的性质。只有这样，道德法则的普遍性、严格性和一贯性才能置于一个坚实的基础之上，过高的道德要求是难于普遍化的。康德在《道德形而上学基础》中指出了四种基本义务：其中，保存自己的生命和信守对别人的诺言是完全的义务，而发展自己与帮助他人则是不完全的义务。在后来的《道德形而上学》中，康德对义务的分类更为细致了，但划分的基本方向还是遵循对己和对人、完全和不完全的原则。在这些义务中，并没有圣洁的要求，而只是一些很基本的规范，例如：要求人对自身不要自我戕害、自我玷污、自我陶醉、不要说谎和阿谀，要充实、提高和发展自己；对他人要守约、感恩、援助，不要骄傲自大、造谣中伤、冷嘲热讽等。而更重要的一些基本义务如"不可杀人""不可欺诈"则同时也是法律义务，可放在法的部分中阐述。这些义务好像是要求较低的义务。但是，我们从前面还债的例子可以看到，一个人可以通过坚持履行这些基本义务而进入一个多么崇高的境界——一个我们怀疑是否有比这更崇高的道德境界。

当代义务论的著名代表罗斯(W. D. Ross)所列的六种"显见义务(prima facie duties)"也具有这种基本的性质，这六种义务是（1）诚实、守诺与偿还，(2) 感恩的回报；(3) 公正，(4) 行善助人，(5) 发展自己，(6) 不伤害他人。其中最后一种最优先、最有强制力。评论者认为：这在许多方面类似于一个摩西十诫的摹本。而我们同时还注意到，在这些义务中，有很大一部分也将因其对他人影响的严重程度而同样也要纳入法律的范畴，若违反就要受到强制或惩罚。

我们要敬重的主要也就是这些义务，它们确实是值得我们每一个人无保留、无条件地予以尊重的。我们所论的虽然是一种一般的敬重心，但一些基本的义务在历史的发展中实际上已经具有了共同承认、不证自明的内容。我们的祖先常常说到"无所逃于天地之间"的"应分"、"天职"，就点明了这种基本义务的分量。我们可以把这些基本义务分为两类：

第一类是自然义务，这是由我们作为一个自然人的性质而产生的，例如，我们生为一个人，幼年有赖于父母的供养，成长过程中得到其他许多人的关怀照料，我们一生无形中受赐于我们的同类的好处，更是多有我们所不自觉的方面。正如康德所说："我们只要稍一反省，那我们就总会看到自己对于人类有一种亏欠。"[1] 再没有什么比一个总是愤愤不平、觉得别人全都亏待了他的人更让人感到可笑和绝望的了。

所以，人生而为人，就有一种人的天职，他就要在自己能力的范围内，也为这个世界、为其他的人做些什么。他所食所用、所喜欢、所看重的一切都不是从天上掉下来的，必有人为之付出了劳动，即使这些均为自然界所赐，他对这自然界也负有一种义务。所以，王通会亲自耕作，并说："一夫不耕，或受其饥，且庶人之职也。无职者，罪无所逃天地之间。吾得逃乎？"[2] 甘地再繁忙也会每日纺完一定分量的纱才安心入眠。第二

---

[1] 康德：《实践理性批判》，商务印书馆1960年版，第157页。
[2] 《文中子中说·天地》。

次世界大战中的马歇尔将军，曾对一个与他一起高度紧张地工作了一整天的部下说："今天你挣到你的饭了。"这不是赞赏，却胜似赞赏。有什么能比"我履行了我的职责"更让人感到欣慰和骄傲的呢？

当然，那要是真正的义务，是性质上属于自律的义务。我们可能久已忽略了我们的义务，人们在一种责、权不明的体制中常常会习惯于只是伸手，只是要求利益均沾而忘记了自己的义务，他们甚至很少再体会到真正紧张的工作之后的轻松及成就感，其实这才是做人的真滋味。今天社会分工日益细密，我们自然不可能、也不必要事事躬行，但我们必须清楚，做人就有做人的一份义务，我们要敬重这份义务才不失为人。一个人年青时常有种种建功立业，泽惠一乡、一市、一省乃至全民族、全人类的宏图大志，如果他也知道从最基本的义务做起就更好了。这义务就是视他人和自己一样，都作为人来尊重、来对待，不伤害无辜者、不侵犯他人的正当权益，努力做出相应于自己所得的贡献等等。

第二类是社会义务，也就是较专门的、较狭义的由一种社会制度所规定的义务。这又可分为一般的公民义务与各类职责。狭义的"职责"常和制度所给予各人的职务、地位有关。其中尤其重要的是政治的职责，它们一般是和权力的大小成正比的。在中国古代，士这一阶层是负有政治使命的，所以，子路说："不仕无义，长幼之节，不可废也，君臣之义，如之何其废之？"[1]程子说："父子君臣，天下定理，无所逃于天地之间。"[2]这里既说到了一般的政治义务和职责，也说到了特殊的。

第一类自然的义务不受基本制度的影响，是我们在任何社会里都应该履行的。而第二类狭义的社会义务则对制度有要求。比方说，原则上社

---

[1] 《论语·微子》。
[2] 《河南程氏遗书》卷五。

会义务都是要求各人应安于其分，履行其职责，但这"份"是不是安排得公正合理，就在很大程度上决定了各人的职责是否合理，是否能够顺利履行。所以，在这方面，社会制度的正义将优先于个人的政治义务。

换言之，我们每个人都应该在社会体系中各安其分，各敬其业，但是，我们更有必要通过社会制度创造出一个能够使每个人各得其所、各尽所能的基本条件，即创造出一个公正的社会环境，也就是说，大家都要守本分，以尽职尽责的精神做好自己的事情，而政府也要守本分，确定自己恰当的权力范围，保障各阶层、各个人的正当权利和利益不受到侵犯。所以，康德在《道德形而上学》中把社会公正与个人义务并提，把权利论与德性论视为不可分割的两部分，并且优先讨论权利论等等，这些都是发人深省的。但是，无论如何，制度的不公正即使有可能勾销一个人的政治职责，却仍然不能够勾销一个人的自然义务。

对这些基本义务的履行看来是非常平凡的事情。我们并没有增添什么，它们都是做一个人的本分，做一个社会成员的应分，所提出的要求只是"止分"，只是"尽职"。这是和人的有限存在较适应的，"比较合于人类的弱点和其进德向善的过程"。[1] 究竟是对高尚豪侠的行为的向往，还是对庄严的道德义务的敬重更能鼓舞人呢？康德认为后者有着更大的推动力。问题还在这种义务不可缺少，如果违反了这个义务，就破坏了道德法则本身，把法则的神圣性给践踏了。而如果我们不惜牺牲自己衷心爱好的事物而力求尽自己的天职，就把自己提升到了如此的高度——就好像使自己完全超出了感性世界而获得了自由，完全超出了凡俗而接近于神圣，我们如果努力去体会这一点，我们就可以从我们心中获得一种最深厚，同时也最纯粹的道德动力。

---

[1] 康德：《实践理性批判》，第 158 页。

所以，我们完全可以在仅仅履行我们的基本义务中进入一个崇高的境界，造就一个崇高的人格。这种崇高性就在我们对日常平凡义务的坚持不懈的履行中表露，就在我们不惜牺牲一切爱好而仍履行义务的边缘处境中展现。这种崇高性和平凡性与人类作为理性存在和感性存在的两重性有关。

我们都是有缺陷、有弱点的人，我们面对普遍的法则感到自身的卑微，感到衷心的敬畏，这法则确实是毫不容情、决不妥协的，我们必须勉强自己、鞭策自己，使自己受它的约束。我们是在服从命令，但我们又确切地知道，我们实际是在服从我们自己发出的命令，服从从我们自身最好的那一部分发出的命令，服从我们的人性中神圣的那一部分发出的命令，但这一部分和我们身上较低的另一部分又绝不是分离的。我们将由我们自身订立的法则引导，超越有限的感性存在，而配享真正的福祉。这就是康德所说的："人类诚然是够污浊的，不过他必须把寓托在他的人格中的人道看作是神圣的。在全部宇宙中，人所希冀和所能控制的一切东西都能够单纯用作手段；只有人类，以及一切有理性的被造物，才是一个自在目的。那就是说，他借着他的自由的自律，就是神圣的道德法则的主体。"[1]

韦伯曾在分析新教伦理对近代经济迅速发展的推动作用中，揭示了这种寓于基本和平凡的义务之中的崇高性和神圣性。他认为，职业思想引出了所有新教派别的核心教理：即上帝应许的唯一生存方式，不是要人们以苦修的禁欲主义超越世俗道德，而是要人完成个人在现世中所处地位赋予他的责任和义务。这就是他的天职。履行职业的劳动就是同胞之爱的外在表现。于是，那时的人们对待自己的工作就如同上帝赐予的毕生目标一般。若接受并按照韦伯的观点进一步推论，人们也许可以说：没有新教

---

[1] 康德：《实践理性批判》，第89页。

伦理这一面向各种职业、面向所有人的转化，西方世界也许会再有若干圣徒，但却不会有现代化。[1]

而我们的问题也许还不在我们究竟是要什么，而是在已经不得不要某种东西的情况下应当怎么办。中国早就已经被拖进了一个世界性的现代化过程之中。中国的社会结构也已经发生了一个根本的变化，不再是一个精英等级制的社会，而是一个在社会地位和流行观念方面都已经相当趋于平等的社会。

所以，我们的道德，至少维系社会，作为社会纲维的那一部分道德，不应该再只是面向少数人，而是面向所有人了，不应该只是面向自我，而是也要面向社会了。对义务、职责的敬重今天应当被提到一个最为优先的地位。这是从社会和时代而言，如果从人的本性来看，则我们也不应忽视人的有限性，有限性也是人的本性的一个方面，我们必须从诉诸基本的义务开始，建立一种平凡和朴素的，却能通向神圣和崇高的道德观。

最后，我们且以《易·坤卦·文言》中的一段话来结束我们这一章的讨论："直其正也，方其义也。君子敬以直内，义以方外，敬义立而德不孤。"

我们可以把这句话解释如下：每一个愿意做君子而不愿做小人的人，都应该培养自己内心的一种敬意，以纯洁和端正自己的心灵，并以具有明确客观内容的义务规范自己的行为。敬、义不能分开，我们的敬是敬义，即对义务的敬重，而我们的义也是敬义，即敬之义，正之义，直之义。

我们如果能做到这两点：即在内心敬重义务，从而在外部以义务规

---

[1] 当然，任何社会化都有异化的危险。如韦伯引述巴克斯特的话所言，在听从神的感召而努力工作的清教徒那里，对外在物的关心本来应像"随时可以扔掉"的轻巧斗篷，而斗篷却变成了铁笼。

范我们的行为，我们的"德性"就不会"孤单"了。我们就能至少不失为一个正直的人，我们也看到周围有许许多多正直的人，而更崇高和更神圣的道德追求，也可以由个人自愿地在这个基础上开始。

第 245 页注释 [7] 内容：

[7]《论语·先进篇》。今人常以此为例说明孔子只重生而不重死，没有意识到死亡对于人生哲学的重要意义，笔者以前也有此看法，但如果从孔子对知识的谨慎态度着眼，我又觉得孔子可能是因为意识到人对于死亡所能有的知识的极大局限性，再加上他的强烈的人文倾向和实践精神，所以他不想多谈论死。但是，这并不意味着他不重视或不正视死亡，相反，就像他也不太谈论天、性、道、命，但却对它们抱有一种深深的敬畏一样（这也揭示出"有限性"与"敬意"的联系），他对死亡可能也是持一种类似的态度。

第六章　明　理

古人常说"读书明理",这和现代的"读书求知"有很大的不同。"求知"主要是学习各门自然与社会及人文学科的知识,而"明理"在古代却有特殊含义,所欲明之理不是"事物之理",而是"做人之理",古代的学问主要是"学做人"。

那么,"做人之理"是些什么样的道理呢?今天我们在日常生活中常常说"某某很会做人",这个"很会做人"一般是指他很会处理各种人际关系,把各方面的关系都弄得很圆、很顺,所以,这里的"很会做人"不属于道德的范畴,而只属于明智的范畴,这个"很会做人"的人有时甚至有孔孟所斥的那种"乡愿"的嫌疑。

从另一面说,"做人之理"也包括一些很高的道理,包括个人的最高追求,终极关切,圣贤人格,天地境界,这些道理可能是纯道德的,也可能不止是道德的,还包括宗教的、审美的内容。我们可以把这种"理"称为"成圣之理",圣人也是人,"成圣之理"当然也还是"做人之理",但其意在立"人极",甚至超越人而追求"神圣"。

我们现在要说的"明理"之"理"却不是上述这两种理,不是明智之

"理",也不是成圣之"理",而是一般人作为一个自然人,作为一个社会中的成员都应当履行的"义务之理"。"明智之理"若不受道德约束,就类似于"关系学""官场学",即便不欲害人,却也是要利用人,所以颇有难言之隐,不好公开宣传教诲,有时只在《诫子书》中露出一点;"成圣之理"当然光明正大,有很多道理可讲,但个人真要进入较高境界,则非依赖某种直觉、"慧根"或信仰不可。所以,只有"义务之理"最适宜公开、普遍和系统地说"理",也最需要公开、普遍和系统地说"理",因为它所关涉的基本义务都是社会的纲维、天下的命脉。

因此,我们必须首先明白何为"义理",并对"义理"有一种理性的态度,在此必须排除一切个人的好恶和特殊的目的。我们做或不做某一件事情,我们评论别人做的某一件事正当还是不正当,都必须尽量提出别人能明白的理由。我们的讨论和争辩也都应当是说"理",而不是任"情"或斗"气"。在人的各种意识成分中,只有理性最具普遍性,人们只有通过理性才有望达到最大范围内的基本一致,我们在涉及人群协调与合作之道时,舍讲"理"别无他途。

一、义理的普遍性

对"普遍性"有许多种理解,所以,我们先得确定我们所说的"义理的普遍性"中的"普遍性"的含义,让我们先来看下面这个表:

非道德判	(1)事实判断	a. 特殊的:我能够进行推理。 b. 普遍的:人是有理性的动物。
	(2)义务判断	a. 特殊的:我应当先洗手再吃饭。 b. 普遍的:每个人都应先洗手再吃饭。
	(3)价值判断	a. 特殊的:美食是我所喜欢的。 b. 普遍的:美食是所有人都喜欢的。

续表

道德判断	（1）事实判断	a. 特殊的：我看见父母劳累就会于心不忍。 b. 普遍的：任何人看见父母劳累都会于心不忍。
	（2）义务判断	a. 特殊的：我看见阿毛落井就应当去救他。 b. 普遍的：任何人看见孩子落井都应去抢救。
	（3）价值判断	a. 特殊的：爱是我最珍视的一种感情。 b. 普遍的：爱是所有人都最珍视的一种感情。

为了直接切入我们的主题，我们对这份表采取了某种简化的处理，比方说：在"特殊判断"一栏中，我们都采用第一人称单数的形式，而未采用第二人称、第三人称单数及各种复数形式；在"普遍判断"一栏中，我们比较明确地以"所有人"、"任何人"、"每个人"等形式表述，但这种普遍命题实际上也可以用其他方式表述，例如说"快乐是人们追求的最高价值"，在人们能理解的层次上，甚至可以省略掉主语，如："进食方能生存。""人类之爱高于一切！""以孝为本。""禁止说谎！"等等。

"非道德判断"与"道德判断"各包含三种判断，这三种判断又可以区分为二：一是事实判断，二是包括了义务判断与价值判断的规范判断，事实判断是人们对通过观察或内省而经验到的事实做出的客观陈述；而规范判断的目的是最终要对人们的思想感情和行为活动产生某种影响，即对人的各种活动起一种规范作用。事实判断与规范判断比较好区分，比较难区分的是规范判断中的义务判断与价值判断，我们也许可以这样区别二者：义务判断是针对人的行为的，直接告诉人们应当怎么做，或者说什么行为或行为准则是正当的；而价值判断则是针对人的品质、性格、理想、追求的，从而是间接告诉人们应当怎样行动、怎样生活的。在这个意义上，我们也许可以把义务判断称之为"直接的规范判断"，把价值判断称之为"间接的规范判断"。

那么，回到"普遍性"的问题上来，我们来看前面的表中"普遍的"

一栏,现在在我们的眼前,出现了几种什么样的"普遍性"呢?

首先,是一种"事实的普遍性"。比如上面非道德判断中的"人是有理性的动物"。它是可以通过经验的观察和归纳来验证的。普遍性的等级会有差别,比方说"人皆有一死"就比上述命题及"人是两足无毛的动物"具有更大的普遍性,因为还有天生智力有缺陷,不能进行推理的人,有无足和长毛的人,但这些稀少的例外还是不影响我们同意后两个普遍命题。这里所说的"普遍性"实际是一种"真实性",陈述这种普遍性也就是在陈述一种真理、一个事实。

涉及道德的"事实的普遍性"可能要复杂得多,有些学者甚至不会承认道德能有这种"事实的普遍性",不认为道德能有这种"事实判断"。他们或者不承认像"人皆有恻隐之心"这类命题能够验证和成立;或者承认它,却不认为它是道德判断,因为他们可能认为道德判断只是规范判断。但我们认为像"人皆有恻隐之心"还是在陈述一个事实的,还是能够纳入道德的范畴。这种涉及道德的事实判断主要是从道德的角度回答"人是什么"的问题,即主要是一种有关人性善恶的解释。虽然一些学者把这一领域作为无法证真或证伪的领域而予以拒斥,但是,看来我们并不能回避这个领域,而且,我们也还是能找到一些途径进入这一领域。比方说,通过一种内省,我们能在自己的内心体会到一种恻隐之情,我们再依据这种内省,并通过与他人语言的交流与对他人行为的观察就可以大致地推断出他人的心里也有这种恻隐之情,当然,要清楚地说明这种"推己及人"是如何可能的并不容易,而要证明它总是可靠的就更难了。但是,只要我们不陷入一种唯我论的观点,我们就必须承认,我们在生活中的一切活动实际上都是以人们能够相互感知和影响为基础的,而且我们的行动也确实常常得到预期的效果。所以,涉及道德的"事实的普遍性"命题应该说也是可以成立的。这里的"普遍性"实际是一种"共同性",即一种人类的"共同性"。我们可以通过经验的观察或者内省去把握人类这种与道德相关的"共同性"、"普遍性"。

其次,是一种"义务的普遍性"或者说"直接规范的普遍性",所谓"义务的"普遍性,是指它不是要说明"什么是普遍的",而是要说明"什么应当是普遍的",前一种普遍性的要义是事实,其生命力就系于事实,如果在现实生活中有例外,其命题就要受到挑战,这些例外达到一定程度它就完全不能够成立,而后者却不必是事实,不必是现实,其命题的基本性质不是对事实的陈述,而是戒规和命令,所以,现实生活中的例外就不能够推翻它。比方说,现实生活中即使有大量严重的欺诈行为,也不能够推翻"每个人都不应当说谎"的普遍命题。甚至我们可以说,"应当"正是因为现实生活中有例外,乃至总是有例外才作为命令提出来的。

那么,是不是所有的人都可以任意提出这种命令呢?比方说你提出"每个人都应先洗手后吃饭",我提出"任何人看见孩子落井都应去抢救"。它们在形式上都是普遍命令的,但是,哪一个命题是具有真正普遍性从而确实具有一种强制性呢?有没有真正的"义务的普遍性"?或者说,怎样理解"义务的普遍性"?既然"义务的普遍性"不是靠事实来证明的,那它究竟可以用什么来表明它的"普遍性"?我们在这里似乎要陷入一种众说纷纭、各执一词的局面。幸运的是,康德发现了这样一个原则——即义务的形式或逻辑的可普遍化原则,这一原则虽然仍旧不能够从正面说明只要具备了哪些条件,一个义务命题就能作为真正的普遍命题而成立,但它却能够把那些明显的、其特殊命题与普遍命题自相矛盾、两者不能够同时成立的判断排除在义务之外,而这对道德来说就具有十分重要的意义。"义理的普遍性"虽然不能像"事实的普遍性"那样被经验地证明,但它现在确实有了一个衡量自身的标准。

所以,这种"义务的普遍性"实际上应理解为是一种逻辑的普遍性、一种形式的普遍性，即它的准则是否能从特殊的命题引申到普遍的命题而不自相矛盾、自我拆台。这种逻辑上是否能普遍化的原则就可以成为衡量一个义务命题是否能够成立的必要标准。义务判断如果不能够合乎逻辑地普遍化，或者说，我们不能够不自相矛盾地意欲其普遍化的形式，那它就不能够成立。简单地说，可普遍化原则对义务命题的要求就是：如果一个人在某种情况下应当这样做，那么所有的人在类似的情况下都应当这样做。

我们前面说到过"义务的普遍性"不必是事实，不必是现实，但是，我们是否能从可普遍化原则推测，说它跟事实还是有着很高的相关性呢？"义理的普遍性"含有"应当意味着能够"的意思，即应当普遍化的东西也是能够普遍化的，虽然现在这里的"能够"首先是指形式上、逻辑上的能够，但是，这种形式的、逻辑的能够是否与人们事实上的能够也有着某种关系呢？为什么恰恰是那些大多数人不愿做，或者做不到的事情会逻辑地被排除在道德义务之外呢？

最后，是一种"价值的普遍性"或"理想的普遍性"，也许，正是在这里，我们才看到最多的、各种各样的普遍命题，正是在这里，普遍命题的提出才最自由、最不受拘束。有关事实的普遍性命题要受到事实的限制而有可能被经验证伪；有关义务的普遍性命题要受到形式的可普遍化原则的限制而有可能被这一原则排除；而有关价值的普遍性命题则看来并不受到这两方面——无论是事实内容还是形式原则的限制。一些人可以把一种最具精神性的，同时也是实际生活中极少数人追求的价值表述为一种具有最大普遍性的价值。同样，似乎也不能阻止另一些人把另一种最具肉欲性的、同时也是一部分人实际追求的价值表述为一种普遍价值。

然而，在此，难道就没有衡量各种有关价值普遍命题是否真正具有普遍性的标准吗？或者说，就没有能够排列它们的高下或者次序的标准吗？难道它们都是处在同等地位的吗？难道"美食是所有人都喜欢的东西"能与"爱是所有人最珍视的感情"享有同等的普遍性吗？这些命题是否与事实就没有关系？而且，我们是否能够不仅从事实，而且还从其他的方面（比如道德义务）来衡量它们？这些价值判断又对道德义务有着怎样的作用？这些都是相当复杂的问题。我们在此所能简略回答的只是：价值判断无疑是可以享有自己的一种"理想的普遍性"，乃至一种"神圣的普遍性"的；对各种价值体系也不能不进行一种高低或先后的评价；价值体系对道德或非道德的行为规范也确实有着十分重要，乃至决定性的影响；其中有一些价值判断本身就可以转化成普遍的义务判断（如"守诺是一种美德"的价值判断可以便捷地转化成"每个人都应当守诺"的普遍义务判断，并且在逻辑上成立），这时，价值和义务这两种判断实际是合一的；但还有一些价值判断却可能至多能给义务判断以一种精神支持，而本身却不能够在逻辑上使自己通过可普遍化原则而义务化；最后，则无疑还有一些价值判断是与道德义务完全无关的，甚至是与道德义务抵触的。

　　无论如何，"价值的普遍性"确实是不好证实，甚至是不好证伪的。"价值的普遍性"在很大程度上是一种"表述的普遍性"。这里有着最多的随意性，一个人几乎对任何现象都可以使用一种全称判断，提出一个普遍性的价值命题，而不管这一价值是否真的具有普遍可欲性或应当具有普遍可欲性。价值的普遍性命题毕竟不是直接的行为规范，不是直接针对和约束行为的。所以，在这个意义上说，也确实可以允许有较大的价值选择的空间。相形之下，义务的普遍性就是某种具有强制含义的普遍性了，因而义务的范围也必须随着这种强制性而相应予以严格的限定。义务的形式可普遍化原则实际上有两方面的功能：一方面它使义务通过普遍化原则增加了一种强制性，使义务确实在性质上成为绝对命令；另一方面它又使义务通过普遍化原则而限定了自己的范围，使义务确实能够成为普遍命令。西方学者往往更注意前者而忽略后者，就像他们往往强调义务的可普遍化原则对利己主义、逃票行为的排除，而不甚注意它对高尚的自我主义，"份外有功的行为"的排除一样。

借助上面的分析，显而易见，我们现在所说的"义理的普遍性"既不是指"事实的普遍性"，也不是指"价值的普遍性"，而是指"义务的普遍性"，因为我们所说的"义理"不是指别的"理"，而就是义务之"理"。

孟子说："恻隐之心，人皆有之。"[1] 这一判断看来可以归之于道德事实的普遍性判断，这种普遍性是对人性的一种解释，是指人共有的善端，指人的共性。恻隐之心为人履行义务提供了一种最初的动力之源，但它本身并不发出命令，本身并没有告诉我们应当怎样去做，也就是说，它本身并不是义务。说人普遍地具有恻隐之心是一种对事实的道德解释，但这并不是在说义务的命令，不是在说义务之理。

孟子又说："心之所同然者何也？谓理也，义也。圣人先得我心之所同然耳。故理义之悦我心，犹刍豢之悦我口。"[2] 后来陆象山也说："东海有圣人出焉，此心同也，此理同也，西海有圣人出焉，此心同也，此理同也。……千百世之下，有圣人出焉，此心此理，亦莫不同也。"[3] 这里是在说"理"，说"义"，但是，首先，这里所说的"义""理"是不是我们所说的"义务之理"尚不明确；其次，以"共同性"来说"普遍性"总是含有解释事实的意味，而我们所说的"义理"却是指"应当"，指命令，而不管众心或圣心是否"同"，是否"悦"；最后，这里都讲到"圣人"，讲到"圣人之心"，这看来是涉及一种理想的普遍性，境界的普遍性、价值的普遍性，而并非指义务的普遍性。境界的普遍性与人的心灵不可分，

---

[1]《孟子·告子上》。

[2] 同上。

[3]《陆九渊集》，中华书局1980年版，第482页。

与主观性不可分，而义务的普遍性则必须与客观性联系在一起。孟子、象山等当然也讲到过义理的普遍性，但孟子和象山更经常地是把人心最起码的恻隐之情与最高的体悟境界融为一体，把事实的普遍性（共同性）与理想的普遍性（神圣性）融为一体，把人人都有的一点善念与圣人才能达到的圣域融为一体。

而我们却要在这两者之间首先划出一块大大的空场，这块空场也就是普通人活动的世界，也就是义理运行的世界。在此，义务自外说是命令、是法则，自内说是敬重、是勉强。所以，我们所说的"义理的普遍性"就既非人性的共同性，也非神圣的理想性，而只是指：这些义理普遍地适应于所有人，要求每个人都无条件地履行它们。

举例来说，我们可以在生活中遇到这样一个特殊判断：

"我不应当对张三撒谎。"

那么，如果主体不变，而仅仅把对象普遍化，则成为下面这个判断：

"我不应当对任何人撒谎。"

这已经是一个具有某种普遍性的行为准则了，我们可以说这种普遍性是"涉及对象的普遍性"，但这一行为准则还只是一个自我的行为准则，于是，我们还可以再将它普遍化：

"每个人都不应当撒谎。"

这就是一个完全普遍化的义务命令了，我们所说的"义理的普遍性"就是指这样一种"普遍性"，即一种"涉及主体的普遍性。"而在这种"涉及主体的普遍性"中，实际已包含了"涉及对象的普遍性"。单纯"涉及对象的普遍性"是时间性的，指一个人应当"终身行之"，不论在什么时候，面对什么人，都应该履行其义务；而"涉及主体的普遍性"则是全面的，是指应当"一以贯之"，不仅是纵的"一以贯之"，而尤其是横的"一以贯之"，即每个人都应该履行这一义务。

二、义理的普遍性对利己主义的排除

在康德看来,义务的可普遍化原则可以成为判断行为是否正当的一个标准。如果我拿不准该不该做某件事,比方说,我不知道为了解脱自己的困境,可不可以明知将来还不了钱,却还是向某人许个到期归还的假诺言以借到他的钱,那么,我只要自问一声:许假诺这一行为是否可以普遍化呢?于是我马上就能发现,如果人人都可以这样许假诺,就根本不可能有许诺这件事了。因而许假诺的行为就是不正当的,我就不应当做这一件事。

那么,为什么一个看来仅仅是形式上的要求普遍化的原则,却能在道德上具有如此重要的意义,把像"许假诺"这样的行为准则排除在道德正当的范畴之外呢?在笔者看来,这里关键的不是"涉及对象的普遍性",而是"涉及主体的普遍性"。很显然,从"我可以对张三许假诺",到"我可以对任何人许假诺",这中间并不构成矛盾,甚至可以看到一种从偶尔的利己主义向一贯的利己主义的发展,但是,如果要把这一准则也在主体方面予以普遍化,即变成"每个人都可以许假诺",那么,我们就发现,这时候这一准则转过来反对我自己了,不仅别人不再会相信我的诺言,而且谁也都可以向我许假诺了。也就是说,我作为这一利己准则的主体丝毫不起作用,而我同时还要成为这一准则的对象。

所以,我们说,可普遍化原则把握到了道德世界的一个关键问题:即我们生活的世界是一个"相互作为主体,同时也相互作为对象"的世界。我们甚至可以说,在只有一个人的地方没有道德,道德是从至少两个人以上的关系中产生的。而所谓对自己的义务,例如不自杀、发展自己,实际上都可以说归因于这些行为会对他人和社会产生某种影响。一个损人利己的行为准则必须永远使自己处在主体的地位,如果可以普遍化,如果其他人也能成为主体，那么，或者是自己的利己行为落空，或者是反而处在一个受害者的地位。也就是说，这一准则和它所达到的正相反对，它倾向于自我拆台、自我挫败，因而是不能普遍化的。

"涉及主体的普遍性"即意味着主体可以任意互换，对象可以随时"反客为主"。如果我允许自己向别人撒谎、行凶、施暴，那么，按照可普遍化的原则，别人也就可以向我撒谎、行凶、施暴。那么，我如果不愿意别人对我做这些事，我也就不能对别人做这些事。这样，我们就发现前一种侵犯行为是不能普遍化的，而后一种克制行为是可以普遍化的。可普遍化这一形式原则就具有了一种道德内容，道德意义。

我们已经指出了在可普遍化原则中，关键的是"涉及主体的普遍性"。正是"主体的可普遍化"，使一个形式的原则具有了道德意义。我们顺便还可澄清一个问题：即义理的普遍性是否容有例外？康德是主张普遍的道德法则不容有任何例外的。但我们看到：正是这一点使人离开康德的义务论，因为生活实践告诉我们，对任何义务的履行都很难做到不容有任何例外。那么，现在我们也许可以这样说：义理的普遍性不容许有任何"主体的例外"，即任何有理性者都应当履行义务，作为原则，不允许有任何豁免者、逃票者，以及"除我之外，别人都得执行"的专制者，但是，却可能有"对象的例外"，即当一个主体在面对某一特定对象、某一特殊情况，这一对象可能豁免他的义务，比方说，一个船长面对一群搜捕犹太人的纳粹党徒，他可以隐瞒船上藏有犹太人的真相，可以对他们撒谎。在这个时候，不是主体发生了变化，而是对象发生了变化，这一船长在今后还要履行说真话这一义务。而且，对这种"对象的例外"仍须加以极其严格的限制。

我们承认可普遍化原则确实可以成为道德义务的一个必要条件，成为判断行为准则是否正当的一个必要标准，虽然我们不必像康德一样倾向于认为这也是一个充分条件、充分标准。也就是说，我们可以说，"凡是义务都具有普遍性，其行为准则都应当是可以普遍化的"，但我们不能够说这一命题也是可逆的，不能够说："凡是我们能够意愿其普遍化的行为准则都是义务。""可普遍化原则"更适合作为一个道德义务的排除原则，而不适合作为道德义务的一个建构原则。而且，即使作为排除原则，它也不一定能排除所有的不道德行为准则。严格地说，它只排除那些违反完全义务的准则，而不一定能排除违反不完全义务的准则，比方说，一个极其冷淡而又自信的人，可能不愿去帮助其他需要帮助的人，并以这样的理由为自己解释：我在类似的情况下也不想得到任何其他人的帮助。这样，他就可以说他的不肯帮助别人不违反可普遍化的原则。并且，如果把可普遍化原则作为判断道德行为正当与否的充分条件，那么进一步的道德探讨也就没有必要了。而各种琐屑的行为准则也就将涌入道德的领域（比方说"所有人都应先洗手后吃饭"一类）。

无论如何，我们用这一原则可以把"利益的自我主义"排除在道德义务之外，这种"利益的自我主义"一般是这样表述的："我的快乐或利益是最高的目的"，或者"任何人都应服从于我的快乐或利益"，这里的"快乐或利益"可以换成"权力"、"名声"、"财富"等其他名称。这一命题自然是可以有"涉及对象的普遍化"的，即一个人可以暗自终身奉行，上面的表述就已采取了这种形式而本身并不包含矛盾，但是，若在主体方面也普遍化，变成"每个人都应当以他的快乐为最高目的"，就与原来的"任何人都应服从于我的快乐"的自我主义相矛盾了，原来的那个自我的利己主义命题就要被现在这个普遍的利己主义命题挫败。

所以，如果要提出普遍的利己主义，就必须单独提出，使它与前面的自我利己主义命题没有关系，它的提出并不能证明自我利己主义命题可以普遍化。这样，我们就发现，自我的利己主义与普遍的利己主义在逻辑上是冲突的、对立的，两者实际上只能存其一：或者是仅仅自我奉行利己主义，却希望别人不奉行利己主义，甚至奉行利他主义，这样才能使自己的利己主义有效；或者是倡导一种普遍的利己主义，然而却因此不能在实践中保障自我的利益，因为，在一个交互主体、利益纠缠的世界上，各人的利益是必然要发生冲突的，他不能说他宁愿牺牲或放弃自己的利益，因为，按照他倡导的原则，他自己也必须追求他自己的利益。

但是，仅仅自我奉行利己主义的人固然在实践中于自己有利，却等于承认自己是一个非理性的、不讲理的人，他就得时时忍受这一逻辑矛盾，忍受人格分裂，他的原则就只能秘而不宣，他就得对人说的是一套，对己行的又是另一套，他的原则不能公开教诲、公开宣传，他等于自己把自己放逐在理性的领域之外，因为甚至他自己也知道他的行为准则是不能够被普遍化的。

至于普遍利己主义的倡导者，他在实践中遇到的困窘也不会比自我的利己主义者在理论上面对的困难为小，虽然普遍利己主义确实可以在理论上单独成为一个普遍化的命题，但是它无法解决实际的利益冲突，因为按照这一普遍原则是谁都有理的（也等于谁都没理），所以，罗尔斯把利己主义解释为一种不想订立契约的立场，也就是说一种不想组成社会的立场。但我们知道，人们实际上是不可能不组成社会的，他们已经处在一个社会之中，已经在一个社会中却持一种不想组成社会的立场，各行其是，各逐其利，就只能使自己落入一种最糟糕的"社会"状态之中。

三、义理的普遍性是否还要排除一种高尚的自我主义

我们看到：虽然排除普遍的利己主义还得有一些另外的理由，但是，"可普遍化原则"至少仅凭自身就可把自我的、特殊的、第一人称的

利己主义排除在道德义务之外。不过，我们现在要考察的一个新的问题是：它是否也排除另一种虽然也是自我的、特殊的、第一人称的、但却是崇高的道德主义？

我们可以举排队购票为例。自我的利己主义行为准则是"我的利益是最高目的"或"别人都应服从我的利益"，也就是，"不管我什么时候来，我都要先买"。显然，这样一个准则是不能普遍化的，如果将它普遍化，谁都奉行这一准则，实际上就取消了排队，就没有了排队这一秩序，就会乱成一团，实际是谁先拼力气挤到窗口谁就能先买，就等于没有规则，不是以"理"胜而是以"力"胜了。原来的自我利己主义准则一旦普遍化，显然就要自我挫败、自行拆台。

但是，如果我实行一种"高让"的行为准则呢？即"不管是谁，我都应当让他先买"，这一准则是否能普遍化，即以义务的形式命令所有人都这样做呢？如果将它普遍化，那就是"任何人在任何时候都应当让别人先买"。但这样一来，我们发现，排队这一秩序也不可能存在了，因为那样的话，除非窗口前只有自己一个人（那也就不是排队了），自己才能买票，只要有两个人以上，每个人就都必须让别人先买。而被让者按照普遍义务也同样要让，这样就会"让"成一团，谁也不能买票，谁先买了谁就违反了"高让"的义务。这样，"高让"的行为准则看来也不能普遍化，也不能成为要求每一个人都履行的普遍义务，因为它若普遍化也会自我挫败、自行拆台。它像自我的利己主义一样，要有效地实行实际上有赖于其他人（至少相当数量的人）奉行与此不同甚至相反的准则。

能够普遍化的自我行为准则看来只是"我先到先买，后到后买"的准则，它能够顺利地普遍化为"每个人都应当按到达的先后次序购票"的义务命令，而保证排队这一秩序的存在，至于维护这一秩序者的任务，也就是要防止夹塞，而不是命令"高让"。

排队是一种秩序（order），社会也是一种秩序，只不过是一种比排队远为复杂的秩序罢了。而且，排队尚可避免，社会却不可避免，我们不可能不处在一个社会之中。由此，我们也可看出可普遍化原则的地位和适用范围，即它主要适用于社会道德的领域，包括制度的正义原则和个人的义务原则。它并不囊括自我的所有道德追求，心灵的所有道德渴望。或者说，当我立意以圣洁为目的，以崇高为约规时，我也是在追求一种普遍性，但不是一种义理的普遍性，而是一种价值理想的普遍性，在我看来，这种普遍性是自上至下地统摄着所有道德要求的，是其中的精华、命脉、归宿和主旨；但这并不是说它是自下而上地贯穿于一切道德义务，能要求每一个人都必须无条件地遵守的，我可能以一种普遍的口吻来谈论它，来呼吁它，对其他的心灵产生一种深刻的震撼和感召，但却不能以强制的手段来命令它，来推行它，因为它是不能作为要求直接诉诸行动的义理而普遍化的。

当我们以如此的眼光看待传统的个人道德时，我们就发现必须对之进行非常仔细的分析和剥离，因为在我们的传统中，由于道德的自我定向，作为基本义务的那一部分道德和作为崇高追求的那一部分道德经常是混合在同一德目、同一要求之中的，并且，前一部分经常被融解在后一部分中而不再呈现。个人的崇高道德追求永远有意义，然而，当务之急却还是建立一种具有普遍性和具有明确内容的社会道德，以尽早结束在一个激烈的转变期中出现的道德上的"无法可依、无规可循"，而仅仅凭常识和良知行事的失范状况，而在这方面，义理的普遍性原则，或者说由康德首倡的可普遍化原则，将给我们以有益的启示。

我们如果继续比较在上述"排队购票"一例中列举的、三种可名之为"利益的自我主义"、"高尚的自我主义"和"可普遍化的义务"的行为准则，还将发现一些有意义的结论，现将它们排列如下：

	自我行为准则	假设的普遍化形式
1. 利益的自我主义	1.1 "我要在所有人之前先买。"	1.2 "每个人都要争取最先买。"
2. 高尚的自我主义	2.1 "我要让所有的人先买。"	2.2 "每个人都要让别人先买。"
3. 可普遍化的义务	3.1 "我要让比我先到的人先买,却要在比我后到的人之前买。"	3.2 "每个人都要先到先买,后到后买。"

在这些命题中,只有第3组是可以普遍化的,在这一普遍化的过程中,从特殊准则到普遍原则,在内容和性质上并不发生什么改变,转化是很自然的,个人无须对自己做出额外的要求,主词由"我"换成"每个人"并不会使后面的谓语发生矛盾。其普遍命题既可以看作是制度正义原则,又可以看作是个人义务原则。

我们说过,前两种自我行为准则是不能够普遍化的,因为它们和各自的"假设的普遍化形式"之间存在着矛盾,两者不能够并存,如果后者成立,前者就归于无效,后者就将勾销前者,前者就不再有意义,所以,我们虽然可以单独作出后面的普遍陈述,但这普遍陈述并不能够由前者逻辑地引申出来。不过,我们还是可以把后面的普遍陈述当成独立的命题,把它们与特殊的自我行为准则进行比较。

我们注意到:在1、2两组命题中,后面的"假设的普遍化形式"通过主体的非自我化或普遍化而可以勾销前一特殊命题,即第1组命题可以用"每个人的利益"勾销"我的利益",第2组命题可以用"每个人的义务"勾销"我的义务",这个过程都是一样的,但在道德上的意义却很不一样。

在第1组命题中,普遍的、可以公开宣称的利己主义比起自我的、只好秘而不宣的利己主义来说甚至是一个进步,因为,一个人的利己主义由此受到了其他所有人的利己主义的限制和纠正,这对一个执迷不悟、难以说服的利己主义者甚至是一种最好的纠正,因为他只有碰到他人利益坚硬的墙时才知道停止。普遍的利己主义也就是一种"合理的"或"开明的"利己主义,它胜过极端的利己主义是因为它毕竟采取了一种"一视同仁"的原则。而在生活实践中,最精明的利己主义者实际上决不会提倡普遍利己主义,他常常采取的策略是:口头上宣称命题 2.2 而实际上奉行命题 1.1,这是他获得实利的最佳策略——如果他能面对明显的逻辑矛盾视若无睹,"心安理得"。而一些倡导普遍利己主义的人(如快乐主义者伊壁鸠鲁)之所以个人品德仍然让人敬佩,也许是因为他实际上奉行的是命题 2.1,因为他实际上把"利益"精神化了,把精神上的宁静自足视为最大的利益和快乐。但我们说过,在社会伦理的领域内,普遍概括的利己主义也是没有前途的,因为它无法把各种利益分出先后,不能也不想裁决利益冲突。我们只要不想倒退到自然状态,我们就必须拒斥利己主义。

我们在第 2 组命题中看到的却是另一种情况,与"高尚的自我主义"的个人准则比较起来,其"假设的普遍化形式"却不是一个进步,而是一个倒退。假如这一高尚的自我行为准则被普遍化,不仅会使它无法实现,而且这一普遍化的命题在道德性质上也会发生变化,它就可能变得生硬、虚伪,因为,这命题可能对大多数人来说是一个很高的要求,如果大多数人难于遵守它,那就意味着要对他们实行强制,而这就要侵犯到其他人的平等权利。所以,由宋儒开始注重的一种要求很高,希圣希贤的修身之学,本来是一种个人或自愿结合的小团体的学问,一种很高,亦很好的学问,但一旦在实践中被普遍化、制度化、社会化,就被清儒斥为"以理杀人"(这里当然可能有一种"道德观点的误置",我们后面还要谈到这个问题)。所以,真正"高尚的自我主义"对这种普遍化实际都抱有一种警惕,都把自己视为一种"为己之学"而严守一种自我的定向。然而,这却有可能加强一种使自我与社会隔离和封闭的倾向,而遗漏大块社会道德的空场而任其荒芜，越是不能在义理上普遍化就越是固守自我，而越是固守自我也就越不能确立普遍的义理。为了使我们从这样一种循环的怪圈中解脱出来，我们就不能不诉诸一种根本的转化——道德观点的转化，这就是我们在考察义理的普遍性之后得到的一个结论。

四、什么是道德观点

我们这里所说的"观点"，不是指现成的理论观点，而是指优先的观察点、观察的角度。古人所言"仁者见仁、智者见智"中的"见"，我们日常所说"旁观者清"中的"观"，就是指这样一种提示出一种观察地位的"观点"。一个事实，可以从不同的角度去观察，得出不同的结论。比方说，对一个人半夜潜入银行悄悄用工具打开里面的保险箱的行为，人们可以仅从技术的角度进行观察，惊叹这个人开锁的技艺高明和老练，得出"这人真行"的肯定结论；而若从另一个角度观察，我们却会给出否定的评价，认定这人是在偷窃，是在犯罪，对这种行为予以谴责。这后一种观察点就是我们要说的"道德观点"。

这种"观点"的重要性和优先性不言而喻，我们从上面的例子中就可以看到：它可以引导人们得出不同的结论。任何理论都必须预设一个观察点，这一观察点就决定了这一理论的基本视野、基本走向。观察点的纷乱、误置和随意调换，就有可能造成这一理论的逻辑矛盾、杂乱无章乃至结论完全谬误。由于这种优先的观察点对最后形成的结论有如此重要的意义，所以我们也把一个个结论径直称之为"观点"是不无道理的。把这些最后形成的"观点"联系起来，使点连成线，就成了一个理论，一个体系，而这又必须有赖于一种统一的"观察点"。正是由于这种优先的"观点"与"理论"的紧密关系，所以，我们要弄明白"义理"，不能不首先弄清我们应该持一种什么样的道德观点。我们也还要问：传统伦理中占优势的道德观点是一种什么样的道德观点？它能不能使我们弄明白普遍的义理、基本的社会道德，如果不能，应当向什么方向转换，等等。

科特·贝尔（Kurt Baier）在1958年出版的一本有影响的书《道德观点》中认为：道德问题就是对行为理由的呼吁。道德理由有真伪，真实的理由就是从道德观点看可接受或所要求的理由，"道德观点"实际就成了测试行为正当的一块试金石，所以，澄清"道德观点"的概念就具有关键的意义。

我们注意到：贝尔这里所说的"道德观点"不仅具有区别于审美、技术等观点的外在意义——即它是一种涉及判断行为和品质善恶正邪的观点；而且具有内在的意义——即它还是一种能够检验善恶正邪标准真伪的观点。在贝尔这里，"道德观点"实际是指一种"合乎道德的观点"。而我们所说的"道德观点的转换"却是在前一种意义上说的，即仅仅是一种"涉及道德的观点。"但贝尔对后一种"道德观点"的考察，对我们要讨论的这一"道德观点"的"转换"仍很有意义。

贝尔心目中的"道德观点"是一种什么观点呢？一个人在进行行为规范的判断时，怎样才是采取了一种道德观点呢？我们可以把贝尔的论述概括如下：

（1）他必须不是自私的；

（2）他是按原则行事的；

（3）他愿意使自己的原则普遍化；

（4）他要考虑到对所有人都有好处。

一个人的判断必须满足了上述所有条件，才可以说是采取了一种道德观点，这看起来是很严格的，但我们又可以说，这四个条件又是倾向于结为一体的，其基本精神只是一个——即超越自我而普遍化的精神，不过我们现在还是先来分别地说明。

（1）这个人必须是不自私的，他不能仅仅从有利于自己的观点考虑问题。举例来说，如果要把一个十字路口改建为一个大环形路口，这可能遭到住在附近的经常步行者的反对，因为这样他们就得绕路而不方便了，而这一地区的政治家也可能同样反对，因为他们要争取住在这里的这些人的选票；另一方面，驾车者却会赞成这一改建计划，因为这使他们不必在红绿灯前等候，而有可能承担这一改建工程的公司自然也会大力支持这一计划，因为这将有可能给它们带来大笔利润。这样，赞成的一方和反对的一方就可能争执不下，而他们所采取的都是一种自利的观点。那么，有没有可能采取一种超脱的、非自利的观点呢？当然可以有，这种超脱的观点可能就是交通专家或城市规划者所采取的观点，他们在考虑这一问题时不涉及自己的利益，是客观和冷淡的（disinterested）。

我们要注意，贝尔绝不是要否认个人利益，也绝不是预先已把自利视为不道德的才将其排除在道德观点之外，在此，贝尔的论据实际上是：采取自利的观点解决不了利益冲突，不能对冲突的利益要求做出裁断，因而冲突将危及我们的生活，使我们的社会回到原始的"丛林状态"。所以道德观点不仅不能等同于自利观点，甚至要考虑正是与自利观点相反的因素构成了道德观点。

（2）这个人必须是按原则行事的。也就是说，他不能像一个利己主义者一样只按有利的特殊目标和大致的"最佳策略"行事，而是要按始终一贯的原则行事。这可以看成是我们所说的"涉及对象的普遍性"或者说"终身行之"，是个人按一贯性，而不是一时的喜好和任性行事。

（3）这个人也必须是愿意使自己的原则普遍化的，这就是我们所说的"涉及主体的普遍性"或"一以贯之"。道德规范是对所有人而言的，光我一个人按原则行动还不足以概括出"道德观点"，这原则还必须为所有人遵循。由此推论，道德教育就必须是完全普遍和公开的，它不是少数个人或某个阶层的特权。一个秘传的法典或心诀、戒律，再好也不过是一种宗教，而不是一种道德。如果一个行为规范被公开教育和普遍遵循，它就将变得像我们前面看到的那样自我挫败、自行拆台，那它在道德上就是毫无意义的。

（4）这个人必须考虑到"对所有人都好"。以上三个条件均是形式的，但道德规范也有内容，这些规范必须是对类似的所有人都有好处的（Moral rules must be for the good of everybody alike.）。对这里的"好"（good）一词，贝尔是在偏于消极和否定的意义上理解的，"对所有人都好"并非是要我们去最大限度地促进所有人的福利，而只是要求我们去帮助处在困境中的邻人，就像我们在《圣经》中"好心的撒马利亚人帮助遭劫受伤的路人"一例中看到的那样，而尤其是像"勿杀人""勿盗窃""勿残忍"一类禁止那些不可使自己置于对象地位的"不可逆行为（nonreversible behavior）的规则，初看起来似乎是纯粹否定和消极的，但若从一种独立的、无偏见的、客观的、冷静的、中立的观察点来看，所有人都遵守这些规则就是对所有人都好的。从一时一事来说，我不做这些事似乎只对可能直接受这些事影响的人有好处，对我，对其他人并无好处，但从长远、从全面来说，如果所有人都倾向于这样禁止自己做这些事，那就将使所有人受益。

归结起来：非自利、依原则、可普遍化和对所有人都好这四条，可以说都是旨在超越自我、超越主观性，而以一种普遍的、全面的、客观的，不偏不倚的眼光看问题，在此，不能给予任何自我或小团体的利益以优先权，而是要同时考虑到所有人的利益。这样的观点才是道德的观点，用贝尔的话来说，这是一种近于"上帝之眼的观点"（god's-eye point of view）。

我们也许会觉得如此理解"道德观点"过于狭隘，而这又是由于对"道德"概念、"道德领域"的范畴理解过于狭窄所致。我们也许会问:这样的话,个人的崇高追求、心灵感召,道德上的豪雄气概和圣洁精神若不放在道德中,那么往哪里安置呢?确实,西方人,尤其近现代西方人所理解的道德看来只是社会道德,是共同体的道德法典,图尔明(S. E. Toulmin)、黑尔(R. M. Hare)、贝尔、罗尔斯等主要伦理学家所理解的道德莫不如是。前面所说的那种崇高追求则一般被放到了宗教的范畴之内,宗教信仰主要是个人的事情,而道德规范却是社会的事情,宗教可能仍会给道德,尤其是崇高行为、奉献和牺牲的壮举以信念上的支持,但对道德规范的主要支持将可以,也应当考虑为是来自社会本身,来自所有人都具有的理性。对社会的理性思考本身,就应当足以为道德提供充分的理由。

  以上道德与宗教两分,道德仅被理解为社会的道德体系可以说是现代西方人的主流观点,带有西方文明和传统的印记。我们也许可以批评说这种对道德的理解不够全面,但是,不容否认的是,确实有一大块社会道德的领域,这是任何社会、人群都要面对的领域。我们首先遇到的就是这一领域内的道德问题,这些问题得不到妥善的解决,就将使每一个人的基本权益受到损害。当然,我们可以说,那些严重影响到人的生命和利益的行为,我们可以用法律的手段来对付,但是,法律最终是必须以道德正义为根基的,法律要得以顺利实行也必须依赖于人们道德观念的支持,何况还有许多法律之外、社会之内的问题。生活在一个共同体内的人们必须在这些基本问题上达成基本的道德共识,否则,谁都不会生活得舒服,人们会感到在互相妨碍,互相掣肘,于是就会有高尚者的逃避(虽然这越来越难)和卑鄙者的横行,甚至老实人也铤而走险。

五、走向道德观点的转换

所以，我们必须正视社会道德的领域。而要解决好这一领域内的问题，我们就必须先考察我们的认识前提，考察传统的道德观点。

限于篇幅，我们不想对我们提出的"在传统伦理的后期发展中占优势的观点是一种道德自我主义的观点"这一命题举出详细的例证，我们也承认这是我们的文化传统中一种独特的、值得大力发掘的价值。杜维明等当代新儒家学者对儒学的自我定向有相当准确的把握，对儒学作为一种内圣之学、为己之学在创造性地转换自我中的意义阐发良多。我们甚至可以说，传统"道德"概念本身即含有浓厚的自我主义观点的痕迹。焦竑《老子翼》卷七引江袤言："道者人之所共由，德者人之所自得。"许慎《说文解字》言："外得于人，内得于己之谓德。"都说明古人的所谓"道德"主要是自我的道德，所谓"外得于人"可理解为取善于人，如"三人行，必有我师"，也可理解为与人为善，使人得益；而所谓"内得于己"则是自我"得道"，"成德""成圣"之意，"道德"的重心是放在后者，即放在自我得道之上。他人之"得"是得利得益，而自我之"得"则是"得道""成德"。这才是真正的"得"（德）。成德之教是要成就一个道德的自我。中国传统伦理后期发展的主要趋势看来是"道德化"而非"道义化"的，即"道（导）向一己之得（德）"，而非道（导）向"普遍之义（理）"。

我们对传统道德后来发展的重心是放在自我，放在一己，传统儒学后期主要是自我修身之学这一特征，不再赘言，现在的问题是：这一道德观点是否适合解决社会，尤其现代社会领域内的道德问题？依据这一观点能否建立起一种社会道德体系——这一体系既包括社会制度的正义原则，又包括所有个人的义务规范体系？

我们现在面对的是一种新的自我主义。我们一般把西方人所说的

"egoism"翻译成"利己主义",确实,西人所说的"egoism"一般都是指"利益的自我主义",如快乐主义之类。但我们现在在我们传统中看到的却是一种完全不同的东西:它确实是立足自身,关注自我的,但它却又是追求道德,追求道德上的纯洁和高尚的,我们也许可以把它称之为"道德的自我主义"或"高尚的自我主义",即一种真心想提高道德,一心一意向善的自我主义。我们也许还可以将其称之为一种"道德立己主义"。虽然它是一种自我主义,但它强调履行自己的义务,强调限制自我的欲望和利益。从这种道德自我主义出发,就不允许自己去侵犯别人,去损害他人的利益,甚至宁愿牺牲自己的利益去满足他人的愿望。它虽然主要追求的是道德上的自我完善,但它也追求人际关系中的和谐。它对传统社会的稳定和发展实际上起了巨大的积极作用,但它的价值还是更多地在内在的方面,它自有价值,自有意义,自有报偿,自有乐地,它在历史上一直是士人的执着追求,他们在其中找到了自己安身立命的家。它造就了一批具有圣贤人格的道德楷模,这些楷模就像在夜晚天空中熠熠闪光的星星一样,使我们至今都感到神往和崇敬。

但是,我们现在要提出的问题是:如果这种道德自我主义的立足自我,面向自我的基本观点不改变,它是否能够成为解决今天社会领域内道德问题的基石?或者按当代新儒家的提法,我们是否能从这一道德自我主义开出一种新的具有普遍意义的社会伦理?一个人立足自我来看待社会、看待人群,那么,显然,他所看到的就主要是一种人我关系。人际关系就是人我关系。其他如群己关系、公私关系也是这一人我关系的变形("公"字单独使用时则另当别论),"己"不消说就是"我","私"也是指"我",只不过他人在此是作为一个群体出现而已("群"或"公")。"我"始终存在,他人或者是作为一个,或者是作为一群,或者是作为一个整体而与"我"对称。

我们在此要特别澄清一个误解,古人所称的群己关系,公私关系,并非我们现在常说的社会与个人的关系。对社会与个人关系的观察必须采取一种超越了自我的普遍观点才能达到。因为:在这里,"个人"中可以说包括"我",又可以说不包括"我",因为"我"也是社会的一员,"我"并不与他人组成的社会对立,"我"同时在社会与个人之中,所以,如果说在"社会"与"个人"中同时都包括了"我",也可以说同时都没有包括"我",我在谈到社会与个人的关系时,实际上是采取了一种超越自我的观点,就好像不属于这一社会的神从天上往人间俯视。我们在理性思考中是有这种可能的:我们可以暂时摆脱自我的主观性而进行一种具有普遍性的思考,甚至可以说:理性的本质就是要超越自我而达到普遍(而直觉经验则无论如何要依赖主体)。

把古人常说的群己关系、公私关系错当成现代的社会与个人的关系常常导致错误的结论:比如概括说中国古代社会是以社会为本位,而西方近代社会是以个人为本位,中国人重整体、西方人重个人,等等。其实,西方社会是既以个人,又以社会为本位的。而中国传统社会既不是以社会整体为本位,又不是以个人为本位的。否则,就很难解释,为什么一方面会有梁启超、孙中山、梁漱溟等批评中国人如"一盘散沙""缺乏国家观念和团体精神";另一方面又会有"五四"时期的许多人如陈独秀、吴虞等批评中国传统"压制和扼杀人的个性"。[1]

在均以自我为中心观察点的人我、群己和公私等关系中,最重要的

---

[1] 葛兰言(M.Granet)说:"人们喜欢谈论中国人爱群居的本能,并且说他们有一种无政府主义的气质。事实上,他们的联合精神和他们的个人主义都是乡村的和农民的特性。他们的秩序观念来源于一种对善意的理解的健康的乡村情感。"转引自李约瑟:《中国科学技术史》第二卷,科学出版社 1990 年版,第 365 页。这是从正面说的:即中国人又同时爱群居和好自由,但因为没有进入现代国家社会与个人权利相对而言的层次,所以在当代又两方面都还显出欠缺。

还是人我关系，在古人眼里，正如郝敬《孟子说解》中所言："世道惟人与我。"[1]这很好理解，因为对立足于自我的观点来说，这一关系最为直接、最为切近。常有学者认为中国传统伦理关系的特点是一对一的关系，也是说的这个意思。虽然有许多个他人，但每次与我打交道的一般就是一个。所以伦理规范一般也是从这种一对一的关系中分别概括出来的，如一个人分别对君主、父亲、兄弟、朋友、路人，就分别有忠、孝、悌、信、恕等义务。人与我的关系可以从许多方面去观察，如利益、价值追求、合作与冲突等等，而从严格道义论的要求去看待人我关系中的自我，自然就要求自己努力去为他人着想，努力尽自己的义务。这是道德主义对自我观点的影响，但现在吸引我们注意的主要是另一面的影响：即这种自我观点对道德主义所产生的影响。

首先，由于是立足自我、关注自我，所以对我来说，最重要的不是社会上人与人之间的相互态度和行为哪些是正当的，哪些是不正当的，不是人们相互间有哪些明确的义务，而是成就道德的自我，成就个人的德性，趋近圣贤的人格。在某种意义上甚至可以说，人们相互间的行为，尤其他人对我的行为是不重要的，不论别人对我怎样，是否履行与我一样的义务，都不会影响到我的修身养性，甚至是我磨砺自己的一种必要手段。在某种意义上，"欲海横流"、"功利滔滔"、反而更显出了君子本色，更衬托出了圣贤的地位。也就是说，道德自我主义所关注的不是义务与行为的正当性，而是自我德性与人格。义务与正当具有某种客观的普遍性，需要脱离主体来讨论，而德性与人格则始终不离主体和自我。

但是，在儒学中，这个"我"及其"我"所要达到的目标——崇高的德性和人格，又是始终在人我关系中运行和展开的，要完成道德上的自

---

[1] 转引自庞朴：《稂莠集》，第234页。

我实现，又决不能离开他人，离开人群。道家可能不这样想，但至少这是儒家的执着想法。道德自我必须不离人伦日用，在平凡的对他人的尽分中创造性地实现。所以，初看起来，这是一个令人困惑不解的现象：一方面儒学自认是"为己之学"，另一方面，再没有哪一学派比儒学更重视人伦关系的了。不过，由于自我中心的作用，这一人伦关系中的尽分和推爱自然是由最亲近的人开始，根据离我的关系的亲疏，由近及远地展开，就像一块石头投入水中激起的波纹，离中心越近的波纹越深越浓，离中心越远的波纹越浅越淡。这是一般情形，但有时更高、更紧迫的义务也可能打破这种状况，使我必须优先关注离我关系较远的人，这一点我们在第二章讨论亲亲之爱与博爱时亦有所论述。

其次，由于我是立足自我、关注自我，所以我在人我关系中主要关心的是自己要尽义务，而不是他人是否尽义务。我的尽义务是不以他人对我的态度为转移的，是不用考虑他人是否尽同等的义务的，我强调的只是我自己这一方单方面的尽义务，单方面地对君忠、对父孝、对兄悌。至于君是否明、父是否慈、兄是否爱，那是属天的事情，而不是我分内的事，因为重要的不是别人做了什么，而是我自己做了什么，正是我自己做了什么，而不是别人对我做了什么，对我能成为一个什么样的人，能不能德性完美才是真正关系重大。另外，我也不能要求别人像我对待他一样对待我，因为我对他人的尽分是可以无限提高、无限扩大的，我不必考虑对他人义务的限度，我可以完全放弃自己的利益，可以牺牲自己的生命，可以无限委曲，无限忍耐，无限承受，无限奉献，我越是如此，越是接近我的目标，但我怎么能如此要求其他人都像我这样做，尤其是对我这样做呢？所以，道德的自我主义是完全可以主张单方面地尽义务，无条件地尽义务和无止境地尽义务的，因为这只是要求我自己，我对我自己有这种权利，而且，这也可能是我内心最深的渴望。

这种道德自我主义自然有它崇高的价值和意义。在单方面和无条件的尽义务中包含有道德的真谛，而完全的奉献与牺牲也有一种巨大的道德感召力。崇高的精神境界和道德水平都是在少数个人那里达到的，就像少数高高耸立的山峰，要高出这块大陆的平均高度许多。但是，我们从上面的讨论却也可以看到：从自我观点的道德主义中推不出平等的责任和适度的义务，因为那样的话，就等于自己把自己看低了，就等于自己给自己的道德努力划定了界限。而要推出平等和适度的义务，或者说，推出正义，建立一种社会的道德体系，就必须超越自我，采取一种不以自我为中心，甚至不把自我包括在内，暂时悬置自我的观点。

我们可以再打个比方来说明这样两种不同的观点。采取自我的观点就好像我站在地上、站在人群之中。确实，我随便一眼望去，就可以看得很远很远，从理论上讲，只要人的视力无限，其视线的延伸也是无限的。我还可以旋转一周，往四面八方望去，我就可以看到无数活动的人，无限变化的景象，虽然我只是立足一点而环顾四周，但只要设定我的视力无限，在理论上说我就可以看到世界上所有的人、所有的事物（这在此虽然是比喻，但作为思想、思想力确实是可以无限，即是可以思考任何对象的！）。这样，以自我为中心的观察也就可以获得一种无限性、一种普遍性了。所以，我们很可以理解中国古人虽然常常是立足自我，却能够以天下为怀，可以理解为什么他们不能在天下、邦国与家之间做出明确的分断。因为立足平面的一点而观察是较容易看到事物之间的联系而不易看到其差别的，是较容易达到一种统一和综合而不易进行区别和分析的。而且，由于是立足平面的一点观察，自然越远的人显得越小，越近的人显得越大，而我关注他人的程度一般也就随着他接近我的程度而提高。

但是，为什么不是自然地提高到最为关注我自己呢？就像一个儒者所言，一个人应当比关心国更关心家，却不能比关心家更关心自己，但这是为什么呢？我为什么要在我的父母与我自己之间来一个分断，把最大的关怀给予父母而非我自己呢？这似乎是与自我的观点无关，而仅仅是因为受到了道德主义的影响，但问题并不这样简单，是否自我观点还是起了某种关键的作用呢？确实，我看到一个个的他人，离我最近的亲人实际会在相当程度上遮蔽他们后面的人，近处的人会遮蔽远处的人，但我总还是有可能看到他们所有人，而真正的问题在于，正由于我的观察始终不能离开我的眼睛，所以我恰恰不能亲眼看到我自己的面容，恰恰不能完整地看到我自己：一方面，观察始终离不开我，我是始终存在的，我始终是观察的主体；而另一方面，我却恰恰因此而无法成为被观察的对象。我无法超越自我而观察的结果是我无法观察自我，既然连这自我都无法客观地予以观察，就更谈不上使自我置于与他人同等的地位，呈现出同样等级的形象了。

我们可以用这一现象来说明为什么从自我中心观点推不出平等适度的义务体系，在确定义务的时候，以自我为中心的观点无法把自我置于与他人同等的地位上进行思考。自我只是主体，是观察的主体，行动的主体，对他人尽分的主体，而它却没有同时也作为观察的对象、行动的对象、他人对之尽分的对象。这样，我们说，从自我中心的观点就难以推出一种平等适度的道德义务体系，无论利益的自我主义与高尚的自我主义概莫能外，不同的是：利益的自我主义是因为看不到自我的义务，而高尚的自我主义则是因为看不到自己的权利。当然，这句话反过来说也是一样，即利益的自我主义是因为看不到他人的权利，因为它只看到他人是一个个可供自己利用的对象，而看不到自己也是要相应为他人做出服务的；高尚的自我主义则是因为看不到（或不关心）他人的义务，因为它只看到他人是一个个可供自己服务的对象，而看不到自己也是本可以要求他人做出相应服务的。两者的主旨是很不同的，高下也就殊然两判，但在看不到自己，或不能把自我与他人同等看待，不能像看待他人一样看待自己这一点上则是共同的。而之所以这样，恰恰又是它们都采取了一种自我中心的观点。

而采取一种普遍的、超越自我的观点，则好像是上升到了天上，从上面往下俯视下面所有的人，这时，各个人及各个群体的分别和界限当然是清清楚楚的，尤其重要的是，各个人都是处在同一地位上，他们的形象决不互相遮蔽，也不近大远小，因为这视线并不发自平面的一点，也不发自一个中心，它是多中心或者说是无中心的，这是真正的"一视同仁"。平等和适度的义务体系必须从这种"一视同仁"中推出。

当然，现实生活中并没有这样一双脱离任何主体的人的眼睛，并没有这样一种多中心或无中心的人的视线，我们这只是比喻，但是，人的思维却能进行这样一种不带"我"字的、超越自我的思考，人能够进行一种基于普遍观点的虚拟的、抽象的思考。我们实际上也常有这样的思考，只是片断而不系统，不能结出理论的果实而已。在西方的社会政治哲学中，自然法理论家、社会契约论者也一般都是从一个虚拟的自然状态开始。在罗尔斯的"原始状态"中，那个要选择进入哪一个社会的虚拟选择者是在为所有人选择，"原初状态"实际上正好是一种设计出来的普遍观点。人们也许会说，这种普遍观点仍然摆脱不了设计者个人的主观影响，但无论如何，是不是努力尝试做这种思考还是很不一样的，而且我们也确实要注意到，这种思考有助于纠正一个人的偏见，甚至使他得出他开始决不会想到的结论。

我们有可能遇到的一个质问是：难道"自我"就没有一种普遍性吗？难道不是每个人都有一个自我吗？难道所有的道德体系不都要求"从我做起"吗？难道道德不落实到自我，乃至不落实到自我的心灵能够持久有效地起作用吗？确实是这样，道德必须要求每个人都从我做起，而且是从内心生发出来的"从我做起"。问题是要弄清这是道德的第一事还是第二事？道德究竟应当以何者为先？是首先确立普遍的道德原则，还是首先确立道德的主体？是首先明确什么是义务，什么是正当还是首先考虑个人的德性、品格？在我看来，从社会道德而非个人追求的立场来说，前者无疑应当优先于后者。道德主体必须在对道德原则的认识和践履中确立，个人的德性和人格必须在履行义务中培养和完善。难道我们不是要首先明确一般的原则，然后才是个人的应用吗？难道在"从我做起"之前不应当先明白"应做些什么"吗？

"每个人都有一个自我。"这里确实有一种普遍性，如果我们不是讨论道德，我们甚至有可能在"自我"的基础上建立一种人生哲学，一种追求和信仰体系，提出"塑造你自己"或"实现你自己"作为这一体系的理想。但是，如果我们是讨论作为行为规范的道德的话，我们一说到"自我"，一说到"每个人都有一个道德自我"或者说"每个人都应当从我做起"就已经是第二义了，就必须承认在这之前还有原则规范。道德自我必须首先承认原则规范的普遍性，通过认识和履行原则规范来成就自己。虽然原则规范也可以说必须通过人的认识来发现，但关键的问题在于：今天它们显然不能通过自我中心的观点来发现。当代新儒家把第二义就视作第一义，把工夫就看作本体，其思想适合作为一种鼓舞和激动人的人生哲学、实践哲学，却不适合作为一种当代社会的伦理学。在道德领域中，在把自我与原则融合起来发挥效力之前，首先要把它们区别开来，即首先要超越自我，想清楚那"理"、弄明白那"义"，这时不能使这"理"、这"义"受到"自我"的任何纠缠，然后才是努力合，才是讲践履一定要"从我做起"，讲"以义正我"，"以理约我"。总之，在"行义"时要唯恐没有"我"，而在"明理"时则要唯恐有"我"。

熟悉西方文化的人可能还会提出这样一种反驳：《圣经》中耶稣对人

们提出的要求不也是很高很高的吗？他不也是要人们无限宽容、无限忍耐吗？那为什么基督教却还是成了支持西方道德一个最有力的精神基础呢？甚至我们就把西方的道德称之为一种基督教道德呢？一种宗教信仰是如何支持社会道德，乃至与之交叉，互相构成对方的一部分的问题确实是相当复杂的，这里有着方方面面的情况，需要系统深入地研究，很难一下说清。我在此只想指出一点，就是基督教与新儒学还是很不同的，我们正需要从这些差别中去发现它们与社会道德的不同联系。其中明显的一点不同就是：耶稣虽然对人们提出了很高的要求，但他所依据的观点并不是自我成圣的观点，而是拯救世人的观点，即并不是一种特殊的观点，而是一种普遍的观点。而一种人人平等的普遍观念，早在基督教出现之前就已通过斯多葛派的思想，通过罗马法对西方世界产生很大的影响了。基督教也接受了这一影响，并使这一观念进入了一个很高的精神层次。基督教的平等主义、平民主义色彩与古希腊文化精英主义的对照是很鲜明的。而且，耶稣也不是以道德之名号召的，他不是号召人们成为道德的君子，而是要传播救赎的福音，他虽然认为他的主要呼吁和要求并不反对，乃至还加强道德诫命，但它们本身并不是道德诫命，而是比道德诫命更高。在他那里，社会道德与个人信仰有着相当明确的区别，上述的"无限忍耐，无限容忍"等要求并不属于社会道德的范畴。此外，我们在基督教的道德要求中，也看不到多少自然血缘的特点，也许正是因为这一自然的脐带，使传统伦理很不容易超越自我的观点，因为这一自我不是纯粹的自我（纯粹的自我乃至良知反而可能比较容易地超越自身，这一点我们在绪论中已有所涉及），而是在重重关系缠裹中的自我。最后，即便我们承认基督教中确实有一种向着日益精神化，或者说精英化、圣徒化方向发展的倾向，那么，我们也必须注意到，基督教中也一直有着一种向着世俗化、平民化、社会化发展的倾向，这后一种倾向甚至超过前一种倾向，而近代以来尤其是如此。

面对中国的文化传统，我们可能遇到的一个反驳是：如果说传统伦理是以自我修养为主导的，那么，怎么解释传统伦理在历史上相当成功地维持了社会的稳定和繁荣呢？这确实是一个很具挑战性的问题，我们在此只能简要地回答说：第一，传统伦理中从来不是只有一种倾向，也非始终都是自我修养的一派儒学占优势，我们只是说，这种自我观点的导向是儒学的发展，尤其是近一千年来的发展中的一种主要趋势，看来也在当代儒学的发展中占上风，而这种倾向在我们看来是有危险的，它可能使儒学自我封闭于社会，自我隔绝于众人，反而得不到发展。而在历史上，孔子亦重礼，孟子亦重义，由汉至唐的儒者也在社会伦理方面卓有建树。并且，两千多年来的社会纲维的建立，不仅有儒学之功，也吸收了其他学派的积极因素，包括政治家的实际经验和思考，社会现实的要求毕竟比学派自身纯洁的要求更为有力。

第二，儒学，包括强调自我心性修养的一派儒学，之所以能在历史上相当有效地起一种社会道德的作用，这是由历史的条件决定的。传统社会是一个精英等级制的社会，是士大夫与君主共治天下，真正的政治社会实际只是一个少数人组成的社会，所以自我或小团体的道德努力相当重要，也相对具有政治效用。少数统治者与广大民众隔有相当的距离，这种距离感加强了前者的权威，所以，对下层的大多数人来说，高高在上的统治者首先对他们来说是一种不能不感到敬畏的权威，他们的所言所行都有道理，在他们头上有一圈道德的光环——这其中有真实的道德努力，也有距离感造成的假象。但无论如何，这一道德光环是起了维护社会稳定的作用的。其次，上层的道德努力也确实渗透并感化到下层，尤其儒家的道德一向重视人伦关系、亲戚关系，这也容易与庶民基于自然亲缘的内心道德要求合拍。

但是，我们不要忘记，许多从事儒家为己之学、圣贤之学的学者心目中实际上是把大多数人排除在外的，他们甚至为此感到一种自豪。庶民主要是感化的对象，所以要以学风造就士风，再以士风影响民风。虽然士大夫这一阶层是开放的，但对不能上升到士这一阶层的多数人来说，这种圣贤之学实际与他们无缘。这在根本的社会政制未改变的情况下是显得很自然的，但是，我们今天的社会确实发生了翻天覆地的变化，实现了从未有过的社会与经济平等，道德就不能不首先面向所有人，要求所有人，也为着所有人。

而且，就从历史来说，我们也感觉到过分偏重自我成圣的伦理所造成的一种严重的缺陷（或严重的误解）。从上层看，从君主看，余英时先生曾引用过朱子《答陈同甫》中的一段名言，朱子感叹由于君主心术不正，"千五百年之间，正坐为此，所以只是架漏牵补过了时日，其间虽或不无小康，而尧、舜、三王、周公、孔子所传之道，未尝一日得行于天地之间也"。余先生接着说，又过了八百年，大概也只是如此，这就使我们必须正视这个问题了，究竟是社会出了问题，还是理想出了问题？自我取向的"内圣之道"到底适不适于社会政治，能否用作"外王之道"？汉光武、唐太宗未能成圣人，是否就意味着当时的政治也不成功？社会理想的意义是什么？如果说理想主要是起牵导、批判和激励的作用，并不一定都能实现，那么，这一牵导、批判和激励是否有效？汉唐儒者对他们所处的时代是否也与朱子持同样的看法？如果不是，他们是采取了一种什么观点？等等。

而从下层看，从大众看又如何呢？1684年，在朱子之后约五百年，王夫之在《俟解》中写道：

> 学者但取十姓百家之言行而勘之，其异于禽兽者，百不得一也。

营营终日，生与死俱者何事？一人倡之，千百人和之，若将不及者何心？芳春昼永，燕飞莺语，见为佳丽，清秋之夕，猿啼蛩吟，见为孤清。乃其所以然者，求食、求匹偶，求安居，不则相斗已耳，不则畏死而震慑已耳。庶民之终日营营，有不如此者乎？……庶民者，流俗也，流俗者，禽兽也。

而我们也可以接着说：时光又过去了三百多年，"庶民之终日营营，有不如此者乎？"一方面说"满街都是圣人"，另一方面又是"千载一圣，犹旦暮也，五百年一贤，犹比膊也"，为什么对这一明显的矛盾熟视无睹？我们能不能换一个观点看这件事？我们如果对人类抱一种恰如其分的看法，我们也许就不会有那种"上穷碧落下黄泉，两处茫茫皆不见"的悲凉之感。而如果我们首先能确立我们作为一个人，作为一个社会成员（今天是作为一个公民）的基本道德准则，并在社会上造成一种普遍遵循它们的风气，我们也许更有可能看到我们将赞美的道德景观不期而至。

由此，我们可以谈到一种涉及道德观点的错误，我们也许可以把这种错误称之为一种"误置道德观点（或立场）的谬误"（the fallacy of misplacing moral point of view，或 the fallacy of misplacing moral position）。这种误置有涉外的层面和涉内的层面，涉外的层面比如说在该放置道德观点的地方却放置了功利的观点、明智的观点，或者反之，在该放置功利观点、明智观点的地方却放置了道德观点，因而混淆了道德与功利、道德与明智。涉内的层面则主要是指在应该放置自我追求的道德观点的地方，却放置了社会规范的道德观点；或者在应该放置社会规范的道德观点的地方，却放置了自我追求的道德观点，从而把自我追求的道德与社会规范的道德混淆起来了。前面所提到的朱子对汉唐政治的批评，以及许多宋明儒者对汉儒如董仲舒等人的批评，认为其道德理论"不高"、"不精"、"不粹"，以及王夫之等儒者对庶民的批评，也许都可以引来作为我们的例子。这种批评确有其正确的地方，但也有其太过的地方，而这些太过的地方看来正是因为从一种自我成圣的角度来观察社会伦理所致，这就犯了一种"道德观点误置"的错误，就是在应该放置社会规范的道德观点的地方，错放了自我追求的道德观点。这种"误置"往往失之于过严过苛。另一方面，却也还有一种"误置"却可能要失之于过松、过懈，即在本应放置自我追求的道德观点的地方，却放置了社会规范的道德观点，自我仅仅满足于不触犯道德之规，乃至满足于仅仅不触犯法律，却缺乏信仰、缺乏追求，忽略崇高精神对于社会道德的意义，乃至不加分辨地对这种精神进行攻击。清代有些儒者有感于宋明儒的"内圣之学""为己之学"被社会化、政治化的弊害，从而对这种弊害提出了批评，这应当说是有道理的，但是，有的儒者进而完全否定理学，乃至痛诋程朱陆王，却显然也是犯了"道德观点误置"的错误。在我看来，章太炎对清儒与宋明儒这一公案的一段评论较为持平和公允，并且注意到了两种不同的道德观点的分别：

  洛、闽诸儒，制言以劝行己，其本不为长民，故其语有廉棱，而亦时时轶出。夫法家者，辅万物之自然，而不敢为，与行己者绝异。任法律而参洛、闽，是使种马与良牛并驱，则败绩覆驾之术也。……戴震生雍正末，见其诏令谪人不以法律，顾摭取洛、闽儒言以相稽，觇司隐微，罪及燕语。九服非不宽也，而迩之以业棘，令士民摇手触禁，其蠹伤深。震自幼为贾贩，转运千里，复具知民生隐曲，而上无一言之惠，故发愤著《原善》《孟子字义疏证》，专务平恕，为臣民诉上天。明死于法可救，死于理即不可救。又谓衽席之间，米盐之事，古先王以是相民，而后人视之猥鄙。其中坚之言尽是也。震所言多自下摩上，欲上帝守节而民无瘅。……夫言欲不可绝，欲当即为理者，斯固肄政之言，非饬身之典矣。辞有枝叶，乃往往轶出阃外，以诋洛、闽。纪昀攘臂扔之，以非清净洁身之士，而长流污之行，虽焦循亦时惑。晚世或盗其言，路崇饰慆淫。今又文致西来之说，教天下奢，以菜食裘衣为耻，为廉节士所非。诚明震意，诸款言岂得托哉？洛、闽所言，本以饬身，不以肄政，震所诃又非也。凡行己欲陵，而长民欲恕。陵之至者，止于释迦。其次若伯夷、陈仲。持以阅世，则《关雎》为淫哇，《鹿鸣》为流沔，《文王》、《大明》为盗言矣。不如是，人不与鸟兽绝。洛、闽诸儒，躬行虽短，其言颇欲放物一二，而不足以长民。长民者，使人人得职，涤荡其性，国以富强，上之于下，如大小羊羫相羠羯而已，本不可自别于鸟兽也。夫商鞅、韩非虽隘，不踰法以施罪，剿民以任功，徒以礼义厉民犹难，况遏其欲？民惟有欲，故刑赏可用。若以此行己，则终身在鸮鹑之域也。以不谕故交挚，交挚故交弊，察其所以，皆失其本已。[1]

确实，自我取向的心性儒学自有它的境界、它的魅力和它的实绩，它的确哺育和熏陶了一批具有崇高人格和完美德性的君子，至今令我们仰慕和激动不已。但是，采取这样一种以自我为中心的观点，却开不出一种新的社会伦理。同理，由它也开不出民主和法治，因为它们也都是具有这种普遍性的：是约束所有人也为着所有人的，因而必须以一种超越自我的眼光去观察和确立。总之，我们要开出一种新的社会伦理，必须首先实行一种道德观点的转换，即由自我观点转向社会观点，由特殊观点转向普遍观点，这样一种道德观点的转换是一种根本的转换，没有这一转换，其他的转换均无从谈起。

---

[1]《章太炎全集》第四卷，上海人民出版社1885年版，第122—123页。

在这一转换中，我们显然可以借鉴西方学者的某些观点。不止是上面贝尔所阐述的"道德观点"（the moral point of view），康德的"普遍性"的观点（Allgemeinheit），还有如休谟的"公平的同情的观察者"的观点（impartial sympathetic spectator），罗尔斯的"原初状态"的观点（original position），黑尔的"普遍规约主义"的观点（universal prescriptivism），以及德沃金（R. Dworkin）的"道德立场"的观点（moral position）等等，这些观点都可以给我们以有益的启发。

而且，我们也可以从我们自己的传统中找到一种普遍和公平的观点的丰富资源。比方说，古人"天的观点"就接近于这样一种观点，"天"即意味着公平无私，不偏不倚，无情无欲，客观冷静，一视同仁，古人也常说要"取法于天"，要"清明象天"。当然，类似于"天"的这一类观点还须经过理性精神的洗礼，如何在现代社会中表述和发展这类观点也须仔细琢磨和讨论。

至此，我们正式提出了走向道德观点转换的问题，我们指出了要建立一种新的社会伦理体系，就必须进行一种根本的道德观点的转换的理由。但是，在这一转换之中，尤其在这一转换之后，还有许多问题需要我们去进一步探讨。我在本书中已经做了一些这方面的工作，但我知道，最终的转换成功及其证明不仅在于对这种转换方式的深入探讨，更在于在这一转换基础上确实建立起一种理由充分并行之有效的社会伦理体系。

第七章　生　生

在前面两章中，我们由对义务的敬重心，提示了义务的至上性，由对义务的认识心，提示了义务的普遍性。每个人来到这世界上，都负有他"无所逃于天地之间"的义务，但是否能说，他就是为这义务而生的呢？在某种意义上确实是这样。当一个人临终的时候，有什么能比他觉得他履行了他作为一个人的天职更让他感到心安呢？如果他还觉得他已竭力完成了他的特殊使命，那就更让他感到欣慰了。但是，我们在此可以容易地看出，这是最广义地理解"义务"。对一般"天职"和特殊"使命"的履行虽然涉及一种形式的义务感，并包含有道德义务的内容，但它也含有另外一些特殊的内容。生命是由所有这些内容，而不是由其中一些成分构成的。所以，我们不能在全部的意义上说人是为义务而生、为道德而生的，相反，我们要说道德是为了生命、为了人的，这也涉及我们为义务寻求理由和根据的一种努力。

义务可以有一种超越的根据，这种超越的根据取何种形态与不同的文化传统有关。但我们现在不想讨论这种根据，而是考虑：是否人类生活本身就能为人的义务提供充分的根据——这里所说的"充分"，是指这种论据足以使我们在行动中毫不怀疑、毫不动摇地遵从义务的命令。寻找这种论据也就是寻找理由、寻找理性的证明,这种理由和证明,是可以超越文明和传统的差异而具有一种普遍性的,因为人类的生活就具有一种普遍性。比方说,"人是合群的动物"或者说"人是社会的动物",社会性就是人类生活的一种普遍性。在这一基本的普遍性之外,也还有一些涉及历史和时代的普遍性,我们就可以把所有这些普遍性视作人们义务的根据。

我们要注意,问"一个人为什么应当履行义务?"与问"我为什么要履行义务?"是有区别的,前者的主语"一个人"实际上是指"每个人",就是说,当我们提出这个问题时,已经采取了一种普遍的观点,一种社会的观点。所以,对这个问题的答案我们应当到社会中去寻找,个人义务的根据与制度正义的根据实际上是一致的。至于第二个问题"我为什么要履行义务?"则在逻辑上后于第一个问题,须在回答了第一个问题之后才能回答。对后一问题的一般回答大概是取这样一种形式:"因为你也是一个人,一个有理性的人。"而在实际的问答中却肯定还要涉及一些特殊的理由,而对第一个问题——也就是我们要在这一章中回答的问题,则完全可以采取一种普遍的、超越了自我主体和特殊境遇的观点。

很明显,我们对义务根据问题的回答是指向"生生"的,即认为个人义务的提出是因为它们和生命的保存和发展有一种根本的联系。这里的"生生"是指一种普遍的"生生",社会的"生生",而不是一种自我的"贵生"、"养生",也就是说,是要从整个社会的角度考虑使每一生命都能够存在,都能够展开,而不是一种个人的追求和策略。这"生生"中的"生命"一词按理不应排斥向"所有有感性的存在"开放,但是,在此我们还是仅在一种"一种有理性的存在"的意义上讨论,即专指"人的生命"。

我们在"生生"这一章探讨了人的义务从哪里来的问题之后,还要在下一章"为为"中讨论这负有义务的人向哪里去,即他如何看待人生,看待社会，看待政治，对此，他应采取一种什么基本态度的问题。我们将由此结束对良心的探讨。总之，我们的意旨是：不仅要使良心与义务联系起来，还要使道德与人生联系起来。

人们实际上所持的"生生"观念在不同的文明，以及同一文明的不同历史阶段自然有些不同的含义，它会发生变化。本章的主要任务也就是要试图描述和分析"生生"观念在近代中国的嬗变。然而，我们为此却又不能不同时把"生生"也作为一种如韦伯所说的理想的分析范畴，赋予它一些在真实的历史范畴中不一定具有的特定含义，这是我们要在这里首先说明的。

一、作为分析范畴的"生生"概念

我们所理解的，可以作为我们的分析范畴的"生生"概念主要有两层含义：第一是对生命的直接保障，即不伤害生命，不压制生命，使生命有安全感，乃至于能够充分舒展；第二是满足生命的需求，供养生命，使生命能够维持下去，乃至于能够充分享受生命可享有的各种利益。对于人的生存来说，这两个方面缺一不可，因为我们这里所说的生命不是形而上学意义上的生命，而是实实在在的生存，这生命就好像油灯的一线火焰，用外力切断或压迫那火绳就将使火焰熄灭，或者奄奄一息；而不及时添油，这生命的火焰也将难以为继，或者只是苟延残喘。

"生生"的第一层含义，即不伤害生命，不压制生命，看起来只是消极和否定性的，但却具有直接的道德意义，也正是因为"生生"有这一层含义，所以我们不能把从"生生"观念中寻找道德义务的根据理解为一种对道德的目的论或功利论的解释。因为"生生"并不能够被理解为仅仅是经济的供养和欲望的满足，首先还有一个对待人的生命的态度问题，即是不是"人其人",是不是尊重人,是不是只要给一个人提供了锦衣美食就什么事都可以对他做。这一优先的态度问题是不以经济利益和目的欲望为转移的,而具有纯粹道德的意义。所以,我们对"生生"的讨论不能纳入单纯目的论与义务论的对立范畴,"生生"不是非道德的目的或功利。另一方面,虽然对生命的态度应当是非功利的,我们又看到生命也决不能离开基本生存资料的供给,而生命的丰富展开和享受还有赖于这种物质资料的充分涌流。

为了清晰起见,我们现在就对下面四个有关"生生"观念的基本命题做一些进一步的分析和比较。

和谐的"生生"观	精进的"生生"观
1.1 不伤害生命	2.1 不压制生命
1.2 满足基本的生存需求	2.2 获得充分的生活享受

对此,我们有三点说明:

第一,"生生"观不是广义的"人生"观,它只是"人生"观的一部分。是从一个普遍的角度观察的整个社会的"生生"。"人生"观按理是应该包括"生生"观在内的,但在我们的日常使用中,常被狭义地理解为个人的人生观。如果这样的话,那它又是与"生生"观相对而言的了。

第二,所谓"精进"的人生观,"精进"一词是来自英文"energism"。"energism"是一种主张人生至善,是在于人的各种正常能力的充分发展和实现的伦理学理论,它在西方历史上与自我实现论、完善论(perfectionism)颇为接近,而与快乐主义相对立。但是,在非西方社会的人看来,快乐主义实际上也是支持列在"精进"名下的这种"生生"观的,这从命题2.2就能清楚地得知。但是,我们觉得,用"精进"一词比用"快乐"或"幸福"来概括这一"生生"观,更能表现出这一"生生"观精进不息的本质特征,也更具理想色彩。同理,我们用"和谐"一词而不用"基本"、"保生"等词来概括命题 1.1 和 1.2,也是为了在更为理想和根本的层次上来展示这一"生生"观。

第三,我们不能简单地把"精进"的"生生"观理解为是"和谐"的"生生"观的进一步发展,不能简单地认为其中一个是处在较低的阶段,另一个是处在较高的阶段。这两种"生生"观与其说是不同阶段的,不如说是不同形态的,反映了不同文化的不同性格和追求。我们确实看到在具体的命题(1.1 与 2.1,1.2 与 2.2)上存在着一种发展关系,但两者在最根本的价值追求——即"和谐"与"精进"的理想层次上是无法分出优劣高下的。而且,这种根本的价值取向,使各自的具体命题(1.1 与 2.1,1.2 与 2.2)之间并不是有一种自然的起承转合的关系,而是存在着一种紧张和冲突。要由一种"生生"观转变到另一种"生生"观,就意味着要在这一根本的价值观念层次上实行某种不无痛苦的转变。

以上是几点说明。我们下面打算先不联系具体的历史文化类型来考察两种"生生"观,而是专门考察一下上述四个命题,这样,在暂时虚化了根本价值追求对左右两组命题的定向和分离作用之后,我们马上就看到在这四个命题之间存在的紧密联系。我们不妨对这些命题的关系做一种综合的,但也是虚拟的思考。

第一个问题是它们之间是否存在着一种先后次序?这种次序是指应当优先考虑、优先满足的次序。我们说过,"生生"有两层含义:第一是对生命的直接保障,这就是上面一行中的两个命题:"不伤害生命"和"不压制生命";对生命的伤害和压制都可以说是人的"不欲",这些行为都是直接针对生命的:谋杀、残害、禁锢、束缚都将直接造成生命的毁灭、残缺或萎缩,而在这里,对"伤害生命"的禁令,显然要优先于对"压制生命"的禁令,因为前者对生命的危害比后者来得更为严重和更为迅速。"生生"的第二层含义是满足生命的需求。每个活着的人都有其动物性的存在,都有其身体,无论多么清心寡欲,这身体都需要不断补充一定的营养。这种需求也可以说是人的"欲望",但它有基本的和充足的之分。基本的生存欲望即对衣食居住的起码要求,缺乏这些基本资料就意味着人的慢性死亡,所以,这种基本"欲望"甚至可以说不是一些道德家所批评的"欲",而是生命的本能,其对象是生命的必需。真正典型的"欲"具有一种无限发展的倾向,就像人们日常所说的"欲望是无底洞"。但是,不管这欲望多么发展,它还是要以基本的生存资料垫底。所以,对每一个人来说,满足基本的生存需求就自然是更优先的。据此,我们可以说左边的命题分别优先于右边的相应命题,因为它们是更基本的、更直接地关系到人的生死存亡。实际上,我们可以把左边的这组命题称为狭义的、严格的"生命"原则,而把右边的这组命题称为"自由"原则。

从纵的方面来看,第一行"不伤害生命"和"不压制生命"两个命题与第二行"满足基本的生存需求"与"获得充分的生活享受"两个命题相比,除了也有不伤害和束缚身体,即把人看作一种有血有肉的动物的意思之外,更有一种把人视为一种完整的、有理性的、有尊严的存在的意味。所以,在考虑这方面的优先性时,我们要联系到人与动物的区别。如果把人仅仅视为动物,那可能确实是求食优先,至于"不伤害生命"的要求,甚至不可能在考虑之列。弱肉强食是支配动物界的正常法则,人在脱离动物界前也是遵从这一自然法则的,对生命的直接保障,全凭动物个体的力量、机智和运气。但当人一旦组成社会,使自己脱离了动物界,结束了原先那种无秩序的自然状态,那社会的第一个禁令就将是禁止个人互相间的残杀和伤害,确立社会对其所有成员的保护,结束内部人际关系的无政府状态,平息内部的争斗,这是人类取得的第一个伟大进步。人类在这方面的下一个目标看来也是结束国家间的无政府状态，平息来自外部的争斗。国家与国家之间的战争对生命造成的伤害，并不亚于内乱和暴虐对生命造成的伤害。所以，从人之为人的意义上说，从社会的意义上说，上面一行的命题是分别优先于下面一行的相应命题的。

那么，是否能使所有这四个命题都获得一种有序性，在它们中间排列出"1、2、3、4"的次序呢？这里的关键是命题1.2"满足基本的生存需求"是否能够优先于命题2.1"不压制生命"。对个人来说，可能持一种"不自由，毋宁死"的原则，古人也有"迫生为下"、"迫生不若死"的说法[1]。但是，从社会来看，从普遍的观点来看，"满足所有人的基本生存需求"看来是可以凌驾于"不压制生命"的要求的，因为，基本生存资料的提供也意味着生命的保存，人只有得以生存，才能谈得上其他，普遍的生存对人类来说是第一位和首要的。片面和不顾条件地坚持"不压制生命"的优先性，就意味着它可能不仅与"满足基本需求"的命题冲突，也与"不伤害生命"的命题冲突，而按照我们上面的分析，它是应当服从于"不伤害生命"的要求的。

由此，我们也可看出上一组命题与下一组命题的相通性。我们对它们的划分是与社会可分为政治领域与经济领域相联系的，更深处则与人的生命可分为作为人的完整生命与作为动物的肉体生命相联系。而我们当然知道，政治和经济两个领域在社会中有相通的一面，作为人的完整生命与作为动物的肉体生命在一个人那里也是统一的。同理，左面一组命题与右面一组命题也有相通的一面：对生命的伤害也就是压制生命，而压制生命到一定程度必然伤害到生命；如此等等。但我们所注重的还是分别。我们固然不能过分拘泥于这种分别及由这种分别而显示出来的优先性，但是，

---

[1] 《吕氏春秋·贵生》。

这种分别却能较好地帮助我们认识不同文明的"生生"观,并对我们的抉择提供有益的启示。

第二个问题是这四个命题之间是否存在着一种目的与手段的关系?在左边一组命题中,这种关系看来是比较明显的,"满足基本的需求"的目的可以说是为了"不伤害生命",或者,用正面的表述来说,是为了"保存生命",但我们却不能说"不伤害生命"是为了"满足基本的需求"。"不伤害生命"自有一种道德意义,体现出对生命的一种绝对的尊重,而且,"满足基本的需求"本身也不足以成为一个值得追求的价值目标,它必须与命题 1.1 或命题 2.2 结合起来才能成为这样一个目标。

然而,在右边一组的命题中,目的与手段的关系却趋于复杂,价值追求在此出现了分流的倾向。我们可以说,在一些人看来,只有生命自然而充分的发展才能成为目的,每一生命在不妨碍他人同等的生命发展的前提下充分实现自己的潜能,完善自我、实现自我这是最终的目的和最大的幸福,即使有必要获得丰富的物质生活资料,这也只是作为达到这一目的的手段,而本身不能作为目的。但在另一些人看来,获得丰富的物质生活资料,从而能充分地享受生命的各种快乐本身就是最终目的和最大幸福,不压制生命正是为了最大限度地调动生命的潜能,从而创造尽可能多的物质财富,满足所有人不断增长的生命需求。我们很难轻率判定这两种价值观的高下,从社会的观点来看甚至没有这种必要。最谨慎的方式也许是把这两者同时都看作目的,也同时看作手段,也就是说,它们之间是一种互为目的和手段的关系,它们可以互相促进,相辅相成。至于在实践中究竟把哪一个视为最高目的,则可以把这种选择权留给个人自己,或者从社会的观点说,留待各种文明自己去处理,允许它们保有自己的特色。

第三个问题是社会与个人的关系问题。我们在前面的阐述中实际已经不断遇到这个问题,不过我们都先理想地从普遍的、社会的观点来加以考虑了，现在我们再专门分析一下。这个问题在上面一组命题中比较明确：在"不伤害生命"和"不压制生命"的两个命题中，这"生命"显然是个人的"生命"，这两项要求的得益者都是个人，这是毫无疑问的，只有个人才享有能感受、能思维、能发展的真正生命，所以，"普遍化"只是把这要求落实到每一个人而已，也就是说，不是要保护个别人或少数人，乃至多数人的生命和发展权利，而是要保护所有人，每一个人的生命和发展权利。

但是，在下面的一组命题中，这个问题却相对趋于复杂了，这里涉及不断变化的经济利益。对"基本需求"还有可能提出一个较具普遍性的标准，但在命题2.2"获得充分的享受"中，首先，什么是"充分的享受"？其次，所有人是否都应同等地获得这充分的享受？或者，这种平等应该实行到什么程度？对这些问题我们却不易解答，也不准备在这儿探讨。

我们感兴趣的是另一个问题：即联系我们上面对目的与手段关系的考察，是否"不压制生命"是旨在充分调动个人的积极性以达到社会的富有？我们知道"不压制生命"的受益者是个人（虽然可以普遍化为"每一个人"），而如果说"不压制生命"只是达到富有的手段的话，就还有个人是不是社会的手段的问题。

另外，我们知道"社会"与"国家"有区别，又有联系。在现代，一个社会，一般是由一个国家确定其范围和形式的。国际间的竞争也是以国家为主体的。所以，社会的富有与国家的强盛很有关系，这样，普遍富有的"生生"的目标就很容易转变成国家强盛的目标。

以上就是我们对于"生生"观念的几个主要命题的抽象分析，这些分析当然是非常粗线条的，我们进行这些分析的目的也不是提出结论，而是要借助它们来更清楚地观察中国传统的"生生"观念及其在近代的转变。

二、传统的"生生"观念

"天生蒸民"、"天地之大德曰生",我们的祖先可以说深谙此意,相信自然界一切事物中,都是以生为意,以生为心。这是不言不说的意,不虑不思的心。"天何言哉,四时行焉,百物生焉,天何言哉!"[1]所以,周茂叔会不肯让人除去窗前的野草,说:"与自家的意思一般。"程明道书房窗前茂草覆盖了石阶,有人劝其锄去,他答道:"不可,欲常见造物生意。"程伊川劝阻皇帝攀折柳枝,说:"方春发生,不可无故摧折。"在古代中国,有着丰富的珍惜生命,重视生态的伦理思想,其源盖出于这种天生万物,人与天地万物为一体的观念。

然而,我们还是回到人,回到人的生命。我们希望,未来的伦理主要是生态的伦理,主要是调整人与自然的关系,建立一种人与自然之间的和谐。这是我们真诚的希望,这将标志着人类道德进步的一个新纪元。但是,如果在今天人们的生活中仍然存在着许多互相侵犯甚至互相残害的现象,仍然有大量的人濒于饿死、陷入战乱,或者受到迫害,人类怎么可能对此视而不见而以主要的精力关注其他呢?生态伦理的问题自然会越来越重要,但总的说,人类必须先解决好自己的问题,然后才谈得上真正全面地、普遍地与生养我们的自然建立一种和谐。否则,"与天地万物为一体"至多是一种个人的境界。

所以,我们毋宁说,在此,这负有"生生大德",负有"生生"之使命和义务的"天地"就是我们自己,这"天地"就是由我们每个人所构成的"社会"。"天地"的"生生"是自然而然的,而"社会"的"生生"却不可能是自然而然的,所以我们说使命,说义务,下面我们就要来看,古

---

[1] 《论语·阳货》。

人是如何理解这种社会的"生生"的，他们所说的"生生"在社会的意义上主要是一种什么样的"生生"。

《尚书·盘庚中》可以看成是最早的一篇社会政治心理学的杰作。盘庚为说服民众同意迁都，真可以说是费尽苦心。他相当准确地把握了民众的心理，既有声色俱厉的威吓，又有苦口婆心的劝慰。说者与听者的关系当然不是平等的、民主的，而是居高临下的、家长式的，说服者有"民不可与虑始，而可与乐成"的心理，在说服中有看来纯属手段而本身并不真实的理由，但是，从最后的一句话"往哉，生生！今予将试以汝迁，永建汝家"却还是可以看出说服者的良苦用心：只有迁都全体才有生路。生存是最重要的，为了生存，古老而暂时惬意的传统习惯也有必要打破。

我们在第一章中提到了《诗经》里丰富流淌的恻隐之情，在这种恻隐之情的后面，也正隐藏着这样一种把生命视为最优先、最重要的价值的观念。按王国维先生的意见，周起而代商，是一场政治与文化的大变革。周所建立的新制度，如立子立嫡制、宗法及丧服之制、封建子弟之制，君天子而臣诸侯之制、庙数之制和同姓不婚之制等，其旨均在纳上下于道德，而合天子、诸侯、卿大夫、士、民以成一道德团体，通过尊尊、亲亲平息争端，使一姓与万姓都能更有效、更稳定地共享"生生"之利，而通过贤贤则可促进社会的流动和活力。

春秋战国时期，虽然"礼崩乐坏"，政制初创时的"生生"之意也在实践中渐渐被人忘记，被人践踏而流失殆尽。但在这一时期活跃的主要思想家虽然所持学说不同，但在其发动的一点——不忍生灵涂炭之心，和欲达到的基本理想——使生命都得到保障上却有相同之处。按后儒的解释，孔子的仁道也就是生道，仁就是生的意思，而老子的"谷神不死，是为玄牝"亦富有生生之意,给了宋儒以启发[1]。如果说这一启发尚具有形而上学意味的话,那么,我们还可以从《道德经》中发现在其深处潜藏的丰富的悲天悯人,珍重生命的思想。墨子四处奔走,反战非攻,其拳拳之意亦在保生,而《庄子》痛哭严苛刑法之下的死者,疾呼勿压制生命而应给生命以自由活动的空间,更是接触到生命存在的更深层次。

这一"生生"是一普遍的"生生",这是我们要指出的古人"生生"观念的第一个特点。在生命不能够被任意剥夺、生存的基本资料必须得到保障这一基本的层次上,任何生命都概莫能外,都必须得到保护和供养。荀子写道:"故虽为守门,欲不可去,性之具也。虽为天子,欲不可尽。"[2]有生就有欲,有欲就必须得到一种基本的满足,虽卑微如守门人,也不可夺去他的欲望,虽高贵如天子,也不可完全满足他的欲望。天子和百官甚至可以说就是为养众人之生而设立的。《吕氏春秋》的作者写道:"始生之者,天也,养成之者,人也,能养天之所生而勿撄之谓天子。天子之动也,以全天为故者也,此官之所自立也,立官者以全生也。"[3]

孟子所倡导的仁政也是以这种普遍的"生生"为根据的。仁政主要有两条:一是制民之产,五亩之宅,百庙之田,勿夺其时,"必使仰足以事父母,俯足以畜妻子,乐岁终身饱,凶年免于死亡。""是使民养生丧死无憾也。"[4]二是反对战争,因为战争造成了最多的伤亡,"争地以战,杀人盈野,争城以战,杀人盈城,此所谓率土地而食人肉,罪不容于死,故善战者服上刑。"[5]以上两条,大致相应于我们前面所说的"生生"的两个

---

[1] 陈荣捷:《朱子评老子与论其与"生生"观念之关系》,见《朱子论集》,台湾学生书局1982年版。

[2] 《荀子·正名》。

[3] 《吕氏春秋·本生》。

[4] 《孟子·梁惠王上》。

[5] 《孟子·离娄上》。

方面：即一是奉养生命，满足生命的需求，二是保护生命，不使生命遭到无故的伤害。这一"生生"是涵盖所有人的，是不以地位、身份为转移的，甚至越是地位卑贱，越是要先受到照顾。孟子引文王为例说明仁政："老而无妻曰鳏，老而无夫曰寡，老而无子曰独，幼而无父曰孤，此四者，天下之穷民而无告者。文王发政施仁，必先斯四者。"[1] 中国的政治向有率先救治"穷民而无告者"的传统，这被看作是政府的应分，而不是它的功德。

在此，我们可以特别注意孟子这样一个观点：即一个君主要有怎样的德性才可以称之为是王，才可以实行统一天下的王道（"德何如则可以王矣"）。孟子认为要一切为着老百姓的生活安定而努力，则统一天下无可阻挡。当齐宣王问到"若寡人者，可以保民乎哉"时，孟子的回答是肯定的，他说，他听说宣王有一次见到一头牛哆嗦着要被送去宰了祭钟，即油然而生不忍之心，即此便可说明君可为王。既然能不忍动物被宰，自然更不忍人们被害，"无伤也，是乃仁术也"[2]。恻隐之心是为王最基本的，也是最重要的。恻隐之心即一片"生生"之意。君主处在一个其言行影响着千百万人的位置之上，他的个人德性和追求当然就不止是个人的了，而是具有社会性的了。然而，尽管如此，这一为王的起点却并不是要求很高的。

为王除了必须具有基本的恻隐之心之外，我们还须注意孟子这样一个有趣的看法：即君主也不妨有好乐之心，甚至当他听庄暴说齐王说他自己爱好音乐（一说"快乐"）时，便说："王如果非常爱好音乐，那齐国便会很不错了。"[3] 当孟子向齐宣王建议实行减轻农民负担及刑罚，救济

---

[1] 《孟子·梁惠王下》。
[2] 《孟子·梁惠王上》。
[3] 《孟子·梁惠王下》。

"穷民无告者"的王政时,宣王说:"这话真好。"孟子追问说:"既然你认为好,为何不实行呢?"宣王坦率地说:"寡人有疾,寡人好货。""寡人有疾,寡人好色。"但孟子看来并不认为君主有这些欲望是根本的障碍,关键是要能体会到百姓也有同样的欲望,只要"居者有积仓、行者有裹囊","王如好货,与百姓同之,于王何有?"只要"内无怨女,外无旷夫","王如好色,与百姓同之,于王何有?"[1]

也就是说,要作为一个好的君王,恻隐之心,这是必须具有的;利乐之心,这也是不妨具有的——甚至在有些情况下是最好有的,即假如一个人为王,外无其他权力的制衡,内无尊重他人的道德观念制约,那么他是一个禁欲者的情况就可能比他是一个享乐者的情况还可怕,因为后者还有一种使他体察到民情的可能。利乐之心当然不是道德之心,恻隐之心才是道德之心,但利乐之心在所有生存的人那里实际上是不可能不在某种最低程度上存在的,这时它就是基本的生欲。认识到所有人都具有这种基本的生欲,并且应当满足所有人的基本生欲是很重要的。体会到我们自己心中的生欲使我们有可能认识他人的生欲,而油然而生的恻隐之心则为我们关怀他人提供了动机。所以,我们看到,孟子尽管强调要"格君心之非",尽管反对动辄"言利",但他决不否定一般人的生存欲望,包括君主的生存欲望,乃至不反对在君主那里提高了标准的利乐之心,他甚至认为这是一个成就王道的有利条件("王之好乐甚,则齐国其庶几乎!"),但关键的是要"与百姓同之",要知道所有人都有这样的欲望,并致力于使所有人的这种欲望都在一个恰当的层次上得到满足。

这一普遍的"生生"观念看来是我们祖先的一个根深蒂固的观念,它也不仅为少数思想家,或仅仅为治者所专有,而是广泛流行的一个观念。

---

[1] 《孟子·梁惠王下》。

中国历史上没有像古希腊罗马那样的典型奴隶制，所以也很少见到把"某些人（奴隶）"从"人"的概念中排除，不把他们的生命视为人的生命的观念。相反，普遍流行的倒是这样的信念：每一个人，只要生下来了，就要让他活下去，就要给他吃，给他喝，而不管他来得多么不合时宜，也不管他是属于什么阶层、等级，甚至属于敌对者的阵营。例如，我们从艰难地把日军遗弃的婴儿抚养成人的中国老大娘的身上就可以看到这样一种坚定而又朴素的信念："只要生下来了，就要让他活下去。"这种信念当然不能说只是受某一种民族文化的濡染，而是与人类的普遍善性和基本良知有关，但我们还是可以说，在中国历史上，确实没有把人视为水火不容的等级，把人的生命视为你死我活的争斗，从而把敌对者视为非人，视为野兽，以致歪曲和扼杀人的这种普遍善性和基本良知的理论，相反，我们看到的倒是大量呼吁把所有人的基本生命视作同一种生命而给予关怀的思想。

宋儒在把孔子的仁道解释为生道上有着特殊的贡献。朱子接着二程，以生解仁，以仁为生道，以仁为生理。朱子说：

> 元者，天地生物之端倪也。元者生意，在亨则生意之长，在利则生意之遂，在贞则生意之成。若言仁，便是这意思。仁本生意，乃恻隐之心，苟伤着这生意，则恻隐之心便生。[1]

人得天地生物之心以为心，心之德即仁。具体说来，心之德有四，曰仁义礼智，而仁无所不包，即生意无所不包。仁即生生之道，生生大德。仁为众善之源，百行之本，仁心在天则为生物之心，在人则为爱人利物之心，所以，仁又是爱之理。在此，"生生"之道达到一种哲学的高度，

---

[1] 《朱子语类》卷六十八。

获得一种形而上学的根据,具有了一种理想的普遍性,尤其是使"生生"与"仁"联系起来,使"生生"不止是作为价值根源,而且直接成为一种基本的伦理原则。

但是,宋儒的"生生"观念和明确的社会义务的联系并不紧密。而且,由于宋明儒学中逐渐加强了的自我主义观点,不仅对如何在社会上实现普遍的"生生"并无明确的阐述,相反,其自我定向还使他们对生命的欲望采取了一种严厉的态度。所以,清儒起而纠其流弊。戴震讲他为何要辟宋儒时谈到,这是因为宋儒的理欲之辨已经在社会上广泛流传,已经害于政、害于治了,亦即一种严格的自我纯洁主义的观点已变为一种社会的普遍命令,本来用来"治己"的学问却用来"治人"了。若不是如此的话,方将敬其为人,又何辟?"今既截然分理欲为二,治己以不出于欲为理,治人亦必以不出于欲为理,……言虽美,而用之治人,则祸其人。""此理欲之辨,适成忍而残杀之具。"[1] 从上面,我们可以再次发现,道德观点的重要性和观点误置的危险性。

如果从社会、从普遍的观点来看待生命的欲望,就会与从自我,从一己修身的观点来看待生命的欲望得出很不同的结论。戴震、焦循等清儒正是试图从这一观点出发,而重新强调原来那一种适用于所有人,而尤其是适用于下民的普遍"生生"。他们也谈生生之道,也认为"仁"就是生生之道,但却主要是在人间和社会的范围内谈。戴震说:

> 人之生也,莫病于无以遂其生,欲遂其生,亦遂人之生,仁也。欲遂其生,至于戕人之生而不顾者,不仁也。[2]

---

[1] 戴震:《孟子字义疏证》,"权"。
[2] 同上,"理"。

> 仁者，生生之德也；民之质矣，日用饮食，无非人道之所以生生者。一人遂其生，推之而与天下共遂其生，仁也。[1]

重要的不是自己要生，要活，有各种生存的欲望，而是由自己推知到天下所有的人都要生，要活，都有各种生存的欲望，从一种普遍的观点来看待这生欲，就不宜像对自我一样采取一种窒欲的态度了，而是要把生欲看做是一件合理而自然的事情，每一个人对自我欲望的限制，一般也只是限制到"不戕人之生"或"亦遂人之生"的程度，这就意味着所有人在基本生存方面都是平等的，都有得到自己一份的权利。任何一个人都不可以把自己的欲望凌驾于他人的欲望之上。平等实际是普遍性的真谛，虽然这还只是在一种基本生存权方面的平等。

焦循也说：

> 先君子尝曰，人生不过饮食男女，非饮食无以生，非男女无以生生。惟我欲生，人亦欲生，我欲生生，人亦欲生生，孟子好货好色之说尽之矣。不必屏去我之所生，我之所生生，但不要忘人之所生，人之所生生，循学易三十年，乃知先人此言圣人不易。[2]

此种思想不仅为戴震、焦循所言，也可以说代表了清儒在理欲、生生问题上的主导倾向，此一问题虽非清儒的主要关注，但涉及此问题的名儒如阮元、钱大昕等无不表现出这种倾向。由于观点从自我向社会的趋移，清儒对生命的欲望普遍采取了一种远比宋明儒宽容的态度。不仅在时

---

[1] 《孟子字义疏证》，"仁义礼智"。
[2] 《易余籥录》卷十二。

间上，而且在思想上，清儒看来也要比宋儒离现代为近。我们甚至可以谈论一种儒家思想发展的内在理路，这一理路并非完全没有通向近代中国在与西方相遇后所倡言的"民主"、"科学"、"富强"的可能，但是，殊难判定的是，这些思想的发展是否真的能自身挣脱束缚它发展的外壳，还是必待外力给这外壳以强有力的一击？

我们从焦循的话中也可以看出，这一普遍的"生生"也是基本的"生生"，所涉之欲是"大欲"，即生命的基本欲求。"食色、性也，人之大欲存焉"。"食"是为了维持生命，"色"是为了延续生命，满足"食"欲也就是要做到解决温饱，满足"色"欲也就是要使天下无"旷夫怨女"，追溯到孟子的"制民之产"，从他所描绘的一幅其乐融融的农家画面来看，生活也还是处在一个较低的经济水平之上，"五十者可以衣帛"，"七十者可以食肉"，"八口之家可以无饥"。虽然孟子坚定地捍卫庶民的这一生存权利，甚至认为士可以舍生取义，可以"无恒产而有恒心"，可以宁死而不食嗟来之食，却无论如何不能让民"转死于沟壑"，但是，这一生存看来并不包括普遍的充足和富有，不包括物质生活资料的不断丰富和生活水平的不断提高所带给生命的各种享受。

在另一个方面，即在对生命的直接保护方面，"生生"的要求也是基本的。孟子反对战争，反对严刑苛法，疾呼不能伤害生命，但是，"生生"在这一方面也并不涉及如何不压制生命，去掉加在生命上的各种束缚，使每一生命能够进行各种合理的追求。这里没有"权利"的观念，没有用"权利"这一概念把所有人的生存需要和条件做一公开申明的普遍概括，而是仍然带有自上而下的"恩赐"的意味（虽然这"恩赐"也被看成是统治者应尽的义务），所以，虽然人们可能在实际上享受着太平温饱以及许多因风俗造成的自由，但并没有政府和法律的明确保障。而且，有一种最重要的权利即政治权利是与大多数庶民无缘的，虽然原则上这权利是不对任何一个人封闭的，但却始终对一个总是存在着的多数封闭，而那一居上的少数也是处在"一人之下，万人之上"的格局之中。

这是一种基本的"生生"，庶民的经济生活受到制度重农抑商、重本抑末等的外在限制，而士大夫的消费生活则受到道德上的自我限制，甚至国君也不断被告诫说要节俭，要制欲。物质生活资料的提供主要还是靠节流而非开源。

但是，在这种基本的、较低物质水平的"生生"中难道就没有一种积极的追求吗？难道这是因为古人认识不到人的生命中具有几乎无限的开拓财富的潜能吗？看来并不是这样，道家主要关注自我，庄子认为，"有机事必有机心"，而个人的精神自由是不能有这种机心的，也是"无待"于任何物的，他的精神发展和最高理想并不体现在对自然力的征服上，而是体现在天地间神秘而自由的精神遨游。儒家不仅关心自我，也有一种强烈的社会关怀，但儒家的社会追求也不是财富和繁荣，而是秩序与和谐。这一思想主导了几千年的中国历史，这也就是我们要谈到的古人"生生"观念的第二个基本特点，古人所说的"生生"是一种追求和谐的"生生"。

孔子说："听讼，吾犹人也，必也使无讼乎！"[1] 又说"礼之用，和为贵"[2]。和谐是法的精神，和谐也是整个制度的精神。而为了达到和谐，除了礼乐教化，最重要的就是建立秩序，端正名分，使人们各得其所，各安其分，消弭一切可能发生的争端。

我们前面已提到过，西周政制之行"尊尊、亲亲"，除了维护一姓的统治，也有息争之意，而"息争"也是天下之大利。建立一种稳定的、能够带来和平的社会秩序，往往不像在一种社会秩序建立之后如何使民饱暖

---

[1] 《论语·颜渊》。

[2] 《论语·学而》。

的问题那样受人重视，但它实在是更重要、更优先的。韩愈曾在给一个僧人的信中很好地表达过这种稳定社会的重要性：

> 夫鸟，俯而啄，仰而四顾；夫兽，深居而简出，惧物之为己害也，犹且不脱焉。弱之肉，强之食。今吾与文畅，安居而暇食，优游以生死，与禽兽异者，宁可不知其所自耶？[1]

这"所自"就是社会，韩愈即以此言隐责佛门不关心天下纲常、社会伦理。人类组成政治社会的第一件事就是把个人私行武力的权利全部拿到自己的手里，这去掉了多少担惊受怕，因为甚至最强有力的人，也可以被几个联合起来的弱者轻易地杀死。没有社会，任何人都会感到危机四伏，险象环生。虽然由于这一武力的垄断，对政府也当提出更高的要求，因为垄断的暴力肆虐起来当然要比分散的暴力更为可怕。但一般说来，只要在一种社会秩序中，对生命的基本保障还是要胜过处在无秩序的自然状态。所以，尊重这一社会秩序就是尊重对于我们生命的基本保障，政治秩序为天下之大器，不可轻易摇动，社会纪纲为天下之命脉，不可轻易推翻。顾亭林说：

> 有亡国，有亡天下，亡国与亡天下奚辨？曰：易姓改号谓之亡国，仁义充塞而至于率兽食人，人将相食谓之亡天下。……是故知保天下，然后知保国。保国者，其君其臣，肉食者谋之，保天下者，匹夫之贱，与有责焉耳矣。[2]

---

[1] 韩愈：《与浮屠文畅师序》。
[2] 顾炎武：《日知录》卷十三。

此"天下"不同于"国家"明矣,此"天下"也就是"社会",不过,社会与国家虽然有别,但又总是与某种国家形态联系在一起。

虽然任何一种社会秩序都有某种保护生命的功用,却还是有高下之分、优劣之分。一种秩序实行久了,也可能渐渐失去这一秩序初创时的先进性,健全性,处在这一秩序的支配地位的人也可能渐渐忘记这一秩序的本意。我们看到:先秦之儒往往更强调秩序中的和谐,乃至更强调上对下,治者对被治者负有的责任;而秦后之儒却往往更强调秩序和名分,强调下对上的服从。对此,我们同样可以引韩愈的一段话为证:

> 是故君者,出令者也;臣者,行君之令而致之民者也;民者,出粟米麻丝,作器皿,通货财,以事其上者也。君不出令,则失其所以为君;臣不行君之令而致之民,民不出粟米麻丝,作器皿,通货财,以事其上,则诛。[1]

这些话在今天听起来是相当刺耳的。总之,古人在人间社会领域中所论的"生生"是一种普遍的"生生",但也是一种基本的"生生";是一种追求和谐的"生生",但也是一种尊卑分明、等级秩序中的"生生"。而且,我们还可以指出,在古人普遍的"生生"观念中,较偏重于经济的内容,较重视对生命的供养,而相对忽视在政治法律领域内对生命的基本权利的直接保障。

---

[1] 韩愈:《原道》。

三、近代"生生"观念转变的必然性

纵观中国历史,我们可以看到:一种重视生命的普遍保存和供养,追求社会的稳定与和谐的思想深深地渗透到了政制和风俗之中,这一制度和风俗基本上保证了一个古往今来都是人类最大群体的生存,使无数亿兆的生灵几千年来在世界的东方这块并非最富饶的土地上繁衍不息。历史上的王朝亦曾多次解决过民众的温饱问题,即使按朱子比较严格的评价,也不无小康之世。"天高皇帝远",只要没有内乱外患,普通老百姓的生活并不太受政治时局、上层人事变动的影响,他们也不去管那政治。男耕女织,风调雨顺,五谷丰登,年年略有节余,再加上儿孙绕膝,邻里相善,这对他们就是好日子了。而农家子弟中少数读书种子也还有跻身上层的希望。通过种种"贤贤"的措施,制度保持了一种虽不很强大、但却是基本的活力。所以,当古老的中国与近代西方冲撞的尘埃落定,我们对中国历史上普遍的生生状况,实在应该做出比前此一百多年来痛心疾首的人们所持评价更高的评价。

古代文化精英对生命的意义在于"和谐"的理解是否包括了生命的全部意义,或者即使肯定这一点,这一理解是否能为大多数人所接受,是否能普遍推行,确实是有疑问的。但是,在一个精英等级制的社会里,这一思想若占据支配地位,它即使不能为多数人接受,也还是能够通过制度对多数人起作用的,它可以遏制对利益的追求,使社会保持在一个相对较低的经济水平之上。但即便如此,我们也不易做出生活在一个只能满足基本需求的社会中的人们的生活质量和自我感受,就一定不如生活在一个经济不断发展、财富充分涌流的社会中的人们的生活质量和自我感受的判断。我们还要注意这财富的来源和流向与人的生命的关系。

中国在 19 世纪末的关键问题还不是如何判断的问题,而是不得不做出抉择的问题。社会已经在开始发生巨大变化,中国的大门被强行从外面打开了,中国发现了一个咄咄逼人、不断进取的世界,这种外部的开放必然导致内部的改革,中国社会内部当时正酝酿着一个颠覆君主制乃至等级制的变革,社会政治将日趋平民化、平等化、非精英化,中国传统的精英儒学本来就入民心甚浅,甚至入士大夫之心亦浅[1],而实利主义对大众来说一直是不用教的。

如果中国不遇到西方,或晚几百年遇到西方会怎样?中国内部酝酿着的变化(我们确实可以看到从明末清初以来的这种变化)会不会也把中国引到现在这条致力于现代化的富强之路上去?对这一点,我们尚难下判断,但事实是,西方的侵入打断了中国的自然的历史进程。到19世纪末,中国实际上已经面临了梁启超所说的这样一种局面:

> 万国蒸蒸,日趋于上,大势相迫,非可阏制。变亦变,不变亦变!变而变者,变之权操诸己,可以保国,可以保种,可以保教;不变而变者,变之权让诸人,束缚之,驰骤之。[2]

我们据此可以首先指出这种"生生"观念转变的一个主要特征,这就是它不能不变,即哪怕它要保持原来的基本倾向,它也不能不向新的"生生"观念趋移。19世纪下半叶以后,"保教""保国""保种"的口号的相继提出,说明危机越来越触及根本的"生存"问题,虽然最初的动机都是

---

[1] 《严复集》,第14页。"往者尝见人以僧徒之滥恶而訾释伽,今吾亦窃以士大夫之不肖而訾周孔,以为其教何人人心浅也。惟其人人心之浅,则周孔之教固有未尽善焉者,此固断断乎不得辞也。"虽然严复用这只是自己"发愤之过言"缓和了批判的锋芒,但他对与此形成对照的基督教在西方社会普遍深入的影响无疑印象很深。

[2] 梁启超:《变法通议·论不变法之害》。

致力于保存固有的东西,但为了成功地保存,却不能不日益加强维新求变的分量。

从"生生"观念的角度观察,这种转变就意味着,一些较早感受到西方影响的中国人开始认识到:中国必须致力于一种富有、充足、不断发展的"生生",方能摆脱基本生存也受到威胁的状况。于是,如何达到富有和充足的"生生"这一新的价值目标,与如何保证数亿人的基本生存这一传统的目标,现在实际上就联系到一起来了。只有致力于"富有",才能维持基本的生存;而即使要维持基本的生存,也必须致力于"富有"。这就好像一个在幽静山谷中悠闲地散步观赏风景的人遇到了突然爆发、尾随而至的山洪,他不可能再踱自己的方步了,他必须奋力奔跑才能脱离灭顶之灾,而这奋力奔跑又可能预许着把他带入一个新的奇境。最迫切的当然是逃离险境,但即使仅想逃离险境,也不能不向奇境奋力登攀。

或者濒临死亡,或者寻求富有,这就是当时中国的有识者所感受到的抉择境遇。原有的朴素而和谐的"生生"不能够再保持了,甚至要挽救它也只能通过由竞争达到的"富有"。最初的强烈动机也许是传统的,是基本的"维持生存",但当它必须被纳入一个新的价值目标才能实现时,这一传统目标就被包容在其中而不再起价值牵导的作用了。

中国近代不能不通过求富有而达到求生存的一个基本原因是:鸦片战争已经使中国进入了一个世界竞争的舞台,而且,19世纪的国际竞争带有强烈的粗野、蛮横、动辄诉诸武力的色彩,中国不断受到羞辱,这就使传统的"国计民生"的问题以空前的紧迫性,也以民族和国家的形式提出来了。

四、以严复为例看近代"生生"观念的转变

我们现在可以具体分析一个特例——即分析严复的思想。严格说来,严复的思想并不完全适合我们所讨论的主题,他并不只是在"生生"的范围内考虑问题,但我们还是可以从他那里发现传统"生生"观念转变的一些有意义的典型特征。

严复是一个对传统有深切的了解而又"得风气之先"的人,他谈到中国的古圣人崇古并非是不相信人有无限的潜能可供开发,而是有"天地之物产有限"而终将不足的深长忧虑,加上"和谐"价值观念的决定性影响,古圣人视"争"为"人道之大患","故宁以止足为教"。假如"跨海之汽舟不来,缩地之飞车不至",中国即使不能说达到"郅治",也还是可以"相安相养"。但事实是这些东西都已经来了,中国不能不变,怎么变的问题就具有头等的重要性。

我们可以根据本杰明·史华慈对严复思想的深入研究,对严复的观点做一种相对简单化但却明确的处理。严复变法思想的灵感主要来源于他对斯宾塞思想体系的认识和他对英国社会生活的实际观察,由此他得出的主要结论是:

第一,目标是国家富强。富强与救亡实为一事,只有致力于富强才能真正救亡。严复对这"富强"主要是国家的强盛还是社会的富有并未加以仔细地分辨,对社会的富有是平等的还是不平等的,或者说平等到什么程度更无暇深论,严复关注的不如说是国家、社会与个人在这方面的一致性,即民富与国强的一致性,而在这种一致性中,严复显然更强调整体(民族—国家)的生存和强盛。

第二,手段是个人自由。自由意味着发挥个人的才能,创造一个使这些才能够充分发挥发展的社会环境。只有不压制生命,让个人能够充分

发挥和发展自己的能力，才能创造巨大的物质财富、增强国家的实力，这包括引入一种竞争的机制，要赢得社会外部的竞争，就必须在社会内部允许和鼓励个人之间不逾越法律秩序的竞争。

这里有两个问题：第一个问题是：这种个人的自由和竞争是不是确能达至国家富强？如果说是，它是不是唯一途径？还有没有更好的途径？第二个问题是：个人自由是否不仅是手段，它本身也是目的，甚至是更为根本的目的？第一个问题是对个人自由作为手段的意义提出质疑，第二个问题则是对它作为目的的意义提出质疑。

社会的富有，财富的充分涌流，不断提高的生活水平，看来已经毫无疑问地取代"满足基本需求"成为一种新的价值目标了，虽然这一目标被笼统地包括在"富强"之中，竞争也不再被看成一件坏事。现在，令人感到困惑的是个人自由与国家富强的关系。前者对后者是适合作为手段还是适合作为并列或更高的目的提出？甚或两者都不是？

严复无疑是相信可以通过个人自由刺激起来的内部竞争而达到国家富强的，他认为英国走的就是这一条道路，实地观察的经验和他所信服的斯宾塞的理论都支持着这一信念。他假设中国今天有圣人出，这圣人也将说：

> 民之弗能自治者，才未逮，力未长、德未和也。乃今将早夜以孳孳求所以进吾民之才、德、力者，去其所以困吾民之才、德、力者，使其无相欺，相夺而相患害也，吾将悉听其自由。民之自由，天之所畀也，吾又乌得而靳之！如是，幸而民至于能自治也，吾将悉复而与之矣。唯一国之日进富强，余一人与吾孙尚亦有利焉，吾曷贵私天下哉！[1]

---

[1]《严复集》第一册，第35页。

个人自由无疑是能够释放个人活力的，但是，要证明个人自由确实是国家富强的手段，关键是要解释这种被释放了的个人活力如何能够被导向一个公益的目标，导向为整体的目标服务，就像要把四处汹涌的泉流汇入宽广的河床，否则，这种到处的喷发不但不能兴利，反而有可能为患。套用严复的话来说，就是除了启民智，开民力，还有一个立民德的问题。必须建立一种社会道德，使人民养成公民的德性，而与此不可分离的是建立一种公正的民主法治制度作为保障，借助一切有益的传统和信仰作为精神支柱。

这不仅是严复一个人所关注的，在20世纪初激进主义得势之前，知识界的主要先行者们大都表现出这种倾向。他们在西方人视为目的的价值上看到的主要是它作为手段的意义，他们强调的是独立与合群、私心与公心、自由与制裁之间相辅相成的联系。梁启超在《十种德性相反相成义》中认为：中国人依赖性太强，常各各放弃自己的责任，故今日救治之策，惟有先提倡个人的独立。只有先使个人独立，才能谈得上国家的独立，先言道德上的独立，才能谈得上形势（实力）上的独立。另一方面，国人亦缺乏合群之德，因而常内部争斗不息，不肯绌身就群，"故今日吾辈所最当讲求者，在养群德之一事"。促使个人独立与培养合群之德两事不可分割，相辅相成。同理，自由与制裁，利己与爱他等也是不可分割，相辅相成的关系。并且，鼓励所有这些个人德性都指向一个目标：民族国家的生存和兴盛。

这种理解只是对西方思想的一种误读，甚至曲解吗？按史华慈的意见，西方人对自己的文化也还需要重新加深认识。为史华慈《寻求富强》一书作序的哈茨则更直截了当地认为：近代中国对西方的认识有助于西方人认识自己，严复一下子发现并抓住了西方人并不特别关注的"集体的能力"这一主题,把公心置于自由思想的中心位置,也给了西方人以重要的启示,甚至最终要成为西方人自己对自己的看法。在近代西方走向现代富强的过程中,不仅新兴的个人主义起了巨大的作用,公心、导致和保障公心的制度以及传统都起了巨大的作用。

而重要的是,对于我们自己来说,这种认识是否也正是适合中国的、在今天仍未完全过时的一条思路?把个人自由视为国家富强的唯一途径可能是靠不住的,德、日等国走的看来就是另一条与英国不太相同的道路,但无论如何,要激发民族内部的生机和活力,这对任何想富强的民族来说都是一致的。这种活力最终就存在于个人之中,因此,个人自由不仅是一条切实可行的途径,甚至可能是一条更为可靠和持久有效的途径(且不论它本身还有作为目的的意义)。主要的遗憾也许还不是在严复之后罕有人再去进一步认识自由等价值本身的意义,而是连它们作为手段的意义也渐渐被淡忘、被丢弃了。

当然,这种淡忘和丢弃可能正好与把这些价值仅仅看作手段的观点有关。严复晚年转向道家思想,这虽然也可以说与他内心深处一直存在的某种神秘主义倾向有关,与时代过于激进有关,但抑或也是因为他并未把他曾强烈呼吁的价值当做基本价值来信仰?这些价值并未成为他的生命关切,终极托付。严复尚且如此,遑论他人?所以,即使我们在实践中,在紧迫的富强要求的压力下仍然要优先考虑这些价值作为手段的意义,我们也还是得在心里牢记,这些价值本身还有作为目的的意义。牢记这一点是十分重要的,我们在前面说过,"不压制生命"自有其意义,本身是一自在的目的。人本主义心理学家弗罗姆曾经谈到个人表达自己思想的自由对于稳定社会的手段意义,认为这将使反社会的情感和动机最终失去存在的基础,但除此之外,自由表达亦自有其意义,因为,最让人难堪的莫过于一个人不是他自己,而最让人感到幸福和自豪的莫过于思想是自己的思想,感觉是自己的感觉,表达的意见是自己的意见。生命是不能够被压制的,它应该有它自己合理的活动空间,如果说在一个漫长的历史时期中,它的生存仅以自己的身体为限,因而仅强调"勿伤害生命"的话,那么社会发展到了今天,它将要求把更多的内容,更大的空间,把生命应当享有的一些更高的权利纳入"生生"之义。

总之,我们也许可以把严复的思想看做一种转变的形态,一种居间的形态。就是在今天,我们的"生生"观念可能也还是处在一种转变过程之中,我们还不能说这一转变期就已经结束。而这一转变必然还要经常涉及最高的理想层次,即是把理想的生命理解为人际和谐、天人和谐,还是理解为在精进和竞争中充分发挥个人的潜能,实现人类或个人的自我,并征服和驾驭自然?在古代中国,"和谐"理想的承担者虽然只是少数文化和政治精英,但它对中国社会的影响是持久和牢固的,并渗透到普通人的生活方式之中,今天,这种影响仍然潜藏在我们的深层观念中而发生着有力的作用。

我们古老的生存智慧十分迷人。但我们却可能面临这样一个困境:即我们能贡献给世界文化的东西,并不一定是目前最适合于我们自己的东西,因为各自的立足点有所不同。我们希望这个世界更重视生态平衡,更重视天人和谐,我们甚至希望这世界适当放慢脚步,因为人类的幸福并不全在对自然界的榨取,也因为地球只有一个,资源有限而欲望无穷,但是要使这希望生效,当然是首先要使那些步伐最快最急促者认识到这一点而放慢脚步,而不是使那些本来就落在后面的步伐较缓者停步不前。

"和谐"也许仍然是我们的最终梦想——不仅是我们民族的,也是整个人类的一个最终梦想。但在中国,我们可以有把握地说,在社会尚未高度富有,国家尚未高度强盛之前,富强精进这一共同目标仍然不会动摇、歧异和改换。我们作为个人,当然可以有自己的特殊追求。在一个竞争相当激烈的社会中，一个人依然可以坚守自己追求清心淡泊与和谐的生活理想和方式，显示自己不俗的生活格准。但是，从整个社会来说，我们却不能不进行"生生"观念的某种转变。今天，我们所要致力的已不可能再是如何达到和谐，而也许是如何使"和谐"、"宁静"、"平和"、"自足"等价值与"精进"、"活力"、"成就"、"富有"等价值观念达成和解，也就是说，使传统与现代化衔接起来，从而使中华民族最终摆脱一百多年来生存危机的浓重阴影而走向幸福、繁荣和富强。

　　这就是"生生不息"，是社会整体意义上的，作为目的的"生生不息"。但是，"生生不息"不仅意味着目的，还意味着达至这一目的的手段，也就是说，还需要尽量调动和发挥个体生命的各种潜力和才能，各尽所能，各竭其力，使个体生命力的充分释放和发挥确实汇成不息的洪流，从而使我们的文化永存活力，使我们的民族永葆生机。

第八章　为　为

　　我们在最后一章中要讨论良心的应用，良心的活动和裁断，讨论个人如何处己以应世。"生生"一章是从社会的、普遍的观点考察的，而这一章则要从个人的、特殊的观点来考察，但考察的仍是个人对社会的态度。"出入之辨"是讨论个人对社会的一种优先和基本的态度，即是出世还是入世？"出处之义"则是讨论个人在社会中如何对待政治，以及其间的利益和承担，即是出仕还是退处？对一职位是去还是就？对一馈赠是辞还是受，等等。总之，"出入之辨"主要讲进取和退隐，无为和有为，在历史上涉及儒道之争，所依据的不止是道德价值，还有人所重视的其他价值；"出处之义"主要讲为所应为，为所当为，在历史上主要是儒家内部的分辨，也是严格的道德分辨。

　　"出入之辨"与"出处之义"涉及一般原则在特殊情况下的应用，有赖于良心的评判和裁制决断，我们想以此作为一个聚焦点，透视我们前面对良心和义理的讨论，而在传统社会中，"出世抑入世"，以及如何处理"出处辞受进退取与"的问题也确实是士人立身处世的第一义，在今天，我们面对的具体情况虽有所不同，对待社会政治的态度问题亦非知识阶层所专有，但从根本上说，这一问题仍然没有过去，仍然久久地纠缠着我们的心灵。所以，我们选择的问题虽然看起来似乎是一个"过时"的问题，但它实际上并不像它外表那样"过时"，而是一个具有普遍意义的特例。我们前面着重客观地谈行为，谈义理，现在却要突出作为道德主体的个人，突出独特地评判裁断的"一己之心"。在这一章中，我们还较多地引用了原始材料，其意盖在"多识前言往行以畜其德"。

一、古代"出入之辨"

古代的"出入之辨"明显是个具有精英色彩的问题，庶民在世，一般并不对自己发生出世还是入世的疑问，更不会进行这种抉择。这种抉择有一种精神能力的条件：并不是每个人都能够抉择、也能够孤独的。这种抉择也有社会的条件：并不是任何社会都有可以遗世而独立的现实途径，能使一些人相对隔绝于世俗社会。在佛教传入中国之后，大量寺院的存在，使出世看来对一般人也不构成什么大的困难，但在这之前，出世抑入世却特别为士这一知识阶层所专有，而且，先前的出入世也不像佛教入中国以后的出入世那样有明确的分断，有外在的形式，出世更多地带有一种纯粹个人精神上超脱的意味。个人或者是隐遁山林，或者就待在世俗社会之中（"大隐隐于市"），但心却不在其中，这也就是出世了。我们现在在这里的讨论，主要是涉及这种出世，也就是说，主要涉及先秦儒道之间的争论，而不是汉晋之后儒释之间的争论。

讨论这个问题对现代社会是不是已经没有什么意义了？我们知道，今天的世界已经连为一体，社会组织日益繁复严密，"合理化"倾向不断加强，人越来越难逃离社会的控制了。倘若真要在二十五史之后续写纪传体的历史，大概很难再列"隐士"这一类传了。那么，讨论出入之辨不是没有什么意义了吗？或者只有作为历史研究的意义？但我们说过，出世与入世除了直接的社会生活层面的意义，还有一种精神生活层面的意义，对待社会的不同精神态度对于个人生活，最终对于社会生活还是很有影响的。出入之辨带有一种精英色彩，但不是别的类型的精英色彩，而主要是文化精英、知识精英的色彩，出入之辨涉及对于世界、对于人的生命的根本看法，是人对于这世界，尤其是人类社会的一个优先和基本的态度。确实，这一分辨并不在许多人心里发生，甚至在少数产生这一分辨的人心里，这种时刻可能也不多见。但是，这一时刻却是人生关键的一刻，是人生沉思，乃至透悟的一刻。我们可以由此一出入之辨接触到古老人生智慧的根本。我们在这个世界上有无作为，或者说将有何种作为，在某种意义上说，就是首先在这一分辨的基础上决定的。

中国的隐士之风其源也远，其流也长，《诗经·卫风》中有《考槃》一诗，描写隐者徜徉山水之间、"独寐寤言"的快乐。《尚书》中《微子》一篇记载了微子与父师在殷商将亡时，对进退出处的讨论，微子打算遁逃于荒野，隐居起来。《史记·老子韩非列传》说："老子修道德，其学以自隐无名为务。""莫知其所终。""老子，隐君子也。"根据一位研究中国隐士文化的学者的意见："自从巢父许由以下，一直到民国初年的哭庵易顺鼎辈，中国隐士不下万余人，即其中事迹言行历历可靠者亦数以千计。"[1]梁漱溟把隐士列为中国文化的十四个特征之一。[2] 我们下面就来考察出入隐见的各自理由，让我们从孔子之遇隐者谈起，《论语》中记载了五次这样的相遇：

1. 子路宿于石门。晨门曰："奚自？"子路曰："自孔氏。"曰："是知

---

[1] 蒋星煜：《中国隐士与中国文化》，中华书局 1943 年 10 月初版。
[2] 梁漱溟：《中国文化要义》，路明书店 1949 年版。

其不可而为之者与?"(《论语·宪问》)

2. 子击磬于卫,有荷蒉而过孔氏之门者,曰:"有心哉,击磬乎?"既而曰:"鄙哉,硁硁乎?莫己知也,斯己而已矣。深则厉,浅则揭。"子曰:果哉!末之难矣。"(《论语·宪问》)

3. 楚狂接舆歌而过孔子,曰:"凤兮凤兮!何德之衰?往者不可谏,来者犹可追。已而,已而!今之从政者殆而!"孔子下,欲与之言。趋而辟之,不得与之言。(《论语·微子》)

4. 长沮,桀溺耦而耕,孔子过之,使子路问津焉。长沮曰:"夫执舆者为谁?"子路曰:"为孔丘。"曰:"是鲁孔丘与?"曰:"是也。"曰:"是知津矣!"问于桀溺。桀溺曰:"子为谁?"曰:"为仲由。"曰:"是鲁孔丘之徒与!"对曰:"然。"曰:"滔滔者,天下皆是也,而谁以易之?且而与其从辟人之士也,岂若从辟世之士哉?"耰而不辍。子路行以告。夫子怃然曰:"鸟兽不可与同群,吾非斯人之徒与而谁与?天下有道,丘不与易也。"(《论语·微子》)

5. 子路从而后,遇丈人,以杖荷蓧。子路问曰:"子见夫子乎?"丈人曰:"四体不勤,五谷不分。孰为夫子?"植其杖而芸。子路拱而立。止子路宿,杀鸡为黍而食之,见其二子焉。明日,子路行以告。子曰:"隐者也。"使子路反见之。至则行矣。子路曰:"不仕无义。长幼之节,不可废也;君臣之义,如之何其废之?欲洁其身,而乱大伦。君子之仕也,行其义也。道之不行,已知之矣。"(《论语·微子》)

从孔子之遇隐者可见,倒是隐者有些主动,甚至咄咄逼人。他们差不多总是先说话,但说完话又避开,并不真正与孔子对话。他们都是很坚决的隐者,对世界与人生有自己很坚定的看法,这些看法和孔子所持的看法不同,但他们私心又对孔子抱有敬意,所以不免有些遗憾而不忍不言,然多言亦失隐者风度。隐者多有愤世嫉俗之心,然而,他们没有被当时的世俗完全淹没，在旷野上能遇此等不俗之人，天地间能容此等不俗之人，反而令今人对当时的世界生起一种追思之情，实在说，隐者和孔子在世间都是同一种人，虽然取道不同，其不趋俗不从众则一，所以双方都未免有惺惺惜惺惺之意。

这些隐者大都自食其力，他们或荷蒉，或耦耕，或隐于卑微的职业。我们对他们不知其名，（"接舆""荷蒉""长沮""桀溺""晨门""丈人"，都是就其事而举其"名"）也不知其所终。从孔子对他们的态度看，他实在是很想与他们交谈的，他在遇见狂歌之接舆时，特意下车，欲与之言；在子路遇见丈人而告时，他特意使子路反见之，然却不得见，不得与之言。孔子在听了子路所告长沮、桀溺之言后怃然而叹，夫子其时有不得已乎？其有忧患，其有无奈乎？然而，在此种无奈之后，不是可以见到一种以大无畏行此大无奈之勇者的意志和仁者的情怀？

孔子遇到这些隐者，大致都是在孔子55至68岁，为实现自己的社会理想和政治抱负周游列国的时候。孔子十五即"有志于学"，好学好问不倦，在初仕鲁的十余年间，他都是做小官（如委吏、乘田），其意主要不在从政，而在谋生，这十余年实际上是孔子的一个"工读"时期，至30岁，孔子毅然辞仕而专一讲学，自此至51岁，几乎二十多年均是讲学期（其间仅适齐一次），如果加上前面的"工读"期几达35年，其准备不可谓不长，其积累不可谓不厚。然而，积累到一定时候不能不求用，其救世明道之心随世益颓，道益明而更趋迫切和沉重，并且光阴荏苒，时不我待，故孔子五十再仕鲁时即旨在行道，而在父母之邦不能行其道之后，又周游列国。在周游列国的后期，孔子实在已经清楚道不可行于今世，但仍在努力尽其所欲尽之责。

隐者的隐逸当然自有其积极的或正面的追求，但他们劝孔子的理由则主要是"知其不可而勿为"。晨门、荷蒉者，接舆、长沮、桀溺、丈人虽然说法不同,但却可以归结到一点:今之世道不可为,今之政治不可为。因此,不如避世,"斯已而已"。而子路亦承认"道之不行,已知之矣"。那么,为什么要知其不可仍为之?因为,命有在天者,也有在人者,在天者可以说是天命、命运、必然性、或者说偶然性,在人者则可以说是使命、大任、职责、道义。在天者之"命运"实在说也是在人者,即在他人者,在社会者,而在人者之"使命"则要落实到自己。所以,天命纵有,亦常常是未定之天,且是在事过、成败之后言之。故世事不可不为,不可不搏。即便真不可为,知道了天命已定,道将不行,个人亦应尽其使命。处不可为之时,亦须有必当为之行。不管这世界会变得怎样,人应当尽自己的责任和使命。况且,历史未曾没有从一线之天中开出新世界的可能,若人人都仅凭有关可不可为的一己之知就束手不为,人世间将一无可为。隐者活得太像纯粹的智者,而孔子却首先是仁者。

　　子路对隐者的评论基本上是符合夫子的精神的,但就像其性格一样,未免太直、太露、也太逼人。"君子之仕,行其义也",诚然如此;然而,"不仕无义"却不尽然。不仕是否就是弃君臣之义?弃君臣之义是否就是弃人群之道?假如人人都学"丈人"做一个隐者,人类确实难以合群,已成的社会也终将解体,但是根据人性和历史的可靠观察,多数人并不会效法"丈人"。所以,若以子路此言表示一般的人伦道理尚可,若以此言抨击"丈人"则失之过苛。从历史上看,儒者和史家哪怕从根本上不赞成具有浓厚道家色彩的隐士,却也认识到他们对于遏制世人的利欲,显示另一种高尚的生活方式的意义。

　　这里最重要的还是孔子所言的"鸟兽不可与同群,吾非斯人之徒与而谁与"的大智慧。隐士深契一种隔离性的智慧,我们每个人也都可能在某一时候体会到这一点:人不是完善的存在,而是有缺陷的,有弱点的,人有时与他人保持某种距离对双方都有好处,甚至包括与应当尊敬和亲近的对象保持适当距离,如"事君数、斯辱矣,朋友数,斯疏矣"。人有时要与他所处的社会,他所处的时代保持某种距离,做出某种分别,不然他就可能是一个陷溺的、沉沦的、缺乏自我意识的人。一个成大事、立大业者亦常有一个退隐期、沉默期、孤独期,这个时期就是一个保持距离、积蓄力量的时期。但是,隐士所持的隔离性智慧却不止这些(在此,我们所说的隐士当然是指真正的、理想的隐士),他们是要彻底地隔离于人世、全面地撤出社会生活,而且终其一生永不复出。

　　隐者这种与社会和时代的隔离当然不是完全消极的,这种隔离甚至可以说是为了使自己的生命与无限、与永恒连接起来,隔离者旨在追求真实的生命,追求完美、追求"无待"的真人、神人、至人的理想。但是,我们还是要细细体味孔子所说的"鸟兽不可与同群,吾非斯人之徒与而谁与"这句话,我们承认,这句话中含有一种深沉的悲剧性蕴涵,包含着对人与人关系的悲剧性一面的深刻认识,这种认识可以说是孔子与隐者共有的,但是在对待它的态度上却发生了歧异。人确实是有限的,人确实并不完美,但是,一种巨大的力量难道不正是从这种悲剧性的认识中产生出来的吗?难道人不正是要从这种对自己处境的认识中恰当地估量自己,而在有限中做一种无限的努力吗?人怎么可能脱离社会和历史文化?人不与人相与能够成就什么?隐者的隔离性智慧是一种深刻的智慧,但孔子的"吾非斯人之徒与而谁与"是一种更深刻也更亲切的智慧。

　　但是,孔子并非完全否定个人在某些时候退隐的必要性,我们可以再全面和仔细地考察一下孔子的理由。为什么个人对社会的基本态度是入世?为什么在某些时候个人又要退隐?这两个问题我们要联系起来考察。

　　入世的最一般理由当然是明道济世,行道救世,这是仁者之志。"克己复礼"为仁,"己欲立而立人,己欲达而达人"为仁。所以,令尹子文三仕三去不喜不愠是忠而非仁,陈文子屡离乱邦是清亦非仁。士志于道。

士而怀居,不足为士。最高一等的士是"行己有耻,使于四方,不辱君命","君子谋道不谋食,君子忧道不忧贫"。所谋何事?所忧何为?君子"修己以敬","修己以安人","修己以安百姓"。天下愈是无道,愈是要有所承担。"天下有道,丘不与易也。"另外,从个人来说,个人的生命是有限的、短暂的,"日月逝矣,岁不我与",个人的才能也是要努力发挥出来,并求为社会所用的。

那么,为什么在某些时候又要退隐呢?理由是:第一,不降志,不屈道,"君子不器",因其有道在身。第二,不辱身,不残体,全身保生。此一全身保生,不仅有对自己生命负责之意,还有"孝"的意味。"父母在,不远游"。[1] "一朝之忿,忘其身,以及其亲,非惑与?"[2] 第三,退隐自有其乐,自有其充足的价值,这是最重要的一条理由,这在陈述入世理由时孔子总把济世与修身联系在一起就已见其端倪,并且为后来学者常进而为儒,退而为道,儒道互为表里埋下了伏笔。夫子欲居九夷,又欲乘桴浮于海,并不全是戏言,"君子居之,何陋之有?"孔子赞颜回处陋巷而"不改其乐",夸曾点"浴乎沂,风乎舞雩"的志趣,并说"吾与点也",更见出孔子并不纯以退隐为手段,退隐亦不失为归宿。但是这和道家的退隐观仍有差别,两者虽都肯定退隐的自在价值,但道家之退隐是根本的退隐、彻底的撤出,而儒家的退隐则是在退之前要求尽责,在退之后亦不排除复出的可能,所以,儒者虽然在退隐中亦心安理得,但客观上却有某种无奈。第四,在退隐中更有益于养志、讲学、明道。这就是我们前面说到的一般人的隔离性智慧。孔子也经历了这样一个时期,但是,在此退是为了进,"隐居以求其志,行义以达其道"一语最能说明这一点。

---

[1] 《论语·里仁》。

[2] 《论语·颜渊》。

总的说来，孔子不甚执着于外在的行为方式，而是强调坚持内心的道德原则。"君子之与天下也，无适也，无莫也，义之与比。"[1] 由此，在出处、进退、行止、辞受、取与、言默、穷达等问题上都不固执一端，而是因时而异。但是，孔子的基本立场当然还是倾向于入世和进取。除了上面的理由，这一点我们还可以通过分析下面一种似乎矛盾的说法得知。

　　孔子说过："天下有道，丘不与易也。"这意思显然是说天下有道则隐，无道则见。但是，在《论语》中孔子另有7处说到"邦有道"则"不废"，则"知"，则"穀"，则"危言危行"，则"如矢"、则"仕"，则以"贫且贱焉"为"耻"，而"邦无道"则"免于刑戮"，则"愚"，则"不穀"，则"危行言孙"，则"可卷而怀之"，则以"富且贵焉"为"耻"。[2] 孔子还在一处明确地说道："天下有道则见，无道则隐。"[3] 那么，孔子的意思究竟是什么呢？到底是天下有道则隐还是无道则隐呢？

　　产生这种矛盾是因为这些话是在出入与出处两个不同的层次上说的。出入是第一问，是问个人对人间社会的事要不要介入？出处是第二问，是问如何介入？是否一定要出仕参政？说天下有道则隐，无道则见是在第一个层次，即在对人间社会的根本态度的层次上说的。在这一层次上，愈是天下无道愈是要入世，愈是要拯民于水火，救世于欲坠，即使"天下滔滔者皆是"，亦要挽狂澜于既倒。这是孔子和儒者的根本精神，[4] "吾曹不出苍生何"，天下愈无道，社会愈黑暗，愈要关切，愈要

---

[1] 《论语·里仁》。
[2] 《论语·公冶长》第2、21章，《论语·泰伯》第13章，《论语·宪问》第1、3条，《论语·卫灵公》第15条。
[3] 《论语·泰伯》。
[4] 这也是墨家的精神。墨子亦是一任者，认为天下愈少义而吾愈要急义，参见《贵义》篇。又见《公孟》篇，其中谈到：君子有时不扣不鸣，有时不扣必鸣，这不扣亦鸣的时候就是国有大难，上将攻伐无罪之国的时候。

努力,此为仁者胸怀所不可辞;而假如天下大治,社会臻于理想状态,反而可以退隐山林、田园或书斋,主要做自己有兴趣而非有义务的事。由此推论,我们可以在某种意义上说,理想的社会正是要造成这样一个多数人都可相对退隐,即不必大家都来关心政治的社会,甚至热心问政和直接从政的人越少越好,这就说明政治已上了轨道,其日常运行只需借助一个可以监督和改换的专业集团即可,大多数人则可安心和自由地从事自己有兴趣也对社会有益的工作。另外,人与人之间也可保持一种"游刃有余"的活动空间,相互之间有一定的距离,这种距离包括一种自觉的距离感——即一种并非热乎,而是相对冷淡的态度,以免相互牵扯、相互掣肘,而且这也体现出一种相互之间的尊重。这大概就是庄子所说的"泉涸,鱼相与处于陆,相呴以湿,相濡以沫,不若相忘于江湖"[1]的意思。从个人品行来说,"相濡以沫"固然可贵,而从社会理想来说,"江湖"却比"泉涸"更值得向往。

至于说天下有道则见,无道则隐,则是在第二个层次,即在个人已决定入世甚至出仕之后,考虑政治上的取舍进退的时候说的。这时,考虑的主要不是个人对社会的基本态度,而是个人对政治、对政府的态度。政治的清明状况在很大程度上制约着士的进退。但在这个时候,即使退隐也是具有政治意义的,也是一种政治姿态,而不仅是上文所言自得其乐的退隐,退不是退去救世心,所以日后有机会仍可进。

考虑孔子说话的场合与背景也可帮助我们理解其意思。我们注意到,孔子说"天下有道,丘不与易"时是在与隐者相遇时说的,是第一位的出入之辨,而在说"天下有道则见,无道则隐"则是在评论政治时说的,这句话前面一句是"危邦不入,乱邦不居",后一句话是"邦有道,贫贱

---

[1] 此语两见于《庄子》的《大宗师》篇和《天运》篇。

焉,耻也;邦无道,富且贵焉,耻也"。我们从上下文可以看出此处所说"天下"的意思,是指特定的政治或政府,而不是与隐者相遇时所指的"社会"。并且,孔子在说到"无道则隐"时仅一处使用"天下"一词,其他7处都是用"邦"一词。这些都说明在孔子那里,虽然有隐有见,有退有进,但进是第一位的,退是第二位的,前者是仁,后者是智,前者是常,后者是变,前者是经,后者是权,两者并非是对立的,而是可以统一的。

二、再论退隐与进取

我们可以再进一步比较一下个人对于社会的两种基本态度,第一种即上述隐者的态度,我们可以再以庄子的思想予以更充分的说明;第二种即孔子的态度,我们可以再以《周易》的思想做一概括。

为什么在阐述隐者的思想时选择庄子而非老子?老子本人最终可能是位隐者,但《道德经》中论述社会政治的言论甚多,给人的印象是作者是一个入世者而非出世者,并且是位非常冷静的入世者。作者主要还是在人世间思考,思考的多是社会问题,政治、外交、军事无不涉猎,而且作者又是从宇宙论、本体论的角度来阐述其人生哲学和社会理论的,哲学味很浓。这些阐述的口吻使人觉得作者不是处在士的地位,不是处在臣民的地位,而倒是处在君主地位,甚至使人推测作者是位失位的君主或其后裔。《道德经》"代君王立言"的倾向是很浓的,其中考虑的常是全局、整体与大势,当然,这也可以说是因为采取了一种很不寻常的普遍和抽象的观点。

但是,有两个原因还是使老子与隐者联系起来了,甚至使他被推为隐者之宗,一是他所论的道的基本倾向是清静无为,这可以用于社会政治,也可以用于个人;二是他的个人气质确实有与社会很不合的一面,他疏离于众人。例如，在《道德经》第20章中，我们可以发现一种深深的孤独感。[1] 如果太史公说他最后出关"莫知其所终"的话可信，这大概是他出关隐遁的一个原因。

也许正是由于在老子思想中有这些不同的倾向，所以，老子之后的发展才会多途：一如老韩，韩非把老子的思想变成了一种狭隘的法家理论中的人君南面术；二如黄老（实应为"老黄"），它在汉初的社会政治中起了实际的作用；三如老庄，这是向纯粹的个人追求的哲学的一种发展，然而，后来却成为道家的主流。

庄子的思想形象鲜明和独特见之于一幅也许是他的自画像：庄周"独与天地精神往来而不敖倪于万物，不谴是非以与世俗处"。[2] 我们要注意此一"独"字：个人可撇开人世而作逍遥游，可不通过人事而独见道，与世无涉，与世无碍，冷淡而不谴是非。人世间一切人们所尊所贵的东西与庄子的个人理想相比都失去了分量。庄子的精神世界是一个非常美丽和诱人的世界，任何有幸能够进入这一精神世界的人大概都会流连忘返，其中有"肌肤若冰雪，绰约若处子"的"神人"，有"乘云气，骑日月，而游乎四海之外"的"至人"。相形之下，个人在社会中所能得到的东西：如地位、名声、财富、尊贵等当然都显得黯淡无光，得到这些东西的人往往不过是在充当"牺牛""神龟""祭豕"的角色，而这些角色，庄子一个也不愿做，他宁处穷闾陋巷、困窘织屦，也要保证自己的精神自由。一个体味到"恬淡寂寞虚无无为"乃"天地之本而道德之质"的人，怎么可能舍

---

[1] 《道德经》第20章："唯之与阿，相去几何？美之与恶，相去若何？人之所畏，不可不畏。荒兮，其未央哉！众人熙熙，如享太牢，如春登台。我独泊兮，其未兆；沌沌兮，若婴儿之未孩，儽儽兮，若无所归。众人皆有余，而我独若遗。我愚人之心也哉！俗人昭昭，我独昏昏。俗人察察，我独闷闷。……众人皆有以，而我独顽且鄙。我独异于人，而贵食母。"

[2] 《庄子·天下》。

"醴泉"而食"腐肉"呢?

可是,庄子心底对人间社会又确实不是无动于衷的,他斥责制度的残生害性,痛哭刑场上的死者,提出"千世之后,必有人相食"的严重警告。偶尔透露出来一点的庄子心底的那一种忧伤和牵怀执着,看来并不亚于儒者,不同的是他更绝望和无奈,这也许是因为他看不到实现他心中所悬的社会理想的现实途径。我们一直在讨论个人对他人和社会的态度,而庄子也许是第一个接触到社会应当怎样对待个人(不是如何对"一己"或笼统的"一群",而是对每一个人)的问题。庄子是在社会政治理论的起点上发言的,这里重要的不是得出何种结论,而是使人可以对最根本的事情发问,而不至于视若无睹。

《庄子》中说到一个流放者的故事,说他去国数日,见到认识的人就感到欢喜,去国旬月,见到国人就感到欢喜,及期年也,则见到似人者就感到欢喜。"去人愈久,思人愈深",人怎么可能离开人呢?哪怕人真的很丑陋、很下贱!人只要生而为人,他的命运就在这一刻被决定了,他就是这人中的一个。虽然庄子讥讽"一犯人之形"就沾沾自喜者,认为说"老曰人耳人耳"者,造化者必以为"不祥之人",我们在庄子的著作中还是可以看到对人的一种深深关注。庄子说,隐并非自隐,"时命大谬也",退隐并不全是因为个人的理想和至乐寄于此,也还有深深的失望和无奈,而不做绝望的事是一种智慧。

总之,对人世的失望,对个人无待的精神自由的向往,加上一种灿烂无比的才华和异常精细的美感,使庄子倾向于做出个人宜摆脱社会的羁绊而做一个逍遥真人的结论。美国19世纪的梭罗有两点很像庄子:一是在社会政治问题上的直指根本价值和毫不妥协的立场;二是力求过一种独立于社会的、重视精神自由漫游的简单质朴的生活。梭罗不固定地从事任何社会职业,未结婚,独居,不上教堂,拒绝纳税,不食肉,不沾烟酒。

梭罗明确地说："上帝将保证你不需要社会。"[1]但耐人寻味的是，梭罗在西方始终是孤单的、特殊的，他所受到的尊重也是少数人给予的，是一种对特立独行者的尊重，而在中国，庄子不仅给文人、艺术家以强有力的影响，也是许多儒者、士大夫的基本退路。

至于作为卜筮书的《易经》，其本义则是要为人的行为提供指导，诚如顾亭林所言："六十四卦，三百八十四爻，皆所以如人行事，所谓拟之而后言，议之而后动者也。"[2]我们从解释它们的"大象"之辞均是"君子以……"[3]的格式也可证明这一点：即所有的卜筮都是为了达到某一目的而决定行为的进退取舍，不过，这些目的在"大象"中已经抽象化了。《易传》与《易经》的关系最好地证明了解释的力量。通过《易传》，《周易》有了成为一种宇宙论、本体论的可能，提供了一种宇宙运行的形上图景，但总的说，易传也还是立足人世的，观乎天文还是为了人文。通过易传而解释的周易基本上反映了儒家的思想、孔子的思想。

在《周易》中，乾卦显然是中心，它统摄着全部六十四卦。我们就试从进退的角度，借助《易传》的解释分析此卦：

初九是潜隐，是未萌之隐，是隐居养志，立其确乎不可拔之志，"不易乎世，不成乎名，遁世无闷，不见是而无闷。"此一立身原则将贯穿今后，贯穿始终，尤其在九五之后。然而，在九二之前，君子一有可能就必须有可见之行以成其之德，内德必须外化，而且其德、其志本身就是要普施，要济世的，它不可遏制地要外化，潜藏的阳气必须发散出来，因此，就有"利见大人"之"九二"、就有"在田"，"在田"实际还是"在野"，

---

[1] 《瓦尔登湖》，上海译文出版社1982年版，第302页。
[2] 《亭林文集》卷四，《与人书》二。
[3] 在六十四卦的"大象"中，"君子"作为主语出现53次，"先王"7次，"后"2次，"上"1次，"大人"1次。这说明都是为上层的治者卜筮。

但不再独隐,而是已有师友,可以"学以聚之,问以辨之"。此是进,但尚非大进,而是小进,小进即止,是因为有困厄,所以有"庸言之信,庸言之谨",要"闲邪存其诚,善世而不伐",由此到九三,九三主要是守的阶段,要守住自己,此时常有险有难,但只要"终日乾乾",夕惕若",终将无咎。此是最困难的时期,但也是最磨炼人的时期,是"进德修业"的好时候,从外表看起来是停滞,实则内心大进。正是因此,机会来临,至九四则可大进,可奋力一跃。乾道此时出现变革之象。九二是渐进,此时则是激进,因时机可能稍纵即逝,且自身的准备也不同于昔之九一。九五则是大进所达到的境地,此时已一跃而在天,乘龙以御天,云行雨施,天下太平,此时个人所抱理想已在社会层面实现,大功告成,个人已与天地合德、日月合明,四时合序。

至此,进已到顶点,然后可分为两面来说:从个人来说,应自动下降,"有道则隐",如果继续升到上九,则为"亢龙有悔,盈不可久",此时被迫下降则可能大受挫,甚至身败名裂,摔得粉碎,所以此时个人应功成不居,为而不宰,自动将自己降到与群龙并列而不为首的地位;然自动下降甚不易,能行此者其唯圣人乎!从社会来说,这时候则是要达到一个"群龙无首"的社会,前此,都是讲独龙,此处则是群龙,依靠许多独龙的努力奋进,则达到"用九",即一个"群龙无首"的社会,一个多元而平等的社会,一个这样的社会反过来又保证了诸龙的各自奋力,各自进取。此乃天道,天则,因为"天德不可为首也",此时即"天下治也"。古代先贤的洞察力似乎越过了几十个世纪而目睹到现代社会,此一图景虽是从个人发愿,由自我推及他人所得到的,然而却为社会状况提供了一种理想的描述。"九五文言"讲"飞龙在天"之后的情景,也可视做是对社会状况的描述,此时"圣人作而万物睹,本乎天者亲上,本乎地者亲下,则各从其类也"。众人各从其类,各得其所,各尽所能,各有所获,与"群龙无首"正好可以互相印证。除了带有一些圣贤精英论的色彩之外,这几乎完美地符合社会与个人的理想,但甚至这种精英论也不与历史进程全然相忤,如果它被严格地限定在一定范围之内。

个人之进退与社会之理想当然都是仿效天道天则的,是以天道为根基的。虽然象征天道的乾卦中也有退守,以及与此对应的,象征地道的坤卦更是强调积、蓄、守、载等消极性的德性,但是,无疑天高于地,进重于退,这就是乾卦"大象"所概括的"天行健,君子以自强不息"的精神。

我们可以再将其他各卦有关进退之辞汇拢,以与乾卦的精神相互印证。其中论退隐的如下:

坤卦六四:"括囊,无咎无誉"

蛊卦上九:"不事王侯,高尚其事。"

象:"不事王侯,志可则也。"

复卦初九象:"不远之复,以修身也"。

大过象:"君子以独立不惧,遁世无闷。"

遁卦象:"遁,亨,遁而亨也。"

象:"天下有山,遁。君子以远小人,不恶而严。"

九四象:"君子好遁,小人否也。"

九五象,"遁贞吉,以正志也。"

明夷象:"明入地中,明夷。内文明而外柔顺,以蒙大难,文王以之。利艰贞,晦其明也。内难而能正其志,箕子以之。"

象:"君子以莅众,用晦而明。"

蹇卦象:"蹇,难也。险在前也。见险而能止。知矣哉!"

象:"君子以反身修德。"

退可分为两种：一种是遇难而退，遇险而止，此时宜韬晦，宜反身修德，另一种是功成而退，防盈而退，如在乾卦九五之后。

我们再看有关进取之辞：

晋卦象："君子以自昭明德。"

困卦象："泽无水，困，君子以致命遂志。"

联系于乾卦，我们说，进也可分为渐进之进和飞跃之进，或者说渐进然后守，飞跃然后退。进还可以分为：一是在有利情况下抓住时机奋进、速进，二是在不利情况下，在险境中亦须冒死求进以"致命遂志"，"舍生取义"。一般遇险宜退，但有时遇险仍须进，因为有更重于"生"，更重于"命"者之"义"。

除乾卦外，其他各卦中论进的文字并不如论退的文字多，这大概是因为卜筮时多为困窘之时，不得不退之时，对占得之卦的解释也就多有退意。但是，六十四卦的地位并不是完全平等的，乾卦的地位显然最重，而且，其排列以乾卦为首，以未济卦作结，象征着一种积极有为、精进不息的精神，这种精神是《周易》的基本精神。如果我们参照从总体上解释《周易》精神的《系辞》，更能明白这一点。

《系辞上》第10章：

子曰："夫易何为者也？夫易开物成务，冒天下之道，如斯而已者也。"

第12章：

乾坤其易之蕴邪？乾坤成列，而易立乎其中矣。乾坤毁，则无以见易，易不可见，则乾坤或几乎息矣。是故形而上者谓之道，形而下者谓之器，化而裁之谓之变，推而行之谓之通，举而措之天下之民，谓之事业。

乾坤是易的基本精神，这一精神必须通过全部易象来体现，而易象又是象天地万物之行，效天地万物之动。道是看不见的，它必须外化，必须成器，必须开物成务，造就事业。借用一个基督教的术语，就是"道成肉身"。不成肉身的"道"是残缺不全的道，必然萎缩，"或几乎息矣"。内在的一切都必须表现出来，都必须通过"开物成务"得到证明，何况这一精神本身就是不可遏止的精进不息、积极有为的精神，它将把我们带入广阔的价值领域——也是全面的人类生活的领域，并在这一领域中确证自身。

三、"出处之义"是否已经过时

"出处"一语源于《易·系辞上》第8章："子曰：'君子之道，或出或处，或默或语。'"这里的"出"不是出世的"出"，而是出仕的"出"，所以与"出入之辨"中的"出"的意思相反，不是退，而是进，而且是政治上的进，而"处"则是指退处不仕。退处不仕有暂时的，也有永久的。暂时的退处属儒，也就是我们现在所说的"出处"中的"处"，永久的退处属道，实际上是我们前面所说的"出入"中的"出"。道家的退处不仅是对权力而言，也是对大众而言，不仅想退出政治，还想退出社会。

也就是说，"出入之辨"是儒道之争（后来又有儒释之争），而狭义的"出处之义"则主要是儒家内部的问题，与这"义"相对立的是污行、苟且、乡愿，另外也有狂狷与中行，言与默、穷与达、无闻与有闻，内心与外行，圣人之心与名心、耻心等分辨。

"出处"是一统称，具体地说，是"出处、去就、辞受、取与"。"出处"是个人对政治的基本态度：仕还是不仕？"去就"则是对一定的职位而言，"去"是辞官，"就"是就职，也包括从低职就高职。"辞受"与"取与"则涉及对待由政治、职位所带来的经济利益的态度，"辞受"主要指是否接受由君主或他人馈赠的礼物、金钱（尤其在先秦）；"取与"与"辞受"接近，但更具一般意义，也更为主动，尤其是"与"，还包含有向他人馈赠的意思。"出处"含义虽可广可狭，但却集中表现为一种对待政治的态度，焦点还是在仕与不仕。

很显然，古代的"出处"，或者说"仕不仕"的问题，主要跟士这一阶层有关。在一个社会中，要发生"出处"问题，必须是既有这个必要，也有这个可能。秦汉以后的中国，这种必要性在于中国社会没有封闭的贵族阶层，君主必须与士大夫共治天下，必须"贤贤"而不能依赖"尊尊"和"亲亲"，必须利用士这一"流动资源"；其可能性则在于士这一阶层确实客观上有某种这样的选择自由，有进退的通道和余地，也在精神上具有这样的使命感、责任心和抉择能力，总之，这是我们必须承认的一个历史事实，我们现在不打算再去追溯更深的原因，而是要问：如此说来，"出处"的问题对于今天已经打破士居中心这一格局的社会还有没有意义？

如前所述，"出入之辨"对于现代中国人的意义早已不在执著于哪一种外在的生活方式，而是在于对待社会的基本态度：即是进取还是退隐，是有为还是无为。同样，"出处之义"对于现代中国人的意义也不在执著于某种外在的行为方式。

首先，传统儒家的"出处之义"虽然主要涉及的是政治领域，并且具有特定的精英论色彩——基本上只与士这一阶层有关，但它所力图贯彻的精神却是一种具有普遍意义的道德精神：即在任何情况下都不能苟且，而是要遵循义理，为所应为，为所当为。"出处"基本上是一个义利问题，而义利问题是对每一个人都存在的，而不管他是谁以及他是否从政。

其次，社会的伦理应当是诉诸原则的伦理，但是，个人在应用道德原则时，由于复杂多变的境遇常常不得不依靠一己良心的裁制决断。所以，良心对一般原则的诉诸良心根据具体境遇的自我裁断两者实在都不可偏废。"出处"的问题可以说如此强烈地凸现出良知自我裁断的作用和意义，以致一些儒者认为"出处"一事是一件他人不好妄加评论，更不能越俎代庖，而是必须特别依赖于当事人自己的良知裁决的事情。宋儒胡安国说："至于行己大致，去就语默之义，如人饮食、其饥饱寒温，必自斟酌，不可决于人，亦非人所能决也。"[1] 我们在强调过义理原则的重要性之后，再以"出处"为例来谈良心在具体境遇中的自我抉择，不仅可以展示良心的具体应用，亦可防止前论流向偏颇。

再次，"出处"可以说是迹、是行、是事关廉耻的大节，是人禽之分，高尚与堕落之分的关口。今日从社会的角度论道德，说做人，应从何处入手？是从心性、境界入手，还是从行为、大节入手？前者总有精英论痕迹，后者却能对所有人开放；前者可能造就数个崇高君子，后者却能撑起社会基本纲常；何者为急？何者为要？在传统的精英等级制社会，人们常说要由好的学风影响和造就好的士风，由好的士风影响和造就好的民风，但是，在一个士已处于边缘，或者说已融化于民的社会里，在一个不再是"君子之德风、小人之德草"的时代里，这一次序是否还有现实意义？而且，即使从士这一阶层来说，看来也必须首先重视砥砺名节，立定脚跟。顾亭林有感于明末清初的学风之日弊，曾经不无忧虑地说过："是故性也、

---

[1] 《宋元学案》第二册，中华书局 1986 年版，第 1172 页。

命也、天也，夫子之所罕言，而今之君子之所恒言也；出处、去就、辞受、取与之辨，孔子、孟子之所恒言，而今之君子之所罕言也。"[1] 所以他在道德上强调从基本的做起，不说"成圣成贤"，而只说"行己有耻"，"自子臣弟友之至出入、往来、辞受、取与之间，皆有耻之事也，耻之于人大矣！……士而不先言耻，则为无本之人"。[2]

最后，即使就传统"出处之义"的特定意义而言，这一意义在今天看来也仍然没有完全过时。近一百多年来，这一问题仍然纠缠着中国的学者乃至更广义的知识分子，甚至把他们逼入了更加困惑的两难处境。"出处"的形式当然已经改变，但是对政治采取何种态度的基本问题依然存在，乃至于咄咄逼人，使人难于逃避。这不止是一个考虑是否从政的学者才遇到的问题，而是每一个有良知的学者都面临的问题：学术与政治之间究竟有没有距离？学者要不要介入政治？或者以何种方式介入？介入到什么程度？这些问题压迫学者心灵的分量并不稍减，它的淡化大概得有赖于政治的日益清明或学者对其事业和使命的重新估价，而这些转变都离不开历史的借鉴。

四、先儒"出处之义"

我们现在就来看古人所论的"出处之义"，我们着重谈谈孟子。孟子是一位深沉而"好辨"，使命感极强的思想家。孟子辟杨墨，对老庄却未发一辞，想是当时杨墨影响太大，"天下之言不归杨、则归墨"，孟子辟杨墨是辟其影响，辟其流弊。而老庄的影响尚未著形。孟子与庄子大致同时，两人各自是儒、道两家最杰出的传人，然而却可惜未曾谋面，未曾交

---

[1]《顾亭林诗文集》，中华书局 1987 年版，第 40—41 页。
[2] 同上书，第 41 页。

锋,否则,两位同样深沉而"好辩"的思想家的相遇一定会很精彩。不过,"默默无闻"倒也正是庄子的心愿,符合隐者的宗旨。

不过,我们在《孟子》中也看到一位不愿沾染人间一切不洁之物的"廉士"陈仲子。陈仲子耻其兄为齐卿而避兄离母,自食其力,以致有一次饿得三天没吃东西,耳朵没有了听觉,眼睛没有了视觉,看到井边有一个金龟子吃掉大半的李子,爬过去吃了,耳才复聪,眼才复明,孟子虽尊其为齐士"巨擘",但认为若推广其操,则必须把人变成蚯蚓才能办到。毕竟,很难知道仲子所住的房子,最初是像伯夷一样廉洁的人所盖,还是像盗跖那样的强盗所盖,他所吃的粮食,是像伯夷一样廉洁的人所种,还是像盗跖那样的强盗所种。如果把仲子的原则推广到极致,则任何物品的最初来源都是可疑的,都是可能不清白的,所以个人也许只需做到一件东西到他这儿的来路必须正当就行了,他取得它的方式必须正当,再远,则非他所应为,也非他所能为,甚至能知,但是,这可能也正是仲子的意思?孟子批评的只是推广仲子的思想可能产生的流弊:即一种使人与世间断绝联系,不食人间烟火的倾向。

仲子之廉之清,虽无直接的政治针对性,但看来甚至有甚于伯夷,《淮南子·氾论训》说他"立节抗行,不入污君之朝,不食乱世之食,遂饿而死"。仲子之清是有所肯定、有所遵循的,他遵循的是义,这使他不同于类似庄子那样的要泯去是非、逍遥于世的隐士真人。但在孟子看来,仲子所遵循的义只是小义,人们都会相信仲子不会接受不义地交给他的齐国,但这还只是抛弃一筐饭、一碗汤的小义,而非"亲戚君臣上下"的大义。

在把伯夷、柳下惠、伊尹与孔子作比较时,孟子批评了伯夷的"隘",也批评了柳下惠的"不恭",耐人寻味的是,他在这三人中独遗下"圣之任者"伊尹未予批评(虽然他认为伊尹还比不上孔子)。"隘"就是隔,与世人离得太远,"不恭"则是太不隔,使自己混同于世人。这些批评给了孟子一个定位:即处于隔与不隔之间。孟子有很强烈的入世关怀,有很高的社会责任感和救世拯民的政治抱负;但是他也持有同样强烈的具有精英色彩的自我使命感,有区别和疏离于众人的自豪感和极坚强的自信。实在说,孟子也主要是一位任者,除孔子外,在其他三位圣者中与伊尹最为接近。

孟子虽认为君子有任,君子必出,但又反复强调君子之出必以其道。周霄问孟子:"古之君子仕乎?"他回答道:"仕。传曰:'孔子三月无君,则皇皇如也,出疆必载质。'""士之失位,犹诸侯之失国家也。""士之仕也,犹农夫之耕也。"[1] "仕"为"士"题中应有之义。但是,古之人虽求仕甚急,又甚恶不经合乎礼义的道路来求仕,不经礼义之道来求仕的,就像想结婚的男女不待父母之命,不由媒妁之言而钻洞翻墙私通一样。

为此,孟子对一些古圣贤"干进"的传说做了分辨。他说,伊尹非以"割烹要汤",而是"非其义也,非其道也,一介不以与人,一介不以取诸人。""吾未闻枉己而正人者也,况辱己以正天下者乎?"[2] 他认为,百里奚也没有"自鬻于秦养牲者五羊之皮食牛以要秦穆公",此一传言是"好事者为之",百里奚到秦国已是70岁,以其知虞将亡之智,不会不知道以养牛干进是一污行。孟子又解释孔子出游卫国与齐国时并没有住在君主亲近的宦官家里以求进,而是进以礼、退以义、得之不得曰"有命"。孟子说,圣人行止有不同,但是,"行一不义,杀一不辜而得天下,皆不为也",则是圣人之所同。[3]

出仕不可以"钻穴",不可以"穿窬",不可以"诡遇",不可以"枉

---

[1] 《孟子·滕文公章句下》。
[2] 《孟子·万章章句上》,此章多收为古圣贤辩护之辞。
[3] 《孟子·公孙丑章句上》。

尺直寻",不可以"逆取顺守"。因为即使目的是好的,甚至后来的结果也是好的,这手段也会败坏目的,并从长远和整体上仍然有损于人类。目的当然会影响手段,就像那个有一妻一妾的齐人的乞讨肉食,凡求富贵利达者几莫不如是。饥渴者喜欢暴饮暴食,并觉得什么都食之如饴,但这是未得"饮食之正"。同样,一个饥渴名利者将可能无所不欲,无所不为,所以要注意使心灵免受饥渴之害。这是从目的上反省,对欲望的限制,"人之所贵者,非良贵也。赵孟之所贵,赵孟能贱之。"[1] 从而"养心莫善于寡欲"。[2] 对自我来说,此不失为务本之为。

但是,从普遍的观点来看,更重要、更紧迫的还是手段,因为手段就是行为,而目的的实现只是一定的状态或结果,道德的基本领域不外乎行为或手段。手段不正也必然败坏目的。所以,以为可以用不正当的手段先取得某一职位再做好事的人将铸成大错,这种事前就抱有的自我宽宥、自我辩解,决不同于事后的醒悟和纠正。

孟子不仅强调出处必以其道,而且透出一种大丈夫的豪气,一种高度的士的尊严感。"说大人,则藐之,勿视其巍巍然。"[3] 因其显赫和富贵,若我得志,皆我所不为也。"彼以其富,我以吾仁,彼以其爵,我以吾义,吾何慊乎哉?"[4] 这种态度与孟子的个人气质和时代都有关系,但根本还在于孟子深信道高于势,德高于位,道义至尊至贵,故有挟贵、挟勋而问者皆不答,不肯轻易造朝见齐王,认为非道不受一箪食,而为道受天下亦不为泰。孟子去齐时,对欲为王挽留者态度甚为傲慢,明告他君主应使贤者安其身,但在离境时又缓缓而行,以致有人以为他有干禄之意,孟子答

---

[1] 《孟子·告子章句上》。
[2] 《孟子·尽心章句下》。
[3] 同上。
[4] 《孟子·公孙丑章句下》中引曾子语。

道：这是因为王用我可以安定天下之民。我希望王改变态度，把我召回，难道我一定要像那种见君不纳谏便马上怒形于色、急速离开的小丈夫吗？

这两种态度看似矛盾却不矛盾，关键是因为有"经"有"权"。孟子从气质上说最接近伊尹，但就理想而言，则最倾慕孔子。孟子是负大任者，亦是"经权"的大家，其论述"出处"之"权"甚精微。纵横之士也讲"权"，但此"权"不同于彼"权"，此"权"是有"经"之"权"，此"权"是仁者之智，"权"说明先儒不仅考虑到动机，也考虑到效果，要在复杂多变的情境界做出正当的抉择必须有"权"，有"权"才能使道德落到实处。

孟子引墨杨为戒，说"子莫执中"，然而"执中无权，犹执一也，所恶执一者，为其贼道也，举一而废百也"。[1] 虽然"男女授受不亲"，但嫂溺必援之以手，此即为"权"。礼与食相比，当然是礼更重，但是，这并非是说在任何情况下都宁愿饿死，或者宁愿鳏居也不能违反哪怕很轻微的礼，不宜拿"礼之轻者"与"食之重者"、"色之重者"相比；而是要问：岂能为怕饿死而"夺兄之食"，为防鳏居而"逾墙搂东家处子"？也就是说要在同等的层次上比较和权衡。权即权衡、选择。"鱼，我所欲也"一章讲的也是"权"，那是生死之"权"，是在较特殊的边缘状态中的"权"，而我们现在尤要注意的是个人在政治生活中的出仕之"权"，辞受之"权"。

古之君子出仕有"三就三去"：第一种是有礼听言才"就"，否则即"去"；第二种是虽不听言，但有礼，此亦可"就"，礼衰才"去"；第三种是不听言亦无礼遇，只是周济使不死，若陷于饥寒交迫，此亦可"就"，但只是免死而已，稍能活即"去"，故曰"三去"。显然，第二种，尤其第三种"就"都是暂就、将就、屈就和俯就，不久即将离去，只有第一种"就"才是平就和真就。在孟子看来，对负有道命的士来说似不存在高就的问

---

[1] 《孟子·尽心章句上》。

题，所以士对优厚的礼遇并不感到受宠若惊，而是"若固有之"，受之坦然。君子之仕的目的就在于君主听其所言而行其道，所以，第二种"就"就是等待，"王庶几改之！"，第三种"就"则只是免死，保身。孟子并不否定可以仅仅为了生存而出仕，只是此时应当"辞尊居卑，辞富居贫"，宁愿做"抱关击柝"的小吏而不立于朝。这时当然仍要尽职，但"君子思不出其位"，"位卑而言高，罪也"，无官守，即无言责。政治责任是随着出仕才出现，随着职务、权力的上升才提高的，失职则应主动去职。所以，不仕时可以称病不见君主，甚至可以"役"也不可以"召"，而出仕时闻君主之召则须"不俟驾而行"。

为什么要强调礼遇？程颐的解释是："古人之所以必待人君致敬尽礼而后往者，非欲自为尊大，盖在尊德乐道之心不如是，不足与有为也。"[1] 另外还有一种对士人，对贤人尊重的意思，所以，据说子思会最后气愤地把给他送肉的使者赶出大门，责备其君不以礼养贤而是畜之。后儒亦不否认为谋生而出仕的行为，宋明大儒如朱子、阳明都曾首肯门生暂弃"圣人之学"而习"举业"，以便得到俸禄而奉养双亲。

孟子说孔子之仕是为行道，但也有"见行可之仕"，"际可之仕"和"公养之仕"。"见行可之仕"是因可以行道而出仕，大致相当于前面所说的第一种"就"；"际可之仕"与"公养之仕"大致相当于第二种"就"，只是"际可之仕"是特殊礼遇，"公养之仕"是一般礼遇；而孔子为"委吏、乘田"则大概可以属于第三种"就"。古代士无恒产，而当时各种经济利益、甚至基本生存资料都与政治紧密联系在一起，所以有时第三种"就"亦不能不"就"。

以上是讲标准、讲原则，古人向有把标准和原则落实到人，具体化

---

[1] 吕祖谦、朱熹：《近思录》卷七。

为人格和榜样的倾向，如说"唯仁者能好人能恶人"。同样，孟子也为"出处"的权衡原则向我们提供了数个圣贤的形象。如他谈到禹、稷、颜回三人异趣而同道，其异是由于时代条件不同；又说曾子、子思所居地遇寇，一避走一留守，亦是异趣同道。但其中最突出、最鲜明的形象，则为伯夷、伊尹、柳下惠、孔子四圣。

伯夷是"圣之清者"，是儒中的隐者。他虽有强烈的社会责任感和道义原则，责难武王"以暴易暴"，但不欲从政为仕，伯夷的反抗是大无畏的，但纯粹是个人的反抗。他离世俗最远，想着与乡人相处就如穿着朝衣朝冠坐在泥淬中一样。伊尹是"圣之任者"，其社会责任感强烈到只要想到天下有一个普通老百姓得不到尧舜之道的好处，就好像是自己把他推到了沟里一样。柳下惠是"圣之和者"，他是"不羞污君，不辞小官"，给他什么职务他都乐意接受，不给他官做也高高兴兴，但是进退必以其道。他与乡人相处快乐得"由由然不忍去也"，即使他们赤身露体躺在自己身边也不以为意。孔子则是"圣之时者"，他"可以速而速，可以久而久，可以处而处，可以仕而仕"。[1]

再借用一个孔子、孟子都用过的分类。我们可以说，伯夷接近于"狷者"，重在有所不为；伊尹接近于"狂者"，重在积极有为；柳下惠外表看起来像是"乡愿"，但实际上却不是，因为他行为虽然随和，内心却坚持着确定的道德原则："柳下惠不以三公易其介"；孔子则可以说是"中道"或"中行"。四人均为"圣"，"行一不义，杀一无辜而得天下皆不为也"，此是他们的共同点，但行为取舍互有不同。

然而，我们要注意，他们虽然各个不同，但孔子和其他三圣又有一个重要的差别：即伯夷、伊尹、柳下惠三人各自都不能采取别人的行为方

---

[1] 《孟子·万章章句下》。

式,而孔子却可以根据时宜,任意采取其中任何一人的行为方式。其他三圣都各有所执着,或清,或任,或和,而孔子却因时而定,可清,可任,亦可和。这看来正是孟子认为孔子胜过前面三圣的地方,正是孟子说孔子是"集大成者"的原因。而这"胜过",看来主要是在于"智",或者说,在于运用这"智"的"权"。

"智"受"仁"或者"圣"的制约,"权"也受"经"的制约。"经"就是基本原则,"权"即对原则的灵活运用。有"经"无"权"便成固执,或偏于狂狷,有"权"无"经"则成乡愿。"权"中要有"经","权"要不离"道","经"是第一位的,所以宁成狂狷也不做乡愿,孔子说,得不到中行之士与他相交,那就必须与狂狷交往。而在狂狷中,又宁失之于狷,也不失之于狂,因为有所不为更为重要。乡愿表面上最接近于"圣之时者",最接近于"中道",在实际生活中两者也确实不易分辨,所以,孔子、孟子最讨厌乡愿,因为乡愿会混淆道德,贼害道德。乡愿非"圣",而仅仅是"识时务者",是媚世者,媚俗者,貌德而非德。朱子说:"人有些狂狷,方可望圣人。思狂狷尚可为,若乡愿则无说矣。今之人才说这人不识时之类,便有些好处,才说这人圆熟识体之类,便无可观矣。"[1]

孟子虽强调"任",强调"出",但他又反复申言遇有命,君子退处亦自有所安,自有其乐。君子之乐不在广土众民,性不在定四海之民。"君子所性,虽大行不加焉,虽穷居不损焉,分定故也。"[2]君子要尽心、知性、知天:"万物皆备于我矣,反身而诚,乐莫大焉。"[3]最大的快乐源泉是在自己的心里,这种快乐是无待于一切外在条件的,关键的是要"诚"。具体说来则是"君子三乐",其中最重要的是自己心灵的诚意之乐:"仰不

---

[1] 张伯行集解《续近思录》卷七。
[2] 《孟子·尽心章句上》。
[3] 同上。

愧于天，俯不怍于人。"围绕此核心的是另外两种快乐：一是"父母俱在，兄弟无故"的天伦之乐，一是"得天下英才而教育之"的讲学之乐。它们都可以看成是第一种快乐的流衍，它们仍然不脱一个"我"字。后两种快乐自然要依赖一定的外在条件，但不是普遍的，而是较具私人性质的条件，而且即使没有它们，也还有一种心不愧怍的快乐是任什么东西也夺不走的，是完全掌握在自己手里的。也就是说，如果在为社会尽力之后，即使是"时命大谬"，劳而无功，自我依然是可以得到快乐的。甚至在儒家内部，儒者也有退路，而不必退向道、退向禅，虽然此时两者只差一间。

我们不想再谈快乐，应该说，即便个人真能独自"得道"，并享受"得道"的欢乐，那么，纵使个人已经尽力，面对人间的苦难，心灵仍然不免要留有深深的缺憾，从而使这种享受并不能成为真正欣悦的享受。更值得推崇的也许还是这样一种态度，就是在穷困中"若将终身"，在利达中"若固有之"，这是一种坦然的态度，它不止是"宠辱不惊"，当然更不是一种避免失态的镇静工夫，而是一种把个人外在的一切看得很轻很淡的基本人生态度。北宋范祖禹自蜀入洛，从司马光编《资治通鉴》，在首都十五年，不事进取，后迁著作郎兼侍讲，直言时事，无所顾避，别人劝他，他说："吾出剑门，一范秀才耳，今复为布衣，有何不可！"后果遭远谪，卒于边地。总之，坦然不同于快乐，个人的一切遭遇都可视为过眼烟云，但人世间的一切却不可如此看轻看淡，不可视尧舜事业也如"一点浮云过目"，因为人间的苦难不可等闲视之。人间的分量如果依然沉重地压在心上，就会阻止这种坦然变为快乐。

有了这一份坦然垫底，自然就不易在"出处之断"中受私利的诱惑，而是唯以道义为归。秦汉以后，虽然乡愿之臣层出不穷，胡广、冯道之辈迭居高位，但也涌现了许多坚守出处之义的名节之士，狂狷之士，以及有经有权、出处有道、能够建功立业的中行之士。宋明大儒虽然多谈心性，但其出处也大都灿然可观,虽其后学流弊亦不可掩。二程、象山、朱子、阳明的拯世胸怀与个人节操皆令人感佩不已。迨至明末清初,一代名儒如顾亭林、王夫之、黄宗羲等都坚持不肯仕。顾、黄二人拒应博学鸿词科,拒出修明史。顾亭林说:"故人人可出而炎武必不可出矣……七十老翁何所求!只欠一死,若必相逼,则以身殉之矣!"[1]王夫之更是窜身瑶洞,贞固自守,不与外界通声气,晚年居于一荒芜山冈十七年,以其间顽石名之为"船山",自书堂联曰:"六经责我开生面,七尺从天乞活埋。"

五、士人出处的历史困境

然而,纵观历史,我们已注意到这样一种趋势,即真欲坚守道德原则的士人儒者越来越强调"处",强调"守",强调"狷",强调"默"了,这当然与"君子难进易退,小人易进难退"的个人品质有关,但主要还是社会条件起了变化。韩非曾有言:"明君不自举臣,臣相进也。"[2]他反对当时君主的礼贤下士,甚至引姜太公杀居士为例,说明不能以赏罚动者均可杀之。耐人寻味的是,在这方面,不是孟子的理想,倒是韩非的理想在后世得到了某种程度的实现。后来,不仅先秦时那种君主为迎贤"拥彗先驱"、"侧行撇席"的情景不可再见,两汉时那种对处士馈赠致问、优礼有加的现象亦不复能睹。姜太公杀居士尚属传言,明太祖杀隐者却是实事。这是不是说明,不仅出仕行道越来越难,退处守道也颇不易了。

张南轩说:"三代以下,上日以亢而下日以委靡。"[3]这看来也可以用做对士之出处演变情况的一个恰当概括。对这种趋势我们当然不宜以今人

---

[1] 《顾亭林诗文集》,中华书局1983年版,第53页。
[2] 《韩非子·难三》。
[3] 张伯行:《广近思录》卷七。

的眼光感情用事地急于评判。这在某种意义上是一个君主专制下的精英等级制社会发展的必然趋势,和文化的传播、发展和下移也密切相关。先秦两汉时期,如公孙弘、朱买臣一类民间的读书人毕竟寥寥可数,而到了明清,则真有村村可见方巾,处处可闻"琅琅"读书声的气象。文化大大地发展了,也世俗化了,士人大大地增加了,也混杂了,而真正受到社会尊重的晋身之路又只有政治一途,就难免争先恐后,趋之若鹜了,所以朝廷亦不再待之如宾,而是防之如贼,科举场屋如"市井"、如"畜栏",所以,不能不令识古者扼腕。但是,这种演变实在有它自己的逻辑,并在自身中包含有自我扬弃的种子。

我们在这里不再分析这种趋势产生的原因,而是承认这一事实:即士之出处之路确有越来越窄的趋势,可以回旋的余地越来越小。尤其是出仕难有所为,难以不屈道。朱子门人黄勉斋说:"今之出仕,只是仰禄。"[1]清初富有才华的学者傅山说:

> 仕不惟非其时不得轻出,即其时亦不得轻出,君臣僚友,那得皆其人也!仕本凭一志字,志不得行,身随以苟,苟岂可暂处哉!不得已而用气,到用气之时,于国事未必有济,而身死矣。但云酬君之当然者,于仕之义,却不过临了一件耳。此中轻重经权,岂一轻生能了。[2]

我们从这些话中可以看到士人的尴尬处境和深深失望。留在士人手里的主动权越来越少,出仕之路自唐以后主要是科举一途,及第之后,面对日趋硬化的制度又难有作为,所以,从宋儒开始加强的向自我心性儒学

---

[1] 《宋元学案》第二册,第2028页。
[2] 傅山:《霜红龛文·仕训》。岳麓书社1986年版。

的转变,也可以从这种对制度的失望中找到原因。在一个王朝期间,出处越来越成为一个仅仅暂时去就的问题,而在王朝更迭之时,才出现较多根本不仕的遗民。但在这个时候,遗民所面对的与其说是一般的政治,倒不如说是异族异姓。"出处"被局限在一个"民族气节"的范围之内。而且,即使是遗民,也不能不"及身而止",遗民并不世袭。

据说,元代的两位大儒许衡与刘因,一个出仕,一个不肯出仕。有人问许衡:"公一聘而起,无乃速乎?"许衡回答说:"不如此则道不行。"又有人问刘因为何不肯出仕,刘因回答说:"不如此则道不尊。"[1] 此两种态度从经权独断的观点看自然无可厚非,甚至客观上可以互补。但许衡的"行道"看来主要只是在教化方面有效,而刘因的"尊道"则更只能确立个人的尊严,而难以扭转整个世风和士风的趋移。后儒实际上越来越难于"志伊尹之所志",而只能"学颜子之所学";只能"明道""守道"而难于"显道""行道";只能"为后世立法"而难于"为当世立法";只能"为往圣继绝学"而难于"为万世开太平"。这就令人产生深深的疑问:如果情况总是这样,甚至每况愈下,那么这"道"是否真的已经弄明白了?或者,这"道"是否适合作为"治道"?如果一代代圣贤都只能"为后世立法",那么谁"为当世立法"?而已立的"当世之法"又是什么法呢?

对这些问题的探求当属另一个范畴——即制度伦理的范畴,我们在此要说的只是:无论如何,历史上的优秀士人越来越趋于退守,越来越重视气节,虽然其高风亮节至为感人,但从客观的社会观点来看,却不能不是一种悲剧,不能不令我们感到一种遗憾。对气节的重视反衬出社会环境的险恶,气节之士越多,越是说明制度的不完善。所以,从整个社会看,

---

[1] 此说出自陶宗仪《辍耕录》,又见《宋元学案》,第3022页。但查元史刘因本传,仅载其婉拒最后一次召用,辞甚婉,甚温和,反复声明自己不是求高名,而实在是因为疾病而不得已。且刘前已有两次应召。

理想的状态不仅是考验气节的境况较为罕见，甚至整个出处的问题也不应再具有头等的重要地位。出处的问题总还是带有某些精英论的色彩，而现代社会正日益朝着平等的方向迈进，职业分殊，职业多途，并且，各种职业不宜再有高下贵贱之分，而是都应受到社会的尊重。进取之路并不只是从政一途，政治才能也决不应凌驾于其他才能之上。一个人履行自己的社会责任和发挥自己的聪明才智可以有更多的道路可供选择。这样，传统儒士的地位也将发生变化。宋儒詹初曾言：

> 儒者，人之需也，上焉君需之，下焉民需之，前圣需之以继，后学需之以开，故其道大，其任重。[1]

现代社会的发展将导致不仅这一历史重任的内容要发生变化，而且其中最重的治道之任也不再是仅仅放到这一社会中的无论哪一部分人的肩上，而是放到所有社会成员的肩上。当然，由于社会环境又必须要由有理性的人去改造，所以，在一个相当长的时期内，士或知识阶层又负有当仁不让的优先责任。

所以，即使仅从个人所负的社会政治责任来说，"出处之义"也仍未过时，若从个人成就崇高的道德人格着眼，那些明辨和严守"出处之义"的先贤往圣更是放射着永久的光辉，足以为我们的道德行为提供一种永不枯竭的推动力，对我们的道德心灵产生一种巨大而深刻的感召力。

三百多年前，一位儒者吕留良曾说：

> 今示学者似当从出处去就辞受交接处画定界限，扎定脚跟，而后

---

[1] 詹初：《流塘集》，参见《宋元学案》，第 2040 页。

讲致知主敬工夫，乃足破良知之黠术，穷陆派之狐禅，盖缘德祐（宋帝年号，1275—1276年）以后，天地一变，亘古所未经，先儒不曾讲究到此，时中之义，别须严辨，方好下手入德耳。[1]

我们如果消除其言中的门户之见，也可以说，道光以后，更是"天地一变，亘古所未经"，从而更须讲究"出处之义"，站稳脚跟。面对一个空前未有的社会的危机与生机并存，民族的耻辱与希望共萌的局面，我们的时代是一个必须起而行动，必须有所作为的时代，然而，愈是如此，我们愈不能急功近利，愈要从道德上考察我们的行为，为所应为，为所当为。只有以正当方式达至的成就才是真正可靠的成就。所以，无论从"出处之义"的特定历史蕴含还是从其普遍意义来说，它都将给我们以历久弥新的启示。

---

[1] 转引自钱穆：《中国近三百年学术史》上册，中华书局1986年版，第76页。

跋　有关方法论的一些思考和评论

我想利用本书最后的这一些篇幅来扼要交代一下我在本书中采取的方法，思考一些涉及方法论的问题，并对中国近代以来的学术方法也略加评论。我在本书中所采取的方法一开始只是朦朦胧胧的几条准则，它们的内容慢慢地才在思考和写作过程中清晰起来。成功或似乎成功的感觉使一部分原来的想法明确和固定下来，而失败的体会则把另一些原来的想法隔离和淘汰出来，于是就有了下面的三条：一、注重思想的意义；二、力求系统的思考；三、采取分析的方法。

一、思想的意义

由于本书是考虑传统良知理论的社会转化，所以必然涉及许多的历史材料，但是，我的主要目的又显然不是要仅仅识读传统的文本，以揭示其历史的真实，或更准确地说，不是要对这些历史材料的性质、内容、背景、关联等，给出一种自己认为是符合历史真实的解释。本书的主旨不是要弄清传统良知说的理路，其渊源和发展，不是要叙述它的历史或说明它的逻辑（虽然我也确实做了一些这样的工作），而是要站在一个新的立场上，亦即现代社会的立场上，考虑如果要使传统良知论继续在现代社会里保持活力乃至得到更大发展，它必须经过一番什么样的改造和转化，它的主要局限是什么，应如何突破这一瓶颈，等等。这样，我就不能够跟着材料走，跟着历史走，而是首先要自己形成一些确实有意义并且恰当的核心观念，并依据这些观念来选择和组织历史材料。整理这些材料当然要兼顾到历史之真，但我的主要目的并非是求历史之真，虽然我的阐释在很大程度上是采取历史阐释的形式，但目的却不在阐释历史，而是力求阐发一种思想，一种我认为是正确的、具有真理意义的思想。这一真理当然首先是具有时代性的，但同时也具有某种超越时代的普遍性。所以，很明显，本书主要是一部思想性的著作而非史学著作，主要是论而非史，这是必须首先说明的。

由此，我就面临一个如何处理思想与历史材料之间关系的问题。这个问题还常常以其他一些方式表述出来并引起学术界持久的争论：例如，史学与哲学的关系、考据与义理的关系、史与论的关系、"我注六经"与"六经注我"的关系等等，它们所包括的外延虽不尽相同，但在争论的实质问题上基本是一样的。

现在，我们就从这种关系着眼，先来对学术著作做一个大致的分类：

1. 纯粹思想性的、几乎不依傍任何历史材料的著作。

2. 虽然依据许多历史材料，乃至采取历史阐释的方式，但其主旨是要阐发一种思想的著作。

3. 虽然可能依据某些思想观念，但其主旨是要说明其对象的真实历史的著作。

4. 纯粹的历史考证性著作，其主旨是辨别材料本身的真伪，收集和整理它们，说明其性质与含义，对它们进行分类排比，以给进一步的研究提供大量真实可靠和有序的历史材料。

这些界限并不一定总是能划得很清楚的，尤其是在相邻的两类之间，所以，我们还需再加若干说明：

第一类所谓"几乎不依傍任何历史材料"，当然不是说这类思想家就没有从历史上汲取其思想的养料，也不是说在他的著作中就没有对历史，或对他前面思想家的评论，而是说他的著作不是通过引用历史的材料，或先人的见解来正面组织他的思想，他全然不是以整理和排列历史材料来说明他的思想的，而是直接推出一种自我构建的思想体系或中心观念。黑格尔也写过哲学史，而且，黑格尔思想的性质也几乎可以说主要就是有关发展、有关过程，或者说有关历史的思想，然而，黑格尔的哲学体系却是最具思辨性的一种，它所处理的问题具有一种很高的普遍性和永恒意义。

然而，在我看来，这一类著作也不专指处理那些最普遍问题，试图在最抽象层次上思考的哲学著作，它也应包括大量针对时代问题进行独立思考的思想性著作，例如弥尔顿的《论出版自由》、洛克的《论宗教宽容》、梭罗的《论公民的不服从》、福泽谕吉的《劝学篇》等等。从历史可以分出时代和永恒来，即分出现在活着的几代人所处的一个大致的时代，这个时代总是有一些先前未曾有过的问题需要这时代的人们通过独立思考予以解决的，而人们也有必要思考一些超越一个民族历史文化的永恒问题。于是，在历史离我们最近的一端，就矗立起一个时代；而在历史的深处，也潜藏着一个永恒。我们当然要注意到历史、时代、永恒三者的联系，但我们也要注意其可分别性。它们可以互相联系地、也可以分别地作为我们思考的对象。而后一种分别的思考，在我看来，对中国人是尤其有必要的。中国学者一向关注历史文化，然而，对于那些时代及永恒的问题，都看来没有给予足够的关注；或者是把它们都和历史的问题放在一块，都揉进历史文化中来考虑，而较少给予分别的考察。因而第一类著作在西方很多，在中国却较少，并且是集中在较早的一端。先秦诸子的著作可以说庶几近之。以后历史上的中国人则大都习惯于在先人提供的思想框架之内，通过历史阐释的方式来发挥自己思想的创造力，应对他们所处时代的问题。强烈的历史性、连续性、一贯性和单纯性是中国传统文化的一个鲜明特色。

第二类与第三类著作在形式上最不容易分清，它们都要依据许多历史材料，常常是通过历史材料来说话的，要区别它们，看来主要得通过作者在其中表露的思想和撰述的目的，如果撰述一本书的目的是要通过历史材料来阐发自己的一种思想，而且这种思想确实具有某种独特性，那么，这本书就可以说属于第二类；而如果撰述一本书的目的主要是要阐述历史材料本身的性质，以及历史材料之间的真实联系，那么这本书就可以说属于第三类。比方说，黑格尔的哲学史、勃兰兑斯的文学史、孟德斯鸠的《罗马盛衰原因论》、斯宾格勒的《西方的没落》、汤因比的《历史研究》、牟宗三的《心体与性体》，就可以说属于第二类，朱熹的《四书章句集注》也可以说属于这一类；而梯利（Thilly）的《西方哲学史》、冯友兰的《中国哲学史》、钱穆的《朱子新学案》就可以说属于第三类。《明儒学案》、《宋元学案》虽然在历史上已属创举，但它们也许还够不上第三类，因为它们还没有达到如当代钱穆《朱子新学案》的水准，还有很浓厚的资料书的特点。总的来说，这两类著作在中国也不是最多，尤其第二类，但自近代以来，中国确实出现了大量第三类乃至第二类的学术著作。

第四类所说的"考证"是很广义的，举凡辨伪、辑佚、校注、订正、纂集、整理、文字、音韵、年表、谱牒等等都可以包括在内，它的目的主要是确定真实的材料，或者把有关的材料收集起来，乃至再做一些分门别类的整理。在西方，在这方面有对《圣经》的诸多注释，有对古希腊罗马乃至中世纪以来历史文化的种种考证，但这些著作并不在西方文化中占据中心地位；而在中国，这一种类的著作则可以说占据了中国学术著作的最重要部分,其中又以清朝学者的成就为最高。

以上的区分并没有高低之分,并不是依次下降,但却可以启发我们产生一种平衡的考虑。在一个民族的学术文化中,这几个主要种类的著作最好能达到某种平衡,不要太充满某一种类而缺少另一种类。

总之,在这四种分类中,前两种显然偏重思想,而后两种则偏重历史。但由于第二种也是采取历史阐释的形式,所以从形式上看,后三种也可以合为一类,作为"历史"以与第一类的"思想"对称。一个民族如果能毫无愧色地对自己的文化学术成果做这样对称的大致平衡的划分,那当然说明它已经达到了很高的思维水平,说明它不是一个面向过去,而是面向现在与未来的民族。

按照上面的分类,本书看来就是属于第二类了,至少我的意图是如此。我在书中确实是力求做一种独立的、不依傍他人的思考。我在书中很少引经据典来正面组织和阐述自己的思想,既很少引古人,也很少引洋人,而是努力试探仅靠自己的思考能够行进得多远。前人的论述主要是被用作思考和分析的对象,而并不是作为论据的基础。在表述风格上,也是只求"辞达而已",不求古雅,不炫新知,而只是努力地思考,把那些思考中自己认为有意义的东西说出来,并且努力说清楚,而就这样已经很不容易。我追求有意义的思想和思路的清晰性,小心地使这些思想不被太多的历史材料淹没,但也不被太多的学术概念和"行话"所遮掩。我重视思想,但心目中所悬的榜样却还不是那些以深奥和繁复见长的思想家,而是那些思想内容亲切和朴实、表述风格清晰和平易的思想家。我知道我做得还很不够,经常心有余而力不足,读者在本书中一定能够看到我苦思力索的痕迹,看到我在一些地方力竭技穷的迹象,看到那些未曾深入,或者不够明晰乃至偏执错误的地方,然而,我可以引为安慰的是,这些看法确实是我自己独立思考的结果。那么,回到前面的问题,我在本书中是怎样处理思想与历史材料之间的关系的呢?

我首先想说明一下我想避免什么。直率地说,我想举出一个说明我不想那样做的例子,这个例子就是康有为。康有为是近代史上一个很有思想创造力、爆发力,也确实很具影响力的杰出人物,不管其思想的来源和性质如何,他毕竟写有如《大同书》这样自成体系的、在中国历史上相当新颖的思想性著作,虽然其中有逻辑相当混乱的地方,但作为某种意义上的开山之作是不好苛求的。我在此不表赞同的主要还是他的另两部著作:《新学伪经考》和《孔子改制考》。康有为绝非一个史学家而是一个思想家,但他这两部书却是通过考证来阐发自己的思想的,然而,正如梁启超所言:"有为太有成见。""往往不惜抹杀证据或曲解证据。""万事纯任主观、自信力极强,而持之极毅。其对于客观的事实,或竟蔑视,或必欲强之以从我。"(《清代学术概论》,第23—26节)其《新学伪经考》指《周礼》、逸《礼》《左传》及《诗》之毛传等皆为"伪经",指东汉许、郑之学为"新莽之学"。其《孔子改制考》谓六经皆孔子托古改制所作。这些都是太大胆的史料的冒险,也许能震撼于一时,对人有一种解放或刺激作用,却难使人真正心服。

为了思想而扭曲材料,"特以己意而进退诸经"的结果是两败俱伤,既伤害到了考证,最后也要伤害到思想。钱穆称康有为与廖平为"考证学中之陆、王,而考证遂陷绝境,不得不坠地而尽矣"。[1] 问题在于:在哲学中可以有陆、王,且应当有陆、王,而在考证学中却不能有陆、王。而康有为在其中表达的思想也终归于消沉歇绝,连其弟子梁启超自30以后也绝口不谈"伪经",亦不甚谈"改制"。

当然,究其根源,康有为以历史考证来谈思想也有某种无奈,一是

---

[1] 《中国近三百年学术史》,中华书局1986年版,第652页。

当时的学风是从重考证的风气延伸过来的；二是当时孔子权威之高和历史承袭之重使人很难撇开历史而直接谈思想；但主要原因还是康氏对学术实际上持有一种强烈的实用主义态度和急功近利的心理，所以才出现了上面这种情况。

今天的思想者自然在相当程度上没有了这些历史的重负，但以思想扭曲材料的危险是始终会在人那里存在的，而以哲学轻视乃至代替史学和其他学科，以一种意识形态作为万能模式而随意剪裁史料的风气也未完全消退，所以，我们仍然得十分警惕一种"知性的傲慢"。那么，我在这本书中想怎样避免这种傲慢呢？

我经常不能不依据我的某些观念来解释材料，尤其是还要根据一种思想来选择材料，那么，我怎样才能避免不因此而太以己意来运用和进退材料呢？当然，有许多方法可以用来防止这种对材料的扭曲，如养成一种冷静和独立的分析思考的能力；坚持一种不依从权威而只服从事实和真理的精神等等，但在这里，我只想说我体会较深的三点：

首先，我想说，一种对传统文本的全面和系统的了解也许是必不可少的。也就是说，我们必须先大量阅读，而且最好是能有一段不带任何研究目的，纯粹是作为文化修养的阅读；最好能有数年完全浸没式的、系统的、投入的、努力身临其境、带有强烈同情和感悟的阅读。而这又尤其适合于中国传统文化的情况。中国传统文化向有一个"打成一片"的特点，它不仅是横的"打成一片"——按古代的分类是经、史、子集相通，按现代的分类是哲学、心理学、伦理学、美学、政治学、社会学等各门人文和社会科学均相通（或者说根本不分）；而且也是纵的"打成一片"——几千年来保持了某种连贯性和统一性。当然，由于个人精力的有限，我们可能只能在其主航道以及贴近自己专业的支流上浏览，阅读那些历史上最为重要，或最具精华意义的典籍，但是，对一个人文工作者，尤其是以思想作为自己的志业的人文工作者来说，这确实是一个不宜缺少的工夫。有了这种比较全面和系统的了解，我们就能有一种历史感和位置感，就不容易生硬地割裂某些材料为己所用，就能获得一种较高的客观性。这样，每接触到一段话、一个材料，就能很快联想到它前面的源，它后面的流，它在作者思想体系中以及当时那个时代的位置，因而就不容易发生解释上的严重偏差。所以，这种全面和系统的阅读应当说是防止片面地割裂和利用材料的最可靠保证。

这种阅读当然必须首先有一种"量的强制性"，但它还不仅仅是要尽量读得多，而且也要在种类上比较全面地阅读。过去有些文人、学者读书也很多，但他们往往只是读一、两种类型的书，如只读经而"不窥诸子"，只读经而不读史，只读史而不识文，乃至只读语录而不习经，只读文章而不通经史，等等。当我读到有的理学家的著作时未曾不在心里感叹：如果他也能大量地读一读历史（包括野史、笔记）就好了，那样的话，他的思想也许就不会那样片面而苛刻了。乙部书可能是最有必要读的，历史往往是纠正思想家偏差最好的一服药。笔者有幸也经历了这样一番比较全面、系统、沉浸乃至陶醉的阅读，深信这种阅读大大地减少了自己先前的狂妄，避免了一些严重的偏差。虽然我在本书中常常不得不做出论断，但深知这种论断是不能轻易做出的，必须有大量的阅读垫底。

其次，有一种平易和谨慎的学术态度也是很重要的。我这里是想说明我的这样一种看法：即在我看来，历史上大的人物、事件、思想、流派的定位、定性是大致清楚的，乃至基本准确的，经过了那么多的反复辩难和那么长的时间淘洗，我相信最主要的历史事实是大致明朗的。那么多双眼睛不容易看错，那么多脑子也不容易想错。记得有一位著名的清史专家曾经说过：历史上那些大的政治事件是基本上清楚的，并没有严重的歪曲或颠倒（大意）。所以，我在对历史材料的考证和运用上比较尊重公认的意见、流行的意见。通俗地说，我在对材料的选择和利用方面在相当程度上是"随大流"的。虽然仍不放弃自己清醒的理性和独立的分析，但在没有足够的材料证伪之前，我确实宁愿信其真，而不信其无；宁愿信其美，而不信其丑；宁肯承认前说，而不自立其说。我经常提醒自己勿"扬高凿深"、"好奇炫博"，提醒自己勿有意作任何"新奇可怪之论"，我当然不认为尊重流行的对历史材料的意见就能使自己总是立于正确之地，但我相信，这种态度和轻易推翻前说而自立其说的态度比较起来，还是一种比较合理、也比较谨慎和谦虚的态度。在一些动辄要为某一个历史人物或事件翻案的文章后面，我总觉得隐藏有一种狂妄（而实际上更深处还可能有一种在考证上走入困境而又不甘心的无奈），另外，我们也无法事事都自己先去考证一番，即使我们真这样做，我们也可能无法比别人做得更好。这正说明了通过学术分流、学者分工来进行学术合作的必要性。总之，我所采取的态度是：一般来说都接受比较流行的意见，如果要在材料的运用上不取流行的意见，那么一定要提出比采取流行意见更多的理由。而这一办法也有助于防止我太多地以自己的思想扭曲历史材料。当然，我所说的尊重和利用前说主要是指对历史材料真伪和性质的基本解释，而不涉及对历史材料的意义的进一步阐发。

最后，培养对学术的一种非功利态度和一心追求真知的精神更具有一种根本的重要性，是一种治本之策。余英时曾谈到乾嘉诸老把"全副生命都贯注在"训诂之中，他们的治学已经具有了一种宗教的热诚[1]。梁启超从清代学者的人格生出一种观感：即要"为学问而学问，断不以学问供学问以外之手段"。[2] 王国维批评康有为等以学术为政治手段，即以学术

---

[1]《中国思想传统的现代诠释》，江苏人民出版社1989年版，第236页。
[2]《清代学术概论》，第33节。

为用，而主张学术发达必须以学术本身为目的，使学术独立，勿成政论之手段（《论近年之学术界》）。顾颉刚说："在学问上只当问真不真，不当问用不用。"（《古史辨自序》）学者有这样一种精神，有这样一种存心才有望取得真正巨大的成就，也才有望能从根本上摆脱以思想乃至以政治来扭曲历史材料的危险。这并不是说学术完全不要考虑经世致用，而是说学者在研学问、谈思想时不能存一个求用之心，不能以学术为手段，而是必须一切以追求真知、追求真理为目的。至于"用"则有种种，哲学可能是表现为一种"无用之用"，有些义理不一定能为"当世所用"，所以看起来也是"无用"，能为"当世所用"的也不一定是由思考者自己去"用"。无论如何，最重要的是，学者不可在研究学问时有一个利用之心，这时他想到的应该只是什么是真实的东西，什么是真理，他应该只服从真理。

现在，我想转到这样一个问题：即为什么要重视思想？或者说，为什么要比重视历史考证更重视思想性著作？

清儒也曾有过应当更重义理还是更重考据的争论。我们可以概括出以下几种观点：

1. 只重考据，只谈考据。如王引之说："吾治经，于大道不敢承，独好小学……其大归曰：用小学说经，用小学校经二事而已。"[1] 这是从其为学气质所近考虑而只重考证，这类学者虽已略微偏离清初自顾亭林起就已形成的"以训诂明义理"的主导观点，即不再考虑"义理"这一目的，但他们却常常因专一而又非常杰出，乃至比欲"以训诂明义理"者取得更突出的学术成就。

2. 更重考据。如钱大昕说："有文字而后有训诂，有训诂而后有义理。训诂者，义理之所由出，非别有义理出乎训诂之外者也。"（《经籍籑诂序》）

---

[1] 转引自龚自珍《工部尚书高邮王文简公墓表铭》

这一类学者还是不忘记"以训诂明义理"的目的，有的也做了一些这方面的工作，但他们中的大部分实际上还是把自己的主要精力放在考据上，其学术成就主要还是考证方面的成就。例如，段玉裁晚年感叹自己的一生成就止于小学，而未能由小学通"古圣贤之心志"。所以，第二类学者与第一类学者不易划分，也许都不宜以有为还是无为于义理来划分，而只能以有心还是无心于义理来划分。但这一点是明显的，即这两类学者在清代学者中占据了绝大多数。

3. 更重义理。按"以训诂明义理"这句话的意思来说，义理是目的，训诂只是手段，由此也许可以说服膺这句话的清儒都更重义理，但正如上述，实际的情况却是不然，大部分学者事实上还是更重考证，以考证为优先乃至毕生的工作，只有少数特立独行者才真正重视通过考证去阐明义理。如戴震晚年说："惟义理可以养心。"（《皇朝经世文编》卷二戴祖启《答衍善问经学书》，又见焦循《雕菰集·申戴》中说戴震临终前谈到生平读书绝不复记，至此方知义理可以养心。）戴震在《与段玉裁书》中也以阐发义理的《孟子字义疏证》为自己生平著述之第一，并认为此中义理非宋明义理，而是"自得之理"。此外，章学诚也更尊义理，主张以义理为主而考据为辅，并且不欲使考证仅限于经学训诂，而重视从历史中发明义理。至于姚鼐、翁方纲、方东树等，虽然也对过分看重考据的时风不满，强调要以义理为尊，但同时又认为义理已明，那义理就是程朱所解释的孔孟义理。

4. 只重义理，只讲义理。这一方面的学者在清代不突出，其比较典型的还是宋明儒者，尤其心学一派的儒者。

我们现在想讨论的应当更重视思想还是更重视历史考证的问题，当然不完全等同于清儒有关理与考据孰重的争论。清儒所讨论的这一问题有相当大的局限性，从历史考证这方面来说，清儒所理解的考据：首先主要是文献的、文字的而非实物的、全面的,虽然有些器物已经进入了清儒的研究视野,但他们主要还是对器物上面的文字感兴趣,还有不少种类的历史材料不曾被他们注意到,更遑论有意识、有计划的大规模野外考古了。其次,在历史的书面文献中,他们所注意的也主要是经书而非所有古代典籍;而在这些经书中,他们尤其重视的又是其中一个个文字的训诂而非它们总体而连贯的意义。这里当然有例外,比方说有相当多的学者也重视史,晚清的学者也开始注意诸子,但是,我们还是可以说,清代学者的中心工作和最高成就还是训诂。而这种训诂又决非一种现代意义上的语言学或语言哲学,包括清儒自己也看到了这一问题,并有相当尖锐的批评,如方东树说:"汉学诸人,言之有据,字字有考,只向纸上与古人争训诂形声传注驳杂,援据群籍证佐数百千条,反之身己心行,推之民人家国,了无益处。……然则虽实事求是,而乃虚之至者也。"[1]

从义理的一面说,则这一义理也是面向历史而非面向时代或永恒的(当然在阐述历史性的义理中也可能包含时代和永恒的内容),是圣贤一元而非多元的,即主要是孔孟义理。也就是说,思想与历史材料的关系在这里被严格地限定在"以文字训诂明孔孟义理"的范围内,而由于清代小学强调音韵,乃至更以为义理的秘密就藏于音韵,如段玉裁言:"治经莫重于得义,得义莫切于得音!"(《王怀祖广雅注序》)

这样,即使有志于思想的清代学者,也不能不在两方面都受到严格的限制。首先,所欲明之理必须是孔孟圣贤之理;其次,明理的途径还必须是训诂。前一种限制不止是清儒的限制,此处兹不论,后一种限制则是清代特有的,而且也涉及我们探讨思想与历史考证之关系的主题,所以我们需要再加研讨。

---

[1] 转引自钱穆《中国近三百年学术史》下册,第 518 页

在"以训诂明义理"的口号下,训诂、考证可以说只是手段,只是阐明义理的方式,然而这方式绝非是不重要的,它在很大程度上就制约了究竟能产生什么样的思想。我们不谈其他的考证,至少,旨在阐明义理的文字考证一般是要以对经书的训诂为限的,然而,在这一范围里,思想究竟能有多大的活动余地呢?在这种情况下,义理与训诂合在一起究竟是会两败俱伤还是两全其美呢?

我们注意到,自顾亭林等清初大儒开创实事求是,以经学为理学、以训诂明义理的新的学术方向起,一直到乾嘉之盛,训诂与义理的矛盾并不突出,因为这确实是开辟了一个新的学术领域,在这一领域里,有大量前人未做的学术工作需要清儒来做。但是,从乾嘉开始一直到清末民初,我们就发现越来越多的对纯粹考据的不满,对忘记了义理的目的,乃至就把手段作为目的的不满,就出现了一系列真的想通过训诂阐明义理的尝试,那么,这些尝试在多大程度上取得了成功呢?

我们也许可以把清儒这些义理的尝试分成三类:

第一类是戴震、章学诚。章学诚撰《文史通义》,虽然仍紧扣文史,但却是以通论的形式阐述自己的思想。戴震晚年撰写《原善》《绪言》《孟子字义疏证》三书阐发其所悟义理,虽然仍未脱以训诂来说义理的大范围,但其阐发义理还是相当独立和明晰的,与逐字逐句的训诂有相当的距离。他们两人都把考证与义理分得较开,说理也说得较透。

第二类是焦循与阮元。与一般的注疏家不同,焦循是一个很能独立思考、也很有自己思想的人,他著有《论语通释》《孟子正义》,又有《易学三书》,在这些著述中他注入了自己的思考、自己的感悟。然而,正如钱穆所批评的,由于焦循"仍必以一切义理归之古先圣人","仍必以于古有据为定","乃不愿为考据著述分途","遂使甚深妙义,郁而不扬,掩而未宣。以体例言,显不如东原《原善》《疏证》别自成书,不与考据文字夹杂之为得矣。故其先谓经学即理学，舍经学安所得有理学者，至是乃感义理之与训诂考据，仍不得不分途以两全"。[1]

阮元为从古训求义理，在浙时组织诸生编写《经籍纂诂》，又自撰《论语论仁论》《孟子论仁论》《性命古训》等篇。依钱穆的意见，阮元自两汉故训上溯至孔孟，又从孔孟上溯至诗书，又从诗书上溯至造字之圣人，又自造字之圣人上溯至说话之圣人。然而，"且何以最先之古训，即为最真之义理乎？"并且，如果"一切最精确之义理，果包蕴于造字最先之初，而此最先造字之古圣人为后世一切义理准绳者，其人何人，若茫若昧，已在荒晦不可知之域"。[2] 这说明了以古训明义理的窘境：若推到尽头，恰恰要从客观的实事求是走到几无材料的主观臆断，或者只好束手不做判断。

第三类即晚清发展起来的今文经学派，这一学派至廖平、康有为发展到顶点。钱穆评论其早期代表庄存与说："庄氏为学，既不屑于考据，故不能如乾嘉之笃实，又不能效宋明先儒寻求义理于语言文字之表，而徒牵缀古经籍以为说。"[3] 又说："晚清今文一派，大抵菲薄考据，而仍以考据成业，然心已粗，气已浮，犹不如一心尊尚考据者所得犹较踏实。"[4] 廖平学说多变，愈说愈离奇。至于康有为，我们已在前面有所评论。

以上三类有志于义理的学者，比较起来，戴震、章学诚两人把考证与义理、史与论分得较开，说理说得较透，他们这方面的著作几乎可以说代表着鸦片战争以前清代思想的最高成就；焦循、阮元两人把训诂与义理，注疏与阐发贴得很紧，较恪守清代学风的正统，态度也比较谨慎，虽

---

[1] 《中国近三百年学术史》下册，中华书局 1989 年版，第 476 页。
[2] 同上书，第 482—483 页。
[3] 同上书，第 525 页。
[4] 同上书，第 532 页。

然仍有不少思想上的创获，但毕竟难见鲜明和系统，且已经自我逼入很难再发挥的窘境。至于今文经学中的思想家，虽然对中国近代思想有很多贡献，但其发展到廖平、康有为时不能脱离考据，却又要说各种新奇思想，结果失之于主观专断，任意解释材料，使考据学名声大损，其思想也难于持久。相形之下，在这六人中，从思想本身的可靠性而言，戴、章可能胜于焦、阮，而焦、阮又胜于廖、康。焦、阮对训诂与义理分得不开，说理说得不够，但毕竟态度谨慎，不离古训原义太远；而廖、康不仅不分训诂与义理，且又说得太过头，离材料的原意太远；只有戴、章区分训诂与义理区分得比较合适，他们本人所具有的思想创造力在当时的历史条件下也相当突出。然而，我们也还是看到他们两人仍具有历史造成的相当大的思想局限性。但无论如何，戴、章的思想空间有可能是古典考据所能给予传统义理的能够发挥其思想而又不致太僭越的最大思想空间了。

从我们对清代学术发展趋势的观察，我们已经可以明显地看到以训诂明义理，以考证说思想的局限性，它到后来实际已陷入了困境：要么被材料限制而难以出新的思想；要么力说新的思想却扭曲了材料。而这一切又是由于过分重视考证，不能区分两者，不能脱离考证来谈思想所致。现在，我们可以归纳地来说一说"为什么我们今天不能够再太重视考证"的理由：

第一，历史考证所留下的领域是有限的，尤其是在书面、文字的领域里。这首先是因为历史留给我们的文献材料是有限的，其次是因为历史考证的目的是求得一个真相，而真相只有一个，它决不依变化的时代而转移。对历史的意义阐释是可以依不同时代的人的认识而层出不穷、无限翻新的。然而，对历史真相的说明却不能如此，它必须恪守一个事实。所以，我们应当看到，经过历代学者数千年细心的梳理论证，在我们知道的那些大的历史事实中，能够清楚的已经基本都清楚了，都已经大致形成了定论；而由于材料的不足而不能清楚的悬案，则在没有新的有关历史材料出土之前，我们只能对它们保持一个存疑的态度。这样一种存疑的态度是一种合理的态度。如果在双方论据都不足的情况下，仍要继续激烈地争执下去，那只能是一种意见之争，乃至意气之争，而并非事实之争，这种争论中的胜者不过是如《韩非子》中以讽刺口吻所说的以后闭嘴者为"胜"了。虽然看起来"胜"了，却有点愚蠢。虽然在历史考证中我们还有许多工作要做（时代也在不断把一部分时期转为历史），但我们至少要清楚，越是上古的文字材料，越是被人们翻腾得久，也翻腾得细（尤其中国学者一向又是最重古的）。因而，在这里还能留下来并有望成功的考证题目确实少而又少。

第二，我们虽然经常说到历史真相、传统文本，并以探求这种真相和识读这种文本作为研究学问的目的，但是，我们确实也要看到，这种真相和文本也是要在一个恰当而并不那么绝对的意义上来理解的。在19世纪，德国历史学家兰克（L. V. Ranke）提出这一口号：历史学家的任务只在于"如实地说明历史"，也就是说，他们的任务只在于说明"历史的真相"。他在这样说时一定是确信有一个绝对的历史真相，甚至相信史学家能够发现这一真相。然而，在20世纪，学者们却不敢再有这样的绝对信心，这主要有两方面的原因。

首先，从历史材料的来源来说，我们现在所能看到的历史文献都是前人留给我们的，是他们在决定记载什么，不记载什么。这样，我们所看到的历史图景就在某种意义上是由他们为我们准备好了的，而他们遗漏的材料有可能是我们今天认为很重要的，他们认为重要的却不一定被我们看重。无论如何，不管我们喜欢不喜欢，我们能够用的文献都来自历代先人，我们不可能进入那个时代生活。我们只能对我们有研究兴趣的时代做一种尽量客观和同情，包括富有想象力的理解。至于那些实物，它们中究竟哪些能够被留存下来，也正像上述已经掺有前人主观解释成分的历史文献的留存一样，也还要受到自然和社会种种偶然因素，如洪水、地震、战争的影响。

其次，解释学告诉我们，即使我们能看到的有关某一个问题或某一个时期的历史材料相当充分，而且也比较全面，我们也还要遇到一个问题，即我们在对历史即便是作一种最基本的解释时（且不谈对它的意义的充分阐发），也不得不依赖我们自己的某种"先见"或"前见"。这里我们也许可以区分出两种历史之真：一是各个人物的片断活动，各个事件的片断现象之真，比方说某人的生卒日期，某次战争的爆发年月；二是联系成一个完整现象的真实。我们也许只能在材料允许的范围内达到前一种绝对意义上的真实，然而，只要我们稍微想联系起来看待某个人或某件事，例如我们想确定一下某个人的历史地位，或者想找出某一件事的前因后果，我们马上就发现我们不能不依据某种思想观点来分析和组织材料。我们无法完全避免用现在这双眼睛来看待和理解过去。我这样说绝不是要否定有一种客观的历史真实，而只是说，在强调追求历史真相与识读传统文本时也要知道：这一真相或文本的呈现也有它自身的局限性。最具有绝对性的是我们上面所说的片断之真，一个个孤立事实之真，正是这种绝对的真实性吸引了清代的许多学者，他们追求这种绝对的确实性的精神可以媲美于20世纪西方的分析哲学家。所以，我们完全能理解为什么清代的学者会从自己的著作中刊落那些华丽的议论文字，而只把自己的考证文章作为可以传世之作。但我们同时要注意到，这种片断之真也确实是很片断，很有限的，这方面的考证受到了材料来源的严格限制，且考证出一个就少了一个。

所以，我们时代的学术不能太重视历史考证。这并不是说一个学者不能以考证作为自己的中心工作，而是说那些有思想创造力的学者最好不要一头埋在历史的考证之中。我们都知道"绝对的权力绝对使人腐败"这一名言的作者是英国历史学家阿克顿（L. Acton），而他之所以没有留下什么系统的思想性著作，正是因为他总是想搜集最完全的历史材料之后再进行写作，然而对他来说，材料总是不完全的。有志于写一部《中国通史》或《中国历史的教训》的陈寅恪之所以未能遂其心愿，也可能有这方面的原因，而这不能不使我们感到深深的遗憾。我们要看到：中国的历史学问，特别是其如汪洋大海一般的史料，尤其有一种吞没人一生的诱惑力。仅仅是十余种经书文字的训诂，他就差不多耗尽了清朝数代学者的毕生精力了。汉字不仅使中国人着迷，也使一些外国人着迷。费正清曾经谈到这样一些汉学家："有些人一旦进入钻研汉语语文的领域，从此便再也听不到有谁讲到他们了。"[1]

"为知识而知识"，一心追求历史真知的精神是很感人的。然而，除了知识的问题、历史的问题，任何一个时代都还有大量这一时代本身特有的问题，人除了知识之外，也还有其他的焦虑，也还总是要面对一些永恒的问题。人对自己过去的历史，也常要做出一些富有新义的阐释和整理，而这些都不可能依靠考证，而只能依靠思想来解决。尤其是我们所处的时代，又正是一个急剧变化的时代，我们的传统正面临着一个数千年未有的大变局、大挑战，所以，我们不能不独立思考。我们时代面临的全新问题，使我们处于出奇地孤立无援、无所依傍的局面，我们有悠久和丰富的历史传统，却几乎找不到任何现成的东西来应付这一大变局。因为，这一传统如果不经历一种根本的转化，其丰富性就可能只是零碎和散乱的。我们不可能再说"复三代"，不可能再简单地说"以孔孟之道挽回世道人心"。我们需要首先面对时代，在当前社会的"公共事务上运用我们的理性"，我们必须同时看到过去、现在和未来，要在改造现在和创造未来中

---

[1] 《费正清对华回忆录》，上海知识出版社1991年版，第38页。

更新和复兴我们的伟大传统。所以，压在目前这几代人肩上的思想重任确实很重。

虽然鸦片战争使中国进入了一个对其思想和学术最富于刺激力的时期，然而，思想的成果却还不能令人满意，并且，我们还在近代思想史上经常看到向清代考证学风的折返和回潮。比方说，我们从王国维（1877—1927）的学术生涯就可以看到这样一条由新学重返旧学，由思想回到考证的轨迹，这一变迁可以大致分为5个阶段：(1) 1898—1906年，王国维主要是思考人生问题，研究西方哲学，此时王国维尤醉心于康德、叔本华、尼采的学说，代表作为《红楼梦评论》，并翻译了多种西方哲学、心理学、伦理学教科书；(2) 1907—1911年，王国维由哲学转向文学，尤重戏曲史，著《人间词话》并撰定《曲录》；(3) 1912—1915年，是攻经、史、小学，完成《宋元戏曲考》《流沙坠简》等，并发表大量古史论文；(4) 1916—1922年，研甲骨文及商周史，撰《商周制度论》等论文；(5) 1923—1927年，主要研究西北地理及辽、金、元史，校勘《水经注》等。

王国维是一个很有思想能力的学者，他大概是中国学者中最早一个真正深入西方哲学的堂奥，选择康德、叔本华、尼采等西方一流大哲深钻细研的人，这已显示其不凡见识，但他为什么会逐步放弃哲学思考，乃至放弃文学创作和著述，而终于转向传统的经史小学，乃至较偏僻的西北地理与辽金元史的考证呢？

我们大致可以归纳出以下一些原因：(1) 他对哲学的看法：即认为哲学之说"大都可爱者不可信，可信者不可爱"，故疲于哲学；(2) 他对自己才能性质的看法：即认为自己"感情苦多，而知力苦寡"，他认识到自己有文学的才能，同时也有分析排比等研究经史小学的才能；(3) 罗振玉等宿儒的影响，王有幸遇罗氏，又不幸遇罗氏，王得其提掖帮助，包括提供研究资料和出版便利等条件，然而也受到其思想和学术趣味的潜在影响；(4) 时局的反激，由于时代风气日趋激烈，王国维的心态反而趋于保守；(5) 旧学的深厚功底和修养，这始终是他回到旧学的一个诱惑；(6) 对学术性质的看法，学术无有用无用，故任何题目都很有价值，关键是要求得历史之真；(7) 学术风格的影响，王国维在这方面的一个重要特点是一旦确定一个题目或领域，必然全身心地投入，非常专注而不暇他顾，做完这一题目又很快转向另一个，这是他学术取得丰硕成果的一个重要原因，但有时可能也妨碍了通过一种博阅杂览而产生一种确定什么是最值得自己做的事情的思考，妨碍了对自己的学术道路和使命进行一种长远和全盘的反思。

王国维早年同情维新变法，但到他晚年撰《论政学疏》(1924) 时则完全回到了一种传统见解："与民休息之术，莫尚于黄老，而长治久安之道，莫备于周礼。"如果说前一句话还有一定道理，后一句话却不那么让人信服了。在那样一个巨变的时代，"长治久安之道"怎么可能"莫备于周礼"呢？在此一个月之前，王国维奉溥仪谕旨"著在紫禁城骑马"，他自豪地惊为"异遇"。我们在此看到王国维的思想又基本上回到了他接受西方新知之前的原地，这与进步或保守的政治态度无关，因为保守思想也完全可能被构建成一个富有意义的思想体系。问题在于王国维现在的保守态度从思想上说了无新意。因此，我们不由得感叹：即使一个再聪颖、再有思想能力的人，如果不真正独立地、长期地坚持思考，也还是不能有真正的思想成果。

在笔者看来，王国维最后自沉于昆明湖，与其说只是一种原因所致，不如说是有各种复杂的原因，而在这种种原因中，是否还有一个哪怕并不一定很重要，却也起了一定作用的原因呢？这个原因就是考证学术道路越走越窄，越来越僻，或者说，即使并不狭窄偏僻，纯粹考证也并不能完全满足王国维这位有灵感、有创造性思想潜力的学者的志趣和抱负。据姚名达回忆，1925年他曾以其《孔子适周究在何年》一文向王国维求正，"先生阅毕，寻思有顷"，然后说："考据颇确，特小事耳。"无论如何，一个以思想为自己的志业的人是不容易自杀的，哪怕这种自杀是殉一种精神、一种理念；只要这个人有思想的志趣和能力，他就可能首先要考虑通过自己的思考把这种精神或理念转变为一种能够生动而恒久地发生影响的作品。确实，一个认为自己的主要著作尚未完成的人是不容易轻生的，甚至会忍辱负重地活下去，就像司马迁所做的那样。

清末民初以来叱咤风云的许多思想家，后来都给人一种"退步"、"落伍"的印象，他们都体会到一种晚年的凄凉，而在某种意义上，这又正是他们自己曾激烈鼓吹的进化论所造成的：似乎社会必须不断地乃至迅速地演进，而这个时代的思想及其代表人也必须与时更新、随时进化，否则就要被时代抛弃。他们晚年的"退"实际上有一部分是因为时代过于激进而显得他们是在"退"，显得他们已经"落伍"，但即便是他们真的在"退"，也还是说明他们把握到了某些正确的东西：即反对激进，反对完全否定传统，反对暴烈的变革。所以，对所谓他们的"退"，从思想内容上来说，并不能简单地理解为是"退步"。一个思想并不是因为它新颖和晚出而成为真理，而是因为它正确才成为真理。但现在我们考虑的主要还不是思想的内容，而是其形式和方法，正是在这方面让后人对这些思想家感到失望，因为他们或者并不努力去探索与古人不同的新的思想方法，并以自己的力作作为典范，形成比较固定的新的学术规范和风气；或者虽有所探索，后来却又未能坚持和发展，而是仍旧回到古老而惬意的传统学术形式上去。他们虽然仍有各种片断的、正确的思考和论述，但却没有努力去做一种系统的思考，没有从容镕铸一些鸿篇巨制。在本来是他们"退而结网"的最好时刻，他们却没有去结"思想之网"，而只是满足于发表片断的意见，或者干脆回到自我欣赏的学术小巢。而即便他们对时代的这种反应具有某种正确性,这种反应也还是情绪型的反应,而不是很理智的反应。

我们前面已经引过王国维从探讨新的思想退向传统学术的例子。康有为、严复、章太炎乃至梁启超在不同程度上也都有这种情况。然而,我们说过,形式在相当程度上是能够制约思想的内容的。所以,他们后来复归的学术形式还是在相当程度上限制了他们的思想。例如,他们晚年都正确地感到了不能够完全否定和批判传统,要借助传统来改造现在和开创未来。然而,他们却没有通过一种系统的思想工作来考虑如何转化这一传统,而是常常只是简单地鼓吹传统或传统的某一方面:如康有为欲兴孔教;严复晚年在给其门生熊纯如的信中评论第一次世界大战说:"觉彼族三百年之进化,只做到'利己杀人,寡廉鲜耻'八字,回观孔孟之道,真量同天地,泽被寰区。"[1]但严复晚年的主要精神寄托只是回到对老庄之道的沉思;章太炎晚年亦悔诋孔[2],主张读经,并呼吁对人们的行为范以四经:《孝经》、《大学》、《儒行》和《孝服》。然而在新的历史条件下,传统怎么可能通过简单的"神道设教"或者大声疾呼就得到复兴呢?传统又怎么可能原封不动地就拿来为已经天翻地覆了的社会所用呢?相形之下,梁启超晚年所做的工作可能是最有意义的一种,即用新的观点和方法来系统而又分门别类地整理中国文化的历史。但是,我们还是有理由对梁启超寄予比他实际所做的更高的期望,即期望他能写出比《新民说》更全面、更深刻的思想性著作。有创造性抽象思维能力的人本来就不多,中国又一向缺乏这方面的传统,所以我们当然会这样期望。能思考的人确实应当首先做思想性的工作,这样,经过几代人的持续努力和不断推进,中华民族的思维能力就有望达到一个新的高峰。无论如何,如果上述杰出人物以及

---

[1] 《严复集》第3册,中华书局1986年版,第692页。

[2] 章太炎:《致柳翼谋书》。

其他一些富有思想力的人能够执着思考，精心写出十余部乃至五六部思想性的巨著，那么，20世纪后80年的思想史就可能会是另一番面貌。

我们当然不好去苛责前人，他们与传统学术，尤乾嘉学风离得很近，这可能对他们形成了一种无形的压力；而他们本身深厚的旧学根基又对他们构成一种诱惑，所以，他们确实很容易回到传统的学术方法上去。而且，不仅如此，经"五四新文化运动"输入的一些西方学理看来也在相当程度上加强了历史考证的学风，而不是促进了系统思考的风气。科学主义、实证主义进一步加强了人们进行历史考证、追求历史之真的兴趣。取康、梁而代之的新思想的代表人物胡适本人就分出了相当一部分精力来从事考证，而他的两个著名弟子顾颉刚、傅斯年也是历史考证名家。当然，他们考证的范围和眼光确实大大超越了旧学人：顾颉刚等考辨古史的工作使纷纭的古代史得到了相当的澄清；傅斯年筹建历史语言研究所，申言"上穷碧落下黄泉，动手动脚找东西"，把历史考证的范围大大地扩展了。马克思主义的学者为了说明马克思的社会发展规律，对阶级社会，尤上古"奴隶社会"的历史考证也表现了深厚的兴趣，而在马克思主义在中国胜利之后，考据的领域也远不像思想的领域那样受到限制，在某些方面，在某些小问题上甚至还有一种畸形的繁荣。

"文革"使学术在中国大陆遭到了一次最严重的摧残。在这之后，到80年代，学术才渐渐地恢复了元气，并且有了一种并不全是复归的新发展。90年代的大陆学者反省上一个十年，常常评说它的"空疏"和"浮浅"，这确实是80年代的缺点，但他们也应当同时注意到：在这十年中，出现了一些新的样式。这些样式虽然还显得粗糙、幼稚，还不成熟和完善，但是却看来很有生命力。这些样式的作者经历过一个不幸的年代，然而，这种不幸的境遇客观上说未曾不是思想的幸运，他们大都早年失学或学业中断，很快又被抛到社会的最底层，但他们也许正因为这一中断而减少了传统学术的沉重压力，同时也更能够在贴近时代、贴近生命的地方思考；面对更真实的问题思考；独立地、不依傍地思考。我们还不能够预测他们在20世纪90年代，乃至21世纪的成就和前途，因为这主要有赖于他们是否对自身使命有一清醒的认识和持之不懈的努力，然而，如果时代在当代即使最聪明的博学长者如钱锺书那里也不能满足他们对思想的饥渴，我们不是有理由对这些较年轻的"莘莘学子"寄予期望吗？

我们也可以注意一般从事于历史考证，或从事于史学的学者怎样谈思想，因为他们还是常常无法避免对历史现象提出一种解释、一种看法，或进行某种归纳。我们注意到：一些优秀的史学家通过个人的阅历、体验和感悟力，以及大量阅读历史典籍培养起来的一种深厚的历史感，他们谈思想也能谈得很好，表现出一种很透彻的认识和很清明的理性，他们能通过这种历史感来抵制流行的错误意见而坚持自己的看法。但更多的学者则可能主要是通过流行的思想和意见来谈自己的看法，这样就有了一种依赖性，如果流行的思想比较合理和正确，那么他们的看法自然也比较正确，但如果流行的思想不那么合理和正确，那他们的看法也就容易出现谬误。这样导致的结果就是与世流转，大部分学者也可能不这样与世流转。关键是，一个社会、一个时代总要有一些人来专门进行思考，来独立地想问题，来提出比较清明的见解，他们把这些比较清明的见解发表出来，客观上就可以对流行的意见产生一些影响，渐渐地把某些错误的意见淘汰出去，而代之一些比较正确的见解。

我们并不想通过贬低考证来抬高思想，在考证中也可以贯注一种崇高精神，并取得极有价值的成果，甚至考证本身也可能成为一种很有意义的思想性工作。但是，我们从学术本身的性质和构成，从传统学术的缺陷以及时代的发展和要求等许多方面看，确有理由希望学术界比重视考证更重视思想性的工作。这种更重视也不是说要大多数人都来从事这种工作，而是可以看作是一种必要而恰当的反拨,因为,近几个世纪以来,包括近一百年以来,学术界似乎总是比重视思想更重视考证,而新的时代又迫切地需要新的思想,所以应当有一些人去努力从事一种执着的思考,尤其是那些富有思考力的学者不去进行这种思考是很可惜的。而且,思想性工作与考证是很难兼顾的,能同时兼顾并且成功者极少,因此,一个学者可能还不如分开这两者,就自己气质所近只往一个方向用足自己的气力。

我们当然还要防止另一种倾向,即防止一种"思过于学"的倾向。单纯的知识并不是思想,要有独到的见解,还必须有独立的思考。但是,同样,如果仅仅凭一堆印象,凭一些直觉发一番大言空论,或者远离真实的问题做一种堆砌概念的游戏,或求与国际接轨而做一种貌似高深却食洋不化的"批判",那也是很不可取的。思想必须要有相当多的知识准备,必须遵循一定的规则,不能够"信口开河"。80年代迄今,中国大陆确实出现了许多这样的"信口开河"之作,现在也太好出书,三十年前,连陈寅恪的著作也是"盖棺有日,出版无期",现在却有人能够"月出一书"。这些当然应引起有志于真正的思想工作的学者的警惕,自觉培养一种对自己的著作高度负责的态度和精神。但无论如何,盲目、轻浮、空洞、狂妄的思想,也主要还是应当通过清醒、切实、审慎、合理的思想来纠正。

二、系统的思考

我真正的学术工作实际是从对非理性主义的研究开始的,最早发表的学术论文是一组有关萨特的自由哲学的文章,直到1989年年初,我还没有使自己的思想体系化的打算,在给《中国青年》写的一篇介绍我有关分为社会伦理与个人伦理两部分的伦理学体系的设想时,我还是认为这只是给有志于此者提供一份草图:

> 体系非吾所愿，我所能做的也许只是介绍某些草图——那是别人的设计；也提供某些石子——那是我自己的感受，这些草图也许可供建筑大厦者参考，这些石子也许可以被投到搅拌机里，混以水泥沙子和别的石子做建筑材料之用，但我心底却还存在这样一个疑问：有必要建造一幢大厦吗？[1]

然而，三四年之后，我的想法却发生了根本的变化，我不仅觉得有构建思想大厦的必要，而且自己也决心参与构建。那么，现在我为什么这样想呢？

我最初对体系的拒斥是从对黑格尔的体系，或更正确地说，是从对一种衍生自黑格尔哲学的思想体系的反感那里来的，我不喜欢那些以绝对口吻阐述的、僵硬的、动辄称之以"必然性"、"客观规律"的教条总汇，不喜欢它们压抑人的主体的思想力和创造性。然而，后来当我读了大量中国古代思想典籍之后，又返回来读西方哲学，对黑格尔的一些话却有了新的感受，黑格尔说：

> 关于理念或绝对的科学，本质上应是一个体系，因为真理作为具体的，它必定是在自身中展开其自身，而且必定是联系在一起和保持在一起的统一体，换言之，真理就是全体。全体的自由性，与各个环节的必然性，只有通过各环节加以区别和规定才有可能。
>
> ……哲学若没有体系，就不能成为科学。没有体系的哲学理论，只能表示个人主观的特殊心情，它的内容必定是带偶然性的。哲学的内容，只有作为全体中的有机环节，才能得到正确的证明，否则便只

---

[1] 《中国青年》1989年第2期。

能是无根据的假设或个人主观的确信而已。许多哲学著作大都不外是这种表示著者个人的意见与情绪的一些方式。所谓体系常被错误地理解为狭隘的、排斥别的不同原则的哲学。与此相反，真正的哲学是以包括一切特殊原则于自身之内为原则。[1]

我现在对黑格尔这段话仍持有保留态度的只是我仍然怀疑是否能有一个包涵所有特殊原则的体系，而这个体系就是绝对真理；我想甚至在最高的哲学层次上恐怕也未必如此，然而这个问题我可以暂时存疑，重要的是这里所表述的"真理就是全体"的命题，在我的理解中，这就意味着，真理就是要力求全面有序，真理就是要努力使思想力尽量无遗漏地从一点向各个方向展开探索和论证，真理就意味着要努力形成一个自身完整的圆圈。我确实不想我的著述只是一大堆印象和感情的集合，尤其是在涉及社会的领域里。

使我重新思考并基本上赞成这一命题的原因还有我对现代西方社会和政治哲学的观察，在这个领域内最有成就的一个思想家罗尔斯的代表作《正义论》，就正是一个这样理论上相当圆满的体系，罗尔斯说他这本书的目的就是要把社会契约论的主要观念"组织成一个一般的体系"（《正义论·序言》），而他全书的三编："理论"、"制度"和"目的"，以及每编各自包含的三章，也确实构成了一种相互支持、相互印证的论据体系，具有很强的理智说服力。

简要地说，罗尔斯的论证方法是这样的两个圆圈：第一个圆圈是"原初状态"（original position），这个圆圈完全是一种虚拟的、理性的设计，罗尔斯假设了一种尚未建成社会的状态——原初状态，假设处在这一状

---

[1] 黑格尔：《小逻辑》，商务印书馆1980年版，第56页。

态中的人们现在要选择进入一个社会——或更正确地说，选择建立一个社会的正义原则，那么，他们将选择什么样的正义原则呢？罗尔斯按照那些反复推敲，力图设计得合理的这些人的主客观条件，按照可选择的各种对象以及他们的推理过程，认为他们将选择所有人拥有平等自由与最惠顾处境最差者的利益这两个正义原则作为他们要进入的社会的道德基础。

这样，这个论证就是一个设计，或者说一个思想的实验，所有论述就都合成一个圆圈。通俗地说，这是一种理论上的"自圆其说"。我们不要轻视这种"自圆其说"，合理地构成这样一种"自圆其说"，使其理论的各个部分各个环节都不发生矛盾并不容易。而且，在这种"自圆其说"中已经含有某种真理的因素，它至少是力图全面和有序。在"自圆其说"的过程中，作者实际上得不断修正自己原先的某些看法。因为，我们这里所说的"自圆其说"并不是指那种强词夺理、自我陶醉的"自圆其说"，而是指所设计的前提真的要得到较广泛的赞同，所推理的过程确实没有逻辑的矛盾。韦伯也提出过这样的思想：一种理论，只要其选取的材料真实，在推理过程中坚持首尾一贯性即无逻辑矛盾，那它就具有自己的合理性，虽然这种合理性并不意味着绝对的最后的真理。西方学者一般也都肯定有一种"一致性的论据"或"道德的一致性理论"（coherence theory of morality），用这种论证形式可以容纳当代西方某些较新颖的方法——如"博弈论"或"合理选择理论"等等，当然，这种论证方式也还有自己的局限性，它还不是充分的、最后的，但用它至少已经可以相当有效地排除某些幻想的、印象的或纯粹出自个人好恶的社会理论。

在这一圆圈之外，罗尔斯的论证还有一个更大的圆圈，或者说"平衡"，前一个圆圈是提出的正义理论自身内部的平衡，是它内部各部分和各环节的统一和调协；后一个圆圈则是一种更大范围内的"反省的平衡"（reflective equilibrium），即把提出的正义理论与社会上人们一般持有和遵循的正义判断进行对照,看前者是否能基本上适应后者,但也不是要求完全适应,因为有些判断可能还应当受到前者的修正和调整。这样一种"平衡"是反复进行的,拉锯式的,直到最后达到一个较完满的结论。

形成一个思想体系有不同的方法。比方说,我们在传统伦理学中可以看到主要有两种方法:一种是从一个自明的第一原则演绎出一个伦理学体系,如斯宾诺莎的一种类似于道德几何学的理论;另一种是用非道德的价值概念来提出道德概念的定义,然后通过公认的常识和科学程序说明与那些被规定的道德概念相应的陈述是真实的,如快乐主义、功利主义。它们都具有某种专断性,而罗尔斯的证明方式却是相当谨慎、反复论辩和不断修正的,或者说,是相当苏格拉底式的。当然,和苏格拉底的对话不同,在罗尔斯这里还要更强调一种系统性,一种全面性。罗尔斯反复地说:他的证明是一种许多想法的互相印证和支持,是所有观念都融为一种前后一致的体系。证明是依赖于整个观念,整个理论体系,而不是依赖于某一个论据,或者某一个自明原则或者价值观念。(罗尔斯对其方法的讨论,可参见拙译《正义论》第一章第 4、9 节,第三章第 20 节以及第九章第 87 节,中国社会科学出版社 1988 年版。)

所以,有的评论者说罗尔斯的《正义论》的每一页都在努力寻求论证绝非虚言。耐人寻味的是,罗尔斯的正义论体系不是出现在分析哲学兴盛之前,而是出现在分析哲学兴盛之后。这说明在思想的领域里,无论如何不能够长久地拒绝一种系统的思考,包括不能够拒绝一种系统的正面构建其理论的思考。我所理解的系统的观点主要有两点最起码的含义:第一,面对一个领域或一个问题,要力求做一种尽量全面的、不遗漏或至少不遗漏任何一个重要方面的思考;第二,除此之外,还要力求做一种有序的,而非平铺的思考,要努力使这一思考对象的各个方面呈现出一种秩序,呈现出一种内在的平衡和统一来。

我在本书中也努力想遵循这一系统化的原则（全书的结构及各章之间的联系请参见"序言"及各章开头或结尾的交代），围绕"传统良知的社会转化"这一中心观念，努力使这个问题的各个重要方面都能够涉及，并呈现出一种秩序；使各章的论述相互间不发生矛盾，并且能互相印证、互相支持，从而使全书能在相当程度上自成一体，"自圆其说"。并且，我也使本书构成我的更大范围的思考和写作计划中的一环，也就是说，成为更大圆圈中的一个圆圈。本书只是从社会的角度阐述作为社会一员的个人伦理，且主要是从内心的角度给予一般的、原则的论述；与此并列的还应当有一种对社会制度本身伦理的阐述，即需要有一种对传统正义的现代阐释；而为了解释良知与正义的哲学基础，就还有必要探讨传统的天道性理。这三者将构成一个更大的圆圈，它们都是想从传统向现代社会转化的角度探讨一个社会的伦理体系。

　　那么，为什么要有一种系统的观点？为什么我们不仅要思考，还要力求系统地思考？系统的思考有什么意义？我们在回答这一问题时也不想纯从理论上回答，而是和上一节一样，想结合具体的历史和人物来说明，上一节我们主要是讲晚清到民初，这次我们要从"五四"新文化运动讲起，并主要以胡适为例。

　　胡适是新文化运动的一个主要代表，是在"五四"时期以传播新思想，开辟新风气享有盛名的一位大师。胡适重视独立的思考，主张"从不疑处生疑"，而且，他也很重视对方法论的探讨，一生写有多篇专门研究学术方法的文章。现在，我们就想来考察一下胡适的方法，以及这一方法的意义、范围、作用和局限性。

　　我们最熟悉不过的当然是胡适著名的"十字诀"。1921年，胡适在《清代学者的治学方法》一文中把清儒使用的方法总结为两点：1. 大胆的假设；2. 小心的求证。1928年，胡适又在《治学的方法与材料》中说：

> 科学的方法，说来其实很简单，只不过"尊重事实，尊重证据。"在应用上，科学的方法只不过"大胆的假设，小心的求证。"

胡适接着比较近三百年来清代学者的治学方法与西方自然科学家的方法，他认为他们的方法是同样的，都是大胆假设，小心求证，只不过是用在不同的材料上。中国学者是把这方法用在故纸堆上，用在对历史文字材料的考证上，西方学者则是用在自然科学上，故成绩有绝大的不同。不过，虽然他说中西学者的方法相同，却也指出历史文献的考据方法与自然科学的研究方法的一个差别：前者只能发现证据而不能创造证据；而后者则可以用实验的方法，不受现成材料的拘束，根据假设的理论，造出种种条件，把证据逼出来。也就是说，两者使用的方法也毕竟还是有些不同，虽然也可以说这是由于不同材料、不同科学的性质所致。最后，胡适希望一班少年人不要跟着自己向故纸堆乱钻，而希望他们走研究自然科学的活路。

胡适为什么不将近三百年来清代学者的治学方法与近三百年来西方人文学者的方法相比较，而是与西方自然科学家的方法相比较呢？这是颇令人奇怪的，因为我们知道，自然科学与人文科学的研究方法是有所不同的。但是，由此我们却也可以看到：胡适所说的"大胆的假设，小心的求证"的方法的适用范围主要是历史的考据学，主要是用于整理国故，其运用的材料主要是历史材料（尤文献材料），其目的主要是要求得一个个历史事实的真相：从一个字的古义，到一本书的真正作者等等。正是在这一意义上，胡适能够把清代学者所用的方法与自己现在所用的方法看作是相同的，只不过他认为清代学者没有自觉地概括他们的方法而已。同样，也正是在追求事实之真的意义上，胡适可以把清代学者的治学方法与西方自然科学家的方法进行类比。确实，正是在这一点上，人文学科与自然科学的方法最为接近，过此就很难说了。

我们后面还要分析一下"大胆的假设，小心的求证"这一方法的意义，这一方法也许可以解释得容有较大的思想空间。但是，关键的是，我们从胡适提出这一方法的背景，他对这一方法的比较和说明，以及他对这一方法的大量举证来看（包括他晚年在台大讲"治学方法"），他看来主要把这一方法限制在历史考证的领域之内了。他那样地重视方法，而他最自觉、也最著名的"十字诀"方法被理解为几乎只是历史考据的方法，他的精力也就越来越投向考证，并把许多学者的兴趣也往历史考证上引了。"大胆的假设，小心的求证"当然是可以扩大其应用范围的，人们可以将"假设"理解为"假说"，可以不仅对一个个的事实，而且对它们的联系，对一组事实的总体提出一个系统的假说，理论的假说，然后再通过实验来验证。自然科学就主要是通过这一形式来发展的。人文与社会学科实际上也是如此，只不过人文与社会学科并不能够像自然科学那样通过实验得到确切的证明。但是，人文与社会学科也是能够有一种思想的实验的，我们前面讲到的罗尔斯的"原初状态"就是这样一种思想的实验：即在抽象思维中假设某些条件，看看能逻辑地引出什么结论，然后又改变某些假设条件，再看看能逻辑地引出什么结论，这种思想实验不是想求得片断事实的真相，而是想求得一种系统的人文意义上的真理。胡适充分认识到实验在自然科学中的意义，但他似乎没有考虑过对人文学科也可以进行一种虚拟的系统思考，即一种思想的实验，他在谈到人文学科的方法时，几乎总是执著于仅对一个个的事实、一个个的材料提出假说，胡适说他的假设还是"小胆的假设"，他确实"小胆"，但在我们看来，他这"小胆"主要是表现在不敢对一系列史料或事实提出一种比较系统的假说，他确实是过于谨慎。人文与社会学科当然也要把一个个的事实分别弄清楚，但这并不是它们最重要的使命，它们还应当对事实的联系和总体提出一个系统的解说，还应当对人生和社会的意义和安排提出一种系统的解说，人们总是要对这类意义和安排提出种种解说，如果不提出，就等于放弃了对我的理性的一种最重要的应用，就等于把解说权拱手让给了别人。

胡适并不完全排斥"系统"，他在与陈寅恪论佛教的信中曾经说："于无条理系统中建立一个条理系统……此种富于历史性的中国民族始能为之。"（《胡适之先生年谱长编初稿》第三册）在《〈国学季刊〉发刊宣言》中，他提出今天研究古学的三条意见，其中一条就是：要"注意系统的整理"。但是，他注意的仅仅是"历史的条理系统"而不是"思想的条理系统"，是对历史的索引、结账和专史式的整理和说明，而非构建一个独立的思想体系。余英时在《中国近代思想史上的胡适》一文中曾提出这样一个耐人寻味的问题：罗素为何不如杜威对中国的影响大？当时的中国为何未能成熟到接受康德？他认为罗素与康德是均以知识论为中心的，而杜威却不然，他重视实用、实践。这正好可以把我们引导到解释胡适为何不曾建立系统的思想体系这个问题的一个更深层次，即胡适实际上是承继了中国思想传统的一个特点——相当强调思想的实用性而轻视抽象的思维。

胡适对"抽象名词"有一种根深蒂固的反感。他在1919年的"问题与主义"之争中之所以反对主义，一个重要的原因就是他认为"主张"若成了"主义"，便"由具体计划成了一个抽象名词"，因而空谈主义是极容易的、也是无用和危险的。在《新思潮的意义》一文中，他说："十部《纯粹理性的批判》，不如一点评判的态度。"在《研究社会问题底方法》一文中，他说："须除掉抽象的方法。"在《今日思想界的一个大弊病》一文中，他强烈地批评以一个抽象名词替代具体事实，以一串抽象名词替代推理，他的批评并不是全无道理，但是如果以此阻塞通向系统思想的道路则又是没道理的了。思想不可能没有抽象，没有抽象就无法对事实做出概括，就无法使思想上升到体系的地步。

胡适当然也不是不重视思想，他在《多研究些问题，少谈些"主义"》一文中还专门谈到思想的三步工夫：1. 从种种事实找出病症；2. 提出种种解决的方案；3. 用一生的经验学问，加上想象的能力，推想每一种假定的解决法会有什么样的效果，然后，依据推想的效果拣定一种解决办法。这种方法的过程看起来相当类似于罗尔斯的"原初状态"，但有一点根本的不同：罗尔斯的"原初状态"是抽象的、虚拟的，不是要解决某一个具体问题，而是要选择一个社会普遍的正义原则，而胡适的方法始终是扣紧一个个具体问题，始终是要从这个或那个问题着手，因而其解决的方案也只是一个个问题的解决方案。

所以，我们看到，胡适并不反对"思想"，更不反对分析一个个具体的问题；他也不反对"系统"，不反对给历史一种系统的整理和解释；他反对的实际上只是"系统的思想"或"思想的条理系统"。那么，为什么我们不能赞同他的这一意见，还是坚持必须系统地去思考呢？

1. 思想只有系统地组织起来才能发现问题，才能看出片面和遗漏。只是分析一个个的问题是不容易看到其他地方的空白的，只有以一种系统的眼光去观察，才能发现各处的欠缺；

2. 思想只有系统地组织起来才能够分出问题的等级和先后次序，只有在一种宏观的视野下，我们才容易看到哪些问题最重要，哪些问题不太重要，应该先解决哪些问题，后解决哪些问题；

3. 思想只有系统地组织起来思想本身也才能比较清楚、比较连贯、比较丰满、比较展开，我们甚至于只有在一种系统的眼光之下才能进行比较细致的分析。

前两点比较清楚，最后一点我们可以再打个比方来说明。一个小的图书馆分类是不可能太细的。图书馆越大，反而愈有可能进行比较细致的分类。在一个很小的图书馆里，只能有大致的、粗糙的分类，而只有在一个很大的图书馆里,才能进行很细致的分析、比较、鉴别和归类。所以,我们的眼光确实应该尽量放大,哪怕我们下手的题目可以很小很小。而就是在这很小的题目上,我们也应当有一种"小而全"的追求——这一点,我想是王国维、胡适都会同意的,但我所指的,还不是仅仅指占有材料的"全",而是指一种思想眼光的"全",我也不仅仅是要以这种方法来说明历史材料的真相,还要以这种方法来构建一种思想,即我所下手研究的这个小题目不应只是孤立的一个有关事实的环节,我还把它看做是我思想体系的一个环节,我知道这个环节在我所要构建的"思想之网"中的位置,我还要努力地、分别轻重缓急地一个个地去连接起这些环节,连接这一个个"小而全",而要能够做到恰当地、合理地连接它们,没有一种"大而全"的眼光无疑又是做不到的,而且最后我就有可能编织出一张这样"大而全"的"思想之网",无论它能否有用,它都是思想的一个成就,我还可以说这是思想的最高成就。

所以,唐德刚、余英时对胡适思想方法的批评是有道理的。唐德刚认为:胡适的考据治学方法不能够支持他的政治思想的发展,胡适对自由的阐释有一种社会科学家而非哲学家的"价值连锁。"[1]唐德刚又说:"胡氏的正当工作应该是在新兴底社会科学的光芒照耀下,把三千年中国历史的经验做一总结,从而抽出一条新的东方法则来,以成一家之言,然后,有系统地引导我们的古老社会走向现代化的将来。"[2]余英时认为:胡适代表的新思潮之所以抵挡不住马克思主义的冲击,这绝不是因为它的"浅显",而在于它的方法("大胆地假设,小心地求证")不能提供改变世

---

[1] 《胡适口述自传》,《胡适哲学思想资料选》下册,华东师范大学出版社1981年版,第144页。

[2] 《胡适杂忆》,华文出版社1990年版,第58页。

界的迫切要求，不能提供对中国社会的全面判断[1]。

确实，我们在胡适最概括、最系统地阐述他的社会政治思想的文章中（始终只是文章！），也还是看到了受其方法论限制的种种不足。例如，我们在胡适抱着为"怎样解决中国的问题"提出一个根本之策的目的所写的《我们走哪条路？》一文中，看到他把要打倒的对象归纳为"贫穷、疾病、愚昧、贪污、扰乱"五大仇敌，把要建设的目标归纳为"一个治安的、普遍繁荣的、文明的、现代的统一国家"。把道路归结为"自觉的改革"而非"盲动的'革命'"。但是，"五大仇敌"究竟是什么关系呢？它们中哪一个危害更大呢？哪一个又应当最先解决呢？它们是否还只是现象，后面还有更深的原因呢？"治安""繁荣""文明""现代"的各自含义又是什么呢？为什么只能演进不能"盲动的革命"呢？我们都不得其详，要详细地、清楚地回答这些问题，一篇几千字的文章显然是不够的，必须有一系列精心撰写的长文，最好是有一两本书，而这就非一种系统的执着的思考所莫能为。

借用近代中国自由主义与保守主义的分法，胡适所代表的自由主义在这方面还不如保守主义。保守主义虽然在近数十年也处境逼仄，甚至更感困窘，但却通过梁漱溟、熊十力、唐君毅、牟宗三等人之手有系统的思想建树。殷海光对中国自由主义者的评价是"先天不足，后天失调"，那么，在这种先天的、自身内在的"不足"中肯定有一项是"不肯进行系统的思考"，而作为这一思潮的创始人的胡适在这一点上显然有不可辞其咎处。胡适从个人气质性格，到待人接物，出处辞受，从道德态度到政治信念，都可以说是很典型的自由主义者，他对自由主义思想的理解也并不"肤浅"，比方说，他在1948年的《自由主义》的广播词中所概括的4条：

---

[1] 《中国近代思想史上的胡适》第八节。

1.尊重自由；2.民主；3.容忍——容忍反对党；4.和平的渐进的改革，就确实是很重要的4条，然而，这又仅仅是一篇短文而已，又都没有予以展开，因为他只想研究一个个的问题，而他最感兴趣的又是一个个历史文献考据的问题，晚年更相当专注于《水经注》的考证。

　　唐德刚认为：胡适对中国民主政治虽生死以之，却始终没搞出一套完整理论，不是无此才华，而是他在社会科学上无此功力。社会科学训练的薄弱确实是胡适，乃至"五四"一代人文知识分子的通病，而今天要构建一种关涉到社会和人生的思想体系，没有一些这方面的训练确实可以说是寸步难行。但是，唐德刚看来却也低估了哲学方法的意义，低估了系统的、抽象的思维的意义，低估了"思想的实验"的意义，没有一种系统综合的方法而只有各门社会科学的训练，还是有可能落入"见木不见林"的境地。相形之下，余英时提出康德是更有意义的：今天的中国是否已经成熟到可以接受康德呢？

三、分析的方法

　　我要在这一节所谈的，可能像前两节中一样，许多内容是"老生常谈"，但是，在某些时候，某些情况下，人们究竟强调哪一些"老生常谈"在意义上却有很大的差别：有时很有意义，有时又毫无意义，乃至只有负面意义。而且，我还想在这一节中尽力谈一些自己悟到的一得之见。

　　我想首先说明一下：我所说的"系统的思考"与"分析的方法"及其关系并不等同于人们常说的"博与专"，或者"通人与专家"的关系。（如章学诚说："道欲通方，而业须专一。"胡适说："为学要如金字塔，要能广大要能高。"）"博与专"，"通人与专家"主要涉及的是知识，而我所说的"系统"与"分析"纯粹指思想，它们都是在注重思想的前提下说的，"思想"、"系统"、"分析"三者联为一体。"系统"与"分析"的关系当然与"博"与"专"的关系有相通的地方，比方说，要形成一种系统的观点有必要博览广学，使眼光尽量放大放远；要进行细致的分析，也应有一些专业的训练。又比如说，"真博必约，真约必博"的说法也常常适应于我所说的"系统"与"分析"的关系：真正的系统观点，必须建立在分析的基础之上；而真正好的分析，又必须在一种系统的观点下进行。但传统所说的"博与专"、"通人与专家"太偏重于知识，其目的常是一种狭义的学术成果：积累、说明和解释材料（且主要是历史材料）。而我所说的"系统"与"分析"则主要是关涉到如何正确地思考，其目的是产生一种有意义的思想理论。

人们一般又把"分析"与"综合"对称，那么，我为什么又不说"综合"而说"系统"？综合、归纳都是由多到一，分析、演绎都是由一到多，那么，我为什么又不说"归纳"，不说"演绎"？我们之所以不说"综合"或"归纳"而说"系统"，是因为我们想强调这"系统"并非指一种对经验事实的概括活动，而是指一种观点、一种眼光，或者是已经成形的理论；并且，这"系统"也是开放的、容有复数的，并没有太强的真理性概括的含义。我们之所以不说"演绎"而说"分析"，是因为我们想强调我们并不是要从一个基本命题推出许多其他的命题，而是要从一个分析的对象中抽绎出许多方面的蕴涵，而最重要的是，我所说的"系统""分析"加上前面所说的"思想"还有一种有序性，是一种可用于某些思想性的学者的一部序列中的方法，这种次序就是：

1. 首先是要思考，即选择思想性的工作作为自己的志业；

2. 其次是要努力系统地思考，即以一种系统的眼光去思考，且思考的目的是努力达到一个思想的条理系统；

3. 再次是在实际进行这种思考中，主要的方法就是分析。

而在这一方法系列中，使用"综合""归纳""演绎"等概念显然不太合适。我们以著书为例来说明这一序列，第一步就是我首先决定要写一本什么样的书，那么，在这里，既然我是选择思想为自己的志业，我就是打算写一本思想性的著作，即第 2 类或者第 1 类的书；第二步则是要"先立乎其大"，即先识大体，对该书的主题努力形成一种系统的观点，系统的看法，形成一个由一些次要观念围绕着的中心观念，这一过程并不是事实的综合或归纳，还可能要加上某些直觉或体悟，更重要的是在此并不是终点，而是起点，不是以达到一个综合为归，而是要从一种粗具规模的系统观点进入分析；第三步则是具体的分析，这实际是写一本书最主要的工作、最主要的方法，这时的工作并不是从一个自明命题到其他命题的演绎，相反，最初的系统观点可能是相当不清晰的，相当有欠缺的，它必须通过分析的工作而得到不断的明朗、不断的修正。一般来说，"系统的思考"主要体现在构思、撰写提纲的活动之中，而且不仅是全书的总体构思，也包括各章各节的构思，"系统"这时实际就是一种对全面有序性的要求，哪怕不一定在本书中论述的问题，也要知道它的位置。而哪些问题要写，哪些不写，哪些先写，哪些后写，哪些多写，哪些少写，都要从一种系统的观点来考虑，都要从自己的中心观念来决定取舍，所以这种系统化的要求可以说是贯串全书的。而分析则主要体现在该书的具体写作过程之中。一说到写作，就主要是分析，分析对象的各个侧面，从一个例证中挖出众多的蕴涵。当然，实际上分析的方法与系统的思考在著述过程中是密不可分的。但我们在这里更强调的与其说是从分析材料到思想系统，不如说而是从系统观点到材料分析。我们更强调分析的意义，强调分析对系统观点的补充、完善以及很大程度上的修正作用，乃至有时可能推翻这一系统观点。我们宁可最后没有形成一个思想系统，也不可能没有细致入微的分析。思想只有进入具体分析的层次才能充分地展示其意义，也才能不断地增殖其意义。

下面我就从三个方面来说我所理解的分析的方法,我不想平铺地谈,而只想说我体会最深的三点:

首先是不断限制范围,严格地确定我们所要研究的对象。"为学"从知识的一面来说,从准备的工夫来说,应当是"日益",应当是"多多益善";但是,从运思的一面来说,从直接的研究来说,却也须"日损",甚至"损而又损"。在知识的积累和准备期,眼光不妨尽量地大,甚至心不妨尽量地野,唯恐自己漏掉一点有益的观点和材料,然而,一旦最后要确定一个题目进行研究时,则不妨尽量缩小研究的范围。甚至可以说,成功的研究就是在一个笼统的大问题中,把许许多多只是有关联的问题一个个区分出去的过程。最后,只留下最核心的一个问题,然后对它反复琢磨、反复敲打,极其专注地对付它、研究它,所读所思的一切都是为了它,这时,就要有章学诚所说的那种专注:"宇宙名物有切己者,虽铢锱不遗,不切己者,虽泰山不顾。"(这里的"切己"改为"切题"就更合适于我们的论题。)一般来说,人们开始研究时几乎总是容易失之于范围过大,然后才是慢慢这里打上一个括弧,那里画上一个句号,由于发现自己远没有精力和能力来对付太庞杂的问题,何况也本来就可以"以小见大",于是越来越收缩自己的研究范围,把领域越划越小,中心问题也就越来越突出,而这正是良好的分析的一个必要条件,或者说,本身就是分析。

我们前面说过,罗尔斯的正义论是一个相当圆满自足的系统,然而,这也是在不断限制研究的范围中达到的。罗尔斯的正义论主要是一个社会内部分配权益与负担的正义论,并不包括国际社会的正义、也不涉及国家之下较小团体和私人交往的正义,乃至不太涉及一个社会内部刑法的或报复的正义,而是集中于分配的正义,然而,即使在分配正义这一个问题上,罗尔斯也仍然从两个方面限制了自己的研究范围。他认为,他主要考虑的只是社会基本制度对基本权益的分配;并且,他是在一个假设的组织良好，人们一般都能服从规则的社会里考虑这种分配。这样，罗尔斯就把自己的正义论研究范围收缩得相当小了（当然这并不妨碍从这一缩小范围的研究中引申出来的原则仍然可以具有一种普遍性，甚至更大的普遍性）。而在随后展开的论述中，虽然作为社会的正义论不可避免地要涉及政治、经济、法律、心理等许多方面，我们还是可以看到罗尔斯不断地限制自己，不时在许多条路上放下"停止前进"的横杆，不使自己的思想离题太远，以便集中地探讨中心的问题。

我在本书中也努力地想缩小自己的研究范围。我明白，首先我做的只是一种伦理学的研究；其次，我研究的还不是伦理学的全部，而只是它的一部分；再次，就是这一部分，我也只是从一个特殊的角度进行研究，即从传统良知论向现代社会转化的角度进行研究。因此，就是传统良知论的许多内容也被我舍弃了。例如，传统良知论有很大一部分是工夫论、修养论、境界论，是讲自我的修身养性、成圣成贤、知性知天、天人合一，它们本身是很有意义，也是我很感兴趣的，然而，由于我认为这与"向现代社会的伦理转化"的主题无关，这些内容就被我舍弃了。同样，在现代社会这一面，我所研究的也不是社会伦理的全部，而只是其中的一部分，即作为社会一员的个人道德，即使是这些个人道德，我也主要是考虑它们与传统资源的联系，而并非全面地考虑作为今天社会一员的每一个人应该有什么样的道德，承担什么样的义务。在道德义务方面，我只是从传统与现代社会的关联方面考虑了两种基本义务：诚信与忠恕，而其他义务尚付阙如。我也没有去专门考虑"义利之辨"的问题，因为从传统良知论向现代社会转化的角度看，更重要的是义务的客观性和普遍性的问题。尽管如此，我也还是感到全书的内容结构仍不够紧凑和集中，例如"仁爱"一章有些内容就还有游离之感，未能更集中于"博爱是否能从亲亲之爱中推出"这一问题。

但是，在大的方面，我想我还是清醒地限制了自己的研究范围，以便把我的思考集中在分析有关"转化"的几个关键问题上。而这种不断排除，不断缩小自己的研究范围的过程本身也就是分析。

在此，我还想顺便谈到两个更大层面上的自我限制，这是有感于目前学术的现状而发的，是我认为我们要促使学术全面的繁荣应该有所自觉的。这两个限制是：

1. 限制于学科。我觉得在今天，学者们应该强化而非淡化自己的专业意识，最好大多数学者都能立足于自己的一个专业领域，而不是泛泛地谈历史，谈文化，谈文明，谈规律。翻检一下一百多年来的诸多讨论文化的著作，泛泛讨论得太多，而具体分析之作太少，结果讨论得虽很热闹，推进却不多，往往几十年后又回到了以前同样问题的争论，虽然还是争论得很激烈，但是，如果没有具体的、专门的成果，这种泛泛的争论又有何意义呢？一般原则的孰是孰非或孰重孰轻实际上也只有通过具体的分析才能真正比较清楚地呈现出来，真正得到比较好的解决。要不，几十年后又可能还是要陷入同样空洞而无聊的所谓"原则"和"方向"的辩论。另外，我们虽然也要研究整个学术的历史和现状，或者研究某一流派的发展，但是，我认为这种研究的地位和分量不应超过对各个学科对象本身的研究。尤其是那种"居高临下""指点江山"式的，一意品评各家各派缺失的著作，尤其使人觉得是有点蠢，而且没意思，为什么不自己选定一个领域，努力投身于正面的建树呢？在这方面，我觉得社会科学各个领域的情况要比人文、哲学各个领域的情况要好些，社会科学的各科一般都面对时代，面向社会，处理的是比较真实的问题，其方法也都比较谨慎，比较注重具体的分析，注重独立的思考。我们希望这种社会科学的方法和训练也多渗透一些到人文、哲学的学科中来。

2. 限制于时代。供我们研究的材料一般可分为三类：历史的材料、当代的材料，还有就是比较抽象的、具有恒久意义的概念的材料。学术界的主要精力应当放到哪些材料上去呢？我觉得大多数学者应当主要去研究我们的时代。这是就研究材料来说，如果就研究问题的起因或志趣来说，我想更是绝大多数人都应该把为这个时代而研究、而写作作为自己的志向。无论我们研究什么，我想我们都应该有足够清醒的自我认识：即我们主要是由于这个时代的问题而研究的，我们是为这个时代而思考和写作的。尤其是现在的这个时代，对我们的文明和民族来说是太重要了，我们很难把我们的视线从它移开。在这一点上我想我们也许能从西方学者得到一些启发。我曾经有一次听一位外国哲学家讲演，在讲演之后的提问中，一位中国学者向这位外国哲学家问道："你的这一思想是否与贵国中世纪的一位哲学家×××有联系？"这个外国哲学家答道："不，我不知道，我没有读过他的书。"然后两个人都愕然地沉默了。这一问一答显然使两个人都感到了惊奇，那个外国哲学家惊奇的可能是：这个中国学者竟然对非自己祖国的哲学史也这样熟悉！而这个中国学者惊奇的可能是：这个外国哲学家竟然对他自己的祖国的哲学史也这样不熟悉！这种中国学者对西方哲学历史的了解比西方哲学家还熟的现象并不是个别的，这反映了中国传统学术极其重视历史的特点。然而，在当前这样一个时代，我们确实应当有所调整，把我们的很大一部分学术兴趣转移到当代的问题上来。使我们的学术兴趣主要限于当代比较符合我们大多数人的地位、能力和才情，也符合我们的人间情怀和社会关切。我们面对当代，就能面对比较真实的问题（哪怕我们研究的是历史材料）。我们注意到，当代西方甚至最杰出、最有天赋的思想家和学者，也差不多总是不讳言自己是为时代而写作的。以法国为例，相信"打赢打输就在这一辈子"的萨特自不待言，雷蒙·阿隆也写道："我逐渐猜想出自己的两项任务：尽可能老老实实地理解和认识我们的时代，永志勿忘自己知识的局限性；从现时中超脱出来，但又不能满足于当旁观者。"[1]

我之所以提出这两点,也与我们传统学术的特点有关,传统学术过分重视通人而忽略专家,过分重视历史而忽略当代。这在过去是情有可原的,过去中国的学术是相通的,学问没有分出很多的专业领域,整个面也不很宽广;过去的中国社会是比较封闭的,它的社会理想是放在上古。但自中国进入世界,进入近代以来,这些情况就都在发生变化。所以,学术界,尤其人文、哲学领域的大多数学者确实有必要有意识地使自己的研究限制在一定的专业范围和时代之内,在自我限制中努力从事创造。这种创造达到一定程度也可以进入历史,乃至接近永恒。即便我们不说那么远、那么高,我们有这种自觉的自我限制意识,也将有助于我们在具体的研究中不断自觉地收缩自己的范围,有助于我们对核心问题进行集中的分析。

其次,我想谈谈我所理解的分析方法的第二层意思,这就是区分。顾名思义,"分析方法"绝少不了"分",一个分析者必须不断地致力于"分",把不同的对象,一个对象的不同方面区别开来,划分出来,它总是要去注意差别,给出规定,划定界限,明确含义。

在本书中,每一章的题目我都是使用传统形式的概念,其中"恻隐""仁爱""忠恕""敬义""明理""生生"直接是传统儒学中经常使用的重要概念;"诚信"也是传统概念,但一般是分为"诚"、"信"两个概念来使用;至于"为为",则最接近于一个自撰的概念,但形式上还是从传统推过来的,古人们一般不说"为为",而是说"无为""有为"乃至"为无为"。我使用这些传统形式的概念,包括使用一些次一级的传统概念如"出入""出处"等等,意在揭示和发扬这些概念中富有生命力的道德内涵。然而,我发现,若从现代社会伦理的角度考察,几乎对所有这些概念

---

[1] 雷蒙·阿隆:《雷蒙·阿隆回忆录》,三联书店1992年版,第65页。

都要做出区分，把它们的传统蕴涵中适合作为现代社会伦理的内容与不适合作为现代社会伦理的内容区分开来，我几乎在所有章节中都得努力地做这种区分或剥离的工作，对我现在所用的概念给出严格而清楚的规定，比方说，在"恻隐"一章中，我不取从宋儒到牟宗三对"恻隐"概念的解释，因为他们一下就把最基本的与最崇高的合在一块说了，认为"恻隐"也是万化本体，也是形上根据；我则要把他们说的这层意思与"恻隐"的伦理学意思区分开来，或者说，至少把这层意思暂时搁置起来，而一心考察"恻隐"作为伦理学概念的含义，这样，我就认为"恻隐"只是表示"对他人痛苦的一种关切"，并仔细地分析"恻隐"的这两个基本特征：即它所标示的"人生痛苦"意味着什么；它所显示的"道德关切"又意味着什么。

我在探讨"诚信"与"忠恕"这两种基本义务时也首先是致力于"分"，由于传统自圣观点的影响，在各种德目、各种义务中几乎都把属于社会基本规范的内容与属于自我最高追求的内容混合在一起了，所以，我们今天就有必要把这两种内容仔细地分离开来。于是，在"诚信"一章中，我首先严格地界定了作为道德概念的"诚信"，把它与本体之"诚"、天人合一之"诚"区别开来；把它与"真实""真诚"区别开来；也把它与作为内圣追求的"信"区别开来。在"忠恕"一章中，我也是努力地把"忠恕"作为一种社会的基本规范、基本义务来规定，把它严格地理解为"己所不欲，勿施于人"；把它与"要求热情助人乃至无限爱人的"己所欲，施于人"区别开来，也把它与逆来顺受或完全放弃的品性区别开来，既不把它说高了，也不把它说低了。努力于划分、区别确实是我规定这些道德义务的一个基本方法。

另外，在"义""理"等概念上，我也都努力地在伦理学的意义与非伦理学的意义之间做出区别，在社会伦理规范与个人终极追求的意义之间做出区别。读者只要稍微看一看第五章和第六章，就会发现我所说的"敬义"与"明理"与宋儒所说的"敬义"与"明理"离得有多远。

提倡这种"分"的方法，在某种意义上也正是为了纠正我们传统学术过于重视"通"，重视"合"的方法的弊病。我们只要稍微翻检一下《经籍纂诂》，就会发现，对经典中的几乎每一个重要字，经师们都提出了很多种解释，这些解释有些只是微殊，有些却也是迥异，词典的编纂者只是罗列出这几十种词义而并没有分析哪是原义，哪是引申义，哪是主要义，哪是次要义，所以，有时简直让我们感到无所适从，感到怎么讲都可以"通"，怎么讲也都可以被人指责为"不通"。然而，思想清晰的一个基本条件就是要概念明确，其含义要有严格的规定，否则，不要说难于清晰地思考，有时甚至连简单的逻辑推理也难以进行。

追溯下去，这将涉及我们的传统思维方式的一个根本特点：这就是重视综合性的直觉体悟。直觉体悟的好处是注意到对象的整体性，有一种直观的生动性；坏处则是不能清楚地区分对象、辨别事物。这种直觉体悟对于艺术、文学乃至人生哲学、宗教信仰等一切相当依赖于个人的主观性的领域可能很有意义，而对于一切直接涉及关系，比方说人与自然关系、人与人关系、社会与个人关系的领域却看来没有那么大的意义。如果这时还把它作为一种主要方法，不仅很难推进，甚至还有可能形成一种障碍，因为适合于这些领域的主要方法只能是理性，且尤其是分析的理性。

直觉体悟总是看到联系，看到相通，看到合一，这里的关键在于，直觉所看到这种合一是否先经过了一个用理性观察和分析对象之差别的阶段。韦伯说："但在大多数情况下，连篇累牍地谈论直觉体知只不过掩饰了自己对对象毫无洞见，同时也就掩饰了自己对人本身也毫无洞见而已。"[1]这一批评可能显得太严厉了一点,但确实值得我们深长思之。"合而观之"、"统而论之"最好是在"分而析之"之后,否则所观、所论很可能就是一团"笼统"、一团"模糊"。对现在的中国人来说,谈论"圆而神"可能既为时太晚,又为时太早。在五百年之前或五百年之后(如果我们足够努力的话)我们也许都可以谈"圆而神",我们今天自然也可以向世界谈"圆而神",但对我们自己来说,我们恰恰不能多谈,我们显然还处在一个必须是"方以智"的时代。我们必须先努力观察中国社会、华夏人文中的一个个对象,分析它们,仔细察看每一个对象的每一个侧面,反复掂量、反复琢磨、反复敲打它们,尽量把它们弄得清清楚楚、明明白白,这里当然要有一种系统的眼光,最后也要努力形成各种范围和层次上的系统看法,但它们都必须是建立在分析的基础之上,我们的工作也主要是分析。中国传统文化一向以"天一合一"、"人我消融"的精神境界著称,但是,在某种意义上可以说,只有充分意识到天人之分,才有可能发展出一套发达的自然科学来;只有充分意识到社会与个人之分,才有可能发展出一套民主宪政理论或者说发达的社会正义理论出来。因为,只有充分意识到天是天,人是人,才会去努力研究"天"(自然);只有充分意识到社会是社会,个人是个人,才会去努力研究社会。所以,今天,要创造性地发展传统的主要方向可能是要致力于分而不是合。不过,这已经涉及一种根本意义上的、具有实质性思想内容的方法论了,不适合在这里多谈。

最后,我想说的有关分析方法的第三点是例证的分析。我们的人文研究可能一向都低估了这种方法的意义,或者只是在自己已经形成了确定的理论观点之后,从生活中或历史上引一两个实例来形象地说明自己的观

---

[1] 马克斯·韦伯:《新教伦理与资本主义精神》,于晓、陈维纲等译,三联书店1987年版,第18页。

点。然而这种"举例说明"只是最初步的。真正富有意义的例证分析绝不只是要形象地说明和支持一个已经确定的观点,而是要以生动事实的形象参加到这一观点的确定过程之中来,参加到一个观点的酝酿、构思、成形和修正的过程中来,它要以它深刻的、可以多方引申的内涵来刺激思考,向既定的观点提出挑战。虽然在作者最后的表述中往往不易显示这一例证的这种作用,因为这时例证与观点已经通过反复平衡达到了某种协调,但实际上,这最后表述的观点在例证的分析过程中已经和原来的观点相当不同了。不仅如此,有时某种思想的产生就正是由于某个事例引起的。一个自己突然遇到或想到的事例,有时可以引发一个相当有意义的思想成果,甚至导致一种理论上的重要突破。这我们从现代经济学、法学、心理学等社会科学的发展可以看得很清楚:有时仅仅是一个例证的提出,一个含有多方面蕴涵、富有意义的例证的提出,比如"囚徒困境"的例证,就吸引了许多学者参加分析和辩论,从而把这一主题的研究大大地推进了一步,甚至渗透到其他领域。

由于例证的分析具有这样的意义,所以它就不能只是现实生活或历史上实际发生过的事例,而完全可能是通过一种思维有意设计出来的事例,即使确实有可以随手拈来的现实生活或历史上的实例,我们也还是可以对它们进行一番思想上的加工,充分挖掘它们的内涵,往不同方向做出一些有必要的引申,有意地去掉一些旧的条件,同时又增加一些新的条件,通过改变假设条件看看会发生什么,其结果会和原先条件下的结果有什么不同。当然,所有这些引申和改变条件虽然不必是实际发生过的,但一定是要符合逻辑地可以这样发生的,也就是说,我们并不能够随意妄想,我们必须不断把这种设计和公认的判断或普遍命题进行比较,我们必须努力使这种例证的展现尽量具有一种自明的理性直观的说服力。

罗伯特·诺齐克(R. Nozick)在他的重要著作《无政府、国家与乌托邦》中相当大量，也相当有效地使用了这种例证分析的方法。比方说，他在考虑人生除了快乐的体验之外，还有一些更重要的东西时，设计了各种典型的幸福或成功的体验机的例证；他在考虑有差别的对待是否都需要证明的问题时，举出了一个景气、一个不景气的餐馆的例证，提出那个不景气的餐馆是否有权利以平等对待的理由要求消费者也同样多地到它那里去的问题；他在考虑按照任何统一标准进行分配，是否都有可能侵犯到个人权利的命题时，举了篮球名星张伯伦的例子[1]。在诺齐克的著作中，包含了许多大大小小的例证，有些是一带而过，有些是反复分析，它们不仅给人以一种鲜明、直观的印象，而且常常有一种逼人的力量，使读者也不由得进入一种思考过程。例证的一个好处就是读者可以随时对作者提出的例证进行反问，在同一个例证中找出作者没有觉察的偏执前提，或者从合理地改变条件中引申出与作者不同的结论。确实，这已经不是在讨论事实，而纯然是思考，是一种思想的论辩，是一门很值得我们去细心体会和认真训练的思想艺术。当然更著名、更有意义的例证还有隐喻、传奇等形式，例如柏拉图在《理想国》中呈现的"隐身人"和"洞穴"的隐喻，陀思妥耶夫斯基在《卡拉马佐夫兄弟》中提出的"宗教大法官的传奇"，它们更为思想的分析提供了不竭的源泉。

我在本书中也初步尝试着使用了一些例证分析的方法。这些例证有的是现成的，在历史上或现实生活中真的发生过的实例，例如我在"诚信"一章中分析了春秋时"荀息守诺""解杨使宋"两个历史实例，以展示不把诚信作为基本义务将可能发生什么结果；在"敬义"一章中，我用了一个人用毕生的精力来偿还他的银行倒闭时所有储户的存款的例子，来说明

---

[1] 可分别参见拙译《无政府、国家与乌托邦》，中国社会科学出版社1991年版，第52—54、166—169页等。

对义务的绝对敬重心能使人们在履行基本的义务中体现一种极其崇高的精神;有的例证是前人提出来的,例如,我在"恻隐"一章中,反复挖掘了孟子"孺子将入于井"这一例证来说明人的恻隐之心的丰富内涵,并围绕着这一例证假设了各种不同的可能情况,以说明恻隐之心是纯然善的,是人们普遍具有的,以及人的善端总是超过恶端,人的向善心总是超过向恶心;还有的例证是我自己设计的,例如在"明理"一章中,我以"排队购票"为例,展示了利益的自我主义与高尚的自我主义都不可能使自己的特殊规则不自相矛盾地转化成普遍的规则,它们的普遍化将意味着取消排队这一秩序,从而说明了义理的普遍化原则不仅要求排除利己主义,也要求不把高尚的自我主义纳入自己的范畴之内。

  总之,我虽然强调思想的意义,并且还主张要努力系统地去思考,但是,这些最后都要落实到分析上来,思想的主要工作或主要方法实际上是分析。这样,也许可以归纳地把我追求的这种思想类型称之为是一种面对真实的问题,尤其是当代的真实问题而执着思考的,以一种系统的眼光去考察并希望形成对这些问题的一种系统看法的,致力于不断限制、恰当区分和条分缕析的思想。

附录

一种普遍主义的底线伦理学

我一直试图探讨一种底线伦理学——一种生活在现代社会中的人的底线伦理学。我的《良心论》所要着力说明的与其说是良心,不如说是义务,即要作为一个社会的合格成员、一个人所必须承担的基本义务,书中所说的"良心"即主要是指对这种义务的情感上的敬重和事理上的明白——即一种公民的道德义务意识,道德责任感。作为个人修养最高境界、具有某种终极关切的本体意义的良心不在我的视野之内,我想探究的是良心的社会定向而非自我定向,这一定位指向的目标是正直而非圣洁,我想雨果《悲惨世界》中的一段话是有道理的:"做一个圣人,那是特殊情形;做一个正直的人,那却是为人的常轨。"

所谓"底线",自然只是一种比喻的说法。首先,它是相对于传统道德而言,在无论东方还是西方的传统的等级社会中,"贵人行为理应高尚"(noblesse oblige),"君子之德风,小人之德草",道德具有一种少数精英的性质,广大社会下层的"道德"与其说是道德,不如说是一种被动的风俗教化。然而,当社会发生了趋于平等的根本变革,道德也就必须,而且应当成为所有人的道德,对任何人都一视同仁,它要求的范围就不能不缩小,性质上看起来不能不有所"降低",而这实质上是把某种人生理想和价值观念排除在道德之外,也就是说,其次,所谓道德"底线"是相对于人生理想、信念和价值目标而言的,人必须先满足这一底线,然后才能去追求自己的生活理想。道德并不是人生的全部,一个人可以在不违反基本道德要求的前提下,继续一种一心为道德、为圣洁、为信仰的人生、攀登自己生命的高峰，但他也可以追求一种为艺术、审美的人生，在另一个方面展示人性的崇高和优越，他也可以为平静安适的一生，乃至为快乐享受的一生，只要他的这种追求不损害其他人的合理追求。尤其在现代社会里，这种价值追求的多元化是一个客观事实。于是，道德底线虽然只是一种基础性的东西，却具有一种逻辑的优先性：盖一栋房子，你必须先从基础开始。并且，这一基础应当是可以为有各种各样合理生活计划的人普遍共享的，而不宜从一种特殊式样的房子来规定一切，不宜从一种特殊的价值和生活体系引申出所有人的道德规范。这里涉及我对"伦理学"和"道德"范畴的理解，我理解"道德"主要是社会的道德、规范的道德，至于整个生活方式的问题，生命终极意义的问题，我认为应交由各种人生哲学与宗教以不同的方式去处理。

我在《良心论》中给自己提出的任务是相当有限的，我想探究的只是一种平等适度的个人义务体系，与其相对的方面，即社会制度本身的正义理论并未放在《良心论》中探讨，尽管后者在逻辑次序上还应更优先。至于在个人关系(如亲友、社团)，个人追求(从一般的价值目标到终极关切)方面的人生内容，自然也无法在这一本书中顾及。我想以一本书只承担一个有限的任务，而决不奢望"毕其功于一役"。就是个人作为社会成员的义务体系，我也只是涉及它一般的方面。职业的，尤其是执政者的道德都没有谈到，对个人一般义务我也只是侧重于在我看来它最基本、最优先的一些方面：诸如从特殊自我的道德观点向社会的普遍的道德观点的转变；诸如忠恕、诚信这样一些最基本的道德义务的示范性概括和陈述等等。在这方面，我不能不做一些细致的分析和剥离工作，以使诚信、忠恕作为基本的道德要求与最高的真诚和最大的恕意区分开来。但强调道德的底线并不是要由此否定个人更崇高和更神圣的道德追求，那完全可以由个人或团体自觉自愿地在这个基础上开始，但那些追求不应再属于在某种范围内可以用法律强制的社会伦理。

也就是说，作为社会的一员，即便我思慕和追求一种道德的崇高和圣洁，我也须从基本的义务走向崇高，从履行自己的应分走向圣洁。社会应安排得尽量使人们能各得其所，这就是正义；个人则应该首先各尽其分，这就是义务。而且，当在某些特殊情形使履行这种基本义务变得很困难，不履行别人也大致能谅解的时候，仍然坚持履行这种义务本身就体现了一种崇高，我们甚至可以说这是现代社会最值得崇敬、最应当提倡的一种崇高。这种道德义务与其说告诉我们要去做什么，不如说更多的是告诉我们不去做什么，它也并不意味着我们做什么事都想着义务、规则、约束（世界上并没有单纯的道德行为），而是意味着不论我们做什么事，总是有个界限不能越过，我们吃饭穿衣、工作生活的许多日常行为并不会碰到这一界限，但有些时候就会碰到——当我们的行为会对他人产生一种影响和妨碍的时候，这时就得考虑有些界限不应越过了。总之，我们做一件事的方式达到一个目的的手段总不能全无限制，而得有所限制，我们总得有所不为，而不能为所欲为。这就是我想通过"义务"所说的，我理解的道德义务主要表现为一些基本的禁令。

确实，一个人，作为社会的一个成员，不管在自己的一生中怀抱什么样的个人或社会的理想，追求什么样的价值目标，有一些基本的行为准则和规范是无论如何都必须共同遵循的。否则，社会就可能崩溃。人们可以做各式各样相当歧异的事情，追求各式各样相当歧异的目标，但无论如何，有些事情还是决不可以做的，任谁都不可以做，永远不可以做，而无论是出于看来多么高尚、充满魅力或者多么通俗、人多势众的理由，都是如此。用中国的语汇，这一底线也许可以最一般地概括为："己所不欲，勿施于人。"我们大多数人在大多数时候可以容易地不逾此限，但当利益极其诱人或者有人已经先这样做了，尤其是对我这样做了，伤害到了我的时候，就不容易守住此限了。然而，一个社会的稳定和发展确实极大地依赖于把这种逾越行为控制在一个很小的、不致蔓延的范围内，这不仅要靠健全的法制和法规，也要靠良心、靠我们内心的道德信念。

从前面的阐述已经可以明显地看到，这种底线伦理学同时也是一种普遍主义的伦理学，它是要面向社会上的所有人，是对社会的每一个成员提出要求，而不是仅仅要求其中的一部分人——不是像较为正常的传统等级社会那样仅仅要求其中最居高位，或最有教养的少数人，也不是像在历史上某些特殊的过渡时期、异化阶段那样仅仅要求除一个人或少数人之外的大多数人。在《良心论》中，我以"排队"为例，指出义理的普遍性不仅要求今天的社会道德排除利己主义，同时也要求它在自己的内容中不再把一种高尚的自我主义包括在内。后者在我们的传统中源远流长，璀璨壮观，但在20世纪这样一个大转变的时代虽然也极其突出，其内容却发生了某些根本的变异，并且要求的对象屡屡异化为由对己转为对人，由对少数居上者转为对多数居下者，于是容易造成一个极端是虚伪，另一个极端是无耻的骇人景观。

我所理解的这种普遍主义伦理还有一个内容：即它坚持一些基本的道德规范、道德义务的客观普遍性，这使它对立于各种道德相对主义以及虚无主义，只不过，现在用以支持这种客观普遍性的直接根据和过去不同了，不再是仅仅一种具有"唯一真理"形态的价值体系了，而是倾向于与各种各样的全面意识形态体系脱钩。它希望得到各种合理价值体系的合力支持，而不仅仅是一种价值体系的独力支持。这种普遍主义还坚持传统社会与现代社会在道德上的一种连续性，坚持道德的核心部分有某些不变的基本成分。打一个比方，不同历史时期不同社会的支配性道德体系有时就像一个个同心圆，虽然范围有大小，所关联的价值目的和根据有不同，道德语汇也有差异，但其最核心的内容却是大致相同的。道德义务是无论是否给我们带来利害都必须遵循的,道德正当的标准应独立于个人或团体的喜好,不以他们各个不同的生活理想与价值目标为转移。承认这一点将使这一伦理学被归入"道义论"(deontological theory)之列,但我想我的这一道义论是温和的,它并不否定道德与生命的联系。

与历史上的道德相比,现代社会的道德接近于是一个最小的同心圆。这一"道德底线"也可以说是社会的基准线、水平线。普遍主义的道德要行之有效是需要建立在人们的共识基础上的,现代平等多元化的社会则使人们趋向于形成一个最小的共识圈。正是在这个意义上,我们会谈论乃至赞同今天道德规范的内容几乎就接近于法律,遵守法律几乎就等同于遵守道德。

但是,这里所说的"法律"又不完全等同于成文法,虽然它可以说是几乎所有成文法的核心,或者说它是最基本的社会习俗。仅仅说"法律"也不可能包括全部的道德,不能囊括诸如较细微的公共场合的礼仪,以及更积极的,如在举手之劳就可救人一命的情况下绝对应当援助自己的同类等具有积极意义的道德规范。更重要的是,现代法律只有从根本上被视为是正义的、符合道德的,得到人们普遍衷心的尊重,才能被普遍有效地履行。而当今天的人们分享着各种不同但均为合理的价值体系时,他们要共同遵循基本的道德规范,就不能不诉诸一种对于基本规范的在性质上近乎宗教般的虔诚和尊重的精神。所以,如果说这种底线道德一端连着法律,它的主要内容就几乎等于法律的要求的话,它另一端却连着一种类似于宗教的信仰、信念。规范必须被尊重方能被普遍有效地履行。不被尊重的法根本不是法,其结果可能比没有法更糟。而这种尊重须来自一种对规范的客观普遍性和人的有限性的认识。

上述这样一种道德义务范畴在范围上的缩小和精神方面的要求,显然有着一种知识社会学的背景,甚至可以说有一种社会变迁所带来的无奈。在我看来，西方的共同体主义（communitarianism）的支持者似乎没有充分考虑到现代社会这样一种情况，没有充分考虑到在现时代，传统在某些重要方面已经无可挽回地断裂了，他们对人性和社会的期望也似乎过高。共同体主义对在西方占支配地位的个人主义的自由主义批判甚力，给我们带来了许多启发，但正面的建设性的创获尚不够多。无论如何，道德的基本立场之所以要从一种社会精英的、自我追求至高至善、希圣希贤的观点转向一种面向全社会、平等适度，立足公平正直的观点，在某种意义上正是因为社会从一种精英等级制的传统形态转向了一种"平等多元"的现代形态。在这方面的理论探讨中，率先发生这种转变的西方社会中的学者将给我们提供许多有益的启发。我想，我遵循的方向可能大致也正是西方从康德到罗尔斯、哈贝马斯探寻一种共识伦理的方向，这一探寻也为世界上各个文明、各种宗教、各个民族的思想者所共同承担。一种普遍主义的道德究竟如何可能？其底线究竟如何确定，其内容究竟如何阐明？这是一些急需论证的问题。人们在努力寻求一种最低限度的普遍伦理，而这种寻求的热望正被文明可能发生激烈冲突的阴影弄得愈发迫切。而且，尽管这种希望是共同的，并且每一文明、每一民族都可对这一普遍伦理做出自己的贡献，它们却不能不都主要从自身，从自己最深厚的传统中汲取资源。我在《良心论》中的努力也不例外，读者可以方便地从书中看到，我所借助的思想资源，乃至我使用的道德语汇，仍然主要是来自中国，来自我们生命所系的历史传统。

有两个故事一直使我感动。一个故事是说一个人在众多债权人都已谅解的情况下，仍倾其毕生之力，偿还由一个并非他自己力量所能控制的意外原因所造成的一笔笔欠款。另一个故事是说一个中国记者在欧洲目睹到的这样一幅情景：公园的一处草坪飘动着许多五颜六色的气球。原因是公园规定，当春天新草萌生的时候，这片草坪暂时不许入内，于是人们连孩子玩耍的气球掉入其中也不进去其中拾取。前一种行为难于做到但也难于遇到，而一个社会也许只有少数人能这样做就足以维系其基本的道德了，它展现了底线道德所需的深度；后一种行为则不难做到，但往往人们也不屑于做到，而一个社会却必须几乎所有人都这样做才能维系这些规范，它展现了底线道德所需的广度。虽然欠债还钱的诚信守信和对公共生活规范的遵守都是基本的义务，它们却需要一种高度尊重规范的精神的支持，虽然这种精神在各个人那里可能会展现为不同的形式。一个能够履行社会义务的人，一个不失为正直的好人，他可能是一个佛教徒、一个基督教徒、一个伊斯兰教徒，当然，也可能是一个怀疑论者或者无神论者。

然而，这可能还不够，这还不是道德的全部，道德并不仅仅是规范的普遍履行。我们还需要人与人之间的一种理解、关怀和同情，如果没有这一润泽，仅仅规范的道德可能仍不免由于缺乏源头的活水而硬化或者干枯。一种对他人、同类的恻隐之心和对生命、自然的关切之情，将可能提醒我们什么是道德的至深含义和不竭源泉，它将提醒我们道德与生命的深刻联系，以及任何一种社会的道德形态（包括现代社会的道德形态）向新的形态转换的可能性。

"良知"何以为"良"?
——答倪梁康兄

梁康兄:你好!

最近读到你刊于《中国学术》首辑的长文《良知:在"自知"与"共知"之间》,你在文中对欧洲哲学中"良知"概念的结构内涵与历史发展做了细致的梳理,也对我的《良心论》提出了批评。我认为这是一篇富于教益的论文,比如说文中对于"con-"等前缀的除了"共"与"同",还有"自"或"同",即行为者同时意识到自己的行为之义的说明,以及以苏格拉底为例提出"真理与多数"的问题,都是很有启发性的。而由于这篇文章对我的论著提出了批评,我当然就更为得益,它有助于我重新反省自己的观点。所以我很感谢你的批评,并愿意在此作一回应,并希望这种互动能把我们引向一些重要的、需要深入讨论的问题。我还有一个私下的愿望,就是希望在我们目前的学术界,除了端正学风和澄清立场的批评之外(这诚然是很有必要的),还能同时多有深入学理的学术批评以及认真的回应和讨论。

不过,在讨论更引人入胜的问题之前,我想先就你对我的观点提出的具体批评作两点澄清。

第一点是涉及如何看待良心理论在西方思想史上的地位问题。你在第五节中写道:"何怀宏先生在《良心论》(第 12—13 页)中比较中西哲学中的良心概念而得出结论说:儒学自始至终'重视对内心道德世界的开发'（原文实为'内心道德意识'，另此段着重号皆为我所加。——何注），而'西方思想家则远没有把对良心的探讨置于如此重要的地位'。这个结论显然带有'混淆概念'的痕迹。因为，如果仅仅讨论'良心'概念本身，即最狭窄意义上的良知，也就是我所说的'道德义务意识''道德责任感'，那么它在中国哲学，即使是在儒家心学中也难说是占有中心地位；而如果讨论的是对'良心'的宽泛理解，即我所说的'道德意识'，那么，它在西方哲学史上当然也占有重要地位。"

由于我在原文中明确说是"道德意识"，所以这里的概念应该说是很清楚的，并无"混淆"之嫌。至于西方思想家是不是把对这种作为"道德意识"的良心的探讨，置于像在中国儒学尤其心性一系中那样重要的地位，则可再作探讨，而即便没有那样重要的地位，也不等于他们就不"重视对内心道德世界的开发"，因为还完全可以有另外的开发方式——当然，兄可能不是这个意思，但这里的不完全的引文确实容易使读者得出这样的印象，所以当我写到"良心很少在西方思想家那里成为其哲学思考的中心"之后的下一段，我又写道："西方人也有其深刻的终极关切和热烈的精神追求，然其基点不是固定在良心的概念上。"[1]

我迄今以为我的这一判断还是可以成立的，因为，即便就在你的文章中所征引的较多地论述过良心的西方思想家，例如黑格尔、康德、海德格尔那里，"良心"的概念也很难说在他们的哲学（甚至还可以缩小到道德哲学）中占据中心地位，"良心"的概念常常只是他们的思想体系中的一个过渡性环节。西方较推崇良心的思想家有巴特勒、卢梭，而他们或者并不属于西方思想史上最重要的哲学家之列（如巴特勒）；或者良心的论述仍非系统（如卢梭）。而且，在他们所论的良心之上，也还有上帝或神。

---

[1] 何怀宏：《良心论》，上海三联书店1998年版，第13页。

故而这种地位根本无法与良心理论在中国思想史上取得的地位和影响相比。所以,从良心理论可能也不足以判断整个西方道德哲学近代以来发展的趋势。

第二点澄清是涉及如何理解"己所不欲,勿施于人"在一种普遍伦理中的地位问题。你在第七节中写道:"何怀宏先生把'己所不欲,勿施于人'视作一门'底线伦理学'的最后防线[1],这个做法实际上是把伦理学的最后依据建立在一个第二性的'人为美德'基础上,因为'己所不欲,勿施于人'无非是一个根据第一性恻隐法则进行理性推理所得的结果。由此大致可以得出,一门普遍主义的伦理学无法找到更为深入的道德基础。"

说实话,我乍一看到这段话有点感到突兀,因为我不会这样表述,我倒是说过"底线伦理"是"最后防线"。我在那里只是说:"用中国的语汇,这一底线也许可以最一般地概括为:'己所不欲,勿施于人'。"[2] 换言之,"己所不欲,勿施于人"这句话只是对"底线伦理"的一种概括性表述,而且还是一种落入第二层次,即自我意识或践履层次的表述,而非第一层次即普遍原则层次的表述,它还保留着"人"、"己"或者说"你"、"我"的称谓,而一个普遍原则是不容许有这种第一或第二、第三人称的称谓的。在我看来,中国古代儒家的这一表述诚然很伟大,但我与其说是把它视作对一种处于底线的普遍道德原则的证明和基础,而毋宁说它是对这一原则的卓越体会和概述。如果说这其中也包含着证明,这一证明也是不够的,更深更广的证明,还需要到其他地方去寻找。我考虑对于普遍伦理的论证可以是多方面和多路径的:当然要主要依靠理性,但也不排斥感情、直觉、经验乃至由经验凝结起来的历史传统和文明。但是,普遍伦理

---

[1] 何怀宏:《良心论》,第 416 页以后。
[2] 何怀宏:《良心论》,上海三联书店 1998 年版,第 419 页。

并不是把自己的最后依据建立在"己所不欲，勿施于人"之上，由此说"一门普遍主义的伦理学无法找到更为深入的道德基础"这个结论似乎也下得太快。

当然，以上所涉及的两点可能还是相对表面、不同理解或表述的问题，更深、也更有意思的方面是我和你对良心撰述的角度不同、取舍不同，所关注和强调的问题也就不同。正如你在文章中一开始就谈到的，你之所以对"作为一种道德自识"的良知作专门的论述，原因之一在于不能赞同我的普遍主义伦理学观点（或按兄最近的信中所言更确切地说，你不是要反对这种普遍伦理，而是不赞成由"良心"或"良知"的概念切入）。你"试图以欧洲哲学'良知'的结构因素与历史发展为例，说明'良知'在总体趋向上与其说是'共知'，不如说是'自知'，与其说是普遍主义的，不如说是个体主义的"。但如果从作为你的主要举证的康德、黑格尔乃至海德格尔来看，我还是颇怀疑近代以来的西方哲学是否确实存在着这样一种"总体趋向"。

我之所以要从"良心"的概念切入一种普遍主义的底线伦理学，现在回忆起来，可能有不止一个原因，甚至包括看似偶然的原因，比方说当时直接受牟宗三《心体与性体》一书的刺激而思写作，当然，放长眼光，牟宗三的心性儒学也恰好是近百年来儒学从康有为侧重外王，到熊十力、牟宗三又侧重向内圣发展的这一过程的终点，这一过程在某种意义上又重复了近两千年儒学也是从汉儒的侧重外王到宋明儒的侧重内圣的过程，而我认为，且不谈时代与社会的严重挑战，即便仅从学理上说，这一过程也到了应有一转折的时候了。也许西方的心灵今天很有必要重返"内圣"，而当代中国人的思想却不能不首先重视"外王"。

一种思想的创制大概都不容易摆脱自身所属的时代和历史的既定思想遗产，而且"接着说"（"转着说""反着说"也都是一种"接着说"）

可能也更有利于思想的连续发展。所以，当时从"良心"的概念切入也确实有想利用这样一些思想的遗产之意，另外，也想试试如果能够从内在的方面转出一种普遍主义的底线伦理，可能会比直接诉诸客观普遍性更有意义，当然也可能更困难。此外我大概还有这样一种梦想，即如果能使康德的实践理性与亚当·斯密的道德情感结合起来可能会很有意思，而在中国的儒学中的确有论述道德情感的丰富资源。

你认为我在《良心论》中关于欧洲"良知"概念发展的论述中仅仅注意到了"良知"概念的"共知"方面，而忽略了它的"自知"方面。我确实是强调"良知"的"共知"方面，这与我的整个书的主旨有关，即旨在做一种使中国传统的良知理论面向现代社会的理论转化工作，以期为建构一种中国不能不进入的"现代社会"的伦理体系做一尝试。所以，它不是要提供对西方良知概念和理论的一种系统全面的阐述，西方良知理论的发展在此只是在"绪论"中作为一个参照系来叙述。这一部分甚至不是为这本书专门写的，而是利用了我早先写的一篇题为"良心"的文稿增补而成，细心的读者当能看出"绪论"在风格和语气上都和正文有些不同。

当然，即便书的主旨不在系统考察西方的良心理论，也不能违反和扭曲西方"良知"概念和理论的原意，但我想我的论述与这种原意并无违拗。在这一点上，我想引用你自己的研究成果来说明。你在列举从古希腊罗马到休谟的"良知"概念之后说："它们不仅都带有'知'的词干，而且都还带有'同''公'或'合'的前缀。它带有这样的含义，即：人的知识是对真理的参与和共有，因此，'良知'完全可以是指一种我们共同具有的、普遍有效的东西。所谓'良知'，在最基本的词义上也就是'共知'。""就欧洲哲学传统中'良知'概念而言，它从其词源上看的确有充分的理由被理解为'共知'。"

当然，你认为西方"良知"概念后来发展的主要趋向是"自知"，对自己行为的清楚"自知"后来成为"良知"的基本特征,"自知"被理解为一种自身的确然性。你认为康德的形式主义良知论是这一理解的倡导者,他要求人们"仔细地"倾听内心法官的声音。但康德也认为良心只是一种朝向自身的、主观的、形式的道德判断力,良心本身并不能决定一个行为是否正当,回答这一问题,在康德看来是理智或理性的任务,而不是良心的任务。你也认为黑格尔从开始的《精神现象学》的良知观到后来《法哲学原理》的良知观的思想发展,与良知概念从开始的"共知"到后来的"自知"的词义历史变化是基本吻合的。他在两书中都试图赋予"良知"以一种主客观统一的意义。良知的声音只能为每一个体以个别的方式、通过各自的努力而倾听到,但这种声音却具有对各个个体而言的普遍有效性。

你的陈述是谨慎的,上引康德和黑格尔的观点也是基本符合他们原意的,但我觉得结论却有些不妥,从这些陈述并不容易引出你所说的"总体倾向"来。甚至从上面的引文已可看出,康德、黑格尔与其说是更强调"良知"的"自知"一面,不如说还是更强调"良知"的"共知"一面,即更强调其超越于个体的客观普遍性的一面。如果我们不仅从他们的良心观点观察,还从他们的整个道德哲学及哲学体系来观察,情况就更其如此。为了使问题较为严格地限定在伦理学范围之内,我不在此讨论海德格尔,但诚如兄所述,他也是相当倾向于认为良知要"逾越自身"的。兄批评说:"即使在海德格尔或康德那里有普遍主义的倾向,那也只是一种形式化了的普遍主义。"但在我看来,在康德的普遍主义中还是有内容的,例如他对"完全义务"的阐述,他的法的形而上学的体系的展开,哪怕有些内容也许只是例证、而非根本的论证,但比起一种纯粹形式的责任感(例如萨特的"对所有人负责"的"选择")来,还是要明确具体并且合理得多。

"良心"的概念实际在康德的道德哲学体系中地位颇低,当然,这并不是说,他所说的"实践理性"或"道德理性""善良意志"就不可以纳入广义的、作为"道德意识"的"良知"的范畴来思考。而正是通过这些范畴,他提出了"普遍立法"的原则,明确揭示出道德准则必须具有某种普遍性,他实际上是把这看作是与上帝拉开了距离的现代社会道德重整的方向。而黑格尔所阐述的"真实的良知"以及"伦理",也主要是朝向普遍主义而并非个体主义方向的。兄也许可以批评说,在此已经脱离了他们的良知观点,已经不仅是在讨论良知而是在讨论整个伦理学了,但如果是这样,我们也就更有必要指出他们通常使用的"良知"概念在他们的体系中的次要和过渡性质,尤其是作为纯粹主观性的良知,在黑格尔那里只是一种要被扬弃的东西,良心在康德那里也一般只是被视为是一种普通常识,人们必须上升到道德哲学和形而上学的层次来思考道德。

什么是良知?康德在《未来形而上学导论》中回答说,良知就是判断正当与否的普通理智,而普通理智则是指一种具体认识和使用规则的能力,和抽象认识规则的思辨理智能力不同,它总是需要一个来自经验的例证。良知和思辨理智各有其用,前者用于在经验里边马上要使用的判断上,后者用于凡是要一般地、纯粹用概念来进行判断的地方——亦即在道德形而上学里是无法用良知去做判断的。他批评诸如英国苏格兰学派的哲学家,认为形而上学所遭受的打击没有什么能比休谟所给予的更为致命,但他们却像什么事也没有发生过一样无动于衷,他们发明了一种省事的办法,就是向良知求教,把良知当作一支魔术棒,一碰到什么困难就诉诸它,但这种良知本来是必须用事实、通过深思熟虑、合乎理性的思想和言论去表现的,而且,只是向良知求教也就等于请求群盲来判断。[1]

---

[1] 康德:《未来形而上学导论》,商务印书馆1978年版,第8—9页、第166—168页。

康德对直觉主义的批评可能不是完全公允，但很显然，康德这里所说的"良知"是一种常识意义上的良知，一种日常生活意义上的良知，这种具有直觉和经验性质的良知在他看来是不够的，但他并不否认它也许在日常生活中颇为有效，普通理智甚至可以在实际生活中做得像任何哲学家所自许的一样好（甚至更好），但当我们要去追溯道德正邪的根据时——这在某些时候特别有必要——它就不够用了，而必须借助一种普遍的、思辨的理性。我们需要通过思辨概括出某些普遍规则，而不是仅仅依赖经验来判断。这也不是说所有人都要来做这种工作，但它至少是伦理学者的工作。我在《良心论》中也是尝试想做这一工作。

　　我们也许有必要区别这样几种不同外延的"良知"概念：其中最宽泛的是作为一种一般意识的"良知"、即一般的"心"的意义上的"良知"；其次是作为"道德意识"的"良知"，即是涉及道德、亦即涉及善恶正邪的"良知"，这时还可能有"错误的良知"的说法，但它涉及的问题已是比较纯粹的道德问题；再次是作为"有道德"或者说"合乎道德"的"意识"的"良知"，这是人们最广泛运用的一种含义，包括在日常生活的层面上使用；最后则是作为"道德义务心"、"道德责任感"的"良知"，它试图提供对第三种意义上的"良知"的一种解释——它也是我试图借助康德道德哲学提出的一种解释，一种我认为传统良知理论在现代社会所应当转向的方向。

　　良知何以为"良"？无论"自知"还是"共知"？这"知"又是要"知"什么？或即便知道要"知"什么，又何以得知自己已"知"？因为，作为"良知"之"知"，这种"知"应是一种"道德"之"知"，而且严格说来，它不仅是一种"涉及道德"之"知"，还是一种"合乎道德"之"知"，我们所要知的也就是何者为"善"、何者为"恶"、何者为"正"、何者为"邪"了。在"良知"的意识中，内在地隐藏着一个道德的标准、道德判断的最后根据问题。所以,从逻辑上说,良知何以为"良"的问题应当是优先于"自知"还是"共知"的问题的。作为"良知"的这"知"也就是要"知良",在传统社会中,这"良"是与人生价值、终极关切紧密结合在一起、是正当受善支配的"良善",而在现代社会里,我理解这"良"首先和主要是有关道德行为或行为规则的"正当"(right)联系在一起。这样,这"良"就有一个首先需要界定的问题。

如果有人提出说每人自己认为"良"的就是"良",我们每个人都只需凭自己的认知行事,那我们当然无法可说,不能再讨论下去,那实际上也就无所谓"良"和"良知"了。但问题恐怕不是那么简单,我们每个人既非神,又非兽,毕竟是生活在互相摆脱不开的社会里的,没有某些最基本、最低限度的有关哪些行为是正当的、可以允许,哪些行为是不正当的,不能允许的共识、共知,这个社会恐怕一天也维持不下去。所以,这"良"又必须趋向于某种基本的"共知"、"共识",当然个人可以保留自己"良知"意识中一个更为广泛或更为高远的一个维度,但这一维度一般来说是不应和这一底线相冲突的。而且,"有良知者"大概还得努力致力于阐明和维护这种做人和道德的底线。所以,我们也许至少可以在"良知"意识中划分出"良知"的社会定向和自我定向来,这社会定向的一面也就是迫切地需要寻求"共识""共知"的一面。

良知何以为"良"?我并不奢望在这里就能回答这个问题,但却想指出:这个问题要比别的问题更为重要、更为优先。而且回答这个问题的主要方向应是指向"共知"而非"自知"。即"良知"应当是具有某种超越个体、自身的一种客观普遍性的,就像古人常常合在一起说"天理良心",或者径直说"天良"。

兄在文章的结尾说:"本真的良知,无疑是一种处在自知与共知之间,并更偏向于自知的道德意识,无论是良知概念的结构内涵,还是它的历史发展都印证了这一点，当然，这并不妨碍各个时期的哲学家在不同的社会道德伦理境况中都自知或共知的某一极做出理论上的偏爱和弘扬。而就今天的时代精神状况而言，良知的钟摆更应当偏向自知一极。"

情况可能确实是这样，即我们这里的分歧所涉及的不仅是一个知识性的问题，实际上还牵涉到一个对时代和社会的认识问题，以及一个隐秘的价值取向的问题。在我看来，在现代社会，尤其是当代中国社会中，更重要的是需要强调"良知"的"共知"或"共识"的一面；而在你看来，更重要的是强调"良知"的"自知"一面。你说"普遍标准的可疑与缺失，只会越来越多地导致人们向个体自身确然性的回返"。但我想，这种"可疑和缺失"也可能同样多地会导致，而且更有必要使人们去寻求合理的普遍标准和道德共识。你又谈道："如果良心是一种律令，那么它首先不是社会对个体的道德要求，而是自发地出自个体自身的要求欲望。"而我则对今天社会中"良知"是否能普遍自发地出自"个体自身的要求欲望"深表怀疑，另外我也理解康德的"意志自律"是就人的理性本性而言的，是超越个体自身的。

在某种意义上，"良知"作为"自知"一般是不言而喻的，它作为一种内在于个人的意识，归根结底总是要由个人自己去感觉、思考和判断的，因而在这一点上甚至也可以说是不那么重要、无须争辩的，而它是否能够成为"共知"，一个人在道德上的所想、所感、所断，是否能真正与其他人和多数人的所想、所感、所断吻合，一个社会能否凝集起一种道德共识，在伦理学上才是真正至关重要的。

当然，兄给我的一个重要的启发是：建设一种共识、共知的伦理的一个很重要的途径可能恰恰要先通过自识、自知，这甚至是一个很实际的问题，一个时代的问题，是一个多数和少数或全社会和若干先知先觉者的问题。我以前在伦理学上一直是强调前者，但也许还有必要同时也重视后者，因为这也是一个涉及道德更新和创造的问题，尤其是在中国经历的百年动荡把过去的道德共识在相当程度上摧毁殆尽，而社会又似将走向一个持久的多元时代的时候，有识者不能不努力从自身、从自知吸取力量和致力于创造。不过话又说回来，这种时代情势也使建设一种普遍的底线伦理以使多元能够和平共存显得更有必要和更为紧迫。无论如何，作为"良知"的这种"自知"，也就是说，从伦理学上考虑的这种"自知"的目的应当不是要退隐于自身或自身不断攀升更高的精神境界，而还是要优先考虑建立社会的"共识"，以及对这种"共识"的"共知"，即在伦理学上，"自知"的方向应当是努力于去寻求"共识"，去建立"共知"，哪怕这种"共识"的范围在今天确实可能会收缩得很小很小。

暂就写到这里，盼予批评。我对你的文章恐怕也多有误解之处，而且，我对你所说为何就时代精神状况而言，今天要更重视"自知"，以及如何"自知"、"自知"要达至什么，还有像"自然美德"等等都很感兴趣，而这些内容在你的文章里尚未展开，盼有以教我。

即颂

学安！

何怀宏　上
2000 年 5 月 7 日

良心、正义与爱
——两种伦理的划分

1988年冬,我应《中国青年》杂志之邀写一篇谈自己思想的文章,后刊于《中国青年》1989年第2期,题为"提供一份草图",里面谈到了我对广义伦理学体系的一个基本设想。

兹引其主要部分如下:

伦理可分为两大部分:社会的伦理与个人的伦理。

社会伦理处理人们的社会联系,而在这些社会联系中,最重要的自然是由社会基本制度所确定的联系。因此,它的内容首先是一种有关社会制度的伦理,不仅包括制度中的人所应遵循的伦理规范,还包括制度本身所应遵循的伦理原则;其次,它也要探讨人们其他的社会联系,探讨一些影响到社会上许多人同时又仅靠个人解决不了的问题,我们可以把这一部分内容称为狭义的社会伦理或社会问题的伦理。

个人伦理则处理个人方面的道德问题,它不仅涉及人们在社会生活中那些超出社会伦理所要求的,值得褒奖和赞美(而不仅仅是被允许)的分外有功的行为,涉及人们对善观念和幸福的理解,而且涉及人最深的需要,人对绝对、无限的探求,对超越的渴望,对至高道德境界乃至宗教境界的向往。

这一划分当然隐含着某种价值的前提,隐含着某种社会观或个人观,隐含着这样的思想:社会的归社会,个人的归个人。

现在我们想寻找两个中心概念，来指示我们所区分的这两大领域。这两个概念就是——正义和爱。

正义（包括个人义务）统摄着我们在人们的社会联系方面所做的所有道德评价，爱则表明我们在个人伦理方面的基本倾向。或者说，社会伦理方面的要求可以用一个词来概括——正义；个人伦理方面的趋向（至少在我看来），则可以用另一个词来概括——爱。

正义与爱的区别立足于社会与个人的划分，或者说作为社会成员的人和作为个体的人的划分，人们的社会结合和这种结合主体的划分。个人现在就凸现出来构成与社会的一种对立关系（而它在某些社会文化中并不如此凸现）。正义面向社会联系中的人，爱面向个人。

正义所要求于人的是一些在道德上起码的，但也是首先和基本的东西，其要义是公平或公正，或者说，它对社会基本制度的要求是公平、平等地分配基本权利，把个人应得的给个人，反对任意区分，主张恰当平等；它对制度中的人的要求是公正，勿妨碍他人，或者说"己所不欲，勿施于人"。而爱则要求得更多，它可能推动做出某种牺牲，甚至牺牲自己的生命。当然，它不应是那种甜腻腻、自负的爱，而宁可说是与失望、与怜悯、与悲观的理智结合在一起的爱。

正义是联系于社会制度的，它有权要求伴随以法律和实力的强制，而爱只是系于个人的，它无权要求一种强制力量做其后盾，否则，它也就不是爱了。准确地说，爱甚至不是一种要求，而只是一种呼吁——一种必须通过爱本身来表现的呼吁。

正义的目标看来更多是否定性的，即它主要在于防止侵犯，制止损害，遏制不义，减少不幸；而爱的目标则是肯定性的，它希望加深人们之间温柔而亲切的纽带，它渴求某种理想、幸福或永生。

爱以其对人的充分信任为前提，正义却以对人性的不那么信任为前提，故而在制度结构的设计中，它必须遵循权力制衡等原则。如果我们承认人性最初无善无恶，或者说既有善端亦有恶端，"一半是野兽，一半是天使"，那么正义就在于它注意到人性恶的一面而力求把它遏止在一个无以为害的范围，而爱就在于它注意到人性善的一面而力求使其弘扬和飞升。爱把道德的主动性和创造性的无限广阔的空间留给了个人。

正义与爱——这就是我的伦理观，一个非常粗略的勾画。这里观念并不清晰，表达也很笨拙。而且都是在虚拟、应然的层次上进行，它有必要发展成一种学问、一种体系吗？

我当时虽然提出了这样一份草图，但很怀疑我自己是否能做，甚至需要对此做一种比较系统的学术工作。而后来之所以还是做了一些这样的工作，大概是有一种"不安不忍而愤悱不容己"之情、之势在。以上对两种伦理划分和界定的表述也和我现在的表述不尽相同（可以与我后面提供的表格比较），但无论如何，这一划分应该说是我后来伦理学研究的基本思路。这一划分后面也意味着公共领域和私人领域的划分，行为领域和精神领域的划分。从基督教早期的"上帝的归上帝，恺撒的归恺撒"到近代新教改革重新使个人内心的信仰置于优先于组织机构的地位，以及现代民族国家中"政教分离"的趋势，我们都可以看到这样一种区分的观念。这一观念主要是一个现代社会的观念。它在伦理学上则意味着"至善"与"正当"的分离，以及中心问题由回答"什么是善"转到回答"何为正当"。

后来，我又在1997年发表的《一个学术的回顾》一文中作为"一个基本的工作框图"谈到了这一划分，这一"框图"简单地说就是把有关个人追求的内容放在"个人道德"甚或"人生哲学"的范围内，而只把有关社会制度本身和作为社会成员的人的伦理作为现代"社会伦理"甚或狭义的"伦理"的范围之内。我又在"个人道德"中加上了"个人关系的伦理"

以与公民义务形成鲜明的对照。并着重谈了中国传统伦理与这种现代伦理的对比。它在外王层面的"人格化的正义"和在内圣层面的"关系中的自我"向中间挤压,形成了一个紧密的、以做人、"成人"为中心的伦理形态。传统伦理的基本特点是"合"而不是"分",而今天社会的变迁则似乎使这种伦理面临一个"离则两美、合则两伤"的局面。

故此,可以说我的伦理学研究一直主要是向两个方向用力,一是规范性的社会伦理,一是超越性的个人道德,当然,主要的工作还是在前者。在个人的终极关切方面,我关注过帕斯卡尔和陀思妥耶夫斯基等。而在对社会伦理的探讨中,又可分为社会正义和公民义务两个方面,在社会正义方面,继翻译罗尔斯《正义论》与诺齐克《无政府、国家与乌托邦》之后,我陆续写了一些有关社会正义的著作和文章,其中较早的有《契约伦理与社会正义》,后来又改写为《公平的正义》,主编过《生态伦理》,研究过国际关系的伦理以及战争伦理、死刑问题等等;在个人义务方面,我于1993年完成《良心论》之后,编过《西方公民不服从的传统》等。1997年,我明确提出"底线伦理"作为概括我的社会伦理观点的一个基本概念。[1]

李泽厚先生在1994年也正式提出宗教性道德与社会性道德的划分[2],在《己卯五说》一书中,他提出要重新建构"内圣外王之道",以充满情感的"天地国亲师"的宗教性道德、范导(而不规定)自由主义理性原则的社会性道德。[3] 在《历史本体论》一书中,他又谈到"社会性道德",并定义说:"所谓'现代社会性道德',主要是指在现代社会的人际关系和人群交往中,个人在行为活动中所应遵循的自觉原则和标准。"

---

[1] 《读书》1997年第4期。

[2] 据《读书》2003年第7期《课虚无以责有》中的自述,1993年冬李先生曾向我的朋友索阅过《良心论》的书稿。

[3] 李泽厚:《己卯五说》,中国电影出版社1999年12月版,第31页。又余英时也曾在一篇文章中谈到过由"天地君亲师"到"天地国亲师"。

说"现代社会性道德"是以个人为基地，以契约为原则。它是以个人为第一，群体（社会）为第二；私权为第一，公益第二。[1] 这个定义及说法还可以探讨，因为它没有提到"制度"本身所应遵循的道德原则，还是只说"个人"。在"宗教性道德"方面，他认为主要是为了追寻"天理"、"良心"或"绝对命令"的来源和根据，从而使"经验变先验"，使"人的事情变成神的事情"，从而造成一种绝对主义伦理学，即宗教性道德，例如中国的礼教。所以他说，"宗教性道德本是一种社会性道德"，而且归根结底还是社会性道德。这样，他对宗教性道德和社会性道德的理解在我看来还是没有把握到最终的"两端"，尤其是在宗教方面，还是"有间"，还是主要在中间用力。但我确实赞成这一基本区分的方向。

当然，追溯起来，在梁启超的《新民说》、在80年代台湾有关"第六伦"的讨论中，都有这样的划分的先声。稍稍深入一下西方社会或其伦理学说，而本身又受过一些这方面的专业学术训练，大概都有可能产生类似的想法——虽然不一定采取比较明确和系统的表达方式，而在我看来，重要而困难的也就是在这里，即有必要做出我们自己的系统理论建树。例如我们在罗尔斯《正义论》第二章第18节中就可以看到，[2] 罗尔斯在"实践推理"的名下区分价值（好、善 [good]）与正当（right），而正当又应用于三个方向：国际法、社会体系和制度、个人。对个人行为分为"应要求的"和"可允许的"两方面：在"要求"的方面是联系于制度的职责和自然义务；在"允许"的方面是"冷淡"和"分外有功的行为"。

这是相对静态的观察。而如果引入历史，比较动态地观察，则可以柏格森从起源、动力的角度对两种道德、两种宗教和两种社会的划分为例：[3]

---

[1] 李泽厚：《历史本体论》，三联书店2002年版，第56—57页。

[2] 罗尔斯：《正义论》，中国社会科学出版社1997年版，第104页。

[3] 柏格森：《道德与宗教的两个来源》，贵州人民出版社2007年版。

生命冲力（两者的不断转化，循环往复带来道德与社会的更新与改变）	爱的吸力（引力）、开放道德、动态宗教、开放社会、抱负(aspiration)、道德创新、高蹈、个人、少数、精英、温馨、呼吁（感召）、相对、魅力人格、爱上帝、爱人类不止理性（理性以上，意志、信念、直觉）	社会压力（推力）、封闭道德、静态宗教、封闭社会、义务(obligation)、道德维持、底线、团体、多数、大众、严峻、强制、绝对、非人格、爱父母、爱邻人理性（理性以下以及本能、欲望）

今天我重新思考我自己对这两种伦理的基本划分，无疑它还有许多需要清晰化或准确说明的地方。我目前大概会倾向于这样的表述。（见下表）

这一次序大致是越往下越基本、要求越低但也越迫切，关涉的人越多，越需要建立共识；越往上越高，但也越容有歧异，涉及的人越少。但最高点也可以发生一种根本的统摄的作用。

伦理	个人道德（传统伦理、人生哲学）	个人追求（人与至善的关系）	终极关切：上帝、超越的存在 一般价值追求、生活方式、好与善
		个人关系（熟人、亲人之间）	家庭 朋友 社团
	社会伦理（现代伦理）	社会成员的伦理（义务）	各级执政者：职责 每个公民：公民义务与公民不服从
		社会制度本身的伦理（正义）	次要制度与政策 社会基本制度结构 国际关系的伦理

这一表述也并不是最后的，上面的领域划分也会容有交叉，尤其是

那些次要的领域。我虽然做了一些这方面的系统学术工作，但还是不想把它作为一个严密的学术体系，而只是作为一个工作的框图，主旨是在使自己获得一种位置感。而我近些年的学术著作或广义的写作，也确实还是可以定位于其中的，我尤其是想往两端用力。因为，用一种对照的眼光来看，中国的传统伦理还有一种内圣的层面是否足够超越，外王的层面是否足够独立的问题。我希望使思想尽量伸展到两个极端："政治与上帝"（借用描述施特劳斯关注的一句话来说），并努力使最低的与最高的、最基本的与最根本的、最外在的与最内在的、最切近的与似乎最遥远的，有一种也许是隐秘的、但却深刻的相互关照。

这样，我们也就看到了正义的位置，它处在一个最低的，但也是最基本、最基础的地位，它是需要某种强制的、需要法律以及强制实行法律的力量。它的要求因其是对群体而言，显然要比对个人的要求为低，尤其是对作为处在国际关系中的国家主体。但正因为这种基本位置，正义的问题需要我们给予优先的关注。因为，有关社会制度如何安排才合乎正义是关涉到所有人的、对他们影响最早和最大的；同时，它又是每个人几乎无法选择、仅凭自己个人的力量难于改变的。再加上中国传统和近代思想在这方面的研究一向薄弱，所以，是否能深入开展对正义理论和更广阔的政治哲学的探讨，已成为今天中国伦理学甚至整个哲学要突破自己的瓶颈而发展的一个关键。

但良心问题也绝非是不重要的。作为"义务感"的"良心"和"正义"可以说是标示我在后一个方面，亦即"社会伦理"领域里所做研究两端的两个关键词。换言之，良心的范畴对我首先来说是一个出发点，或者说是一个进路，我希望从良心、从自我意识出发进入对义务的探讨，而义务则可以说是真正的中间或中心的范畴（也可以把"正义"理解为一种政府的义务）。但尽管如此，我仍觉得从良心进入它仍不失为一条可取的、将产生富有意义的结果的途径。我想我的社会伦理观点的理据并不是建立在主体良知的基础上,而主要是立足于一种源自康德的普遍义务论的观点。但我对个人义务理论的阐述的确是从"良心"发"端"的,并始终对义务的内外有一种相互观照,这又是和西方许多哲学家,包括康德一系的西方哲学家所不同的。而这"端"究竟意味着什么,这一点我在本书《论恻隐之心》一篇中分析有关"道德源头"的含义时已有所阐明。我认为"良心"这一进路不仅恰可以显示出一种"义务"作为现代伦理学的中心范畴的特色,还可利用中国传统的资源,显示作为"中国的一种义务理论"的特色,而且,以良心为进路,还可以不仅将公民义务,也将一个人对亲人、朋友和社团的义务纳入进来。而"良心"作为一个最广义的"道德意识"的范畴,乃至还可以将人的最高追求和精神状态与境界也纳入进来考虑。

  法国哲学家弗朗索瓦·于连在其1995年出版的《道德奠基》一书中认为,[1] 卢梭以感情(怜悯心)来为道德奠基,但他未能把道德从自怜自爱的基本视野中抽出来,从而无法摆脱道德动因的暧昧特点,不能确保其道义性;反过来,康德将道德奠基在理性(道德法则)的基础上,确保了其道义性,但是,他无法说明道德是如何调动起我们来的。一边是道德有"杂质",而在另一边,道德虽是纯粹,却再也不能感动我们。一边是失去内容,而另一边是失去原动力。道义还是怜悯?两者的对立就此提出——甚至显得不可逾越。道德的根基究竟是在于实践理性之义无反顾还是在于人类天性之本情所趋?于连思索至此,说他亦为此问所慑,考虑要超越此一矛盾,还需要一个别的视角,一个新的起点,正因此他希望能够重建与中国的对话,希望从孟子对"恻隐之心"的论述中得到启发。他

---

[1] 弗朗索瓦·于连:《道德奠基:孟子和启蒙哲人的对话》,宋刚译,北京大学出版社2002年版。

说,"中国"可以助我们进入道德问题。

而我之所以不脱离良心来讨论义务的一个更深的缘由也许还在于:我认为作为良心原始和根本要素的同情或恻隐之心,不仅是道德之所以为道德,使道德区别于明智和审慎的根本标志,还是道德自我维持和转换创新的原动力。我希望能通过"良知"的范畴,使理论与实践、根据与功夫、原则与权衡有所结合。我也希望对伦理学做一种全面的理解,使现代伦理学不仅与过去连接,而尤其是能够向未来开放。

索 引

A

阿克顿 380

阿·托尔斯泰 114

爱因斯坦 56

"爱之理一" 144

安吉尔斯 50

奥古斯丁 17, 177, 178

B

巴特勒 15, 17, 27, 43, 44, 45, 46, 47, 422

包尔生 241

鲍德温 50

鲍克 173

贝尔 18, 279, 280, 281, 282, 298

本体之诚 148

边沁 26, 089

伯夷 297, 350, 355

勃兰兑斯 366

博爱 101, 116, 135, 139, 140, 141, 142, 143, 144, 287, 403

"博爱之谓仁" 101, 116

《薄伽梵歌》 99

C

恻隐为仁之端 101

恻隐之心的两个基本特征 70, 71, 85

陈独秀 123, 285

陈继儒 139

陈荣捷 144, 310

陈寅恪 128, 380, 387, 395

陈仲子 350

程明道 308

程伊川 308

出处之义 329, 346, 347, 349, 357, 361, 362

出入之辨 329, 330, 331, 338, 346, 347

传统的"生生"观念 307, 308

茨威格 249

D

达尔文 67

《大戴礼记》 131

大胆的假设，小心的求证 393, 394

戴震 15, 89, 90, 218, 296, 314, 315, 373, 375, 376

道德的自我主义 213, 284, 287

道德观点 102, 232, 277, 278, 279, 280, 281, 283, 295, 296, 297, 298, 314, 415

道金斯 68

道义论 89, 091, 164, 165, 222, 286, 418

德沃金 298

笛卡尔 13

调和论 27

董仲舒 21, 142, 163, 228, 295

杜甫 80, 97

杜威 395

杜维明 11, 283

段玉裁 373, 374

E

《二程遗书》 159, 163

F

泛孝主义 123

范纯仁 205, 247

范祖禹 357

方东树 373, 374

费尔巴哈 18, 61, 89, 96

费孝通 118, 124

费正清 134, 380

丰子恺 140

冯友兰 31, 53, 54, 366

弗兰克纳 16

弗卢 49

弗罗洛夫 49

弗洛姆 117

傅山 359

傅斯年 385

G

感性经验论 25

高尚的自我主义 268, 273, 275, 276, 277, 284, 289, 412, 417

告子 21, 23, 28, 104, 108, 109, 225, 228, 229, 230, 231, 268, 352

格物致知 29, 33, 35

隔离性的智慧 334

《公羊传》 155

功利主义 89, 391

《谷梁传》 163

顾颉刚 372, 385

顾亭林 318, 342, 348, 349, 358, 372, 375

顾宪成 141

《管子》 20

H

哈茨 325

海德格尔 18, 422, 424, 426

涵养 37

《韩非子》 378

韩愈 100, 108, 109, 228, 318, 319

黑尔 282, 298

黑格尔 18, 365, 366, 388, 389, 422, 424, 426, 427

胡适 2, 202, 203, 385, 392, 393, 394, 395, 396, 397, 398, 399

黄老 340, 382

黄勉斋 359

黄宗羲 358

婚姻 125, 129, 130, 133, 134, 136, 137, 138, 139, 140

霍布士 17, 25

J

己所不欲，勿施于人 182, 183, 184, 185, 186, 190, 192, 193, 195, 198, 199, 201, 202, 205, 206, 208, 210, 213, 252, 407, 416, 423, 424, 433

纪德 152

家庭结构 133

贾谊 218

价值的普遍性 55, 266, 267, 268

蒋星煜 331

焦循 104, 211, 297, 314, 315, 316, 373, 375, 376

节烈 132, 133, 134, 135

尽心知性 36

《经籍纂诂》 220, 376, 408

精进的"生生"观 302

精英道德 62

精英等级制 55, 259, 293, 320, 348, 359, 419

决疑论 14, 15, 17

K

康德 4, 9, 17, 48, 63, 95, 100, 172, 173, 174, 176, 177, 178, 179, 234, 235, 236, 237, 238, 239, 240, 241, 242, 243, 254, 255, 257, 258, 265, 270, 271, 272, 275, 298, 381, 395, 399, 419, 422, 424, 425, 426, 427, 428, 430, 439

康有为 80, 81, 90, 112, 247, 248, 368, 371, 376, 377, 384, 424

克鲁泡特金 67

孔颜之乐 58, 78

孔子 20, 22, 23, 31, 32, 55, 079, 116, 119, 120, 142, 158, 159, 160, 161, 162, 163, 165, 182, 183, 184, 187, 189, 190, 191, 192, 204, 207, 208, 209, 210, 213, 228, 244, 245, 246, 247, 260, 293, 294, 309, 313, 317, 331, 332, 333, 334, 335, 336, 337, 338, 339, 342, 349, 350, 351, 353, 354, 355, 356, 368, 369, 383

快乐主义 89, 252, 277, 284, 302, 391

狂狷 347, 356, 357

L

兰克 16, 378

老子 , 200, 283, 309, 310, 331, 339, 340

李约瑟 56, 285

理一分殊 143

利己主义 89, 268, 270, 272, 273, 274, 276, 277, 280, 284, 412, 417

利玛窦 139

利益的自我主义 213, 272, 275, 276, 284, 289, 412

怜悯之心 74

良心本体论 31

良心的概念 14, 18, 24, 422

良心的起源 24

良心的性质 24

良心的意义 24, 31, 47

良心是主宰 44

梁启超 2, 196, 197, 285, 321, 325, 368, 371, 384, 436

梁漱溟 285, 331, 398

廖平 368, 376, 377

林毓生 202, 203

刘述先 64, 246

刘因 360

柳下惠 350, 355

卢梭 26, 43, 44, 45, 46, 47, 89, 91, 103, 243, 422, 439

鲁迅 123

陆象山 19, 22, 32, 34, 35, 37, 39, 268

吕留良 361

《吕氏春秋》 310

罗尔斯 7, 273, 282, 290, 298, 389, 390, 391, 394, 396, 402, 403, 419, 435, 436

罗洛·梅 117

罗斯 254

罗素 12, 117, 395

洛克 25, 213, 365

M

孟子 4, 19, 21, 22, 23, 24, 27-32, 36, 37, 39, 40, 42, 51, 56, 68, 71, 73, 74, 76, 86,

88, 89, 90, 94, 100, 104, 106, 108, 109, 111, 112, 115, 116, 118, 142, 145, 152, 162, 163, 187, 199, 211, 222, 225, 226, 227, 229, 230, 231, 232, 250, 268, 269, 286, 293, 296, 310, 311, 312, 314, 315, 316, 349, 350, 351, 352, 353, 354, 355, 356, 358, 373, 375, 376, 412, 439, 440

弥尔顿　130, 365

密尔　18

《明儒学案》　366

莫里斯　68

莫洛亚　117

墨子　90, 228, 310, 337

牟宗三　10, 23, 27, 31, 39, 47, 53, 54, 58, 63, 64, 70, 71, 366, 398, 407, 424

目的论　89, 165, 215, 301, 302

P

庞朴　220, 286

普遍的观点　3, 77, 145, 146, 183, 224, 227, 292, 300, 305, 314, 315, 329, 352

普遍利己主义　273, 277

Q

钱穆　2, 109, 159, 362, 366, 368, 374, 375, 376

钱锺书　386

情感论　26

屈原　80

权力　40, 44, 60, 62, 113, 198, 199, 202, 235, 256, 257, 272, 312, 346, 354, 379, 434

权利　119, 127, 174, 176, 183, 185, 197, 199, 202, 204, 212, 213, 249, 257, 277, 285, 287, 289, 307, 315, 316, 318, 319, 327, 411, 433

R

人的有限性　58, 238, 239, 243, 248, 249, 251, 259, 418

人我之分　76, 132

容庚　220

容忍与自由　202, 203

孺子将入于井　71, 73, 86, 89, 94, 104, 106, 250, 412

阮元　210, 315, 375, 376

S

萨特　151, 387, 405, 426

三纲　33, 122, 124, 126, 129, 140, 163

三就三去　353

沙夫慈伯利　17, 026

《尚书》　78, 331

社会的观点　174, 300, 306

涉及主体的普遍性 269, 270, 271, 280

生生不息 223, 328

生生大德 308, 313

"生生"概念 301

"生之谓性" 057, 105

圣杰罗米 15

《圣经》 188, 281, 291, 366

《圣经后典》 193

圣人之学 32, 35, 39, 41, 354

圣贤人格 35, 40, 42, 47, 61, 62, 261, 284

《诗经》 19, 20, 78, 79, 80, 98, 112, 120, 130, 309

史华慈 323, 325

《史记》 129, 244

叔本华 18, 381

司马光 153, 205, 357

斯宾格勒 366

斯宾诺莎 391

斯宾塞 18, 323, 324

斯多亚派 17, 075, 76

《宋元学案》 38, 41, 247, 348, 359, 360, 361, 366

苏格拉底 7, 16, 54, 254, 391, 421

梭罗 341, 342, 365

T

泰州学派 76

汤因比 366

唐德刚 397, 399

唐君毅 39, 398

陶宗仪 360

梯利 25, 026, 366

体用不二 39

图尔明 282

推爱 142, 287

退隐与进取 339

托尔斯泰 59, 114

托马斯 17

W

完善论 302

王安石 83, 108, 205

王国维 123, 309, 371, 381, 382, 383, 384, 397

王念孙 210

王阳明 13, 22, 32, 33, 34, 35, 36, 37, 38, 39, 41, 42, 46, 53, 55, 108, 230

王引之 372

韦伯 50, 258, 259, 301, 390, 408, 409

为己之学 38, 62, 65, 170, 171, 187, 277, 283, 287, 294, 296

翁方纲 373

无我 39

吴虞 123, 124, 285

五常 101, 124, 163

五伦 117, 124, 126, 139, 140

X

希圣希贤 171, 181, 204, 277, 419

絜矩之道 197

心安 20, 22, 106, 236, 239, 252, 277, 299, 336

心诺 170, 171

心性儒学 39, 47, 50, 58, 64, 65, 297, 359, 424

信与义关系 154

邢昺 206, 207

行为义务论 223

幸福论 89

性爱 117, 130, 131

性白板说 108, 109

性三品说 108, 109

熊十力 23, 27, 31, 39, 53, 54, 64, 398, 424

徐复观 77, 78

徐积 170, 171

许衡 360

许慎 283

血缘关系 118, 122, 128, 129

荀息守诺 155, 161, 411

荀子 21, 22, 68, 108, 122, 148, 218, 227, 228, 310

Y

雅斯贝尔斯 18

亚里士多德 16, 17, 238

严复 166, 321, 323, 324, 325, 326, 327, 384

杨墨 349

姚鼐 218, 373

耶稣 99, 188, 193, 291, 292

一贯之道 148, 207, 208, 209, 210, 215, 216, 217

伊壁鸠鲁 89, 252, 277

伊尹 350, 351, 353, 355, 360

以自爱为基础的"结合观" 89, 95

义理的普遍性 262, 265, 266, 268, 269, 270, 271, 273, 275, 278, 417

殷海光 202, 203, 204, 398

隐士之风 331

忧患意识 77, 78

友爱 116, 117, 139, 140, 141

余英时 64, 294, 371, 395, 397, 399, 435

雨果 114, 414

原始儒学 61

Z

曾国藩 59

詹初 361

詹姆士 12, 48

张南轩 358

张中晓 167

章太炎 296, 297, 384

章学诚 218, 373, 375, 376, 399, 402

《正义论》 389, 391, 435, 436

知觉论 26, 27

知行合一 33, 34, 35

直觉体认论 26, 27, 31

致良知 33, 34, 35, 36, 39, 41, 53

中庸 23, 29, 150, 182, 221, 246

周茂叔 308

《周易》 78, 339, 342, 345

庄存与 376

庄子 55, 83, 120, 200, 218, 244, 246, 310, 317, 338, 339, 340, 341, 342, 349, 350

准则义务论 223

《资治通鉴》 153, 357

子路 184, 245, 256, 331, 332, 333, 334

自爱之心 45, 94, 99, 247

自我定向 61, 65, 204, 209, 275, 283, 314, 414, 429

《左传》 155, 368